Technische Schwingungslehre

Karl Klotter

Technische Schwingungslehre

Erster Band: Einfache Schwinger

Dritte, völlig neubearbeitete und erweiterte Auflage
Herausgegeben mit Unterstützung durch G. Benz

Teil A: Lineare Schwingungen

Mit 175 Abbildungen

Springer-Verlag
Berlin Heidelberg New York 1978

Dr.-Ing. KARL KLOTTER
em. o. Professor an der Technischen Hochschule Darmstadt

Dr.-Ing. GÜNTER BENZ
Akadem. Direktor am Institut f. Mechanik der Universität Karlsruhe (TH)

ISBN 3-540-08673-0 Springer-Verlag Berlin Heidelberg New York
ISBN 0-387-08673-0 Springer-Verlag New York Heidelberg Berlin

CIP-Kurztitelaufnahme der Deutschen Bibliothek **Klotter, Karl** Technische Schwingungslehre. – Berlin, Heidelberg, New York : Springer. Bd. 1. Einfache Schwinger. Teil A. Lineare Schwingungen. – 3., völlig neubearb. u. erw. Aufl. / hrsg. mit Unterstützung durch G. Benz. – 1978.

Printed in Germany

Offsetdruck: fotokop wilhelm weihert kg, Darmstadt · Bindearbeiten: Konrad Triltsch, Würzburg
2060/3020-543210

Vorwort

Vom ersten Band der "Technischen Schwingungslehre", der die Schwinger von einem Freiheitsgrad behandelt, war die erste Auflage im Jahre 1938, die zweite im Jahre 1951 erschienen. Beide Auflagen waren jeweils recht bald nach ihrem Erscheinen ausverkauft und somit wieder vom Markt verschwunden. Der Band steht im Antiquariatshandel seit Jahren hoch auf der Desideratenliste. Die dritte Auflage wird hier nun erst nach rund 25 Jahren vorgelegt. Die zweite Auflage einfach unverändert zu reproduzieren, ging nicht an: Eine Schwingungslehre auch nur des "einfachen Schwingers" darf sich nicht mehr mit den linearen Vorgängen begnügen; die nichtlinearen bilden nun schon seit vielen Jahren einen wesentlichen Bestandteil des Stoffes, den der Benutzer braucht und sucht. Diese Feststellung begründet auch das Anwachsen des Umfangs, der sogar dazu zwang, den ersten Band jetzt in zwei Unterteile zu zerlegen: Teil A enthält die linearen Schwinger, Teil B die nichtlinearen. Wie die früheren Auflagen wendet sich auch diese an Benutzer, die eine verständliche, systematische, verläßliche und genügend ausführliche Unterrichtung vor allem über mechanische Schwingungen suchen. Es sind dies insbesondere die Maschinen- und Bauingenieure und die technischen Physiker.

Es gibt viele, vor allem einführende Bücher über Schwingungsprobleme. Für den interessierten Benutzer hören die meisten jedoch "zu früh auf". Das vorliegende Werk soll ihm auch dann noch weiterhelfen, wenn seine Probleme über die in den meisten Lehrbüchern gezogenen Grenzen hinausreichen. Ein kennzeichnendes Beispiel: Bei den erzwungenen Vorgängen werden im allgemeinen vorzugsweise oder gar ausschließlich Schwingungen unter *periodischen* Einwirkungen betrachtet. Der Teil A enthält dagegen (im Hauptabschnitt 4.5) auch eine ausführliche Darstellung der Vorgänge unter *stoßartigen*

Einwirkungen.

Über die Einzelheiten des Inhalts und der Einteilung gibt das Inhaltsverzeichnis Auskunft. Dazu noch zwei Anmerkungen:

1) Das Kapitel 2 über die Bewegungsgleichungen, vor allem die Systematik ihres Aufstellens, ist im wesentlichen aus didaktischen Gründen aufgenommen. Meine rund fünfzigjährige Lehrerfahrung zeigte mir unausgesetzt und nachdrücklich, daß den meisten Lernenden und auch noch vielen "Praktikern" nicht so sehr das Lösen von Gleichungen, sondern das zuvor notwendige Aufstellen der Bewegungsgleichungen eines Problems die größeren Schwierigkeiten bereitet. Hier soll das Kapitel 2 helfen.

2) Systematische Vollständigkeit würde erfordern, daß dem Kapitel 4 über erzwungene Schwingungen ein weiterer Hauptabschnitt oder ein weiteres Kapitel beigefügt wird, wo noch eine ganz besondere Art von nicht-periodischen Schwingungen behandelt wird: Die Schwingungen unter Zufalls-(oder regellosen) Erregungen ("Random Vibrations"). Aus Gründen teils praktischer, teils didaktischer Art, nämlich wegen der hierfür erforderlichen besonderen Methodik, wurde auf diese Ergänzung verzichtet. Ersatzweise ist ein ganz kurzes, mit knappen kommentierenden Bemerkungen versehenes Literaturverzeichnis aufgenommen. Es möge dem Leser helfen, die für ihn etwa in Betracht kommenden Quellen zu finden und auszuwählen. Die Eintragungen sind als Anhang dem Literaturverzeichnis zum Kapitel 4 angeschlossen und (obgleich keine Bezugsstellen in Kapitel 4 bestehen) mit den Kennzeichen Lit.4.6/1 bis Lit.4.6/11 versehen.

Die Arbeit an dieser dritten Auflage hat sich über viele Jahre erstreckt. Sie wäre mir trotzdem nicht möglich gewesen, hätte ich mich nicht der tatkräftigen Mitarbeit einer Anzahl kenntnisreicher und wohlmeinender Fachgenossen erfreuen dürfen. An einzelnen oder an vielen Stellen des Manuskriptes (von Teil A und/oder Teil B) haben entscheidend mitgewirkt: Prof. Dr. Eberhard Brommundt (jetzt in Braunschweig), Dr.-Ing. Dieter Ottl (jetzt in Braunschweig), Dr.-Ing. Karl-Ernst Meier-Dörnberg (in Darmstadt), Dr.-Ing. Gert Kemper (jetzt in Berlin), ferner zeitweilig Dr.-Ing. Hans-Jürgen Bangen (jetzt in Friedrichshafen) und Dr.-Ing. Richard Schwertassek (jetzt in München). Ihnen allen bin ich zu aufrichtigem Dank verpflichtet.

Eigens hervorgehoben sei, daß der Inhalt des schon erwähnten Hauptabschnitts 4.5 über die stoßartigen Belastungen zum größten Teil auf originäre Arbeiten von Dr.-Ing. Meier-Dörnberg zurückgeht.

Trotz aller dieser Hilfen beim Manuskript war das Unternehmen lange Zeit gefährdet, und das Buch wäre nicht zustande gekommen, hätte nicht Dr.-Ing. Günter Benz in Karlsruhe (neben sorgfältiger und aufmerksamer Überwachung des Inhalts) die technisch schwierige und überaus mühselige Arbeit der Herstellung der reproduktionsfähigen Vorlage auf sich genommen. Daß wir das Buch heute konkret in der Hand haben können, verdanken wir seinem tapferen Entschluß und seiner aufopfernden Arbeit. Dr. Benz gebührt deshalb die besonders lebhafte Dankbarkeit aller Benutzer.

Neben den namentlich genannten Mitarbeitern hat sich während der langen Zeit eine große Anzahl von Helfern und Helferinnen in eifriger Weise bei der Anfertigung erst des Manuskriptes und dann der Druckvorlage verdient gemacht. Auch sie seien in den Dank eingeschlossen.

Darmstadt, im April 1978

Inhaltsverzeichnis

Inhalt von Teil B

Einige Formelzeichen, die in mehrfacher Bedeutung vorkommen

a	Trägheitsfaktor
a	Amplitude
a	Beschleunigung
b	Amplitude
b	Dämpfungsparameter
G	Gewichtskraft
G	Gleitmodul
i	imaginäre Einheit
i	Stromstärke
k	Kreiswellenzahl
k	Trägheitsarm
k	Trägheitskraft
M	Masse
M	(Dreh-)Moment
q	(el.) Ladung
q	(generalisierte) Koordinate
q	Lastfunktion
R	(el.) Widerstand
R	Federrückstellkraft
R	Radius
R	Reibkraft
r	Radius
r	Ruck
S	Lastamplitude
S	Schwerpunkt
S	Spannkraft (Saite)
s	bezogene Kraft
s	Bogenlänge
s	charakt. Multiplikator
s	Schwerpunktsabstand
α	Nullphasenwinkel
α	Phasenverschiebungswinkel
α	Widerstandsbeiwert
γ	Amplitude des period. Koeffizienten
γ	Nichtlinearitätsbeiwert
δ	Abklingkoeffizient
δ	stat. Absenkung
ζ	normierte Erregerfrequenz
ζ	Massenzuschlagsfaktor
Θ	Dämpfungswinkel
Θ	Massenträgheitsmoment
$\varkappa$	Amplitude des period. Koeffizienten
$\varkappa$	Kennkreisfrequenz
λ	Mittelwert des period. Koeffizienten
λ	Wellenlänge
μ	charakteristischer Exponent
μ	imaginäre Kreisfrequenz
μ	Massendichte $[M/L]$
μ	Nichtlinearitätsbeiwert
μ	Reibungskoeffizient
ρ	Dichte
ρ	Krümmungsradius
τ	dimensionslose Zeit
τ	Integrationsvariable
φ	Phasenwinkel
φ	Winkelkoordinate
Ω	Erregerkreisfrequenz
Ω	Winkelgeschwindigkeit

1 Allgemeine (phänomenologische) Schwingungslehre

1.1 Schwingungen; periodische Schwingungen

1.11 Einleitung

Schwingungen treten uns in unserer Umwelt in mannigfacher Form entgegen: Zum Beispiel als Hin- und Herbewegung eines Pendels, einer Unruh oder irgend eines Maschinenteils, als Wellengang der See, als Erschütterung, als Geräusch oder Ton. Wir sehen sie auch als Aufzeichnungen an Meßgeräten, etwa für den Blutdruck oder die Bluttemperatur, für die Aktionsströme von Muskeln, insbesondere des Herzmuskels (Elektrokardiogramm, EKG) oder des Gehirns (Elektroenzephalogramm, EEG). Gemeinsam ist allen diesen Erscheinungen, daß bestimmte für das jeweils betrachtete System charakteristische Größen in Abhängigkeit von der Zeit schwanken.

Wir erklären: Eine Schwingung ist ein Vorgang, bei dem sich eine Größe $x = x(t)$ so mit der Zeit t ändert, daß bestimmte Merkmale wiederkehren. Diese Aussage ist keine Definition. Es ist nämlich nicht möglich, eine Schwingung gegenüber einem allgemeinen Vorgang streng abzugrenzen; jede solche Grenze wäre willkürlich und deshalb anfechtbar. Hinsichtlich von Sonderfällen herrscht jedoch Übereinstimmung im Wortgebrauch: Jedermann bezeichnet die Pendelbewegung als Schwingung, doch wird niemand den freien Fall eines Körpers Schwingung nennen. Streiten kann man sich aber zum Beispiel darüber, wie oft die Merkmale sich wiederholen müssen, ehe man von einer Schwingung sprechen darf ("mindestens einmal" in DIN 1311). Für die weiteren Ausführungen ist es nicht erforderlich, Schwingungen zu definieren. Abb.1.11/1 zeigt vier Beispiele für Zeitverläufe, die man jedenfalls Schwingun-

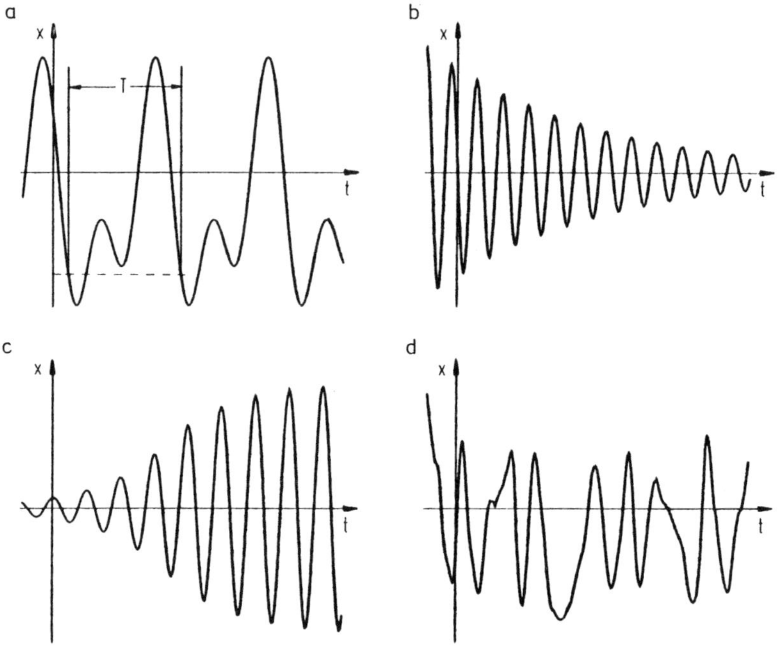

Abb.1.11/1. Schwingungen; x Ausschlag, t Zeit;
a) periodische Schwingung, b) abklingende Schwingung,
c) anschwellende Schwingung, d) regellose Schwingung

gen nennt, und die wir unter anderen in späteren Abschnitten behandeln: a) in Abschn.1.12, b) und c) in Abschn.1.13 und Hauptabschnitt 3.2.

Man kann Schwingungen in verschiedener Hinsicht untersuchen. Erstens kann man ihren zeitlichen Ablauf analysieren und klassifizieren ohne Rücksicht darauf, welche Bedeutung die schwingende Größe besitzt, ob es sich um eine geometrische, mechanische, elektrische, optische, thermische oder eine sonstige Größe handelt. Aus der großen Mannigfaltigkeit der Vorgänge werden jene Zeitabläufe (Bewegungsformen) herausgegriffen, die in irgendeiner Form eine Wiederholung aufweisen. Dies ist die sogenannte phänomenologische Schwingungslehre. Sie fragt nicht nach den Ursachen der Schwingungen, sie behandelt allein die Erscheinungen. Bei mechanischen Vorgängen ist die Phänomenologie der Schwingungen identisch mit der *Kinematik* der entsprechenden Bewegungen; man benötigt nur die Begriffe Länge und Zeit.

Zweitens kann man beim Untersuchen der Schwingungen von ihren Ursachen ausgehen, in der Mechanik also vom jeweiligen Kräftespiel; in diesem Fall betreibt man *Kinetik*. Kräftespiele zu Bewegungsvorgängen werden fast stets durch Differentialgleichungen beschrieben. Vom Aufstellen der Differentialgleichungen (auch "Bewegungsgleichungen" genannt) handelt in diesem Buche insbesondere das Kap.2. Alle weiteren Kapitel (3 bis 6) beschäftigen sich mit dem Integrieren der Bewegungsgleichungen, also dem Herstellen von entweder streng oder angenähert gültigen Lösungen, ferner mit dem Ausdeuten dieser Lösungen, d.h. mit dem Erörtern der sich einstellenden Erscheinungen.

1.12 Periodische Schwingungen

Eine besonders wichtige Klasse von Schwingungen sind die periodischen Schwingungen. Bei periodischen Schwingungen wiederholt sich der Vorgang $x(t)$ nach Ablauf einer bestimmten Zeit, der *Schwing- oder Periodendauer* T, jeweils vollständig und mit allen Nebenumständen: Die schwingende Größe $x(t)$ erfüllt die *Periodizitätsbedingung*

$$x(t+T) = x(t) \quad , \qquad (1.12/1)$$

die Kurve $x(t)$ und die gegen sie um T verschobene Kurve $x(t+T)$ sind deckungsgleich, vgl. Abb.1.12/1. Aus Gl.(1.12/1) folgt

$$x(t+nT) = x(t) \qquad (1.12/2)$$

für beliebige ganze Zahlen n; $x(t)$ wiederholt sich also auch nach der Zeit $T_n := nT$ (diese kann auch negativ sein). Man definiert deshalb die Schwingdauer T als die kleinste (positive) Zeit, für die (1.12/1) gilt, der Vorgang wiederholt sich nach der Zeit T *erstmals*. Man kann T in einem x-t-Diagramm ausmessen, s. Abb.1.12/1.

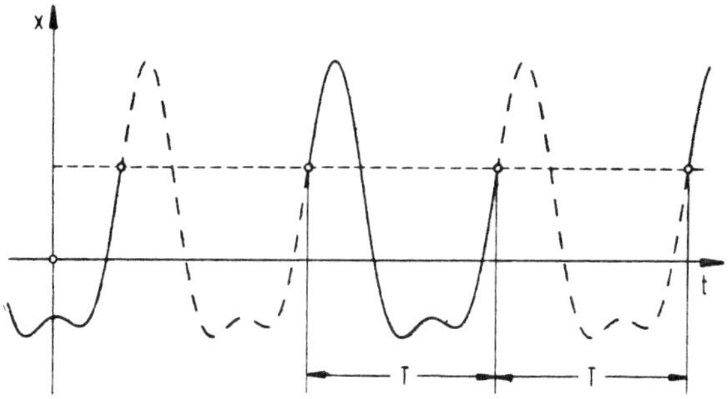

Abb.1.12/1. Periodische Schwingung

Im mathematischen Sprachgebrauch wird abweichend von dieser in der Technik gebräuchlichen Definition die Schwingdauer T als primitive Periode und jedes ganzzahlige Vielfache T_n als Periode bezeichnet.

Ein Ausschnitt der Schwingung von der Dauer T heißt eine einzelne Schwingung oder eine Periode der Schwingung. Der Kehrwert der Schwingdauer T heißt Frequenz (man nennt sie gelegentlich, aber nicht normgerecht, auch Schwingzahl),

$$f := 1/T \quad . \tag{1.12/3}$$

Die Frequenz gibt an, wie oft sich der Vorgang in der Zeiteinheit abspielt.

Nach DIN 5483 definiert man für periodische Schwingungen drei zeitliche Mittelwerte der Augenblickswerte: Erstens, den linearen (oder arithmetischen) Mittelwert oder Gleichwert

$$\bar{x} := \frac{1}{T} \int_t^{t+T} x(\tau)\, d\tau \,, \tag{1.12/4}$$

zweitens, den quadratischen Mittelwert oder Effektivwert (nach dem Vorbild der Elektrotechnik bezeichnet)

$$x_{eff} := \sqrt{\frac{1}{T} \int_t^{t+T} x^2(\tau)\, d\tau} \,, \tag{1.12/5}$$

drittens, den Gleichrichtwert (rektifizierten Wert)

$$x_{rec} := \frac{1}{T} \int_{t}^{t+T} |x(\tau)|\, d\tau \ . \qquad (1.12/6)$$

Der Gleichrichtwert spielt außerhalb der Elektrotechnik selten eine Rolle. Der Effektivwert hängt im allgemeinen mit einer Leistung zusammen (z.B. eines Stromes x(t) an einem Widerstand). Er wird vielfach zur Bewertung von Schwingungen (etwa ihrer Intensität oder ihrer Schädlichkeit) herangezogen. Der Gleichwert schließlich wird häufig als Bezugswert benutzt, vgl. Abb.1.12/2. Die durch den Gleichwert $\bar{x}$

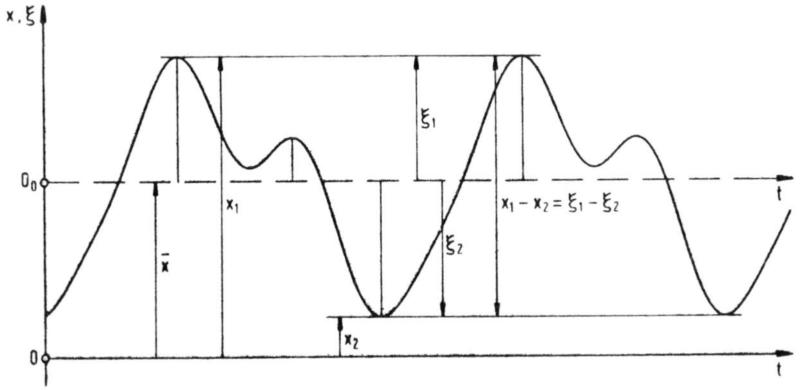

Abb.1.12/2. Bezeichnungen bei periodischen Schwingungen

bestimmte Parallele zur Zeitachse heißt Gleichwertachse, sie ist in Abb.1.12/2 als zweite Bezugsachse (von 0_0 ausgehend, gestrichelt) eingetragen. Die auf diese neue Achse bezogenen Augenblickswerte $x - \bar{x}$ sind mit ξ bezeichnet. Für sie gilt

$$\int_{t}^{t+T} \xi\, d\tau = 0 \ .$$

Der größte und der kleinste Wert der schwingenden Größe in einer Periode heißen Gipfelwert (x_1 bzw. ξ_1) und Talwert (x_2 bzw. ξ_2); die Unterschiede gegen den Gleichwert heißen die Scheit e l w e r t e (oberer Scheitelwert $\xi_1 = x_1 - \bar{x}$, unterer Scheitelwert $\xi_2 = x_2 - \bar{x}$). Die Differenz des Gipfelwertes gegen den Talwert heißt die S c h w i n g u n g s b r e i t e , $x_1 - x_2 = \xi_1 - \xi_2$.

Zwei periodische Schwingungen heißen f o r m g l e i c h , wenn das Kurvenbild der einen Schwingung aus dem der anderen durch eine lineare Änderung der Maßstäbe entweder für die schwingende Größe x oder für die Zeit t oder durch eine Verschiebung entlang einer der Achsen oder durch eine Kombination dieser Maßnahmen erhalten werden kann. x(t) und y(t) heißen also formgleich, wenn

$$x = f(t) \qquad \text{und} \qquad y = A\ f(\beta(t-\gamma)) + y_0 \tag{1.12/7}$$

mit festen Werten A, β, γ, y_0 gilt; ein Beispiel zeigt Abb.1.12/3. Alle harmonischen Schwingungen (s. Abschn.1.21) sind formgleich.

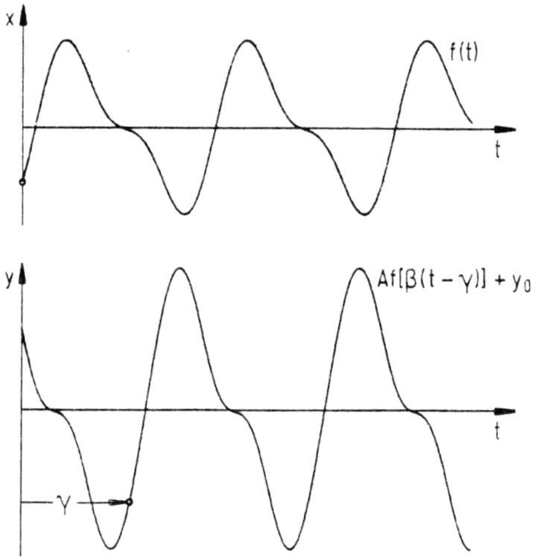

Abb.1.12/3.
Formgleiche Schwingungen mit A = 1,7; β = 1,0; γ siehe Bild

1.13 Die Phasenebene

Der Z u s t a n d eines physikalischen Gebildes, seine Phase, wird durch sogenannte Z u s t a n d s g r ö ß e n erfaßt. Bei einem Einmassenschwinger, s. Abb.1.13/1, sind das z.B. Auslenkung x(t), Geschwindigkeit $\dot{x}(t)$ und Beschleunigung $\ddot{x}(t)$. Da sich die Beschleunigung jedoch über das Newtonsche Gesetz durch die jeweilige Auslenkung x und die jeweilige Geschwindigkeit $\dot{x}$ zusammen mit der in ihrem

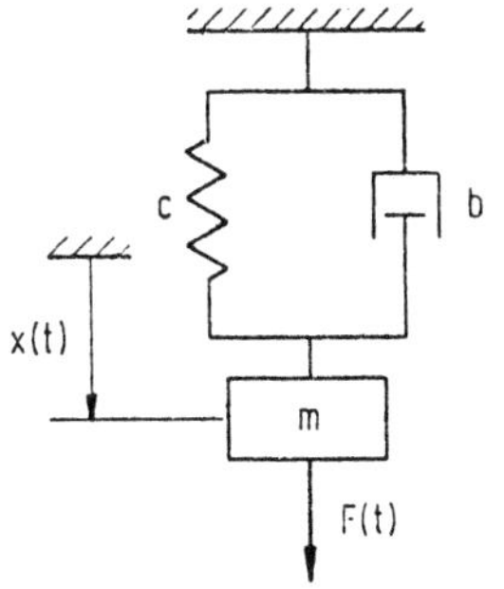

Abb.1.13/1.
Einmassenschwinger

Verlauf als bekannt vorausgesetzten Kraft F ausdrücken läßt, genügt die Vorgabe von x und $\dot{x}$, um den Zustand des Schwingers festzulegen. Man trägt nun die Wertepaare $(x,\dot{x})$ als Punkte in eine x-$\dot{x}$-Ebene, die Phasenebene, ein und gewinnt so die Phasenkurve (das Phasendiagramm) $\dot{x}(x)$; sie gibt die Folge der während der Bewegung durchlaufenen Zustände wieder. $x(t)$ und $\dot{x}(t)$ bilden eine Parameterdarstellung für $\dot{x}(x)$ mit der Zeit t als Parameter; da t nur zunehmen kann, liegt ein Durchlaufungssinn für die Phasenkurve fest.

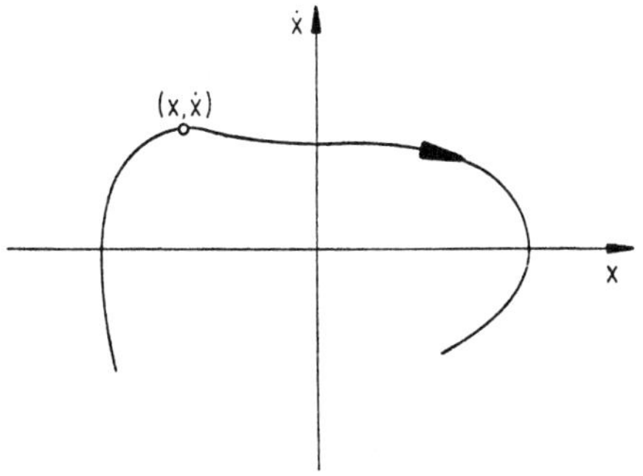

Abb.1.13/2.
Phasenebene; Phasenkurve

Als Beispiel wählen wir ein kartesisches x-$\dot{x}$-Koordinatensystem, Abb.1.13/2. Weil in diesem Fall die zweite Zustandsgröße $\dot{x}$ die Geschwindigkeit ist, wird die Phasenkurve im Uhrzeigersinn durchlaufen (bei positivem $\dot{x}$ muß x zunehmen). Anders aufgebaute Phasendiagramme werden wir in den Kapiteln 2, 5 und 6 kennenlernen.

Grundsätzlich kann man für jeden vorgegebenen zweidimensionalen

Zustand $(x_1(t), x_2(t))$ eine Phasenkurve $x_2(x_1)$ zeichnen. Auf das umgekehrte Problem, aus einer gegebenen Phasenkurve den zeitlichen Verlauf $x_1(t)$, $x_2(t)$ zu bestimmen, gehen wir erst im Kapitel 5 ein.

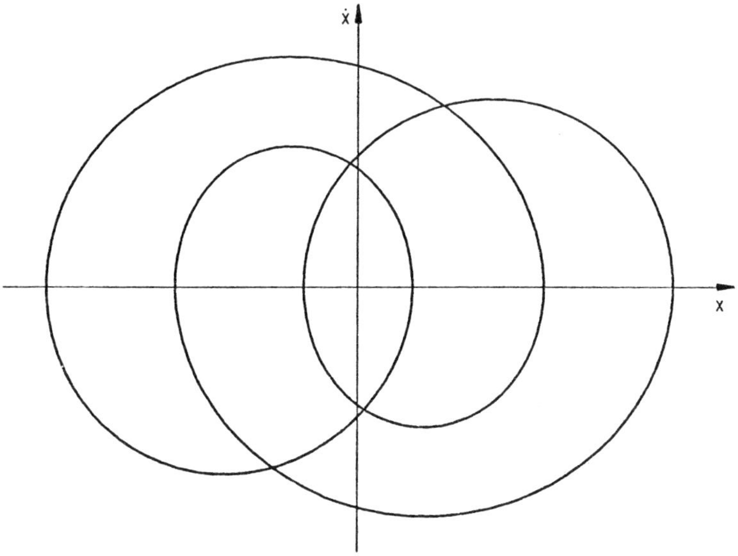

Abb.1.13/3. Phasendiagramm einer periodischen Schwingung

Das Darstellen von Bewegungen in der Phasenebene bietet manche Vorteile. Insbesondere bei nichtlinearen Schwingungen gelingt es oft verhältnismäßig leicht, die Kurve $\dot{x} = f(x)$ zu finden, ohne daß $x(t)$, $\dot{x}(t)$ explizit bekannt zu sein brauchen. Auch bestimmte Kennzeichen und Eigenschaften der Bewegungen wie Maximalausschläge, Periodizität, Abklingen und Anwachsen lassen sich schon unmittelbar aus den Phasenkurven ablesen. Periodische Schwingungen z.B. werden in jedem Phasendiagramm durch geschlossene Kurven wiedergegeben; Abb.1.13/3 zeigt ein Beispiel. Nicht-periodische Schwingungen entsprechen nicht-geschlossenen Phasenkurven; so gehört die Spirale der Abb.1.13/4a zu einer abklingenden Schwingung. (In die Abb.1.13/4 sind zur Erläuterung außer der Phasenkurve (a) auch die Zeitverläufe $x(t)$ und $\dot{x}(t)$ eingetragen.) Ausführliche Untersuchungen anhand der Phasenebene folgen im Kap.5.

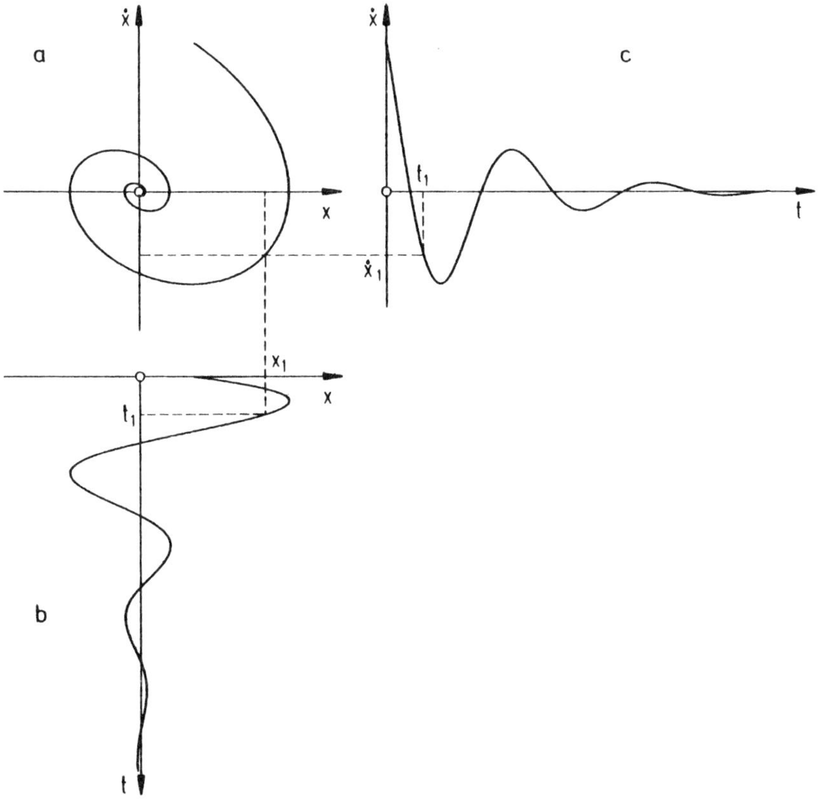

Abb.1.13/4. Nicht periodische, abklingende Schwingung;
a) Phasenkurve, b) Ausschlag-Zeit-Kurve $x(t)$,
c) Geschwindigkeits-Zeit-Kurve $\dot{x}(t)$

1.2 Harmonische Schwingungen

Als einfachste periodische Schwingung gilt aus mehreren Gründen die harmonische Schwingung: Beim Differenzieren und Integrieren entstehen wieder harmonische Schwingungen. Harmonische Schwingungen lassen sich zudem als "Bausteine" betrachten, aus denen verwickeltere periodische Schwingungen (ja sogar nicht-periodische Vorgänge, siehe Hauptabschnitt 1.4) aufgebaut werden können. Wir beginnen mit diesen einfachsten der periodischen Schwingungen.

1.21 Definition und Bestimmungsstücke

Die durch eine Sinus- oder eine Cosinusfunktion beschriebenen periodischen Schwingungen

$$x(t) = a\sin(\omega t + \alpha_1) = a\cos(\omega t + \alpha_2) \qquad (1.21/1)$$

heißen S i n u s s c h w i n g u n g e n oder h a r m o n i s c h e S c h w i n g u n g e n. a ist die A m p l i t u d e der Schwingung (gelegentlich auch Schwingweite genannt). Statt mit einem besonderen Buchstaben wird die Amplitude von $x(t)$ oft auch mit $\hat{x}$ bezeichnet. Die Argumente der Sinus- und der Cosinusfunktion in Gl.(1.21/1)

$$\varphi_1 := \omega t + \alpha_1 \quad , \qquad \varphi_2 := \omega t + \alpha_2 \qquad (1.21/2)$$

heißen P h a s e n w i n k e l, weil sie den augenblicklichen Zustand der Schwingung, ihre Phase, festlegen.

Die Winkel α_1 und α_2 heißen N u l l p h a s e n w i n k e l; sie messen die Verschiebung der Schwingung gegenüber einer Vergleichsschwingung mit dem (jeweiligen) Nullphasenwinkel $\alpha_i = 0$; vgl. Abb. 1.21/1a. Es stellt eine durchaus abgeschliffene Redeweise dar, wenn der Winkel α als Phasenwinkel oder gar einfach als Phase bezeichnet wird. Zwischen φ_1 und φ_2 sowie zwischen α_1 und α_2 in Gl.(1.21/1) bestehen die Beziehungen

$$\varphi_1 = \varphi_2 + \pi/2 \quad , \qquad \alpha_2 = \alpha_1 - \pi/2 \quad . \qquad (1.21/3)$$

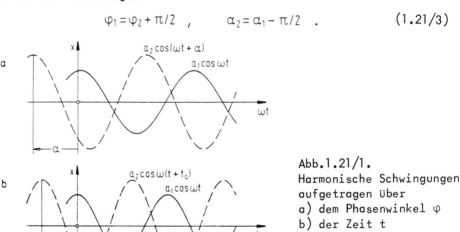

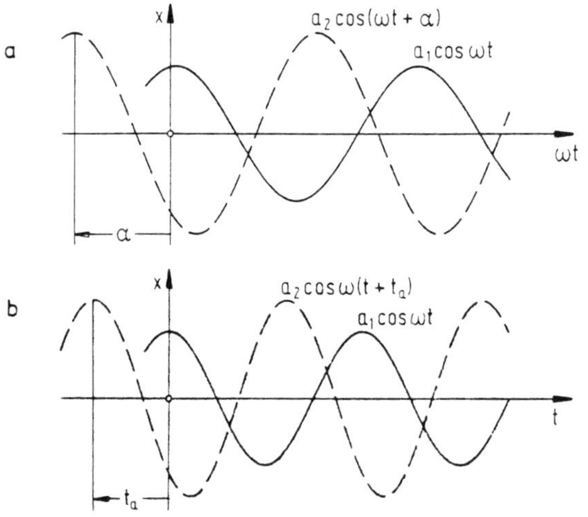

Abb.1.21/1.
Harmonische Schwingungen aufgetragen über
a) dem Phasenwinkel φ
b) der Zeit t

Das Normblatt DIN 1311/1 legt fest, daß - wenn anderes nicht ausdrücklich gesagt wird - als "der" Nullphasenwinkel α der Winkel $\alpha := \alpha_2$ betrachtet werden soll. Mit anderen Worten: Im Regelfall soll die cos-Schreibweise in Gl.(1.21/1) zugrunde gelegt werden.

ω ist die Kreisfrequenz (auch Winkelfrequenz genannt) der Schwingung. (Zur Herkunft dieser Bezeichnung vgl. Abschn. 1.22.)

Amplitude a, Kreisfrequenz ω und Nullphasenwinkel α bilden die drei Bestimmungsstücke einer harmonischen Schwingung. Ihre Schwingdauer T ist durch

$$T := 2\pi/\omega \tag{1.21/4}$$

gegeben. Mit Gl.(1.12/3) folgt für die Frequenz

$$f := \frac{1}{T} = \frac{\omega}{2\pi} \quad . \tag{1.21/5}$$

Will man die Frequenz f gegenüber der Kreisfrequenz (Winkelfrequenz) ω auch im Wort deutlich abheben, so nennt man sie (DIN 1311/1, Ausgabe 1971) Periodenfrequenz.

Für die Dimension sowohl der Periodenfrequenz f wie die der Kreisfrequenz ω gilt

$$\dim(f) = \dim(\omega) = \dim(t^{-1}) \quad ,$$

die Einheit beider Größen ist demnach $\sec^{-1}$. Für die Kreisfrequenz ω benutzt man die Einheit in dieser Form wirklich; für die Periodenfrequenz f nennt man diese Einheit jedoch (zur Unterscheidung) 1 Hertz und schreibt 1 Hz.

Zwei harmonische Schwingungen gleicher Frequenz, die denselben Nullphasenwinkel aufweisen, heißen in Phase oder synchron. Solche Schwingungen erreichen im gleichen Zeitpunkt ihren oberen oder unteren Scheitelwert und nehmen im gleichen Zeitpunkt den Wert Null an. Sie unterscheiden sich überhaupt nur durch einen festen, zeitunabhängigen positiven Faktor (Abb.1.21/2).

Unterscheiden sich die beiden Nullphasenwinkel zweier harmonischer

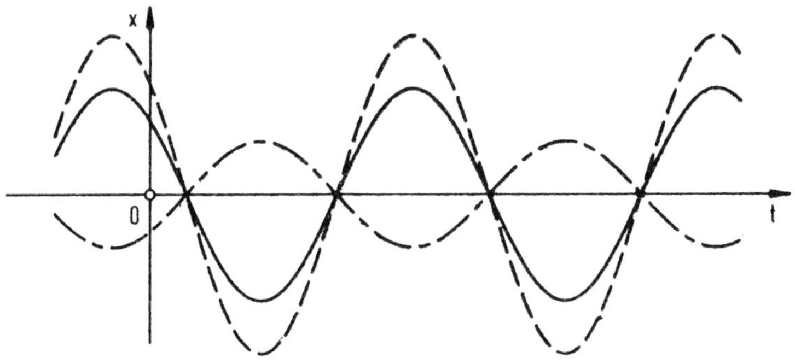

Abb.1.21/2. Synchrone und gegenphasige harmonische Schwingungen

Schwingungen derselben Frequenz um den Betrag π (den Wert $+\pi$ oder $-\pi$), so heißen die Schwingungen in Gegenphase. Die zweite Schwingung erreicht dabei ihren unteren bzw. oberen Scheitelwert in jenem Zeitpunkt, in dem die erste ihren oberen bzw. unteren Scheitelwert erreicht; anders ausgedrückt: Die beiden Schwingungen unterscheiden sich nur durch einen festen, zeitunabhängigen negativen Faktor.

Liegen zwei harmonische Schwingungen mit den Frequenzen f_1 und f_2 (den Kreisfrequenzen ω_1 und ω_2) vor, so nennt man den Ausdruck

$$\varepsilon := \frac{1}{2}\left(\frac{f_1}{f_2} - \frac{f_2}{f_1}\right) = \frac{1}{2}\left(\frac{\omega_1}{\omega_2} - \frac{\omega_2}{\omega_1}\right) \tag{1.21/6}$$

die Verstimmung der beiden Schwingungen. Ist die Frequenzdifferenz $\Delta f := f_1 - f_2$ klein, $|\Delta f/f_1| \ll 1$, so gelten für ε die angenäherten Ausdrücke

$$\varepsilon \approx \frac{\Delta f}{f_1} \approx \frac{\Delta f}{f_2} \quad . \tag{1.21/7}$$

Mit Abstimmung (einer Schwingung der Frequenz f_2 auf die der Frequenz f_1) bezeichnet man das Verhältnis der Frequenzen

$$\zeta := \frac{f_2}{f_1} = \frac{\omega_2}{\omega_1} \quad . \tag{1.21/8}$$

Die Abstimmung spielt eine wichtige Rolle bei den erzwungenen Schwingungen, die in den Kapiteln 4 und 6 behandelt werden.

1.22 Die erzeugende Kreisbewegung

Die harmonische Schwingung läßt sich geometrisch durch eine Kreisbewegung erzeugen: Durchläuft der Endpunkt A eines Vektors $\underline{z}$ (Abb.1.22/1) einen Kreis vom Halbmesser a mit der konstanten Winkelgeschwindigkeit ω, so führt seine orthogonale Projektion auf jede beliebige Gerade durch den Mittelpunkt 0 des Kreises eine harmonische Schwingung aus, die Kreisbewegung e r z e u g t eine harmonische Schwingung. (Wir wählen die Drehrichtung entgegen dem Uhrzeigersinn als positiv.)

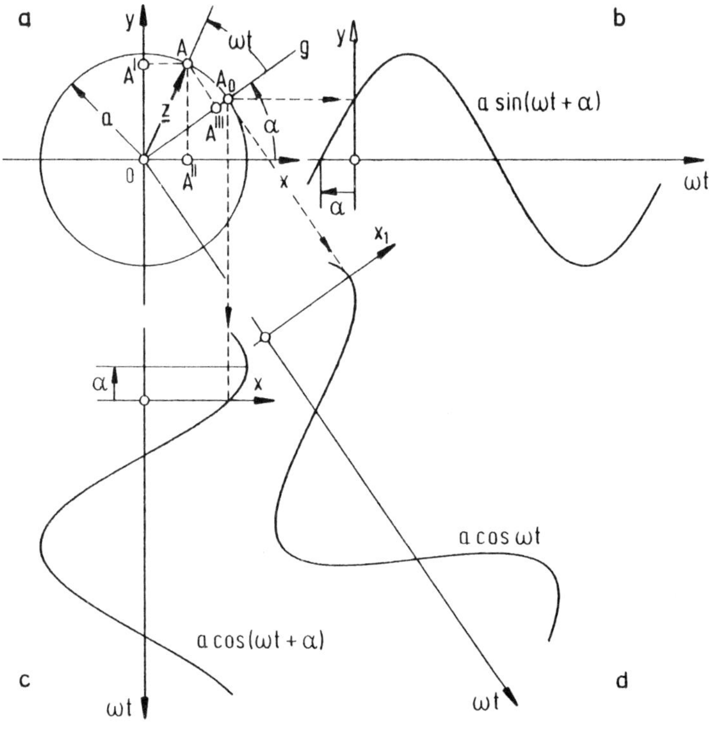

Abb.1.22/1. Harmonische Schwingungen als Projektionen einer gleichförmigen Kreisbewegung

Beginnen wir die Zeitzählung in jenem Augenblick, in dem A sich in A_0 befindet, so wird die Bewegung von A' auf der Lotrechten dargestellt durch die Gleichung

$$y = a \sin(\omega t + \alpha) \quad , \qquad (1.22/1a)$$

die von A" auf der Waagerechten durch

$$x = a \cos(\omega t + \alpha) \qquad (1.22/1b)$$

und die von A"' auf einer Geraden g, die 0 mit A_0 verbindet, durch

$$x_1 = a \cos \omega t \quad . \qquad (1.22/1c)$$

Durch Auftragen der Projektionen über ωt-Achsen erhält man die Sinoiden der Abb.1.22/1b bis 1.22/1d.

Die Schwingdauer T der Schwingung ist die Zeit, die der Punkt A benötigt, um den vollen Kreisumfang zu durchlaufen. Die *Winkelgeschwindigkeit* $\omega = 2\pi/T$, mit der der Punkt A auf dem Kreis umläuft, stimmt deshalb mit der in Abschn.1.21 eingeführten *Kreisfrequenz* ω überein, vgl. Gl.(1.21/4); die Bezeichnung Kreisfrequenz rührt von dieser geometrischen Bedeutung her. Der Phasenwinkel $\varphi = \omega t + \alpha$ der harmonischen Schwingung erscheint im Bild der erzeugenden Kreisbewegung unmittelbar geometrisch als Winkel.

Zu zwei synchronen harmonischen Schwingungen gehören gleichgerichtete Vektoren $\underline{z}_1$ und $\underline{z}_2$ der erzeugenden Kreisbewegung.

1.23 Komplexe Schreibweise, Drehzeiger; Phasenverschiebung

Für die Beschreibung harmonischer Schwingungen hat sich auch im Bereich der Mechanik immer mehr die zunächst in der Elektrotechnik benutzte komplexe Schreibweise durchgesetzt. Man gelangt zu ihr durch Umschreiben der Cosinus-Funktion mit Hilfe der Eulerschen Formel,

$$x = a \cos(\omega t + \alpha) = \frac{1}{2}\left[a e^{i(\omega t + \alpha)} + a e^{-i(\omega t + \alpha)}\right] = \frac{1}{2}(\underline{x} + \underline{x}^*) \quad . \qquad (1.23/1)$$

Im letzten Ausdruck von (1.23/1) wurde die komplexe Zahl

$$\underline{x} = a e^{i(\omega t + \alpha)} = a e^{i\alpha} e^{i\omega t} = \underline{a} e^{i\omega t} \qquad (1.23/2a)$$

und ihre konjugiert komplexe

$$\underline{x}^* = \underline{a}^* e^{-i\omega t} \quad \text{mit} \quad \underline{a}^* = a\, e^{-i\alpha} \tag{1.23/2b}$$

eingeführt. Komplexe Zahlen bezeichnen wir durch Unterstreichen. Damit wird auf einen Vektorcharakter hingewiesen. $\underline{a} = a\,e^{i\alpha}$ heißt die komplexe Amplitude von $\underline{x}$. Die komplexen Zahlen $\underline{x}$, $\underline{x}^*$, $\underline{a}$ und $\underline{a}^*$ sind in Abb.1.23/1 als Zeiger in der komplexen Ebene dargestellt. Da mit der Zeit die Zeiger $\underline{x}$ und $\underline{x}^*$ drehen (und zwar $\underline{x}$ gegen den Uhrzeigersinn, $\underline{x}^*$ im Uhrzeigersinn), nennt man sie auch Drehzeiger. Der Zusammenhang mit der schon in Abschn.1.22 dargestellten erzeugenden Kreisbewegung einer harmonischen Schwingung ist offenkundig. Wie man Abb.1.23/1 entnimmt, ist

$$x = \frac{1}{2}(\underline{x} + \underline{x}^*) = \mathrm{Re}(\underline{x}) \quad . \tag{1.23/3}$$

Abb.1.23/1. Drehzeiger $\underline{x}$ und $\underline{x}^*$ sowie ihre komplexen Amplituden $\underline{a}$ und $\underline{a}^*$

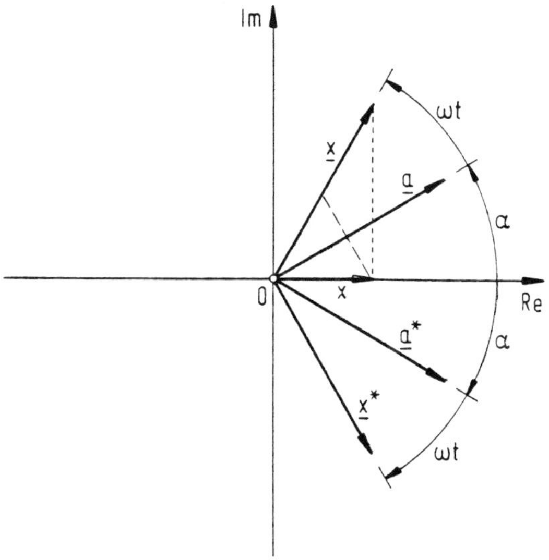

Die reelle harmonische Schwingung ist also die schon erwähnte Projektion des Drehzeigers $\underline{x}$ auf die reelle Achse. Man erkennt auch, daß die reelle Amplitude a der Schwingung einfach der Betrag der komplexen Amplitude $\underline{a}$ ist.

Wir geben zunächst einige Rechenregeln für die komplexen Größen $\underline{x}$ an:

Addieren:

$$\sum_n x_n = \frac{1}{2}\left[\sum_n (\underline{x}_n + \underline{x}_n^*)\right] = \frac{1}{2}\left[\sum_n \underline{x}_n + \sum_n \underline{x}_n^*\right]$$

$$= \frac{1}{2}\left[\sum_n \underline{x}_n + \left(\sum_n \underline{x}_n\right)^*\right] = \mathrm{Re}\left[\sum_n \underline{x}_n\right] \ . \qquad (1.23/4)$$

Differenzieren nach der Zeit:

$$\frac{dx}{dt} = \dot{x} = \frac{1}{2}\left[\dot{\underline{x}} + (\underline{x}^*)^{\cdot}\right] = \frac{1}{2}\left[\dot{\underline{x}} + (\dot{\underline{x}})^*\right] = \mathrm{Re}(\dot{\underline{x}}) \ . \qquad (1.23/5)$$

Integrieren über die Zeit:

$$\int x\,dt = \frac{1}{2}\left[\int \underline{x}\,dt + \int \underline{x}^*\,dt\right] = \frac{1}{2}\left[\int \underline{x}\,dt + \left(\int \underline{x}\,dt\right)^*\right] = \mathrm{Re}\left(\int \underline{x}\,dt\right). \qquad (1.23/6)$$

Multiplizieren:

$$xy = \frac{1}{4}(\underline{x} + \underline{x}^*)(\underline{y} + \underline{y}^*) = \frac{1}{4}\left[(\underline{x}\underline{y} + \underline{x}\underline{y}^*) + (\underline{x}\underline{y} + \underline{x}\underline{y}^*)^*\right] = \frac{1}{2}\mathrm{Re}(\underline{x}\underline{y} + \underline{x}\underline{y}^*). \qquad (1.23/7)$$

Sieht man zunächst von der Operation Multiplizieren ab und betrachtet allein die linearen Operationen Addieren, Differenzieren und Integrieren, so sind die Rechenregeln für den Drehzeiger $\underline{x}$ die gleichen wie für die reelle Größe x. Es ist deshalb üblich, ausschließlich mit den komplexen Drehzeigern $\underline{x}_n$ zu rechnen und stets im Komplexen zu bleiben. Das komplexe Ergebnis ist völlig ausreichend. Wer vom komplexen Endergebnis wieder ins Reelle zurückgehen will, muß nur Re davor schreiben oder das konjugiert komplexe Ergebnis dazu addieren und die Summe halbieren. All dies wirklich auszuführen, bedeutet aber überflüssige Schreibarbeit. Ein Ergebnis in Form eines neuen Drehzeigers genügt.

Der Vorteil der komplexen Schreibweise und der Drehzeigerdarstellung liegt in der einfachen Rechnung und übersichtlichen Darstellung. Da jeder Drehzeiger $\underline{x}$ die Form $\underline{x} = \underline{a}\,e^{i\omega t}$ hat, folgen sehr einfache Beziehungen für die differenzierten und integrierten Drehzeiger:

$$\underline{x} = \underline{a}\, e^{i\omega t} \quad , \tag{1.23/8a}$$

$$\frac{d}{dt}(\underline{x}) = i\omega\underline{a}\, e^{i\omega t} = i\omega\underline{x} = \omega\underline{x}\, e^{i\frac{\pi}{2}} \quad , \tag{1.23/8b}$$

$$\int \underline{x}\, dt = \frac{1}{i\omega}\underline{a}\, e^{i\omega t} = \frac{1}{i\omega}\underline{x} = \underline{x}\frac{1}{\omega} e^{-i\frac{\pi}{2}} \quad . \tag{1.23/8c}$$

Außer einer Multiplikation mit ω bzw. $1/\omega$ bedeutet Differenzieren bzw. Integrieren also eine Drehung des Zeigers $\underline{x}$ um $+\pi/2$ bzw. $-\pi/2$.

Drehzeiger in der komplexen Ebene werden wie Vektoren addiert. Beispiele hierzu finden sich in den folgenden Abschnitten.

Hier gehen wir noch auf den Begriff der Phasenverschiebung ein. Gegeben seien die Schwingungen

$$x = a\cos(\omega t + \alpha) \quad \text{bzw.} \quad \underline{x} = a e^{i\alpha} e^{i\omega t} = \underline{a}\, e^{i\omega t} \quad , \tag{1.23/9a}$$

$$y = b\cos(\omega t + \beta) \quad \text{bzw.} \quad \underline{y} = b e^{i\beta} e^{i\omega t} = \underline{b}\, e^{i\omega t} \quad . \tag{1.23/9b}$$

Die Schwingungen haben die gleiche Kreisfrequenz ω. Sie unterscheiden sich nur in den Amplituden und den Nullphasenwinkeln. Ist $\alpha \neq \beta$, so heißen die Schwingungen phasenverschoben, der Winkel $\gamma = \beta - \alpha$ heißt Phasenverschiebungswinkel. Ist $\beta > \alpha$, so eilt die Schwingung $y(t)$ der Schwingung $x(t)$ vor. Die Definitionen sind nur sinnvoll für $|\gamma| < \pi$. Die Begriffe Voreilen und Nacheilen gehen einprägsam aus dem Drehzeigerbild Abb.1.23/2 hervor. Im Bildteil a eilt der Zeiger $\underline{y}$ dem Zeiger $\underline{x}$ zu jeder Zeit um den Winkel γ vor, $\underline{x}$ eilt $\underline{y}$ um diesen Winkel nach. Im x-y-t-Diagramm (Bildteil b) bedeutet dies: Die Schwingung $y(t)$, die der Schwingung $x(t)$ voreilt, ist gegenüber $x(t)$ nach links verschoben, denn eine ausgezeichnete Phase, etwa ein Nulldurchgang oder ein Extremwert, tritt für die voreilende Schwingung früher ein.

Man verfällt leicht der Täuschung, daß $x(t)$ voreile, weil es "zeichnerisch" vor $y(t)$ liegt. Was geometrisch "vorne, weil rechts" erscheinen mag, gehört aber zu späteren Zeiten, geschieht also nachher. Hier ist Aufmerksamkeit geboten.

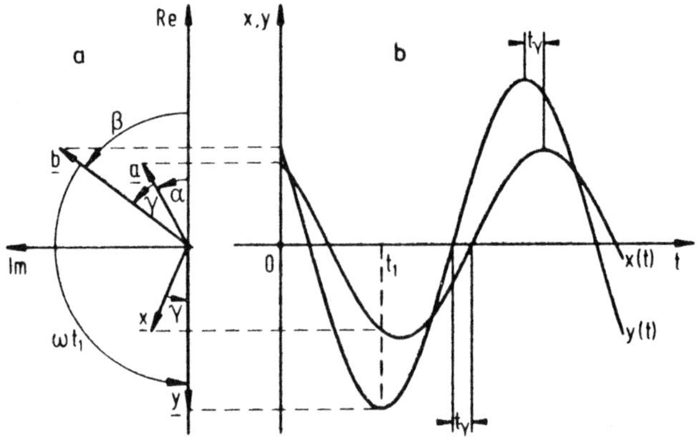

Abb.1.23/2. Phasenverschiebungswinkel γ, Phasenverschiebungszeit t_γ

Der Phasenverschiebungswinkel γ tritt im x-y-t-Diagramm selbst nicht auf. Hier wird die Phasenverschiebung durch die P h a s e n v e r - s c h i e b u n g s z e i t t_γ gekennzeichnet, die definiert wird als

$$t_\gamma := \frac{\gamma}{\omega} = \frac{\beta - \alpha}{\omega} \quad . \tag{1.23/10}$$

Bei vielen Problemen setzt man den Nullphasenwinkel α der Schwingung x(t) zu Null. Dann wird der Nullphasenwinkel β der Schwingung y(t) identisch mit dem Phasenverschiebungswinkel γ. Entsprechendes gilt für die Phasenverschiebungszeit. Hier liegt der Grund dafür, daß der Nullphasenwinkel oft als Phasenverschiebungswinkel bezeichnet wird; man mißt dann die Verschiebung gegen eine Schwingung mit dem Nullphasenwinkel Null.

Phasenverschiebungswinkel und Phasenverschiebungszeit wurden bisher nur für gleichfrequente Schwingungen definiert. Der genauen Wortbedeutung P h a s e n verschiebungswinkel entsprechend muß man diesen für Schwingungen verschiedener Frequenz

$$x = a\cos(\omega_a t + \alpha) \quad , \qquad y = b\cos(\omega_b t + \beta)$$

definieren als

$$\gamma := (\omega_b - \omega_a)t + (\beta - \alpha) \quad . \tag{1.23/11}$$

Der Phasenverschiebungswinkel ist hier eine Funktion der Zeit und verliert damit an praktischer Bedeutung. Er stellt aber weiterhin den Winkel zwischen den Drehzeigern $\underline{y}$ und $\underline{x}$ dar; diese ändern nun allerdings im Laufe der Zeit ihre relative Lage zueinander.

1.24 Zusammensetzen harmonischer Schwingungen

Die Summe zweier harmonischer Schwingungen gleicher Frequenz gibt wieder eine harmonische Schwingung dieser Frequenz. Am einfachsten erkennt man den Sachverhalt mit Hilfe der Drehzeiger. Mit den Bezeichnungen aus dem vorigen Abschnitt wird

$$\underline{z} = \underline{x} + \underline{y} = \underline{a}\,e^{i\omega t} + \underline{b}\,e^{i\omega t} = (\underline{a} + \underline{b})\,e^{i\omega t} =: \underline{d}\,e^{i\omega t} . \qquad (1.24/1)$$

Die komplexe Amplitude der Summenschwingung ist die Summe der komplexen Amplituden der Einzelschwingungen,

$$\underline{d} = d\,e^{i\delta} = \underline{a} + \underline{b} = a\,e^{i\alpha} + b\,e^{i\beta} . \qquad (1.24/2)$$

Die Bestimmungsstücke der komplexen Amplitude $\underline{d}$, die reelle Amplitude d und der Nullphasenwinkel δ folgen aus Abb.1.24/1:

$$d^2 = a^2 + b^2 + 2ab\cos(\beta - \alpha) , \qquad (1.24/3)$$

$$\tan\delta = \frac{a\sin\alpha + b\sin\beta}{a\cos\alpha + b\cos\beta} . \qquad (1.24/4)$$

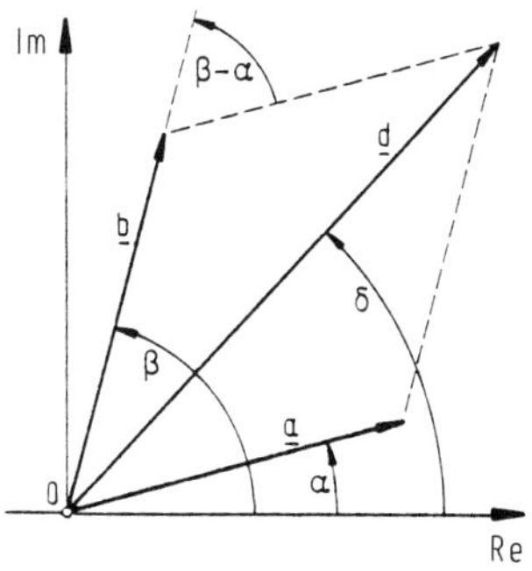

Abb.1.24/1.
Zusammensetzung von harmonischen Schwingungen gleicher Frequenz

In reeller Schreibweise lautet das Ergebnis

$$z = x + y = a\cos(\omega t + \alpha) + b\cos(\omega t + \beta) = d\cos(\omega t + \delta) . \qquad (1.24/5)$$

Die Drehzeiger $\underline{x}$, $\underline{y}$ und $\underline{z}$ gehen aus den Zeigern $\underline{a}$, $\underline{b}$ und $\underline{d}$ durch Drehung um den für alle drei Zeiger gleichen Winkel ωt hervor. Sie haben relativ zueinander stets die gleiche Lage.

Zwei Sonderfälle von Gl.(1.24/5) seien eigens angemerkt:

$$a\cos\omega t + b\sin\omega t = \sqrt{a^2+b^2}\ \cos[\omega t - \arctan(b/a)]\ , \qquad (1.24/5a)$$

$$a\cos\omega t + b\sin\omega t = \sqrt{a^2+b^2}\ \sin[\omega t + \arctan(a/b)]\ . \qquad (1.24/5b)$$

Die Addition zweier Schwingungen verschiedener Frequenzen ω_a und ω_b bringt verwickeltere Zusammenhänge. Da die Zeiger $\underline{x}$ und $\underline{y}$ nun verschieden schnell rotieren, bleibt ihre relative Lage (ihr Phasenverschiebungswinkel) nicht erhalten. Der Summenzeiger $\underline{z}$ ändert mit der Zeit seine Länge, außerdem rotiert er nicht mehr mit konstanter Winkelgeschwindigkeit. Die Summe zweier harmonischer Schwingungen verschiedener Frequenz ergibt daher keine harmonische Schwingung.

Solange das Verhältnis ω_a/ω_b rational ist, also durch das Verhältnis zweier ganzer Zahlen n/m ausgedrückt werden kann, bleibt die Bewegung periodisch; denn aus $n/m = \omega_a/\omega_b = T_b/T_a$ folgt $nT_a = mT_b =: T$. T ist die Periodendauer der Summenschwingung, falls n und m teilerfremd sind. Für ein nichtrationales Verhältnis ist die resultierende Schwingung nicht mehr periodisch. Da aber jede irrationale Zahl beliebig genau durch den Quotienten (großer) rationaler Zahlen angenähert werden kann, wiederholt sich die Schwingung "umso genauer", je länger man wartet. Eine solche Schwingung heißt fastperiodisch.

1.25 Produkte harmonisch schwingender Größen

Auch das Produkt zweier harmonisch schwingender Größen wird oft benötigt. So wird nach Gl.(1.12/5) das Produkt $x \cdot x$ zur Berechnung des Effektivwertes gebraucht oder aber das Produkt $x \cdot y$ zur Berechnung einer Leistung, wenn x die Geschwindigkeit und y die Kraft oder x der Strom und y die Spannung ist.

Wir berechnen

$$z = x \cdot y = [a \cos(\omega_a t + \alpha)] \cdot [b \cos(\omega_b t + \beta)] \quad . \qquad (1.25/1)$$

Statt langwierig trigonometrisch umzuformen, bedienen wir uns der komplexen Rechnung. Mit Gl.(1.23/7) folgt

$$z = x \cdot y = \frac{1}{2} \mathrm{Re}(\underline{x}\,\underline{y} + \underline{x}\,\underline{y}^*) =$$

$$= \frac{1}{2} a\, b\, \mathrm{Re}\left[e^{i(\omega_a t + \alpha)}\, e^{i(\omega_b t + \beta)} + e^{i(\omega_a t + \alpha)}\, e^{-i(\omega_b t + \beta)}\right] \qquad (1.25/2)$$

$$= \frac{1}{2} a\, b \left\{\cos[(\omega_a + \omega_b) t + \alpha + \beta] + \cos[(\omega_a - \omega_b) t + \alpha - \beta]\right\} \quad .$$

Die Leistung z besteht aus zwei Anteilen; der eine schwingt mit der Summen-, der andere mit der Differenzfrequenz.

Für den besonders wichtigen Fall $\omega_a = \omega_b = \omega$ vereinfacht sich das Ergebnis zu:

$$z = \frac{a\, b}{2} \left\{\cos[2(\omega t + \alpha) + \gamma] + \cos\gamma\right\} \quad , \qquad (1.25/3)$$

wobei $\gamma = \beta - \alpha$ der Phasenverschiebungswinkel ist. Das Produkt z schwingt hier wieder sinusförmig, aber mit der doppelten Frequenz.

Ist T die Periodendauer der Schwingung mit der Kreisfrequenz ω, so wird das Zeitintegral

$$\int_t^{t+T} z\, dt = \frac{a b}{2} \int_t^{t+T} \left\{\cos[2(\omega\tau + \alpha) + \delta] + \cos\gamma\right\} d\tau = \frac{a b T}{2} \cos\gamma , \qquad (1.25/4)$$

und der nach Gl.(1.12/4) definierte zeitliche Mittelwert $\bar{z}$ wird

$$\bar{z} = \frac{1}{T} \int_t^{t+T} z(\tau)\, d\tau = \frac{a b}{2} \cos\gamma \quad . \qquad (1.25/5)$$

Ist z eine Leistung, so ist die über die Zeit gemittelte Leistung $\bar{z}$ die wichtigste energetische Größe eines Systems, da sie, multipliziert mit der Zeit, für solche Zeiten, die groß gegen die Schwingdauer T sind, die geleistete Arbeit des Systems angibt. Sie wird, dem Sprachgebrauch der Elektrotechnik folgend, auch Wirkleistung genannt. Die Wirkleistung lautet in komplexer Form

$$\bar{z} = \frac{1}{2}\,\mathrm{Re}(\underline{x}\,\underline{y}^*) = \frac{1}{4}(\underline{x}\,\underline{y}^* + \underline{x}^*\underline{y}) \quad . \qquad (1.25/6)$$

Wir gehen wieder zurück zu Gl.(1.25/2) und nehmen nunmehr an, daß ω_a und ω_b in einem beliebigen rationalen Frequenzverhältnis stehen, $\omega_a/\omega_b = T_b/T_a = n/m$. Die gemeinsame Schwingdauer ist $T := nT_a = mT_b$. T ist dann aber auch ein ganzzahliges Vielfaches von T_{a+b} und T_{a-b}. Es ist

$$T_{a+b} = \frac{2\pi}{\omega_a+\omega_b} = \frac{2\pi}{\omega_a}\,\frac{n}{n+m} = \frac{T}{n+m} \quad ,$$
$$T_{a-b} = \frac{2\pi}{\omega_a-\omega_b} = \frac{2\pi}{\omega_a}\,\frac{n}{n-m} = \frac{T}{n-m} \quad . \qquad (1.25/7)$$

In der gemeinsamen Periodendauer T laufen $(n+m)$ volle Schwingungen von $\cos(\omega_a+\omega_b)t$ und $(n-m)$ volle Schwingungen von $\cos(\omega_a-\omega_b)t$ ab. Das Integral über T wird zu Null. Der zeitliche Mittelwert des Produktes zweier harmonischer Schwingungen verschiedener Frequenzen, die in rationalem Verhältnis stehen, ist also Null. Dies gilt übrigens auch für nichtrationale Frequenzverhältnisse; es muß die Integrationszeit T dann nur lang genug sein.

Betrachten wir das bisher Gesagte im Hinblick auf die Leistung, so lautet das Endergebnis: Nur harmonische Schwingungen gleicher Frequenz setzen miteinander im Mittel über die Zeit Leistung um.

Wir ergänzen diese Aussage durch folgendes Beispiel: $x(t)$ und $y(t)$ bestehen beide aus Summen von mehreren harmonischen Schwingungen verschiedener Frequenz,

$$x = a_1\cos(\omega_1 t + \alpha_1) + a_2\cos(\omega_2 t + \alpha_2) + a_3\cos(\omega_3 t + \alpha_3) + \ldots,$$
$$y = b_1\cos(\omega_1 t + \beta_1) + b_2\cos(\omega_2 t + \beta_2) + b_3\cos(\omega_3 t + \beta_3) + \ldots. \qquad (1.25/8a)$$

Hier wird der Mittelwert $\bar{z}$ des Produktes $z = x\cdot y$ zu

$$\bar{z} = \frac{a_1 b_1}{2}\cos\gamma_1 + \frac{a_2 b_2}{2}\cos\gamma_2 + \frac{a_3 b_3}{2}\cos\gamma_3 + \ldots \qquad (1.25/8b)$$

unter der Voraussetzung, daß die Kreisfrequenzen ω_1, ω_2, ω_3 alle voneinander verschieden sind; dabei gilt $\gamma_n = \beta_n - \alpha_n$.

1.3 Sinusverwandte Schwingungen

1.31 Modulierte Schwingungen

Als harmonische Schwingungen haben wir Vorgänge bezeichnet, die durch die Gleichung

$$x(t) = a\cos(\omega t + \alpha)$$

beschrieben werden. Die drei Bestimmungsstücke a, ω, α waren dabei konstant. Sind diese Größen jedoch mit der Zeit veränderlich, und zwar langsam veränderlich gegenüber cos(ωt+α), so spricht man von einer modulierten Schwingung. Es handelt sich dann nicht mehr um einen harmonischen, sondern um einen allgemeineren periodischen oder auch um einen nichtperiodischen Vorgang. Im allgemeinen Fall kann er in der Form

$$x(t) = a(t)\cos\varphi(t) \qquad (1.31/1)$$

geschrieben werden.

Als amplitudenmoduliert bezeichnet man eine Schwingung

$$x(t) = a(t)\cos(\omega_0 t + \alpha_0) \quad , \qquad (1.31/2)$$

wenn die Größen ω_0 und α_0 konstant sind und a(t) sich im Zeitabschnitt $2\pi/\omega_0$ nur wenig ändert.

Winkelmoduliert heißt die Schwingung

$$x(t) = a_0\cos\varphi(t) \quad , \qquad (1.31/3)$$

wenn a_0 konstant ist und φ(t) sich nichtlinear mit der Zeit ändert. Die Winkelmodulation kann entweder durch eine Frequenzmodulation oder durch eine Modulation des Nullphasenwinkels zustande kommen. Ist die Frequenz moduliert, so gilt

$$\varphi(t) = \int \omega(\tau)\,d\tau + \alpha_0 \quad ; \qquad (1.31/4a)$$

die Größe

$$\omega(t) = \frac{d\varphi(t)}{dt} \tag{1.31/4b}$$

heißt die augenblickliche Kreisfrequenz der winkelmodulierten Schwingung.

Ist der Nullphasenwinkel moduliert, so gilt

$$\varphi(t) = \omega_0 t + \alpha(t) \quad . \tag{1.31/5}$$

Frequenzmodulation und Nullphasenmodulation sind gleichwertig und in der Erscheinung nicht unterscheidbar.

Eine winkelmodulierte Schwingung läßt sich als Überlagerung zweier amplitudenmodulierten Schwingungen auffassen. Beschreibt nämlich g(t) die Abweichung des Phasenwinkels vom linearen Verlauf, so gilt

$$\begin{aligned} &\cos\left[\omega_0 t + \alpha_0 + g(t)\right] = \\ &\cos(\omega_0 t + \alpha_0)\cos g(t) - \sin(\omega_0 t + \alpha_0)\sin g(t) = \\ &a_1(t)\cos(\omega_0 t + \alpha_0) + a_2(t)\sin(\omega_0 t + \alpha_0) \quad . \end{aligned} \tag{1.31/6}$$

Es ist also eine Frage der Zweckmäßigkeit, ob die Schwingung als amplitudenmoduliert oder als winkelmoduliert betrachtet wird.

Nimmt bei einer amplitudenmodulierten Schwingung die Amplitude a(t) monoton ab bzw. zu, so heißt die Schwingung abklingend bzw. anschwellend (oder auch aufklingend). Ist a(t) eine periodische Funktion,

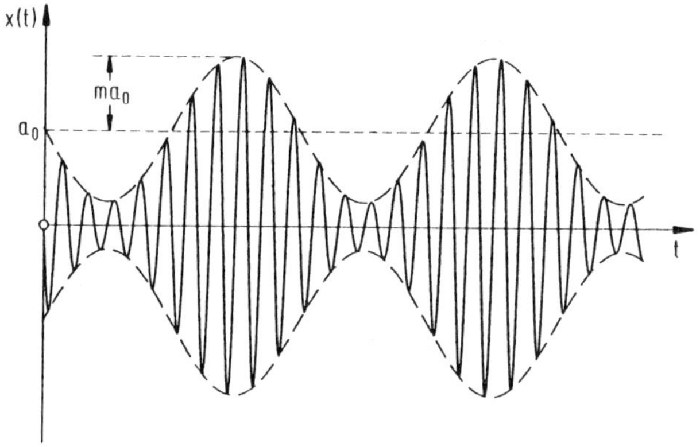

Abb.1.31/1. Sinusförmig amplitudenmodulierte Schwingung

so heißt ihre Periode Modulationsperiode, ihre Frequenz Modulationsfrequenz ω_m. Das einfachste Beispiel einer periodisch amplitudenmodulierten Schwingung stellt die sinusförmig amplitudenmodulierte Schwingung dar:

$$x = a_0 \left[1 + m \cos(\omega_m t + \alpha_m)\right] \cos(\omega_0 t + \alpha_0) \qquad (1.31/7)$$

(vgl. Abb.1.31/1). $a_0 m$ heißt *Amplitudenhub*, m heißt *Modulationsgrad*. Diese sinusförmig amplitudenmodulierte Schwingung läßt sich als Summe von drei harmonischen Schwingungen darstellen:

$$x = a_0 \left[1 + m \cos(\omega_m t + \alpha_m)\right] \cos(\omega_0 t + \alpha_0) =$$

$$= a_0 \cos(\omega_0 t + \alpha_0) + \frac{a_0 m}{2} \cos\left[(\omega_0 - \omega_m) t + (\alpha_0 - \alpha_m)\right] \qquad (1.31/8)$$

$$+ \frac{a_0 m}{2} \cos\left[(\omega_0 + \omega_m) t + (\alpha_0 + \alpha_m)\right] .$$

Der erste Anteil der Summe heißt die *Trägerschwingung*, ihre Kreisfrequenz ω_0 die *Trägerfrequenz*. Die beiden anderen Anteile bezeichnet man als *Seitenschwingungen*. Das Frequenzspektrum (vgl. Abschn.1.42) dieser Schwingung ist ein Linienspektrum; Abb.1.31/2.

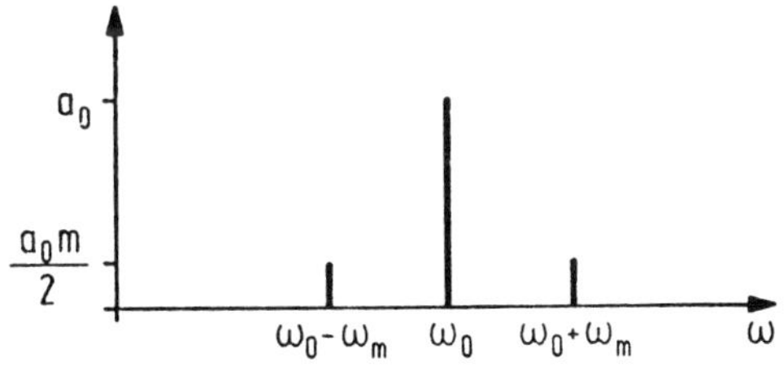

Abb.1.31/2.
Spektrum der amplitudenmodulierten Schwingung

In komplexer Schreibweise lautet die Gl.(1.31/8)

$$\underline{x} = a_0 e^{i(\omega_0 t + \alpha_0)} + \frac{m}{2} a_0 e^{i[(\omega_0 - \omega_m) t + \alpha_0 - \alpha_m]} + \frac{m}{2} a_0 e^{i[(\omega_0 + \omega_m) t + \alpha_0 + \alpha_m]}$$

$$= a_0 e^{i(\omega_0 t + \alpha_0)} \left[1 + \frac{m}{2} e^{-i(\omega_m t + \alpha_m)} + \frac{m}{2} e^{i(\omega_m t + \alpha_m)}\right] . \qquad (1.31/9)$$

Die letzte Beziehung ist in Abb.1.31/3 durch Drehzeiger dargestellt. Um die Spitze des Trägerzeigers $\underline{x}_0$ vom Betrage a_0, der sich mit der Winkelgeschwindigkeit ω_0 dreht, rotieren zwei Zeiger der Länge $a_0 m/2$ gegenläufig mit den konstanten Winkelgeschwindigkeiten ω_m relativ zu $\underline{x}_0$ (ω_m ist die Änderungsgeschwindigkeit des Phasenverschiebungswinkels $\gamma = \omega_m t + \alpha_m$). Der Summenzeiger $\underline{x}$ fällt aber stets in die Richtung von $\underline{x}_0$. Er hat veränderliche Länge.

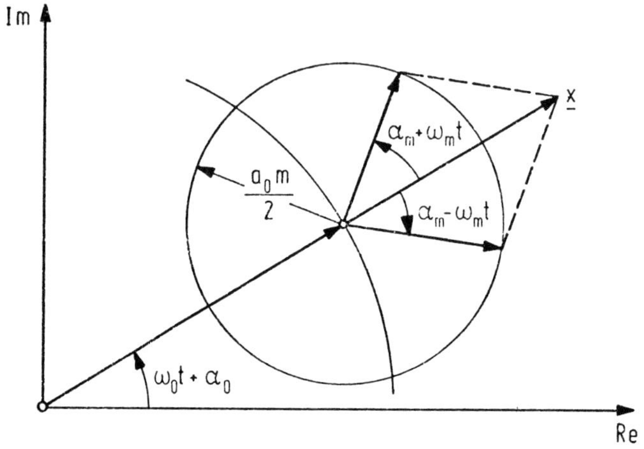

Abb.1.31/3. Drehzeigerdarstellung der sinusförmig amplitudenmodulierten Schwingung

Eine sinusförmig amplitudenmodulierte Schwingung ist natürlich nur dann periodisch, wenn Modulationsfrequenz ω_m und Trägerfrequenz ω_0 in einem rationalen Verhältnis stehen.

Die oben entwickelten Begriffe werden auf die winkelmodulierten Schwingungen sinngemäß übertragen. Die winkelmodulierte Schwingung

$$x(t) = a_0 \cos\varphi(t) = a_0 \cos\left[\omega_0 t - \frac{\omega_h}{\omega_m}\cos(\omega_m t + \alpha_m) + \alpha_0\right] \qquad (1.31/10)$$

hat nach Gl.(1.31/4b) die augenblickliche Kreisfrequenz

$$\omega(t) = \omega_0 + \omega_h \sin(\omega_m t + \alpha_m) \quad .$$

Die Schwingung ist also sinusförmig frequenzmoduliert. Die Größe $\omega_h/2\pi$ heißt Frequenzhub, ω_h/ω_0 Modulationsgrad.

Ist bei einer winkelmodulierten Schwingung die Frequenz $\omega(t)$ periodisch, so heißt ihre Periode Modulationsperiode. Das Vorhandensein einer Modulationsperiode besagt aber auch hier nicht, daß die modulierte Schwingung selbst periodisch sei. Periodisch wird $x(t)$ nur dann, wenn das Verhältnis ω_m/ω_0 rational ist.

In komplexer Schreibweise lautet Gl.(1.31/10)

$$\underline{x} = a_0 \, e^{i(\omega_0 t + \alpha_0)} \, e^{-i \frac{\omega_h}{\omega_m} \cos(\omega_m t + \alpha_m)} \quad .$$

Der Zeiger $\underline{x}$ unterscheidet sich vom Trägerzeiger $\underline{x}_0$ durch den Phasenverschiebungswinkel

$$\gamma = \frac{\omega_h}{\omega_m} \cos(\omega_m t + \alpha_m) \quad .$$

Der Phasenverschiebungswinkel schwingt harmonisch um Null; siehe Abb. 1.31/4.

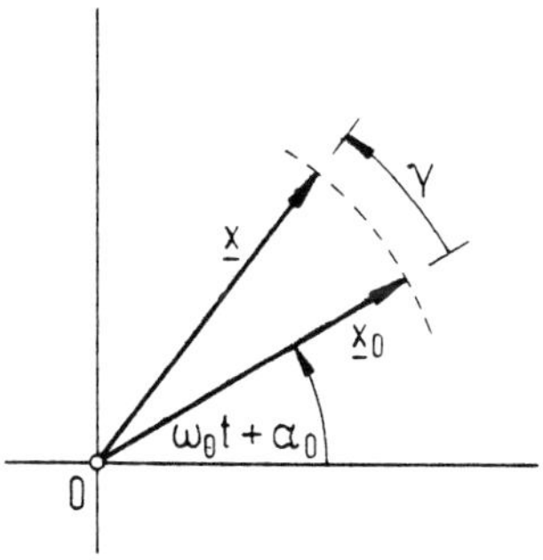

Abb.1.31/4.
Zeiger $\underline{x}$ und Trägerzeiger $\underline{x}_0$ einer winkelmodulierten Schwingung

1.32 Schwebungen

Die Überlagerung zweier harmonischer Schwingungen, deren Frequenzen ω_1 und ω_2 nahe benachbart sind, führt zur Erscheinung der Schwebung, siehe Abb.1.32/1. Die Summe

$$x = x_1 + x_2 = a_1 \cos(\omega_1 t + \alpha_1) + a_2 \cos(\omega_2 t + \alpha_2) \qquad (1.32/1)$$

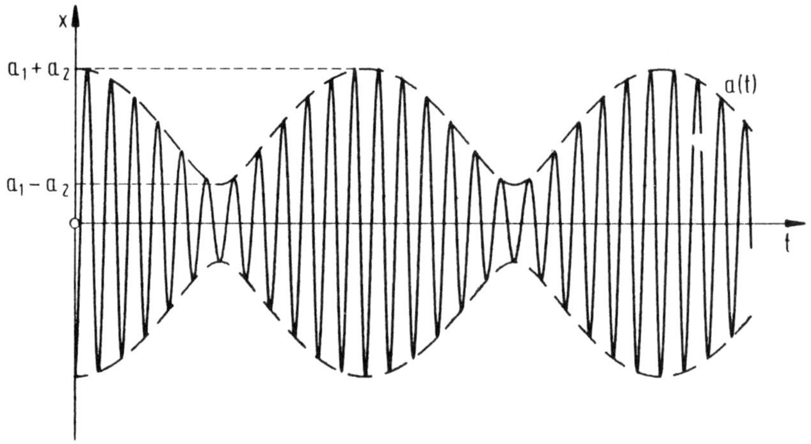

Abb.1.32/1. Schwebung

läßt sich in Gestalt des Produktes

$$x = a(t)\cos\varphi(t) \tag{1.32/2}$$

schreiben. Die Schwingung ist im allgemeinen amplituden- und winkelmoduliert. Die Zeiger $\underline{x}$, $\underline{x}_1$ und $\underline{x}_2$ sind in Abb.1.32/2 dargestellt.

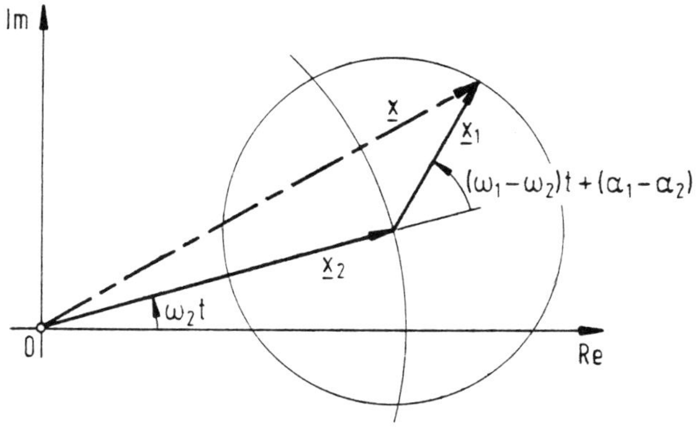

Abb.1.32/2. Zeigerdarstellung einer Schwebung

Die Abbildung entspricht der Abb.1.24/1, so daß wir für a(t) und φ(t) die in Gl.(1.24/3) und Gl.(1.24/4) gegebenen Ausdrücke finden. Die Funktion

$$a(t) = \sqrt{a_1^2 + a_2^2 + 2a_1a_2\cos\left[(\omega_1 - \omega_2)t + \alpha_1 - \alpha_2\right]} \qquad (1.32/3)$$

nennt man die Umhüllende der Schwebung. Sie schwankt mit der Periodendauer $T_s = 2\pi/(\omega_1 - \omega_2)$ (Schwebungsperiode) zwischen den Werten $a_1 + a_2$ und $a_1 - a_2$ und ist in der Abb.1.32/1 gestrichelt gezeichnet.

Weisen die Teilschwingungen gleiche Amplituden auf ($a_1 = a_2 = a$), so spricht man von einer einfachen Schwebung. Für diesen Fall folgt durch trigonometrische Umformung von Gl.(1.32/1) der Ausdruck

$$x(t) = 2a\left[\cos\left(\frac{\omega_1 - \omega_2}{2}\,t + \frac{\alpha_1 - \alpha_2}{2}\right)\right]\cos\left(\frac{\omega_1 + \omega_2}{2}\,t + \frac{\alpha_1 + \alpha_2}{2}\right) \quad . \qquad (1.32/4)$$

Die einfache Schwebung erweist sich als nur noch amplitudenmoduliert, siehe Abb.1.32/3. Sie ist identisch mit einem Sonderfall der harmonisch amplitudenmodulierten Schwingung, nämlich der sogenannten "durchmodulierten" Schwingung ($m = \infty$, $a_0 = 0$), bei der die Trägerschwingung mit der Kreisfrequenz ω_0 im Spektrum (Abb.1.31/2) gar nicht vorhanden ist. Die Schwebungsperiode T_s ist die Hälfte der Periode T_m der Modulationsschwingung. Als Schwebungsfrequenz findet man

$$f_s = f_1 - f_2 \quad .$$

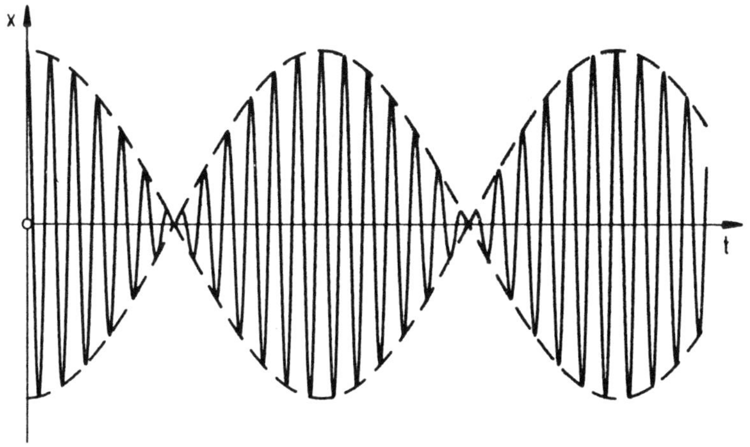

Abb.1.32/3. "Durchmodulierte" Schwingung

1.4 Fourier-Reihen; Fourier-Transformation; Spektraldarstellung von Schwingungen

Von den periodischen Schwingungen wurden bisher nur die Sonderfälle der harmonischen Schwingungen und der harmonisch modulierten Schwingungen behandelt. Die harmonischen Schwingungen $x = a\cos(\omega t+\alpha)$ oder $x = a\sin(\omega t+\beta)$ sind besonders einfache Schwingungen; sie sind dadurch ausgezeichnet, daß sie nur drei Bestimmungsstücke aufweisen: die Amplitude a, die Kreisfrequenz ω und den Nullphasenwinkel α oder β. Im folgenden werden wir zeigen, daß und wie jede beliebige periodische Schwingung $x(t) = x(t+T)$ durch eine (endliche oder unendliche) Summe von harmonischen Teilschwingungen dargestellt werden kann.

1.41 Fourier-Summen, Fourier-Reihen

Die harmonischen Schwingungen

$$x_n(t) = a_n\cos(n\omega t + \alpha_n) \quad ; \quad n = 1,2,3,\ldots,N \tag{1.41/1}$$

haben alle die gemeinsame Periode

$$T = 2\pi/\omega \quad . \tag{1.41/2}$$

Auch die Summe

$$x(t) = a_0 + \sum_{n=1}^{N} a_n\cos(n\omega t + \alpha_n) \quad ; \quad n = 1,2,3,\ldots,N \tag{1.41/3}$$

ist T-periodisch. In (1.41/3) ist der Allgemeinheit zuliebe eine Konstante a_0 hinzugefügt worden. Sie entspricht dem in Gl.(1.12/4) definierten Mittelwert $\bar{x}$ der Schwingung $x(t)$.

$x_1(t)$ heißt Grundschwingung oder Grundharmonische von $x(t)$, die $x_n(t)$ mit $n = 2,3,\ldots,N$ heißen (höhere) Harmonische n-ter Ordnung oder (nicht so zweckmäßig) Oberschwingungen (n-1)ter Ordnung. Die gesamte Summe in Gl.(1.41/3) wird *Fourier-Summe* genannt. Ist N unendlich, so spricht man von einer *Fourier-Reihe*. Selbstverständlich kann man Fourier-Summen auch durch Sinusfunktionen

$$x(t) = a_0 + \sum_{n=1}^{N} a_n \sin(n\omega t + \beta_n) \qquad (1.41/4)$$

ausdrücken oder durch Sinus- und Kosinusfunktionen ohne Nullphasenwinkel,

$$x(t) = a_0 + \sum_{n=1}^{N} c_n \cos n\omega t + \sum_{n=1}^{N} s_n \sin n\omega t \quad . \qquad (1.41/5)$$

Dabei gelten die Zusammenhänge

$$\beta_n = \alpha_n + \pi/2 \;;\; c_n = a_n \cos\alpha_n = a_n \sin\beta_n \;;\; s_n = -a_n \sin\alpha_n = a_n \cos\beta_n \;;$$
$$a_n = \sqrt{c_n^2 + s_n^2} \;;\; \tan\alpha_n = -s_n/c_n \;;\; \tan\beta_n = c_n/s_n \quad . \qquad (1.41/6)$$

Die Koeffizienten a_n oder c_n und s_n heißen F o u r i e r - K o e f f i z i e n t e n. Die Bedeutung der Fourier-Summen besteht darin, daß mit ihrer Hilfe jede beliebige periodische Funktion beschrieben werden kann. Die Aufgabe, bei vorgegebenem x(t) die Fourier-Koeffizienten zu bestimmen, wird F o u r i e r - A n a l y s e genannt; sie wird im folgenden Abschnitt besprochen.

Zu manchen der Darlegungen in diesem Hauptabschnitt 1.4 findet man Erläuterungen und Ergänzungen an vielerlei Stellen, so etwa bei R. Zurmühl, Lit.1.41/1. Auf dieses Buch werden wir auch an späteren Stellen noch hinweisen.

1.42 Fourier-Analyse

Die Funktionen cos $n\omega t$ und sin $n\omega t$ bilden ein orthogonales Funktionensystem. Es gilt

$$\int_{t_0}^{t_0+T} \cos n\omega t \cos m\omega t \, dt = \begin{cases} 0 & \text{für } n \neq m \;, \\ T/2 & \text{für } n = m \;, \end{cases}$$
$$\int_{t_0}^{t_0+T} \sin n\omega t \cos m\omega t \, dt = 0 \qquad \text{für alle n und m}, \qquad (1.42/1)$$
$$\int_{t_0}^{t_0+T} \sin n\omega t \sin m\omega t \, dt = \begin{cases} 0 & \text{für } n \neq m \;, \\ T/2 & \text{für } n = m \;. \end{cases}$$

In der Orthogonalität liegt der Schlüssel zum Bestimmen der Fourier-Koeffizienten. Will man eine beliebige periodische Funktion $x(t) = x(t+T)$ durch eine Fourier-Reihe darstellen, also durch

$$x(t) = a_0 + \sum_{n=1}^{\infty} c_n \cos n\omega t + \sum_{n=1}^{\infty} s_n \sin n\omega t \quad , \qquad (1.42/2)$$

so erhält man zum Beispiel die Koeffizienten c_n dadurch, daß man die Gleichung mit $\cos m\omega t$ multipliziert und über die Periode T integriert:

$$\int_{t_0}^{t_0+T} x(t) \cos m\omega t \, dt = a_0 \int_{t_0}^{t_0+T} \cos m\omega t \, dt + \sum_{n=1}^{N} c_n \int_{t_0}^{t_0+T} \cos n\omega t \cos m\omega t \, dt + \sum_{n=1}^{N} s_n \int_{t_0}^{t_0+T} \sin n\omega t \cos m\omega t \, dt \quad .$$

Wegen der Orthogonalität bleibt von den Summen auf der rechten Seite nur ein Glied übrig, nämlich jenes für $m = n$. Es wird

$$\int_{t_0}^{t_0+T} x(t) \cos n\omega t \, dt = c_n \int_{t_0}^{t_0+T} \cos^2 n\omega t \, dt = c_n T/2 \quad . \qquad (1.42/3)$$

Diese Gleichung ist die Bestimmungsgleichung für den Koeffizienten c_n. Auf entsprechende Weise findet man s_n. Der Wert a_0 ergibt sich einfach aus der Integration der Gl.(1.42/2) über eine Periode. Die Fourier-Koeffizienten lauten somit

$$a_0 = \frac{1}{T} \int_{t_0}^{t_0+T} x(t) \, dt \quad ,$$

$$\left. \begin{aligned} c_n &= \frac{2}{T} \int_{t_0}^{t_0+T} x(t) \cos n\omega t \, dt \\ s_n &= \frac{2}{T} \int_{t_0}^{t_0+T} x(t) \sin n\omega t \, dt \end{aligned} \right\} \quad n \neq 0 \quad . \qquad (1.42/4)$$

Oft wird die schwingende Größe x nicht als Funktion der Zeit t, sondern als Funktion des Phasenwinkels $\varphi = \omega t$ der Grundschwingung angegeben, also in der Form

$$x(\varphi) = a_0 + \sum_{n=1}^{\infty} c_n \cos n\varphi + \sum_{n=1}^{\infty} s_n \sin n\varphi \quad . \tag{1.42/5}$$

In diesem Fall lauten die Fourier-Koeffizienten wegen $\omega T = 2\pi$:

$$a_0 = \frac{1}{2\pi}\int_{\varphi_0}^{\varphi_0+2\pi} x(\varphi)\,d\varphi \;, \qquad \left.\begin{aligned} c_n &= \frac{1}{\pi}\int_{\varphi_0}^{\varphi_0+2\pi} x(\varphi)\cos n\varphi\,d\varphi \\ s_n &= \frac{1}{\pi}\int_{\varphi_0}^{\varphi_0+2\pi} x(\varphi)\sin n\varphi\,d\varphi \end{aligned}\right\} n \neq 0. \tag{1.42/6}$$

Besitzt die Funktion $x(t)$ oder $x(\varphi)$ besondere Eigenschaften, ist sie z.B. gerade, ungerade oder wechselsymmetrisch (der Funktionswert wiederholt sich nach einer halben Periodendauer mit negativen Werten), so verschwinden gewisse Fourier-Koeffizienten, die Integrale für die übrig bleibenden lassen sich vereinfachen. Solche Fälle sind in Tafel 1.42/I zusammengestellt. In Tafel 1.42/II sind Fourier-Reihen für einige spezielle Funktionen angeschrieben.

Nach dem Gesagten kann man eine periodische Schwingung also nicht nur als Funktion der Zeit t oder des Phasenwinkels φ beschreiben, sondern auch dadurch, daß man entweder ihre Fourier-Koeffizienten c_n und s_n oder aber die Amplitude a_n und die Nullphasenwinkel α_n als Funktionen der Frequenzen ω_n oder $f_n = \omega_n/2\pi$ oder der Ordnungszahl n angibt. Eine solche Beschreibung der Schwingung im "Frequenzbereich" nennt man ihre *Spektraldarstellung*; die Auftragung von a_n über f_n heißt das *Amplitudenspektrum*, die von α_n über f_n das *Phasenspektrum* (genauer: *Nullphasenwinkelspektrum*) der Schwingung. Das Wort Spektrum stammt aus der Optik, wo die Zerlegung des Lichtes durch Prismen in verschiedene Frequenzanteile ein Spektrum genannt wird. Eine ebensolche Zerlegung in Frequenzen bewirkt auch die Fourier-Analyse. Ist die Schwingung periodisch, so treten nur diskret liegende Frequenzen f_n auf. Das Spektrum ist in diesem Fall ein *Linienspektrum*. Als Beispiel zeigt Abb.1.42/1 das Amplitu-

Tafel 1.42/I. Fourier-Koeffizienten für periodische Funktionen mit besonderen Eigenschaften

Nr.	Eigenschaft		Bild	Fourier-Koeffizienten	
1	gerade	$x(-\varphi) = x(\varphi)$	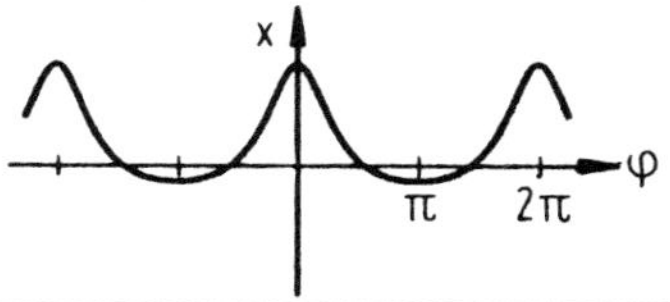	$c_n = \frac{2}{\pi}\int_0^{\pi} f(\varphi)\cos n\varphi\, d\varphi$	$s_n = 0$
2	ungerade	$-x(-\varphi) = x(\varphi)$	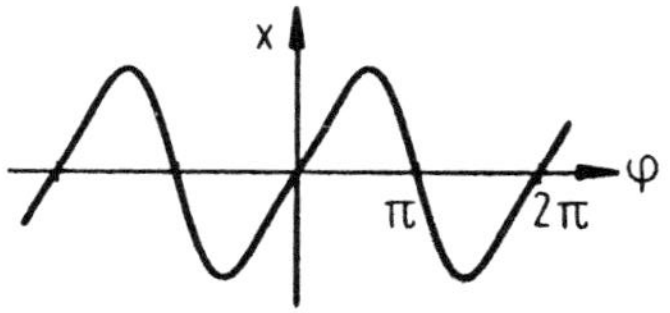	$c_n = 0$	$s_n = \frac{2}{\pi}\int_0^{\pi} f(\varphi)\sin n\varphi\, d\varphi$
3	wechsel-symmetrisch	$x(\varphi + \pi) = -x(\varphi)$	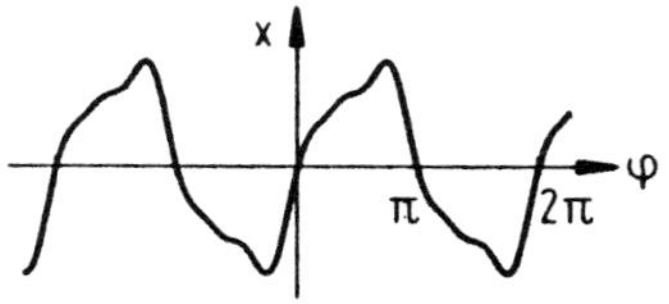	$c_{2n+1} = \frac{2}{\pi}\int_0^{\pi} f(\varphi)\cos(2n+1)\varphi\, d\varphi$ $c_{2n} = 0$	$s_{2n+1} = \frac{2}{\pi}\int_0^{\pi} f(\varphi)\sin(2n+1)\varphi\, d\varphi$ $s_{2n} = 0$
4	gerade und wechsel-symmetrisch	$x(-\varphi) = x(\varphi)$ $x(\varphi + \pi) = -x(\varphi)$	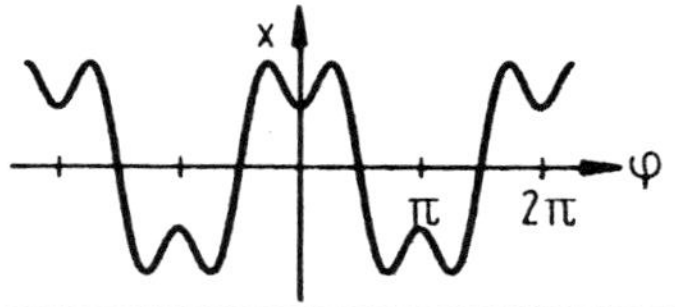	$c_{2n+1} = \frac{2}{\pi}\int_0^{\pi} f(\varphi)\cos(2n+1)\varphi\, d\varphi$ $c_{2n} = 0$	$s_n = 0$
5	ungerade und wechsel-symmetrisch	$x(-\varphi) = -x(\varphi)$ $x(\varphi + \pi) = -x(\varphi)$	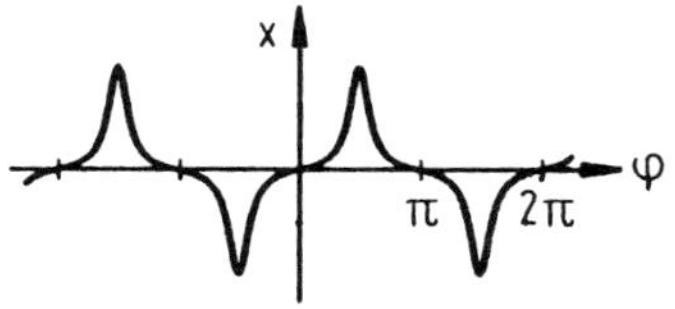	$c_n = 0$	$s_{2n+1} = \frac{2}{\pi}\int_0^{\pi} f(\varphi)\sin(2n+1)\varphi\, d\varphi$ $s_{2n} = 0$

Tafel 1.42/II. Fourier-Reihen für spezielle Funktionen

Nr.	Bild	Name	Besondere Eigenschaft	Fourier - Reihe
1	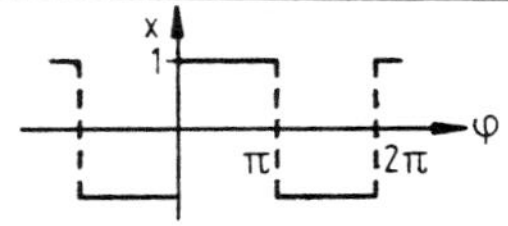	Rechteckkurve	ungerade, wechselsymmetrisch	$x(\varphi) = \frac{4}{\pi} \cdot 1(\sin\varphi + \frac{\sin 3\varphi}{3} + \frac{\sin 5\varphi}{5} + \dots)$
2	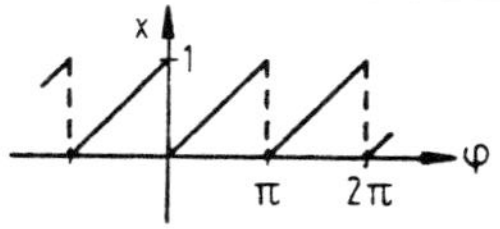	Sägezahnkurve	—	$x(\varphi) = \pi - 2(\frac{\sin\varphi}{1} + \frac{\sin 2\varphi}{2} + \frac{\sin 3\varphi}{3} + \dots)$
3	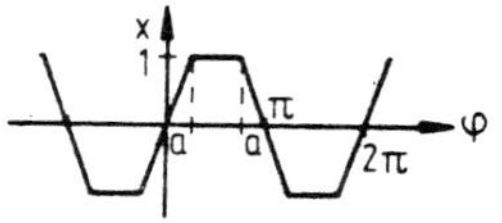	Trapezkurve	ungerade, wechselsymmetrisch	$x(\varphi) = \frac{4}{\pi} \cdot \frac{1}{a}(\frac{1}{1^2} \sin a \sin\varphi + \frac{1}{3^2} \sin 3a \sin 3\varphi + \frac{1}{5^2} \sin 5a \sin 5\varphi + \dots)$
4	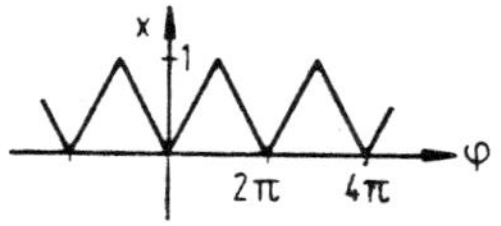	Dreieckkurve	gerade	$x(\varphi) = \frac{\pi}{2} - \frac{4}{\pi}(\frac{\cos\varphi}{1} + \frac{\cos 3\varphi}{9} + \frac{\cos 5\varphi}{25} + \dots)$
5	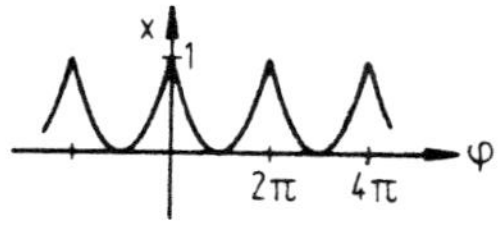	Parabelbogen-kurve	gerade	$x(\varphi) = \frac{\pi^2}{3} + 4(\frac{\cos\varphi}{1} + \frac{\cos 2\varphi}{4} + \frac{\cos 3\varphi}{9} + \dots)$
6	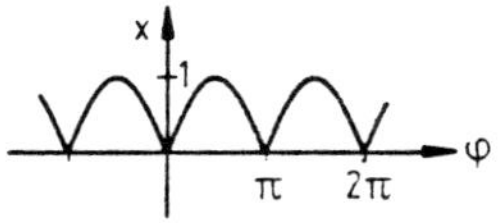	kommutierter Sinusstrom	gerade	$x(\varphi) = \frac{2}{\pi} - \frac{4}{\pi}(\frac{\cos 2\varphi}{1 \cdot 3} + \frac{\cos 4\varphi}{3 \cdot 5} + \frac{\cos 6\varphi}{5 \cdot 7} + \dots)$

denspektrum der in der ersten Zeile der Tafel 1.42/II angegebenen Rechteckkurve.

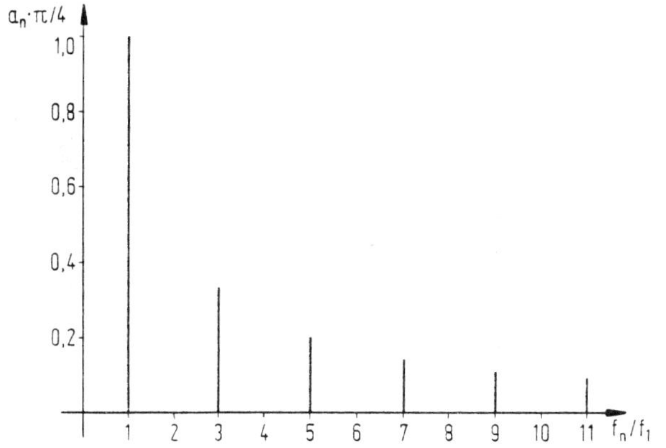

Abb.1.42/1. Amplitudenspektrum einer Rechteckkurve

Im allgemeinen hat eine periodische Funktion x(t) unendlich viele Fourier-Koeffizienten c_n, s_n. Bei einer Analyse wird man sich jedoch meist mit wenigen dieser Koeffizienten begnügen, zumal der Betrag der Koeffizienten für große n gegen Null geht. Die Funktion x(t) wird dann durch eine Fourier-Summe mit $n = 1$ bis N angenähert, und zwar umso genauer, je größer N ist.

Die folgende Eigenschaft der Koeffizienten ist bemerkenswert und für das Berechnen der Näherungssummen wichtig: Der Wert der Koeffizienten c_n, s_n für $n < N$ ist unabhängig von der "Länge" N der als Näherung dienenden Fourier-Summe; anders ausgedrückt: Die für einen Index n berechneten Fourier-Koeffizienten c_n, s_n in einer bis N_1 gehenden Fourier-Summe bleiben ungeändert, wenn man danach die Summe bis $N_2 > N_1$ erstreckt, Lit.1.42/1.

In diesem Zusammenhang einige Hinweise zur Konvergenz: Die zu einer Funktion $x(\varphi)$ berechnete Fourier-Reihe konvergiert, wenn die Funktion $x(\varphi)$ überall definiert und endlich ist und wenn sie im Intervall $0 \leqq \varphi \leqq 2\pi$ nur endlich viele Extrema und Sprungstellen hat (Dirichlet).

Zwischen den Unstetigkeiten der Funktion $x(\varphi)$ und dem Betrag der Fourier-Koeffizienten besteht ein enger Zusammenhang. Die Fourier-

Koeffizienten lassen sich sogar allein aus den Unstetigkeiten der Funktion $x(\varphi)$ und ihrer Ableitungen $x^{(p)}(\varphi)$ ermitteln. Es mögen bedeuten

$\varphi_j^{(p)}$ die Stellen $(j=1,2,\ldots,r_p)$, an denen die p-te Ableitung $x^{(p)}(\varphi)$ Sprünge aufweist, und

$d_j^{(p)} := x^{(p)}(\varphi_j^{(p)}+0) - x^{(p)}(\varphi_j^{(p)}-0)$ die dazu gehörenden Sprunggrößen; ferner seien

$$A_n^{(p)} := \frac{1}{\pi}\sum_{j=1}^{r_p} d_j^{(p)} \cos n\varphi_j^{(p)} \; , \qquad B_n^{(p)} := \frac{1}{\pi}\sum_{j=1}^{r_p} d_j^{(p)} \sin n\varphi_j^{(p)} \tag{1.42/7}$$

Abkürzungen, die die Unstetigkeiten erfassen. Dann berechnen sich die Fourier-Koeffizienten gemäß

$$\begin{aligned} c_n &= -\frac{1}{n}B_n - \frac{1}{n^2}A_n^{(1)} + \frac{1}{n^3}B_n^{(2)} + \frac{1}{n^4}A_n^{(3)} - - + + \ldots \; , \\ s_n &= \frac{1}{n}A_n - \frac{1}{n^2}B_n^{(1)} - \frac{1}{n^3}A_n^{(2)} + \frac{1}{n^4}B_n^{(3)} + - - + \ldots \; . \end{aligned} \tag{1.42/8}$$

Man sieht u.a.: Treten Sprünge erst in der p-ten Ableitung von $x(\varphi)$ auf, so nehmen die Fourier-Koeffizienten asymptotisch wie $1/n^{p+1}$ ab.

An einer Sprungstelle φ_j von $x(\varphi)$ konvergiert die Reihe gegen den Mittelwert. Unmittelbar links und rechts von der Sprungstelle zeigt sich ein "Überschwingen" der durch die Reihe dargestellten Funktion (Gibbssches Phänomen), siehe Beispiel 1.

Wir erläutern das Gesagte durch zwei Beispiele.

B e i s p i e l 1 : Der Zeile 1 in Tafel 1.42/II entnimmt man: Zur Rechteck-Kurve gehört die Fourier-Reihe

$$x(\varphi) = \frac{4}{\pi}\cdot 1 \cdot \sum_{n=1}^{\infty} \frac{\sin n\varphi}{n} \; . \tag{1.42/9}$$

Die Abb.1.42/2 zeigt in den drei Bildteilen a bis c drei durch Abbrechen der Reihe entstehende Fourier-Summen, und zwar

in (a) die Summe mit n = 1 und n = 3,

in (b) die Summe mit n = 1 bis n = 9,

in (c) die Summe mit n = 1 bis n = 29.

Man erkennt auch das oben erwähnte Gibbssche Phänomen: das Überschwingen in der Nähe der Unstetigkeitsstelle. Wenn n gegen Unendlich geht, wird zwar der Bereich $\Delta\varphi$ des nennenswerten Überschwingens immer kleiner, es bleibt jedoch schließlich ein "Turm" vom Betrag $0{,}089\cdot d$ bestehen.

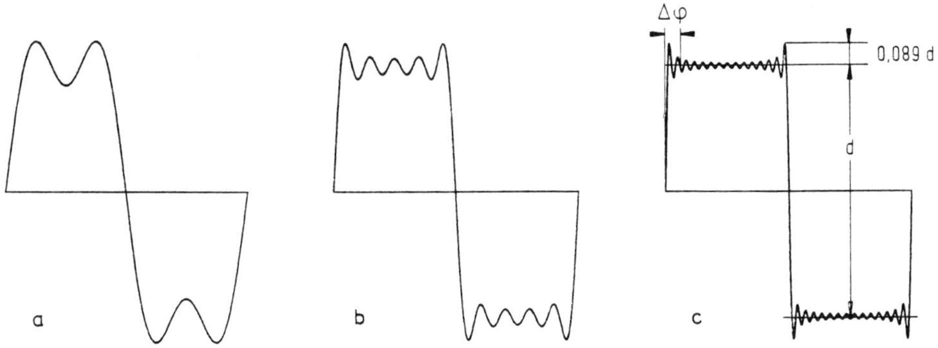

Abb.1.42/2. Teilsummen zur Rechteckfunktion $x(\varphi)$ gemäß Gl.(1.42/9) mit N = 3 (a), 9 (b) und 29 (c)

B e i s p i e l 2 : In Abb.1.42/3 ist als Kurve (a) ein Streckenzug gezeichnet, der im Intervall $0 \leqq \varphi \leqq 2\pi$ die folgenden Punkte (φ, x) miteinander verbindet:

$$(0;0)\,,\ (\pi/3;1)\,,\ (2\pi/3;1/2)\,,\ (\pi;1)\,,\ (4\pi/3;-1)\,,\ (5\pi/3;-1)\,,\ (2\pi;0)\,; \qquad (1.42/10)$$

im darauffolgenden Intervall $2\pi \leqq \varphi \leqq 4\pi$ setzt er sich periodisch fort. Die durch den Streckenzug (1.42/10) repräsentierte Funktion $x(\varphi)$ läßt sich durch eine Fourier-Reihe (1.42/2),

$$x(\varphi) = a_0 + \sum_{n=1}^{\infty} [\, c_n \cos n\varphi + s_n \sin n\varphi \,] \quad , \qquad (1.42/11)$$

darstellen. Bricht man die Reihe nach $n = 5$ ab, so bleibt im vorliegenden Fall die Fourier-Summe

$$x(\varphi) = \frac{1}{\pi^2}\Big[\frac{\pi^2}{12} - 2{,}25\cos\varphi + 9{,}1\sin\varphi + 3{,}18\cos 2\varphi + 0{,}975\sin 2\varphi$$

$$- 2\cos 3\varphi + 0{,}7\cos 4\varphi - 0{,}24\sin 4\varphi - 0{,}09\cos 5\varphi - 0{,}36\sin 5\varphi\Big]. \qquad (1.42/12)$$

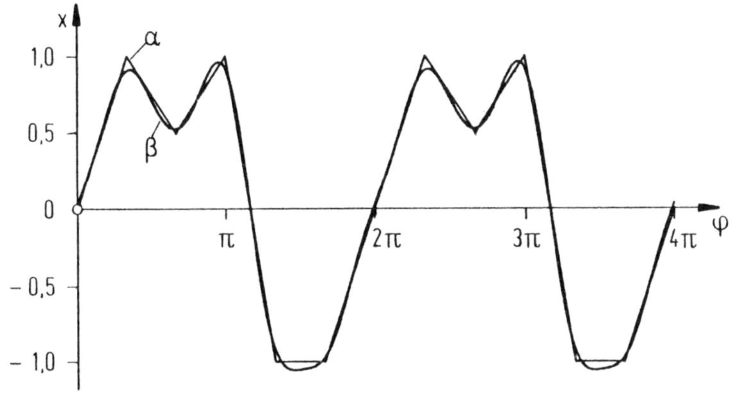

Abb.1.42/3. Streckenzug (α) gemäß (1.42/10); Kurve (β) zeigt Fourier-Summe (1.42/12)

Die in dieser Summe auftretenden Fourier-Koeffizienten c_n und s_n sind nach den Anweisungen der Gln.(1.42/7) und (1.42/8) berechnet worden; hier erhalten wir

$$c_n = -A_n^{|}/n^2 \quad \text{und} \quad s_n = -B_n^{|}/n^2 \ , \qquad (1.42/13)$$

weil nur Knicke, d.h. Unstetigkeiten allein in der ersten Ableitung auftreten. In der Abb.1.42/3 ist außer der Kurve (α), dem ursprünglichen Streckenzug, auch das Bild der Fourier-Summe (1.42/12) als Kurve (β) eingezeichnet.

1.43 Komplexe Darstellung der Fourier-Reihe

Schon im Abschn.1.23 haben wir die reelle Kosinusfunktion mit Hilfe der Eulerschen Formel in komplexe Exponentialfunktionen umgeschrieben. Ebenso können wir auch mit der Fourier-Summe (1.41/3) verfahren. Mit Gl.(1.41/3) und (1.23/1) folgt

$$x(t) = a_0 + \sum_{n=1}^{N} \frac{a_n}{2}\, e^{i\alpha_n}\, e^{in\omega t} + \sum_{n=1}^{N} \frac{a_n}{2}\, e^{-i\alpha_n}\, e^{-in\omega t} \ , \qquad n = 1,2,3,\ldots,N \ . \qquad (1.43/1)$$

Dieser Ausdruck läßt sich wesentlich einfacher schreiben, wenn wir folgende Bezeichnungen einführen:

für n = 0 $\quad b_0 = a_0$;

für n ≠ 0 $\quad b_n = a_n/2$; $\underline{b}_n = \frac{a_n}{2} e^{i\alpha_n}$, $\underline{b}_{-n} = \underline{b}_n^*$. (1.43/2)

Es folgt

$$x(t) = \sum_{n=-N}^{N} \underline{b}_n e^{in\omega t} \quad , \qquad n = -N, \ldots, -1, 0, 1, \ldots, N \quad . \tag{1.43/3}$$

Für die Fourier-Reihe erhält man

$$x(t) = \sum_{n=-\infty}^{+\infty} \underline{b}_n e^{in\omega t} \quad . \tag{1.43/4}$$

Ist x(t) gegeben, so errechnen sich die Fourier-Koeffizienten $\underline{b}_n$ zu

$$\underline{b}_n = \frac{1}{T} \int_{t_0}^{t_0+T} x(t) e^{-in\omega t} dt \quad . \tag{1.43/5}$$

Man erhält dieses Resultat durch Multiplikation der Gl.(1.43/4) mit $e^{-im\omega t}$ und Integration über eine Periode unter Beachten der folgenden Orthogonalitätsbeziehung

$$\int_{t_0}^{t_0+T} e^{i(n-m)\omega t} dt = \begin{cases} 0 & \text{für } n \neq m \, , \\ T & \text{für } n = m \, . \end{cases} \tag{1.43/6}$$

Benutzt man statt der Zeit t den Winkel φ als Argument, so lauten die Zusammenhänge

$$x(\varphi) = \sum_{n=-\infty}^{+\infty} \underline{b}_n e^{in\varphi} \quad , \qquad \underline{b}_n = \frac{1}{2\pi} \int_{\varphi_0}^{\varphi_0+2\pi} x(\varphi) e^{-in\varphi} d\varphi \quad . \tag{1.43/7}$$

Trägt man den Betrag $|\underline{b}_n|$ oder das Argument $\arg(\underline{b}_n)$ über n auf, so findet man wieder die schon erwähnten Linienspektren, wobei diesmal allerdings die Spektraldarstellung von $n = -\infty$ bis $n = +\infty$ geht. Dabei ist stets

$$|\underline{b}_n| = |\underline{b}_{-n}| = a_n/2 \quad ; \quad \arg \underline{b}_n = -\arg \underline{b}_{-n} = \alpha_n \quad . \tag{1.43/8}$$

1.44 Fourier-Transformation; Spektraldichte

Die in den Abschn. 1.42 und 1.43 besprochene Abbildung von Zeitfunktionen in den Frequenzbereich (die Spektraldarstellung) gilt für periodische Funktionen. In diesem Abschnitt wollen wir eine analoge Abbildungsvorschrift für nicht-periodische Funktionen gewinnen. Dabei müssen wir allerdings voraussetzen, daß diese Funktionen beschränkt sind, und zwar derart, daß das Integral

$$\int_{-\infty}^{+\infty} |x(t)|\, dt$$

endlich ist.

Wir führen die Untersuchung in der Weise, daß wir die vorgelegte nicht-periodische Funktion nach einer langen Zeit (wenn die Funktionswerte x genügend klein geworden sind), etwa im Zeitpunkt t_a, abgebrochen denken. Aus dem vorhandenen, bis t_a reichenden Teilstück schaffen wir eine neue Funktion, indem wir fordern, daß das bis t_a reichende Teilstück sich von t_a an periodisch wiederhole. Die neue, nun periodische Funktion habe die Periode T. Um zur ursprünglichen Funktion zurückzukehren, werden wir danach den Grenzübergang $T \to \infty$ durchführen.

Wir gehen aus von der Gl. (1.43/5), wählen $t_0 = -T/2$, ersetzen ω durch $2\pi/T$ und erhalten

$$\underline{b}_n = \frac{1}{T} \int_{-T/2}^{+T/2} x(t)\, e^{-in2\pi t/T}\, dt \quad . \qquad (1.44/1)$$

Läßt man nun T gegen Unendlich gehen, so wird die für endliches T treppenartig springende Funktion n/T zu einer stetigen Funktion. Wir bezeichnen sie (weil sie die Dimension einer Frequenz hat) mit f. Beim Grenzübergang geht zwar $\underline{b}_n$ selbst gegen Null, das Produkt $\underline{b}_n T$, das Integral, bleibt aber endlich. Wir bezeichnen es mit $\underline{X}(f)$, definieren also

$$\underline{X}(f) := \int_{-\infty}^{+\infty} x(t)\, e^{-i2\pi ft}\, dt \quad . \qquad (1.44/2)$$

$\underline{X}(f)$ nennt man die F o u r i e r - T r a n s f o r m i e r t e von x(t) oder ihre S p e k t r a l d i c h t e oder genauer: ihre s p e k t r a l e (k o m -

plexe) **Amplitudendichte**. Durch die Transformationsvorschrift (1.44/2) wird der Zeitfunktion x(t) eindeutig die Spektralfunktion $\underline{X}(f)$ zugeordnet.

Nun stellt sich noch die Frage nach der Rücktransformation, d.h. nach dem Bestimmen von x(t) aus $\underline{X}(f)$. Die Gl.(1.43/4) läßt sich schreiben

$$x(t) = \sum_{n=-\infty}^{+\infty} (\underline{b}_n T)\, e^{in2\pi t/T} \cdot \frac{1}{T} \quad . \tag{1.44/3}$$

Geht T gegen Unendlich, so wird aus der Summe über n ein Integral über dn. Mit $n/T = f$ und $dn/T = df$ sowie $\underline{b}_n T = \underline{X}(f)$ folgt

$$x(t) = \int_{-\infty}^{+\infty} \underline{X}(f)\, e^{i2\pi ft}\, df \quad . \tag{1.44/4}$$

Die beiden Transformationsvorschriften (1.44/2) und (1.44/4) lauten somit:

Entweder unter Benutzung von f geschrieben

$$\begin{aligned} \underline{X}(f) &= \int_{-\infty}^{+\infty} x(t)\, e^{-i2\pi ft}\, dt \quad , \\ x(t) &= \int_{-\infty}^{+\infty} \underline{X}(f)\, e^{i2\pi ft}\, df \end{aligned} \tag{1.44/5}$$

oder unter Benutzung von ω geschrieben

$$\begin{aligned} \underline{X}(\omega) &= \int_{-\infty}^{+\infty} x(t)\, e^{-i\omega t}\, dt \quad , \\ x(t) &= \frac{1}{2\pi} \int_{-\infty}^{+\infty} \underline{X}(\omega)\, e^{i\omega t}\, d\omega \quad . \end{aligned} \tag{1.44/6}$$

Die Transformationen (1.44/5) oder (1.44/6) heißen **Fourier-Transformationen**.

Der Aufbau der Fourier-Transformation in Gl.(1.44/5) legt die Vermutung nahe, daß Spektrum und Zeitfunktion vertauschbar sind, daß also, wenn man den Kurvenzug der Spektralfunktion als Zeitfunktion ansieht, die ursprüngliche Zeitfunktion nun als Spektrum auftaucht. In dieser Allgemeinheit ist eine Erörterung aber nicht sinnvoll, da die Spektralfunktion im allgemeinen komplex ist, wogegen die Zeitfunktion stets reell ist. Wir fragen, welche Voraussetzungen erfüllt sein müssen, damit für zwei reelle Funktionen gilt

$$x(t) \longleftrightarrow y(f) \; , \qquad y(t) \longleftrightarrow x(f) \; . \tag{1.44/7}$$

Um nicht an Allgemeinheit zu verlieren, setzen wir

$$\underline{X}(f) = y(f)\, e^{i\alpha(f)} \; . \tag{1.44/8}$$

Wenn wir wie bei der Funktion x(t) auch für y(f) positive wie negative Werte zulassen wollen, müssen wir, um Eindeutigkeit zu wahren, den Phasenwinkel $\alpha(f)$ zunächst gedanklich auf einen Bereich der Länge π einschränken.

Einsetzen von Gl.(1.44/8) in Gl.(1.44/5) bringt

$$y(f) = \int_{-\infty}^{+\infty} x(t)\, e^{-i2\pi ft}\, e^{-i\alpha(f)}\, dt \; , \qquad x(t) = \int_{-\infty}^{+\infty} y(f)\, e^{i2\pi ft}\, e^{i\alpha(f)}\, df \; . \tag{1.44/9}$$

Schon in dieser Darstellung erkennt man, daß t und f nicht mehr gleichberechtigt sind. Für Vertauschbarkeit ist erforderlich, daß $\alpha(f) = \alpha = \text{const}$ ist, daß also die Spektralfunktion $\underline{X}(f)$ konstanten Phasengang hat. Da x(t) reell ist, folgt aus Gl.(1.44/5), daß stets gilt

$$\underline{X}(-f) = \underline{X}^*(f) \tag{1.44/10}$$

und somit

$$y(-f)\, e^{+i\alpha} = y(f)\, e^{-i\alpha} \; . \tag{1.44/11}$$

Da y reell ist, kann α nur ein ganzzahliges Vielfaches von $\pi/2$ sein. Wir erkennen: Spektralfunktionen $\underline{X}(f)$ konstanten Phasengangs sind nur möglich, wenn $\underline{X}$ rein reell oder rein imaginär ist.

Die Einschränkung für den Phasenwinkel α bringt ferner die Erkenntnis, daß die gesuchte Vertauschbarkeit von Spektral- und Zeitfunktion nur besteht, wenn y(f) eine gerade oder eine ungerade Funktion ist, denn Gl.(1.44/11) bringt

für $\alpha = 0, \pi, 2\pi, \ldots$ die Beziehung $y(-f) = y(f)$,

für $\alpha = \frac{\pi}{2}, \frac{3\pi}{2}, \frac{5\pi}{2}, \ldots$ die Beziehung $y(-f) = -y(f)$.

Andererseits zeigt die zweite Zeile von Gl.(1.44/9), daß, wenn y(f) eine gerade Funktion ist, auch x(f) eine gerade Funktion ist, und daß, wenn y(f) ungerade ist, auch x(t) ungerade ist.

Eine wesentliche Eigenschaft der Fourier-Transformation, von der wir im Hauptabschnitt 4.5 Nutzen ziehen werden, sei hier noch angegeben: Ist $\underline{X}(\omega)$ die Spektralfunktion zur Zeitfunktion x(t), so gilt für die differenzierte Zeitfunktion, sofern x(t) im ganzen Bereich differenzierbar ist,

$$z(t) := \frac{dx(t)}{dt} \longrightarrow \underline{Z}(\omega) = i\omega \underline{X}(\omega)$$

und für die integrierte Zeitfunktion

$$y(t) := \int_{-\infty}^{t} x(\tau)\, d\tau \longrightarrow \underline{Y}(\omega) = \frac{1}{i\omega} \underline{X}(\omega) \quad .$$

Manche Einzelheiten der Fourier-Transformation werden vielleicht noch einleuchtender, wenn man sie in reeller Schreibweise mit Hilfe der Kreisfunktionen darstellt. Diese Darstellung tragen wir deshalb nach. Wenn wir aber schon von der kompakten komplexen Darstellung der Fourier-Transformation zur aufwendigeren, aber anschaulicheren reellen Darstellung durch Kreisfunktionen übergehen, dann wollen wir dem Vorstellungsvermögen ein weiteres Zugeständnis machen und auf negative Frequenzen verzichten. Wir schreiben deshalb die zweite Transformation von (1.44/6) durch Aufspalten des Integrals um:

$$x(t) = \frac{1}{2\pi}\int_0^\infty \{\underline{X}(\omega)\,e^{i\omega t} + \underline{X}(-\omega)\,e^{-i\omega t}\}\,d\omega \quad ; \qquad (1.44/12)$$

mit $\exp(\pm i\omega t) = \cos\omega t \pm i\sin\omega t$ folgt

$$x(t) = \frac{1}{2\pi}\int_0^\infty \{[\underline{X}(\omega) + \underline{X}(-\omega)]\cos\omega t + i[\underline{X}(\omega) - \underline{X}(-\omega)]\sin\omega t\}\,d\omega \quad . \qquad (1.44/13)$$

Wir definieren nun

$$C(\omega) := \underline{X}(\omega) + \underline{X}(-\omega) \qquad \text{und} \qquad S(\omega) := i[\underline{X}(\omega) - \underline{X}(-\omega)]. \qquad (1.44/14)$$

Wegen $\underline{X}(-\omega) = \underline{X}^*(\omega)$ sind sowohl $C(\omega)$ als auch $S(\omega)$ reelle Funktionen. Mit den neuen Definitionen und mit Gl.(1.44/5) folgt:

$$C(\omega) = \int_{-\infty}^{+\infty} x(t)(e^{-i\omega t} + e^{i\omega t})\,dt = 2\int_{-\infty}^{+\infty} x(t)\cos\omega t\,dt \quad ,$$

$$S(\omega) = \int_{-\infty}^{+\infty} x(t)\,i(e^{-i\omega t} - e^{i\omega t})\,dt = 2\int_{-\infty}^{+\infty} x(t)\sin\omega t\,dt \quad .$$

Also lauten die Transformationsvorschriften in der reellen Darstellung

$$C(\omega) = 2\int_{-\infty}^{+\infty} x(t)\cos\omega t\,dt \quad ,$$

$$S(\omega) = 2\int_{-\infty}^{+\infty} x(t)\sin\omega t\,dt \quad , \qquad (1.44/15)$$

$$x(t) = \frac{1}{2\pi}\int_0^\infty [C(\omega)\cos\omega t + S(\omega)\sin\omega t]\,d\omega \quad .$$

Die spektrale reelle Amplitudendichte wird

$$A(\omega) := \sqrt{C^2(\omega) + S^2(\omega)} = 2\sqrt{\underline{X}(\omega)\underline{X}(-\omega)} = 2|\underline{X}(+\omega)| \quad . \qquad (1.44/16)$$

Es muß jedoch darauf hingewiesen werden, daß diese Herleitung für $\omega = 0$ nicht gilt, denn für $\omega = 0$ ist schon Gl.(1.44/12) ungültig: In Gl.(1.44/6) gibt es nicht zwei verschiedene Grenzwerte $X(+0)$ und $X(-0)$, sondern nur den Funktionswert $X(0)$. Daher gilt mit Gl. (1.44/6)

$$\underline{X}(0) = \int_{-\infty}^{+\infty} x(t)\,dt = X(0) = A(0) \quad . \qquad (1.44/17)$$

Die Besonderheit des Wertes $A(0)$ entspricht der Besonderheit des Wertes a_0 in Gl.(1.42/4).

Sehen wir von der singulären Stelle $\omega = 0$ ab, so beginnt die Funktion $A(\omega)$ unmittelbar neben $\omega = 0$ mit dem doppelten Wert des Zeitintegrals der Funktion $x(t)$. Es liegt der Einwand nahe, man könne die hier aufgetretene Problematik dadurch lösen, daß man in Gl.(1.44/15) $C(\omega)$ und $S(\omega)$ ohne den Faktor 2 definiert, dafür bei $x(t)$ statt $1/2\pi$ nunmehr $1/\pi$ schreibt. Ein solches Vorgehen würde aber die Zusammenhänge zwischen den Transformationen für einmalige Vorgänge und denen für periodische Funktionen verkennen.

Wir wollen nun auch in der reellen Schreibweise kurz auf die Vertauschbarkeit von Zeitfunktion und Spektralfunktion eingehen. Wie bereits früher gesagt, ist die Bedingung für diese Vertauschbarkeit, daß $x(t)$ eine gerade oder eine ungerade Funktion ist. Dies wird auch an Gl.(1.44/15) sichtbar, für gerade Funktionen verschwindet $S(\omega)$, für ungerade Funktionen $C(\omega)$. Schreibt man Gl.(1.44/15) statt in der Kreisfrequenz ω in der Frequenz f und bedenkt, daß der Faktor 2 vor den Ausdrücken von $C(f)$ und $S(f)$ durch die Vereinbarung entstand, nur positive Frequenzen zuzulassen, so erkennt man, wenn man diese Vereinbarung wieder fallen läßt, die völlige Symmetrie.

Es gilt, wenn $x(t) = x(-t)$ ist,

$$\frac{C}{2}(f) = \frac{C}{2}(-f) = \int_{-\infty}^{+\infty} x(t) \cos 2\pi ft \, dt \quad ,$$

$$x(t) = \int_{-\infty}^{+\infty} \frac{C}{2}(f) \cos 2\pi ft \, dt \quad ;$$

wenn aber $x(t) = -x(-t)$ ist, gilt

$$\frac{S}{2}(f) = -\frac{S}{2}(-f) = \int_{-\infty}^{+\infty} x(t) \sin 2\pi ft \, dt \quad ,$$

$$x(t) = \int_{-\infty}^{+\infty} \frac{S}{2}(f) \sin 2\pi ft \, dt \quad .$$

Drei Beispiele von Fourier-Transformationen zeigt die Tafel 1.44/I. Das Beispiel a) soll hier durchgerechnet werden.

Es sei $x(t) = x_0 e^{-|t|/\alpha}$. Dann wird

Tafel 1.44/I. Beispiele zur Fourier-Transformation

a$x(t) = x_0 e^{-|t|/\alpha}$

$X(f) = \dfrac{2x_0\alpha}{1+4\pi^2 f^2 \alpha^2}$

b$X(f) = 2x_0 t_1 \dfrac{\sin 2\pi f t_1}{2\pi f t_1}$

c$X(f) = 2x_0 t_1 \left(\dfrac{\sin 2\pi f t_1}{2\pi f t_1}\right)^2$

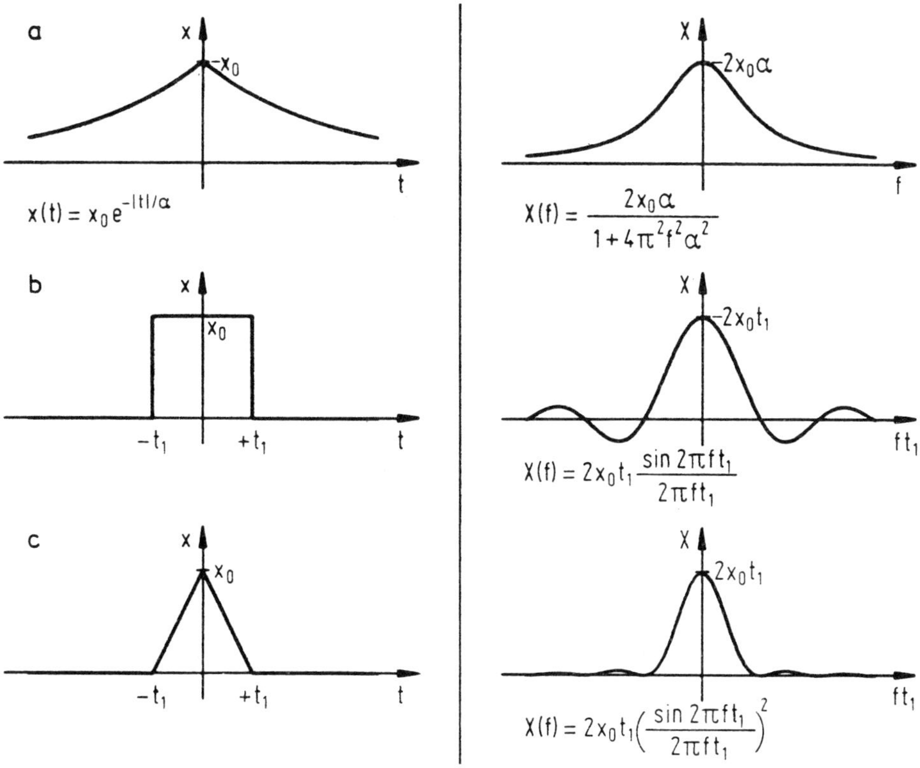

$$\underline{X}(f) = x_0 \int_{-\infty}^{+\infty} \exp(-|t|/\alpha)\exp(-i2\pi f t)\,dt =$$

$$= x_0 \int_{-\infty}^{0} \exp\left(\frac{1-i2\pi f\alpha}{\alpha}t\right)dt + x_0 \int_{0}^{+\infty} \exp\left(\frac{-1-i2\pi f\alpha}{\alpha}t\right)dt, \quad (1.44/18)$$

$$\underline{X}(f) = \frac{\alpha x_0}{1 - i2\pi f\alpha} - \frac{\alpha x_0}{-1 - i2\pi f\alpha} = \frac{2\alpha x_0}{1 + (2\pi f\alpha)^2} \; .$$

Das Ergebnis ist, wie schon gesagt, reell und für negative wie positive Frequenzen gleich.

Wäre gegeben

$$x(t) = \frac{2\beta x_0}{1 + (2\pi t\beta)^2} \; , \; \beta > 0 \; ,$$

so ergäbe sich die Spektralfunktion

$$\underline{X}(f) = x_0 e^{-|f|/\beta} \quad .$$

Ist hingegen

$$x(t) = 0 \qquad \text{für} \quad t < 0 \ ,$$

$$x(t) = x_0 e^{-t/\alpha} \qquad \text{für} \quad t > 0 \ ,$$

so ist die Zeitfunktion unsymmetrisch. Die Spektralfunktion

$$\underline{X}(f) = \frac{\alpha x_0}{1 + i2\pi f\alpha}$$

bleibt komplex und hat den Betrag

$$|\underline{X}(f)| = \frac{\alpha x_0}{\sqrt{1 + (2\pi f\alpha)^2}} \quad . \qquad (1.44/19)$$

Diese Spektralfunktion (1.44/19) unterscheidet sich wesentlich von der Spektralfunktion (1.44/18), die zur Zeitfunktion $x = e^{-|t|/\alpha}$ gehört.

Abschließend soll noch auf das praktische Problem der meßtechnischen Analyse einmaliger (stoßartiger) Zeitvorgänge eingegangen werden. Ein solches Signal, z.B. der in Abb.1.44/1 gezeigte Rechteckstoß,

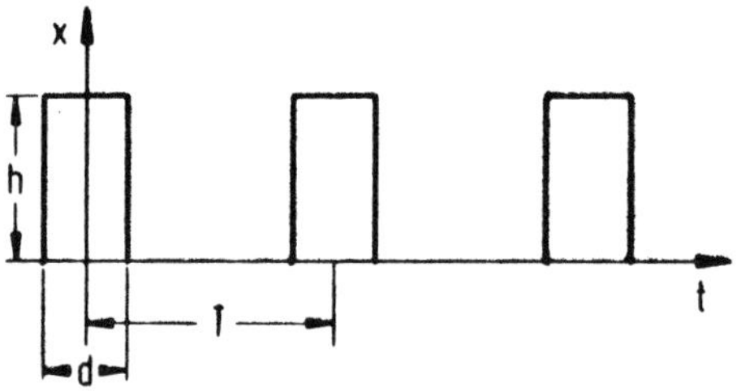

Abb.1.44/1.
Periodisch wiederkehrender Rechteckstoß

wird meistens auf einem Magnetband registriert. Das Band mit dem aufgezeichneten Stoß wird dann zur Bandschleife geklebt. Das einmalige Signal kann so periodisch mit der Umlaufzeit T der Bandschleife reproduziert werden. Welche Zusammenhänge bestehen nun zwischen dem Linienspektrum des periodischen Signals und dem kontinuierlichen Spektrum des einmaligen Signals?

Mit $\omega_1 = 2\pi/T$ wird nach Gl.(1.42/4)

$$Tc_n(n\omega_1) = 2\int_{t_0}^{t_0+T} x(t)\cos n\omega_1 t\, dt =: L(\omega_1) \quad . \qquad (1.44/20)$$

Die Amplitudendichte des einmaligen Signals wäre nach Gl.(1.44/15)

$$C(\omega) = 2\int_{-\infty}^{+\infty} x(t)\cos\omega t\, dt = 2\int_{t_0}^{t_0+T} x(t)\cos\omega t\, dt \quad , \qquad (1.44/21)$$

weil sich das einmalige Signal bestimmt nur zwischen t_0 und t_0+T befindet. Während $C(\omega)$ einen k o n t i n u i e r l i c h e n L i n i e n z u g (siehe Abb.1.44/2) angibt, gibt $L(\omega_1) := T\cdot c_n(n\omega_1)$ nur einige Punkte auf dem Linienzug. Die Gln.(1.44/20) und (1.44/21) zeigen also, daß man die spektrale Amplitudendichte $C(\omega)$ als Hüllkurve des L i n i e n - s p e k t r u m s $T\cdot c_n(n\omega_1)$ findet. Das gleiche gilt natürlich für $S(\omega)$ und damit auch für $A(\omega)$.

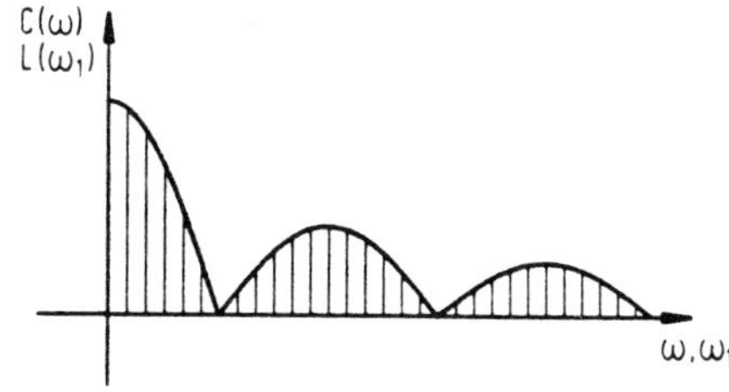

Abb.1.44/2.
Amplitudendichte $C(\omega)$ (1.44/19)
(Kontinuierliches Spektrum)
Amplitudendichte $L(\omega_1)$ (1.44/18)
(Linienspektrum)

1.45 Laplace-Transformation

In der Einleitung zum vorigen Abschnitt wurde bereits erwähnt: Eine Voraussetzung für die Existenz einer Fourier-Transformation lautet: Das Integral

$$\int_{-\infty}^{+\infty} |x(t)|\, dt$$

muß endlich sein. Bei vielen praktischen Problemen ist diese Voraussetzung jedoch nicht erfüllt. Denken wir z.B. an einen zum Zeitpunkt $t = 0$ angestoßenen ungedämpften Einmassenschwinger; seine Wegkoordinate $x(t)$ lautet

$$x(t) = 0 \quad \text{für} \quad t < 0 \ ,$$
$$x(t) = \hat{x} \sin\omega_1 t \quad \text{für} \quad t > 0 \ . \qquad (1.45/1)$$

Auch eine so einfache Funktion wie die Sprungfunktion

$$x(t) = 0 \quad \text{für} \quad t < 0 \ ,$$
$$x(t) = 1 \quad \text{für} \quad t > 0 \qquad (1.45/2)$$

erfüllt die Voraussetzung nicht; ihre Fourier-Transformierte

$$\underline{X}(\omega) = \int_0^\infty 1 \cdot e^{-i\omega t}\,dt \qquad (1.45/3)$$

divergiert.

In solchen Fällen hilft man sich folgendermaßen: Man ändert die Transformation ab, indem man einen die Konvergenz erzeugenden Faktor $e^{-\alpha t}$ einführt, wobei α eine reelle positive Zahl ist. Da der Faktor $e^{-\alpha t}$ nur für positive Zeiten t Konvergenz erzeugt, muß man sich auf Probleme beschränken, deren Zeitfunktion nur für $t > 0$ von Null verschieden ist, für $t < 0$ dagegen identisch verschwindet. Wir schreiben

$$y(t) = e^{-\alpha t} x(t) \qquad (1.45/4a)$$

und finden die Fourier-Transformierte

$$\underline{Y}(\omega) = \int_0^\infty e^{-\alpha t} x(t)\, e^{-i\omega t}\,dt \ . \qquad (1.45/4b)$$

Für die Sprungfunktion (1.45/2) z.B. wird sie zu

$$\underline{Y}(\omega) = 1/(\alpha + i\omega) \ . \qquad (1.45/4c)$$

Man erkennt, daß der Ausdruck $\underline{Y}(\omega)$ nach (1.45/4c) sogar für $\alpha = 0$ noch eine sinnvolle Deutung zuläßt, obgleich nach (1.45/3) $\underline{X}(\omega)$ divergiert. Die Rücktransformation lautet

$$y(t) = \frac{1}{2\pi}\int_{-\infty}^{+\infty} \underline{Y}(\omega)\, e^{i\omega t}\, d\omega = \frac{1}{2\pi}\int_{-\infty}^{+\infty} \frac{e^{i\omega t}}{\alpha + i\omega}\, d\omega \qquad (1.45/5a)$$

und damit

$$x(t) = \frac{1}{2\pi}\int_{-\infty}^{+\infty} \underline{Y}(\omega)\, e^{\alpha t}\, e^{i\omega t}\, d\omega \quad . \qquad (1.45/5b)$$

Statt den konvergenzerzeugenden Faktor $e^{-\alpha t}$ zur Funktion x(t) zu schlagen, kann man ihn auch der Funktion $e^{i\omega t}$ beifügen. Schreibt man ferner $\alpha + i\omega =: \underline{p}$, so erkennt man: Die Transformation ist identisch mit der Laplace-Transformation

$$\underline{X}(\underline{p}) = \int_0^{\infty} x(t)\, e^{-\underline{p}t}\, dt \quad , \qquad (1.45/6a)$$

$$x(t) = \frac{1}{i2\pi}\int_{\alpha - i\omega}^{\alpha + i\omega} \underline{X}(\underline{p})\, e^{\underline{p}t}\, d\underline{p} \quad . \qquad (1.45/6b)$$

$\underline{X}(\underline{p})$ heißt die Laplace-Transformierte. Sie geht für in die Fourier-Transformierte $\underline{X}(\omega)$ über. Die Laplace-Transformation hat sich als mächtiges Werkzeug bei der Behandlung von einmaligen Vorgängen erwiesen. Gegenüber der Fourier-Transformation besitzt sie lediglich den Nachteil, daß kein unmittelbar anschaulicher Zusammenhang mit der Frequenzanalyse besteht.

Wir führen noch das Beispiel (1.45/1) aus:

$$x(t) = 0 \qquad \text{für} \quad t < 0 \quad ,$$

$$x(t) = \hat{x}\sin\omega_1 t \qquad \text{für} \quad t > 0 \quad ,$$

$$\underline{X}(\underline{p}) = \hat{x}\int_0^{\infty} \sin\omega_1 t\, e^{-\underline{p}t}\, dt = \frac{\hat{x}}{2i}\int_0^{\infty} (e^{i\omega_1 t} - e^{-i\omega_1 t})\, e^{-\underline{p}t}\, dt =$$

$$= \frac{\hat{x}}{2i}\left(\frac{1}{\underline{p} - i\omega_1} - \frac{1}{\underline{p} + i\omega_1}\right) = \frac{\hat{x}}{i}\,\frac{\underline{p}}{\underline{p}^2 + \omega_1^2} \quad . \qquad (1.45/7)$$

Auch dieses Ergebnis liefert eine brauchbare Aussage für die Fourier-Transformierte. Mit $\underline{p} = \alpha + i\omega$ folgt

$$\underline{X}(\alpha + i\omega) = \frac{\hat{x}}{i}\,\frac{\alpha + i\omega}{\alpha^2 + 2i\omega\alpha + (\omega_1^2 - \omega^2)} \tag{1.45/7a}$$

und für $\alpha \to 0$

$$\underline{X}(\omega) = \hat{x}\,\frac{\omega}{\omega_1^2 - \omega^2} \quad . \tag{1.45/7b}$$

Über die Laplace-Transformation existiert eine ziemlich ausgedehnte Literatur. Der an den Anwendungen Interessierte sei vor allem hingewiesen auf die Schrift von G. Doetsch, Lit.1.45/1; sie enthält auch einen Anhang mit Tabellen zur Laplace-Transformation. Vom gleichen Verfasser stammen überdies zwei frühere und umfassendere Werke, Lit.1.45/2 und Lit.1.45/3.

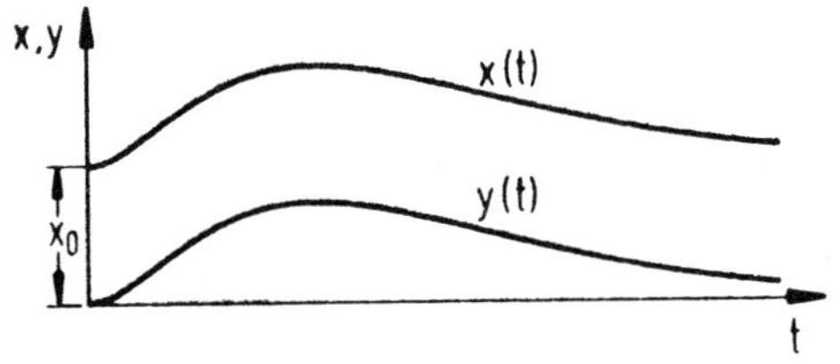

Abb.1.45/1.
Kurven x(t) und y(t) mit
x(t) = y(t) + x

Oben haben wir (beim Einführen des die Konvergenz erzeugenden Faktors $e^{-\alpha t}$) erwähnt, daß die Funktionen, von denen Laplace-Transformierte gebildet werden, für $t < 0$ identisch verschwinden müssen. Im Zusammenhang damit versteht man die Integrationsgrenzen in Gl.(1.45/6a). Mit dieser Festsetzung wird es nun aber nötig, einen genaueren Blick auf die Regel zu werfen, die den Zusammenhang zwischen der Laplace-Transformierten einer Funktion und der ihrer Ableitung herstellt.

Zunächst betrachten wir, siehe Abb.1.45/1, die Funktion y(t). Sie beginnt bei $x = +0$ mit dem Wert 0; sie ist an der Stelle $x = 0$ also stetig. Ihre Laplace-Transformierte $\underline{Y}(\underline{p})$ wird gemäß Gl.(1.45/6a) gebildet (mit +0 als unterer Grenze des Integrals). Die Gl.(1.45/6b) liefert die Umkehrung y(t) aus $\underline{Y}(\underline{p})$. Diese Gleichung differenzieren wir nun nach der Zeit; so kommt

$$\dot{y}(t) = \frac{1}{2\pi i}\frac{d}{dt}\int_{\alpha-i\infty}^{\alpha+i\infty} \underline{Y}(\underline{p})\, e^{\underline{p}t}\, d\underline{p} = \frac{1}{2\pi i}\int_{\alpha-i\infty}^{\alpha+i\infty} \underline{p}\underline{Y}(\underline{p})\, e^{\underline{p}t}\, d\underline{p} \quad . \qquad (1.45/8)$$

Hieraus erkennen wir: Die Laplace-Transformierte $\mathring{\underline{Y}}(\underline{p})$ der Funktion $\dot{y}(t)$ ist

$$\mathring{\underline{Y}}(\underline{p}) = \underline{p}\underline{Y}(\underline{p}) \quad . \qquad (1.45/9)$$

Nun betrachten wir die Funktion x(t) in Abb.1.45/1. Sie beginnt bei $x = +0$ mit dem Wert x_0; anders ausgedrückt, sie ist bei $x = 0$ unstetig. Für $t > 0$ hängen x(t) und y(t) zusammen durch

$$x(t) \equiv x_0 + y(t) \quad ; \qquad (1.45/10a)$$

somit gilt

$$\dot{x}(t) \equiv \dot{y}(t) \quad . \qquad (1.45/10b)$$

Zu x(t) (1.45/10a) bilden wir die Transformierte; sie wird zu

$$\underline{X}(\underline{p}) = \int_{+0}^{\infty} x(t)\, e^{-\underline{p}t}\, dt = \int_{+0}^{\infty} x_0\, e^{-\underline{p}t}\, dt + \int_{0}^{\infty} y(t)\, e^{-\underline{p}t}\, dt = \frac{x_0}{\underline{p}} + \underline{Y}(\underline{p}) \quad . \qquad (1.45/11)$$

Wegen (1.45/10b) muß gelten

$$\mathring{\underline{X}}(\underline{p}) \equiv \mathring{\underline{Y}}(\underline{p}) \qquad (1.45/12)$$

und deshalb wegen (1.45/9) und (1.45/12)

$$\mathring{\underline{X}}(\underline{p}) = \underline{p}\underline{Y}(\underline{p}) = \underline{p}[\underline{X}(\underline{p}) - x_0/\underline{p}] \quad ,$$

also

$$\mathring{\underline{X}}(\underline{p}) = \underline{p}\underline{X}(\underline{p}) - x_0 \quad . \qquad (1.45/13)$$

Während bei der stetigen Funktion y(t) der Zusammenhang zwischen $\underline{Y}$ und $\mathring{\underline{Y}}$ durch Gl.(1.45/9) gegeben ist, wird bei der unstetigen Funktion x(t) der Zusammenhang zwischen $\underline{X}$ und $\mathring{\underline{X}}$ durch Gl.(1.45/13) angegeben. Es ist bemerkenswert, daß in ihr der Sprung x_0 auftritt.

2 Bewegungsgleichungen

2.1 Vorbetrachtungen

2.11 Reales Gebilde und mechanisches Modell; Zustandsgrößen; Phasenraum und Bewegungsraum

Ziel der Analyse eines technischen Gebildes (Systems, Schwingers) ist es, sein Verhalten zu beschreiben und gewisse Erscheinungen vorherzusagen. Das Verhalten soll aus bekannten allgemeinen Grundbeziehungen der Naturwissenschaften auf mathematischem Wege ermittelt werden. Man will z.B. das Betriebsverhalten einer Maschine in Abhängigkeit von verschiedenen Parametern untersuchen und die Grenzen von Betriebsbereichen bestimmen. Eine solche analytische Untersuchung ist im allgemeinen weniger aufwendig und oft auch durchsichtiger als eine experimentelle Erprobung.

Zur Untersuchung eines r e a l e n Schwingers muß man diesen zuerst durch ein mechanisches M o d e l l ersetzen. Ein solches Modell entsteht aus dem Schwinger durch Vereinfachungen und Idealisierungen: Feste Körper werden z.B. durch starre Körper ersetzt, elastische Glieder werden als masselose Federn aufgefaßt usw. Wie weit man vereinfachen darf, hängt vom Zweck der Untersuchung ab. Will man zum Beispiel die Schwingungen einer Brücke infolge der darüberfahrenden Kraftfahrzeuge berechnen, so erfaßt man die Fahrzeuge in einem entsprechenden Modell oft schon genau genug durch abgefederte Punktkörper, vgl. Abb.2.11/1. Dagegen darf man einen Kraftwagen keineswegs durch einen Punktkörper ersetzen, wenn man etwa die Wirkung seiner Knautschzonen bei Zusammenstößen studieren will.

Das Verhalten des Modells - nicht des realen Gebildes! - wird

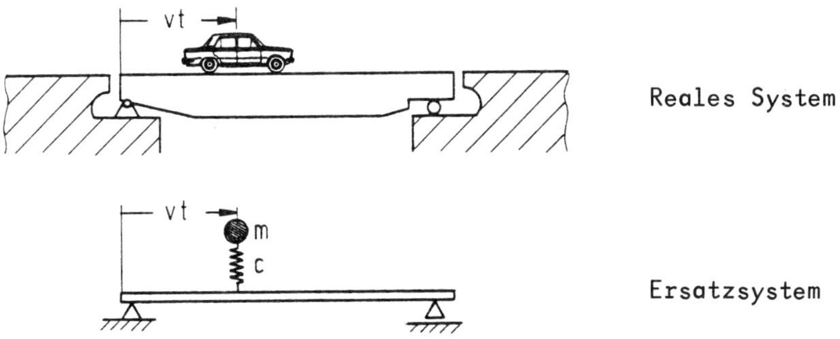

Abb.2.11/1. Fahrzeug und Brücke

dann mathematisch analysiert. Dazu muß man eine Anzahl von Größen einführen, die den Zustand des Modells beschreiben, z.B. bei mechanischen Systemen: Ort (Koordinaten), Geschwindigkeit, Beschleunigung, Kraft, (mechanische) Spannung, Energie, Impuls; bei elektrischen Systemen (Stromkreisen): Ladung, Strom, (elektrische) Spannung, Energie. Die Anzahl N der notwendigen Zustandsgrößen x_n mit $n = 1,\ldots,N$ ist gleich der Zahl der Größen, die man voneinander unabhängig zu einem bestimmten Zeitpunkt t für das Modell vorschreiben darf und muß, die man also braucht, um den Zustand zu diesem Zeitpunkt eindeutig festzulegen. Zusätzlich eingeführte ("überzählige") Zustandsgrößen x_n mit $n > N$ (die oft nützlich sind, weil sie den Einblick erweitern können) lassen sich durch die zunächst eingeführten notwendigen Zustandsgrössen über Grundbeziehungen (Zustandsgleichungen) ausdrücken. Nach dem Verhalten des Modells zu fragen, bedeutet nun, nach dem zeitlichen Verlauf $x_n = x_n(t)$ der N Zustandsgrößen $x_1,\ldots,x_N$ zu fragen.

Es ist zweckmäßig, die N Zustandsgrößen $x_n(t)$ als N-dimensionalen Vektor $\underline{x}(t) = (x_1,x_2,\ldots,x_N)$ in einem N-dimensionalen Raum, dem P h a s e n r a u m , aufzufassen. Der Zustandsvektor $\underline{x}(t)$ ist der "Ortsvektor" eines Punktes P; der Punkt P bezeichnet den Zustand des Systems zur Zeit t. Bei einer Änderung des Zustandes im Laufe der Zeit t bewegt sich P längs einer Kurve, der P h a s e n k u r v e ; dabei spielt die Zeit t die Rolle des Kurvenparameters. In Abb.2.11/2 ist für N = 3 ein Phasenraum mit einer Phasenkurve skizziert. Im allgemeinen, d.i. für $N > 3$, kann man kein perspektivisches Bild mehr zeichnen; man wird sich dann mit zweidimensionalen Projektionen, z.B. $x_n = x_n(x_{n-1})$, $n = 2,\ldots,N$, begnügen; vgl. die Phasenkurven $x(\dot{x})$ im Abschn.1.13.

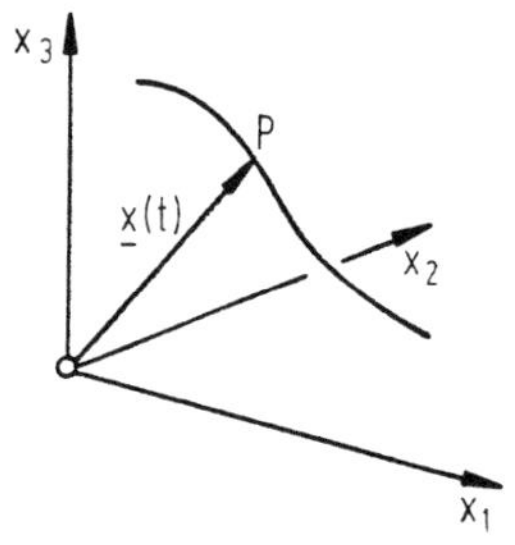

Abb.2.11/2. Phasenraum

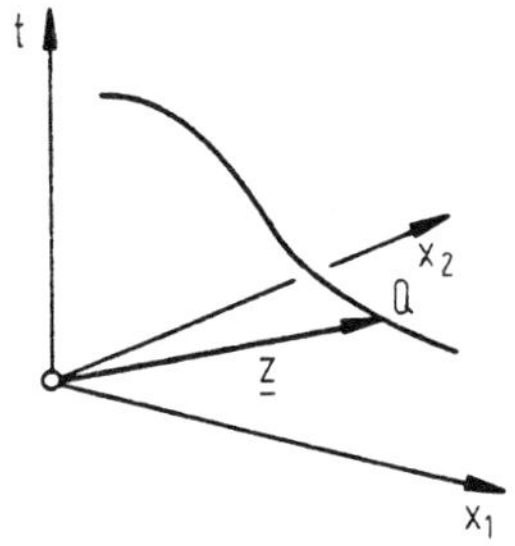

Abb.2.11/3. Bewegungsraum

Bei der Darstellung eines Vorgangs im Phasenraum ist die Zeit Parameter. Es ist oft zweckmäßig, den Phasenraum um eine Zeitachse zu erweitern. Für den (N+1)-dimensionalen Raum $(x_1,\ldots,x_N,t)$ hat sich die Bezeichnung B e w e g u n g s r a u m eingebürgert. Wenn $N = 2$ ist, kann man ihn perspektivisch zeichnen, vgl. Abb.2.11/3. Dort hat der Vektor $\underline{z}$ zum Punkt Q die Komponenten x_1, x_2 und t.

Die Kurve $\underline{z}(t)$ im Bewegungsraum nennt man Bewegungskurve, kurz: Bewegung. Im allgemeinen, d.i. für $N > 2$, arbeitet man wieder nur mit den zweidimensionalen Projektionen der Bewegungskurven.

Das Verhalten des (idealisierten) Systems, des Modells, können wir nun unabhängig von seiner technischen Bedeutung an Hand der Änderungen des Zustandsvektors im Phasen- oder im Bewegungsraum studieren. Was wir dazu brauchen, sind Beziehungen, die die Bewegung, also die Kurve $\underline{x}(t)$ in irgendeiner Weise beschreiben. Man nennt sie Bewegungsgleichungen. Üblicherweise stellt man die Bewegungsgleichungen in der Form von Differentialgleichungen auf, da es für sie eine wohlausgebaute Theorie und effektive Lösungsmethoden gibt. Auch da, wo wir elektrische Systeme betrachten, wie z.B. Schaltkreise in Abschn.2.12β, werden wir die Vorgänge, also die zeitlichen Änderungen der Zustandsgrößen, "Bewegungen" nennen; auf diese Weise brauchen wir nicht immer wieder Wortunterscheidungen zu machen.

In den folgenden Abschnitten dieses Kapitels zeigen wir, wie man Bewegungsgleichungen aufstellen kann; dabei betrachten wir allerdings vorwiegend mechanische Probleme. Dem Untertitel "Einfache Schwinger" gemäß beschränken wir uns in den ersten Bänden auf Gebilde von e i n e m Freiheitsgrad; sie sind Gebilde zweiter Ordnung, deren Bewegung durch zwei Differentialgleichungen erster Ordnung oder eine Differentialgleichung zweiter Ordnung beschrieben wird.

Zustandsgrößen, ihre Veränderungen und die zugehörigen Differentialgleichungen sowie Phasenräume und Bewegungsräume werden ausführlich im Hauptabschnitt 5.2 untersucht.

2.12 Beispiele für Bewegungsgleichungen

Aufbauen eines Modells, Einführen der Zustandsgrößen und Aufstellen der Bewegungsgleichungen für ein Gebilde (System) verlaufen gedanklich parallel. Man idealisiert das reale System zu einem Ersatzsystem (häufig mit Hilfe einer Symbolskizze) und formuliert die Eigenschaften seiner Elemente. Bei mechanischen Gebilden kann das dann folgende Aufstellen der Bewegungsgleichungen nach dem Newtonschen Prinzip etwas mühsam sein, wenn das Gebilde aus mehreren Teilgebilden besteht oder wenn man krummlinige Koordinaten benutzen muß. Deshalb zieht man für das systematische Aufstellen der Bewegungsgleichungen häufig andere Prinzipe heran. In diesem Abschn.2.12 behandeln wir zunächst einführend und beispielhaft ein mechanisches Gebilde und drei elektrische Schaltkreise. In Hauptabschnitt 2.2 führen wir anschließend die wichtigsten Prinzipe der Mechanik an und geben auch Beispiele dazu.

α) Ein mechanisches Gebilde

Wir betrachten ein Automobil, das mit der Geschwindigkeit v auf einer welligen Straße fährt. Abb.2.12/1 zeigt das Ersatzsystem oder Modell, das wir unseren Betrachtungen zugrunde legen. Der Verlauf von $h(x)$ werde der Einfachheit halber zu $h(x) = h_0 + A \sin 2\pi x/L$ mit $x = vt$ angenommen. Das Auto selbst wird durch einen Punktkörper der Masse $m = G/g$ und eine masselose Feder ersetzt. Die Feder habe die Steifigkeit c und im unbelasteten Zustand die Länge l_0, im gedehnten die

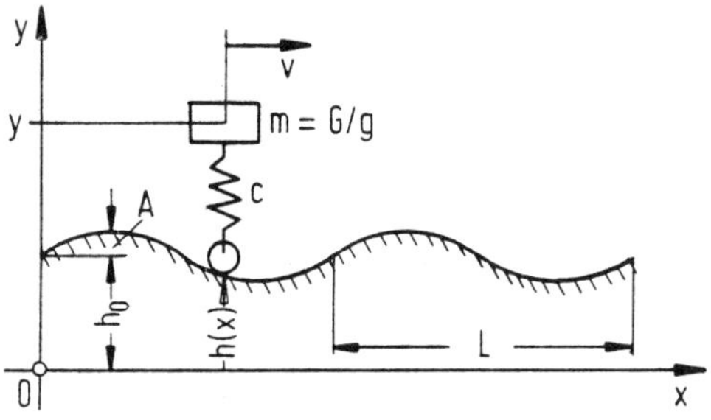

Abb.2.12/1.
Fahrzeug auf welliger Fahrbahn; Modell

Länge $l = l_0 + \Delta l$. Abb.2.12/2 zeigt im Teil a das Schnittbild, im Teil b die Federkennlinie.

Es gelten die folgenden Beziehungen:

geometrische Verträglichkeit:	$y = h + l_0 + \Delta l,$
Federeigenschaft:	$F = c\,\Delta l,$
Gleichgewicht:	$F_1 = F_2 =: F,$
Newtonsches Gesetz:	$m\ddot{y} = F_1 - G.$

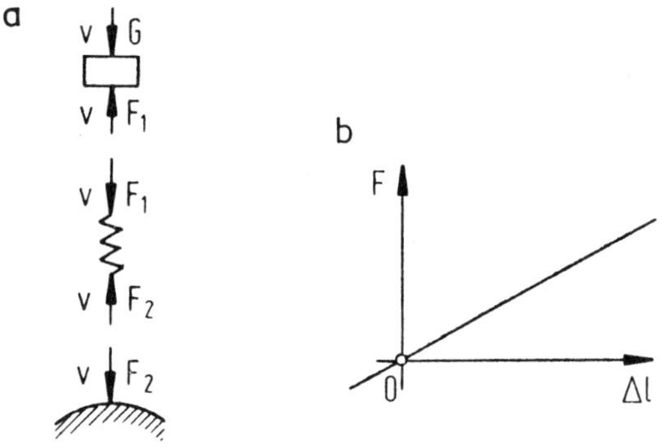

Abb.2.12/2.
Ersatzsystem
a) Schnittbild
b) Federkennlinie

Aus ihnen folgt durch Eliminieren von F und Δl die Bewegungsgleichung

$$m\ddot{y} + cy = cA\sin\frac{2\pi v t}{L} - G + l_0 c \quad . \tag{2.12/1}$$

Diese Differentialgleichung ist linear und nicht-autonom; sie kann nach den Verfahren des Hauptabschnitts 4.2 gelöst (integriert) werden. Kennt man $y(t)$, so kann man auch die anderen Zustandsgrößen berechnen, etwa die Geschwindigkeit $\dot{y}$ oder die Kraft F_2, die auf die Straße wirkt.

Wegen der Benennungen der Differentialgleichungen, wie z.B. linear oder autonom, siehe Abschn.2.31.

β) Drei elektrische Schaltkreise

Die Bewegungsgleichungen werden aufgestellt mit Hilfe der Kirchhoffschen Regeln: a) Die Summe der Ströme an einem Knoten ist Null; b) die Summe der Spannungen auf jedem geschlossenen Strompfad (in einer Masche) ist Null. Ferner müssen die Beziehungen zwischen Strom und Spannung an den einzelnen Schaltelementen (Widerständen, Spulen, Kondensatoren) berücksichtigt werden.

S c h a l t k r e i s 1 : Er bestehe aus einer Spule, einem Widerstand und einem Kondensator, die alle parallel zu einer Stromquelle liegen, Abb.2.12/3. Die Beziehungen zwischen der Spannung an den Enden der Elemente und dem Strom (bzw. seinem Differentialquotienten oder seinem Integral) durch ein Element seien linear.

Abb.2.12/3.
Elektrischer Schaltkreis

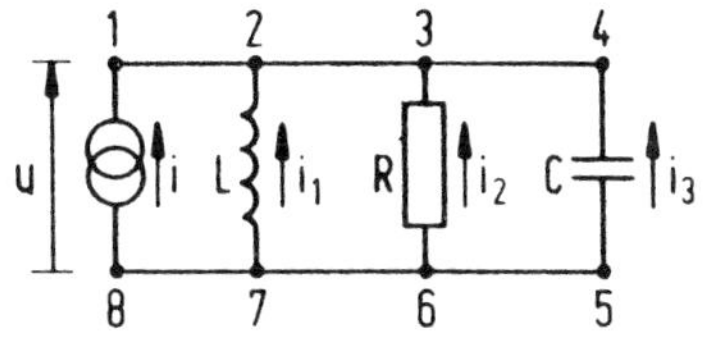

Der Strom, den die Quelle abgibt, sei zeitabhängig und vorgegeben durch $i(t) = i_0 \cos \Omega t$, ferner sei C die Kapazität des Kondensators, L die Induktivität der Spule, R der Widerstand. Die (unbekannte) Spannung zwischen der Schiene 1-2-3-4 einerseits und der Schiene 8-7-6-5 andererseits werde mit u bezeichnet. Für diese Zustandsgröße u soll die "Bewegungsgleichung" aufgestellt werden.

Am Kondensator (Masche 1-4-5-8) gilt

$$u = q/C \quad \text{mit} \quad q = \int i_3 \, dt \quad ,$$

am Widerstand (Masche 1-3-6-8)

$$u = R i_2 \quad ,$$

an der Spule (Masche 1-2-7-8)

$$u = L \frac{di_1}{dt} \quad .$$

Für die Ströme an einem Knoten (an einer Schiene) gilt

$$i_1 + i_2 + i_3 + i(t) = 0 \quad .$$

Das sind fünf Gleichungen für die fünf unbekannten Zustandsgrößen u, q, i_1, i_2, i_3. Auflösen der Gleichungen nach der gesuchten Zustandsgröße u liefert

$$C\ddot{u} + \frac{\dot{u}}{R} + \frac{u}{L} = -\frac{di}{dt} \quad . \qquad (2.12/2)$$

Diese Differentialgleichung ist linear und nicht-autonom. Auch sie kann mit den Verfahren des Hauptabschnitts 4.2 gelöst werden. Ist dann $u = u(t)$ bekannt, so lassen sich die übrigen Zustandsgrößen daraus ermitteln.

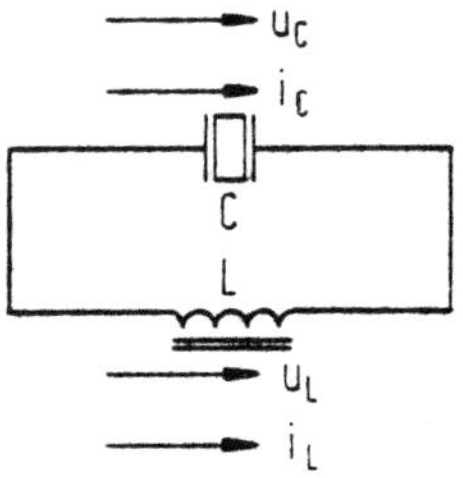

Abb.2.12/4.
Elektrischer Schwingkreis

S c h a l t k r e i s 2 : Abb.2.12/4 zeigt die Anordnung: Der Kreis ist ein sogenannter Schwingkreis; in ihm liegen zwei v e r l u s t f r e i e Elemente, ein Kondensator C mit Seignettesalz als Dielektrikum und eine Spule L mit Eisenkern. Die Kennlinien beider Elemente sind nicht-linear. In Abb.2.12/5 zeigt Teil a die Ladungs-Spannungs-Kennlinie des Kondensators, Teil b die Fluß-Strom-Kennlinie der Spule mit den bekannten Sättigungseigenschaften.

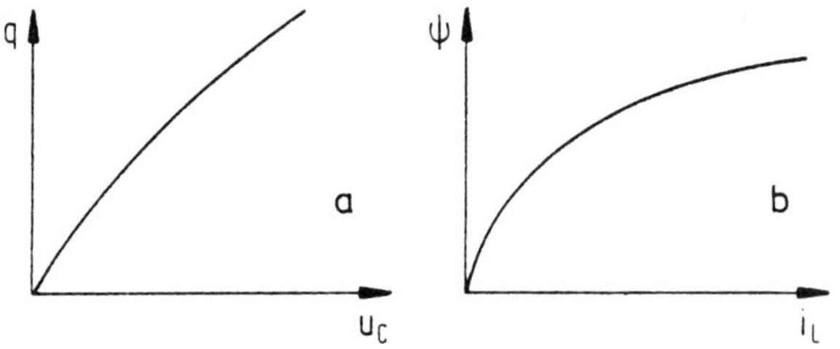

Abb.2.12/5.
Kennlinien
a) Kondensator
b) Spule

Um die Vorgänge im Schaltkreis analytisch erfassen zu können, nähern wir die (etwa gemessenen) Kennlinien mit Hilfe geeigneter Funktionen an. Für den Kondensator möge gelten

$$u_C = U_C \sinh(q/q_0) \quad , \tag{2.12/3a}$$

für die Spule

$$i_L = I_L \tan(\psi/\psi_0) \tag{2.12/3b}$$

mit geeigneten Festwerten U_C, q_0, I_L und ψ_0. Der Zusammenhang zwischen Ladung und Strom ist gegeben durch

$$q = \int i_C \, dt \tag{2.12/4a}$$

und es gilt das Induktionsgesetz

$$u_L = \frac{d\psi}{dt} \quad . \tag{2.12/4b}$$

Die beiden Kirchhoffschen Gesetze werden hier zu

$$u_C = u_L \qquad \text{und} \qquad i_L = -i_C \quad . \tag{2.12/5a,b}$$

Aus Gl.(2.12/3) bis Gl.(2.12/5) folgen die beiden gekoppelten Differentialgleichungen erster Ordnung für die beiden abhängigen Variablen ψ und q.

$$\begin{aligned} \frac{d\psi}{dt} &= U_C \sinh(q/q_0) \quad , \\ \frac{dq}{dt} &= -I_L \tan(\psi/\psi_0) \quad . \end{aligned} \tag{2.12/6}$$

Sie sind autonom und nicht-linear.

Da in diesem Abschn.2.12 zunächst nur das Aufstellen der Differentialgleichungen für Vorgänge in Stromkreisen gezeigt werden soll, belassen wir es hier bei diesem Ergebnis. Die Dgln.(2.12/6) werden als nichtlineare Differentialgleichungen eines konservativen Schwingers im Abschn.5.45 weiter erörtert werden.

S c h a l t k r e i s 3 : Abb.2.12/6 zeigt die Anordnung: Wie im Schaltkreis 1 liegen drei Elemente parallel; hier sind es eine Spule L, ein Kondensator C und ein drittes Element N. Die Kennlinien von L und C sind linear, die Strom-Spannungs-Kennlinie von N zeigt Abb. 2.12/7; sie ist nicht-linear. Das Element ist wegen des fallenden Teils

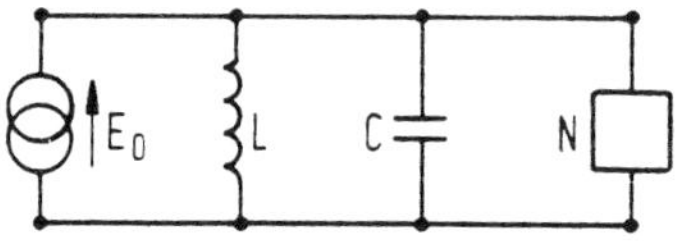

Abb.2.12/6. Elektrischer Schaltkreis

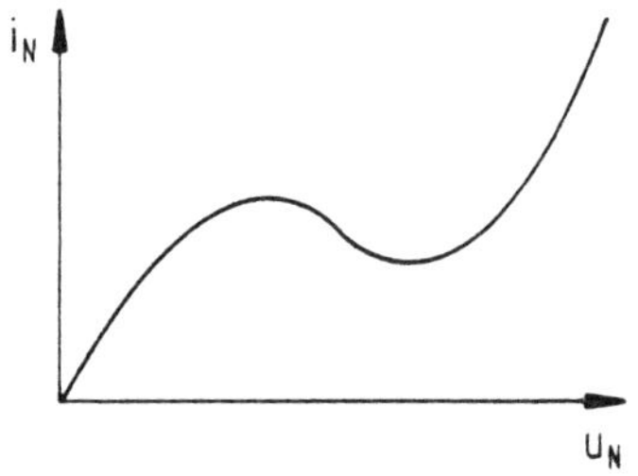

Abb.2.12/7. Kennlinie des Elementes N

in dieser Kennlinie ein "aktives" Element: Es kann dem System Energie von außen zuführen (Bezeichnungen und Erklärungen siehe Abschn.5.11). Erörterungen über den inneren Aufbau eines solchen aktiven Elementes unterlassen wir hier und erwähnen nur, daß das Element N etwa aus einer Schaltung bestehen kann, die eine Verstärkerröhre enthält.

Während der Schaltkreis 1 eine Stromquelle enthielt, liegt im Schaltkreis 3 eine Spannungsquelle E_0.

Bei geeigneter Wahl der Konstanten a und b kann die Kennlinie der Abb.2.12/7 (streng oder angenähert) beschrieben werden durch die kubische Funktion

$$i_N - I_0 = -a(u - U_0) + b(u - U_0)^3 \quad . \tag{2.12/7}$$

Aus den Kirchhoffschen Sätzen folgt

$$i_N + i_L + i_C = 0$$

und (2.12/8)

$$u = u_C \qquad \text{und} \qquad u = u_L + E_0 \quad .$$

Für den Kondensator und die Spule gilt, wenn die Kapazität und die Induktivität konstante Größen sind,

$$u_C = \frac{1}{C} \int i_C \, dt \quad , \qquad u_L = L \frac{di_L}{dt} \quad . \qquad (2.12/9)$$

Eliminiert man aus Gl.(2.12/8) und Gl.(2.12/9) die Größen u_C, u_L, i_C und i_L, so findet man

$$LC \frac{d^2u}{dt^2} + L \frac{di_N}{dt} + u - E_0 = 0 \quad . \qquad (2.12/10)$$

Differenziert man Gl.(2.12/7) nach der Zeit und führt das so gewonnene di_N/dt in Gl.(2.12/10) ein, so folgt

$$LC\ddot{u} + L\left[-a + 3b(u - U_0)^2\right]\dot{u} + u - E_0 = 0 \quad . \qquad (2.12/11)$$

Benutzen wir als kennzeichnende Koordinate x die Spannung $x = u - U_0$ und betrachten den Sonderfall $E_0 = U_0$, so folgt

$$LC\ddot{x} - L(a - 3bx^2)\dot{x} + x = 0 \quad . \qquad (2.12/12)$$

Diese Differentialgleichung ist autonom und nicht-linear. Sie wird nach B. van der Pol benannt und wird uns vor allem im Kap.5 in mancherlei Zusammenhängen noch ausgiebig beschäftigen.

2.2 Das systematische Aufstellen von Bewegungsgleichungen; die Prinzipe der Mechanik

2.20 Vorbemerkungen und Kinematik

Über den im Hauptabschnitt 2.2 behandelten Stoff und die mit ihm zusammenhängenden Probleme wird in vielen Lehrbüchern der Mechanik gesprochen. Der Leser, der weitere Information sucht, sei insbesondere hingewiesen auf Lit.(2.20/1), Lit.(2.20/2), Lit.(2.20/3).

P r i n z i p e heißen jene allgemeinen Sätze der Mechanik, mit deren Hilfe man auf systematische Weise die Bewegungsdifferentialgleichungen eines Gebildes (Modells) gewinnen kann. Es gibt eine Reihe solcher Prinzipe; hier zeigen und benutzen wir vier: das Newtonsche Prinzip ("Newtonsches Gesetz"; lex secunda), das d'Alembertsche Prinzip, das Prinzip der virtuellen Arbeiten, das Hamiltonsche Prinzip. Neben den genannten Prinzipen benutzen wir noch zwei Verfahren, die mit ihnen verwandt sind: Die Herleitung der Bewegungsgleichung aus dem Energiesatz und die über die Lagrangesche Vorschrift. Je nach der Art eines Problems kann es günstiger sein, die Bewegungsgleichungen auf die eine oder die andere Weise herzustellen.

Prinzipe sind Axiome, sie sind also nicht beweisbar; wohl aber läßt sich das eine auf das andere zurückführen, vgl. Lit.(2.20/2).

In den Abschn.2.21 bis 2.26 zeigen wir die jeweiligen Vorgehensweisen, zugeschnitten auf Gebilde von einem Freiheitsgrad, und erläutern sie durch Beispiele.

Beim Aufstellen von Bewegungsgleichungen kommt es darauf an, ein Koordinatensystem einzuführen, in dem sich die Bewegungen leicht beschreiben und durchschauen lassen. Aus diesem Grund wird man häufig veranlaßt, krummlinige oder auch bewegte Koordinatensysteme zu benutzen. Vorbereitend für das Aufstellen der Bewegungsgleichungen schreiben wir hier an, wie in verschiedenen Koordinatensystemen die Ausdrücke für die Geschwindigkeiten und die Beschleunigungen eines Punktkörpers aussehen, mit deren Hilfe die Bewegungsgleichungen über die Prinzipe hergeleitet werden.

Bezeichnet man die Lage eines Punktes im dreidimensionalen (Euklidischen) Raum zur Zeit t durch den Ortsvektor $\underline{r}$, nennt seine Geschwindigkeit $\underline{v}$ und seine Beschleunigung $\underline{a}$, so gilt nach Definition

$$\underline{v} = \frac{d\underline{r}}{dt} \;,\quad \underline{a} = \frac{d\underline{v}}{dt} \qquad \text{und somit} \qquad \underline{a} = \frac{d^2\underline{r}}{dt^2} \;. \qquad (2.20/1)$$

Die Größen $\underline{r}(t)$, $\underline{v}(t)$ und $\underline{a}(t)$ kann man in verschiedenen Koordinatensystemen beschreiben.

A. Ruhende Koordinatensysteme

a) In Kartesischen Koordinaten x,y,z hat $\underline{r}(t)$ die Form $\underline{r}(t) = (x,y,z)$ mit den Komponenten

$$x = x(t) \;,\quad y = y(t) \;,\quad z = z(t) \;.$$

Die Komponenten und der Betrag der Geschwindigkeit $\underline{v}$ lauten

$$v_x = \dot{x} \ , \ v_y = \dot{y} \ , \ v_z = \dot{z} \ ; \qquad v := |\underline{v}| = \sqrt{v_x^2 + v_y^2 + v_z^2} \ .$$

Entsprechend gilt für die Beschleunigung $\underline{a}$

$$a_x = \dot{v}_x = \ddot{x} \ , \ a_y = \dot{v}_y = \ddot{y} \ , \ a_z = \dot{v}_z = \ddot{z} \ ;$$

$$a := |\underline{a}| = \sqrt{a_x^2 + a_y^2 + a_z^2} \ . \qquad (2.20/2)$$

b) Bewegt sich ein Punkt auf einer ebenen Bahn $\underline{r}(s)$, wo $s = s(t)$ die Wegkoordinate längs der Bahn ist, so kann man die Geschwindigkeit $\underline{v}$ und die Beschleunigung $\underline{a}$ nach den Richtungen der Bahntangente und der Bahnnormalen zerlegen (natürliche Koordinaten). Man erhält

für die Geschwindigkeit $\underline{v}$ (sie liegt stets in Richtung der Bahntangente) den Betrag v (die Bahngeschwindigkeit) $v = \dot{s}$,

für die Komponenten der Beschleunigung $\underline{a}$

in Richtung der Bahntangente $a_t = \dot{v} = \ddot{s}$,

in Richtung der Bahnnormalen $a_n = v^2/\rho$

(nach dem Krümmungsmittelpunkt der Bahnkurve hin gerichtet; ρ ist der Krümmungsradius),

für den Betrag der Beschleunigung $|\underline{a}| = \sqrt{a_n^2 + a_t^2}$.

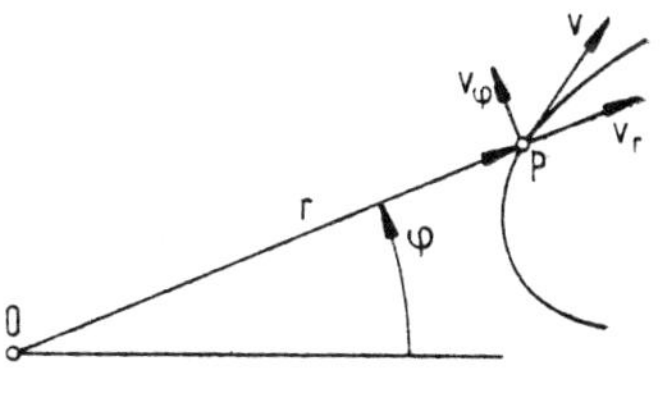

Abb.2.20/1.
Ebene Polarkoordinaten

c) In (ebenen) Polarkoordinaten r, φ lauten, siehe Abb. 2.20/1,

die Radialgeschwindigkeit $v_r = \dot{r}$,

die Zirkulargeschwindigkeit $v_\varphi = r\dot{\varphi}$, $\qquad |\underline{v}| = \sqrt{v_r^2 + v_\varphi^2}$

die Radialbeschleunigung $a_r = \ddot{r} - r\dot{\varphi}$, $\qquad$ (2.20/3a)

die Zirkularbeschleunigung $a_\varphi = r\ddot{\varphi} + 2\dot{r}\dot{\varphi}$, $\qquad |\underline{a}| = \sqrt{a_r^2 + a_\varphi^2}$

In (räumlichen) Zylinderkoordinaten r, φ, z lauten neben den obigen Komponenten

$$\begin{aligned} &\text{die Axialgeschwindigkeit} && v_z = \dot{z}, \\ &\text{die Axialbeschleunigung} && a_z = \ddot{z} \\ &\text{und deshalb} && |\underline{v}| = \sqrt{v_r^2 + v_\varphi^2 + v_z^2} \\ &\text{sowie} && |\underline{a}| = \sqrt{a_r^2 + a_\varphi^2 + a_z^2}. \end{aligned} \qquad (2.20/3b)$$

B. Bewegte Koordinatensysteme, Kartesische Koordinaten

Explizit behandelt werden die ebenen Fälle; der Übergang zu den räumlichen ergibt sich meist leicht.

Natürlich kann es auch vorteilhaft sein, teils mit Kartesischen, teils mit anderen Koordinaten zu arbeiten.

a) Translatorische Bewegung. Der Ursprung 0_2 eines bewegten Koordinatensystems $0_2, x_2, y_2$ wird gegenüber einem festen ("absoluten") Koordinatensystem $0_1, x_1, y_1$ geführt; er besitzt die ("Führungs-")Koordinaten x_f und y_f. Die Koordinatenachsen der Systeme bleiben parallel; siehe Abb.2.20/2.

Der Ortsvektor 0_1P sei $\underline{r}_1$, der Ortsvektor 0_2P sei $\underline{r}_2$, der Vektor 0_10_2 heiße $\underline{r}_f$. Dann gilt für die Ortsvektoren

$$\underline{r}_1 = \underline{r}_f + \underline{r}_2 \quad \text{und demgemäß} \quad \begin{aligned} x_1 &= x_f + x_2 , \\ y_1 &= y_f + y_2 . \end{aligned} \qquad (2.20/4a)$$

Durch Ableiten findet man für die Geschwindigkeitsvektoren und ihre Komponenten die Beziehungen

$$\begin{aligned} \dot{x}_1 &= \dot{x}_f + \dot{x}_2 , \\ \dot{y}_1 &= \dot{y}_f + \dot{y}_2 , \end{aligned} \qquad \underline{v}_a = \underline{v}_f + \underline{v}_{rel} , \qquad (2.20/4b)$$

und durch nochmaliges Ableiten für die Beschleunigungsvektoren

$$\begin{aligned} \ddot{x}_1 &= \ddot{x}_f + \ddot{x}_2 , \\ \ddot{y}_1 &= \ddot{y}_f + \ddot{y}_2 , \end{aligned} \qquad \underline{a}_a = \underline{a}_f + \underline{a}_{rel} . \qquad (2.20/4c)$$

Die mit dem Index 1 versehenen Vektoren heißen Absolutgeschwindigkeit und -beschleunigung, die mit dem Index 2 versehenen Vektoren heißen R e l a t i v geschwindigkeit und -beschleunigung und die mit dem Index f versehenen F ü h r u n g s geschwindigkeit und -beschleunigung.

b) Rotatorische Bewegung. Das Koordinatensystem $0, x_2, y_2$ dreht sich um eine senkrecht zu seiner Ebene stehende feste Achse durch 0 mit der Winkelgeschwindigkeit $\Omega := \dot{\varphi}$ gegenüber dem System $0, x_1, y_1$; siehe Abb.2.20/3.

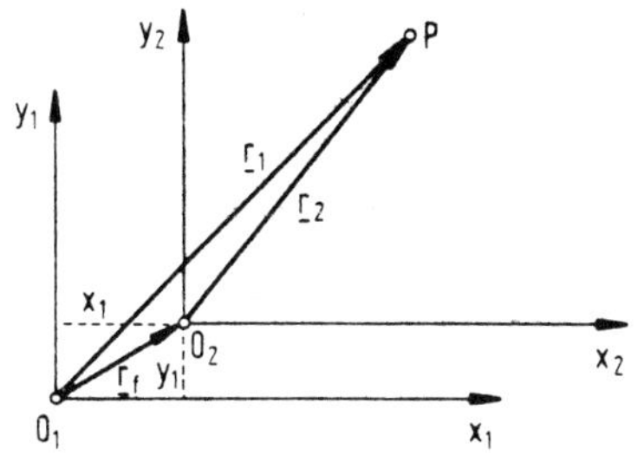

Abb.2.20/2. Translation

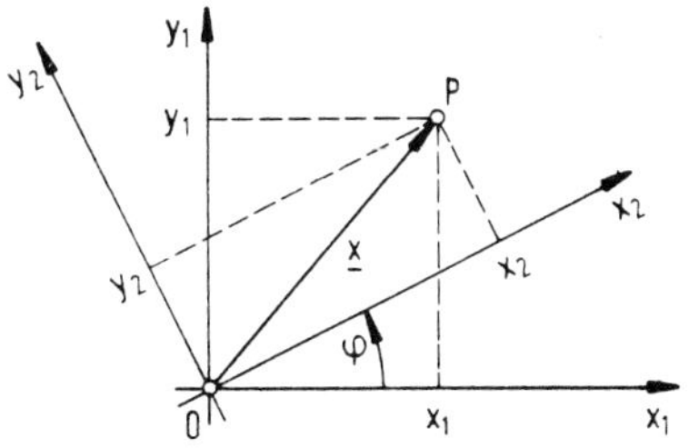

Abb.2.20/3. Rotation

Zwischen den Komponenten x_1, y_1 und x_2, y_2 des Ortsvektors $0P = \underline{r}$ bestehen die Beziehungen

$$\begin{aligned} x_1 &= x_2 \cos\varphi - y_2 \sin\varphi \quad , \\ y_1 &= x_2 \sin\varphi + y_2 \cos\varphi \quad . \end{aligned} \tag{2.20/5}$$

Sowohl die Kartesischen Koordinaten x_2 und y_2 wie auch der Winkel φ sind Funktionen von t. Durch Ableiten nach t gewinnt man die Geschwindigkeitskomponenten

$$\begin{aligned} \dot{x}_1 &= (\dot{x}_2 \cos\varphi - \dot{y}_2 \sin\varphi) - \Omega(x_2 \sin\varphi - y_2 \cos\varphi) \quad , \\ \dot{y}_1 &= (\dot{x}_2 \sin\varphi - \dot{y}_2 \cos\varphi) + \Omega(x_2 \cos\varphi - y_2 \sin\varphi) \quad . \end{aligned} \tag{2.20/6a}$$

Der letzte Gleichungssatz läßt sich in Vektorform schreiben als

$$\dot{\underline{r}}_1 := \underline{v}_1 = \underline{v}_2 + \underline{\Omega} \times \underline{r}_1 \qquad \text{oder} \qquad \underline{v}_a = \underline{v}_{rel} + \underline{v}_f \quad . \tag{2.20/6b}$$

Wieder ist $\underline{v}_1$ die Absolutgeschwindigkeit $\underline{v}_a$, $\underline{v}_2$ die Relativgeschwindigkeit $\underline{v}_{rel}$; die Führungsgeschwindigkeit $\underline{v}_f$ ist hier gegeben durch $\underline{\Omega} \times \underline{r}_1$.

Die zweite Ableitung von Gl.(2.20/5) liefert die Beschleunigungen

$$\ddot{x}_1 = (\ddot{x}_2\cos\varphi - \ddot{y}_2\sin\varphi) - \Omega^2(x_2\cos\varphi - y_2\sin\varphi) - \dot{\Omega}(x_2\sin\varphi + y_2\cos\varphi) - 2\Omega(\dot{x}_2\sin\varphi + \dot{y}_2\cos\varphi) \; ,$$

$$\ddot{y}_1 = (\ddot{x}_2\sin\varphi + \ddot{y}_2\cos\varphi) - \Omega^2(x_2\sin\varphi + y_2\cos\varphi) + \dot{\Omega}(x_2\cos\varphi - y_2\sin\varphi) + 2\Omega(\dot{x}_2\cos\varphi - \dot{y}_2\sin\varphi) \; . \qquad (2.20/7)$$

Auf der linken Seite stehen die Komponenten der Absolutbeschleunigung $\underline{a}_1$. Die ersten der jeweils vier Terme auf der rechten Seite sind die Komponenten der Beschleunigung im System O_2, x_2, y_2 bei festgehaltenem φ, der sogenannten Relativbeschleunigung $\underline{a}_{rel}$. Die zweiten und dritten Terme rühren her von der Änderung von φ, also von der Führungsbewegung; und zwar sind die zweiten Terme die Komponenten des Zentripetalanteils, die dritten Terme die Komponenten des Zirkularanteils der Führungsbeschleunigung $\underline{a}_f$. Die vierten Terme sind die Komponenten der sogenannten Coriolisbeschleunigung $\underline{a}_c = 2\,(\underline{\Omega} \times \underline{v}_{rel})$. In Vektorfassung:

$$\underline{a}_a = \underline{a}_{rel} + \underline{a}_f + \underline{a}_c \qquad (2.20/8a)$$

mit

$$\underline{a}_f = \underline{\Omega} \times (\underline{\Omega} \times \underline{r}) + \dot{\underline{\Omega}} \times \underline{r} = -\Omega^2\underline{r} + \dot{\underline{\Omega}} \times \underline{r} \; ,$$

$$\underline{a}_c = 2(\underline{\Omega} \times \underline{v}_{rel}) \; . \qquad (2.20/8b)$$

2.21 Das Newtonsche Prinzip

Für einen Punktkörper und für den Schwerpunkt eines starren Körpers folgt die Bewegungsgleichung aus dem Newtonschen Prinzip (dem "Newtonschen Gesetz", lex secunda) in der Form

$$m\ddot{\underline{r}} = \sum_{i=1}^{n} \underline{F}_i \; . \qquad (2.21/1a)$$

Hierin bezeichnet m die Masse des Körpers, $\underline{r}$ den Ortsvektor nach dem Schwerpunkt; auf der rechten Seite steht die Summe aller auf den Körper wirkenden Kräfte. Im dreidimensionalen Raum haben die Vektoren in Gl.(2.21/1a) drei skalare Komponenten: Ein Punktkörper und die Translationsbewegung eines starren Körpers besitzen jeweils drei Freiheitsgrade.

Für die Drehung eines starren Körpers um eine **f e s t e A c h s e** genügt für die Bewegungsgleichung die der Gl.(2.21/1a) entsprechende skalare Beziehung

$$\Theta\ddot{\varphi} = \sum_{i=1}^{n} M_i \quad . \qquad (2.21/1b)$$

Dabei bezeichnet man Θ als das Massenträgheitsmoment oder die Drehmasse des Körpers für die Drehachse; auf der rechten Seite steht die Summe der um diese Drehachse auf den Körper wirkenden Momente (auch Drehkräfte genannt). Hier besteht ein Freiheitsgrad. Beispiele zu dem erwähnten Vorgehen finden sich in großer Zahl im Hauptabschnitt 3.1.

Hier geben wir noch ein an Gl.(2.21/1b) anschließendes Beispiel: Abb.2.21/1a zeigt die Schreibvorrichtung eines Registriergerätes. Sie besteht aus einer um die Achse A-A drehbaren Trommel mit einer Schreibspitze S, die im Abstand r von der Drehachse mit der konstanten Kraft P auf das Registrierpapier gedrückt wird. Diese Anordnung besitze in

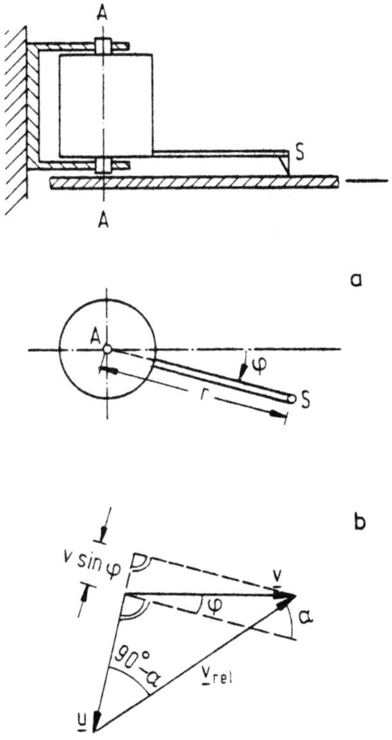

Abb.2.21/1.
Registriervorrichtung
a) Prinzipskizze
b) Geschwindigkeitsplan

Bezug auf die Drehachse A-A das Massenträgheitsmoment Θ. Um eine Meßgröße $z(t)$ in eine Drehung $\varphi(t)$ der Schreibvorrichtung umzusetzen, wird auf diese eine Drehkraft $M_1 = k_1(z - k_2\varphi)$ ausgeübt. Ferner wirken zwei der Bewegung widerstehende Drehkräfte: Eine der Drehgeschwindigkeit $\dot{\varphi}$ proportionale Drehkraft $M_2 = -k_3\dot{\varphi}$ und eine durch die Reibung zwischen Feder und Papier hervorgerufene Drehkraft M_3. Gesucht ist die Bewegungsgleichung der Schreibvorrichtung, wenn der Reibungskoeffizient μ zwischen Feder und Papier sowie die Vorschubgeschwindigkeit $\underline{v}$ des Papiers gegeben sind.

Für dieses Beispiel lautet die Gl.(2.21/1b)

$$\Theta\ddot{\varphi} = \sum_{i=1}^{3} M_i \quad . \tag{2.21/2}$$

Während die Drehkräfte M_1 und M_2 durch die Arbeitsweise und die Auslegung der Schreibvorrichtung gegeben sind, muß die aus der Reibkraft $R = \mu \cdot P$ entstehende Drehkraft M_3 noch aufgesucht werden.

Schließt die Verbindungslinie A-S, siehe Abb.2.21/1b, mit der Richtung der Reibkraft R den Winkel α ein, so ergibt sich eine Drehkraft

$$M_3 = -Rr\sin\alpha \quad .$$

Die Reibkraft R ist der Relativgeschwindigkeit $\underline{v}_{rel}$ zwischen Papier und Schreibspitze entgegengerichtet. In Abb.2.21/1b sind die Geschwindigkeit $\underline{u}$ (vom Betrage $r\dot{\varphi}$) der Schreibspitze S, die Geschwindigkeit $\underline{v}$ des Papiers und die daraus resultierende Relativgeschwindigkeit $\underline{v}_{rel}$ eingetragen. Aus der Skizze läßt sich die Beziehung

$$\sin\alpha = \cos(90^\circ - \alpha) = \frac{r\dot{\varphi} + v\sin\varphi}{v_{rel}}$$

ablesen. Ferner gilt

$$v_{rel}^2 = v^2 + r^2\dot{\varphi}^2 - 2vr\dot{\varphi}\cos(90^\circ + \varphi) = v^2 + r^2\dot{\varphi}^2 + 2vr\dot{\varphi}\sin\varphi \quad .$$

Daraus folgt

$$M_3 = -Rr\frac{r\dot{\varphi} + v\sin\varphi}{\sqrt{v^2 + r^2\dot{\varphi}^2 + 2vr\dot{\varphi}\sin\varphi}} \quad .$$

Setzt man M_1, M_2 und M_3 in Gl.(2.21/2) ein, so erhält man

$$\Theta\ddot{\varphi} = k_1(z - k_2\varphi) - k_3\dot{\varphi} - Rr\frac{r\dot{\varphi} + v\sin\varphi}{\sqrt{v^2 + r^2\dot{\varphi}^2 + 2vr\dot{\varphi}\sin\varphi}}$$

oder umgeformt:

$$\Theta\ddot{\varphi} + k_3\dot{\varphi} + \mu Pr\frac{r\dot{\varphi} + v\sin\varphi}{\sqrt{v^2 + r^2\dot{\varphi}^2 + 2vr\dot{\varphi}\sin\varphi}} + k_1k_2\varphi = k_1 z. \qquad (2.21/3)$$

Die Bewegungsgleichung (2.21/3) ist von zweiter Ordnung; sie ist wegen $z = z(t)$ nicht-autonom. Überdies ist sie nichtlinear (s. die Einteilung und die Benennungen in Abschn.2.31).

2.22 Gleichgewichtsbetrachtung mit d'Alembertschen Kräften; das d'Alembertsche Prinzip

Aus dem Newtonschen Prinzip läßt sich folgende Vorgehensweise zum Aufstellen von Bewegungsgleichungen herleiten: Zu den auf den Körper wirkenden Kräften $\underline{F}_i$ werden in Gl.(2.21/1a) nach d'Alembert benannte, am Schwerpunkt angreifende Trägheitskräfte $\underline{F}_j = -m\ddot{\underline{q}}_j$ hinzugefügt; m_j ist die Masse des Körpers j, $\ddot{\underline{q}}_j$ seine Schwerpunktsbeschleunigung; die Kräfte wirken also gegen die (angenommene) Beschleunigungsrichtung. Analog wird, wenn die Drehachse des Körpers ihre Richtung im Raume beibehält, in Gl.(2.21/1b) zu den wirkenden Momenten $\underline{M}_i$ ein Trägheitsterm $\underline{M}_j = -\Theta_j\ddot{\underline{q}}_j$ hinzugefügt; dabei ist Θ_j das Massenträgheitsmoment des Körpers um die der Drehachse parallele Schwerachse und $\ddot{\underline{q}}_j$ die zugehörige Winkelbeschleunigung.

Auf das so abgewandelte System wendet man nun die Gesetze der Statik an. Die Gleichgewichtsbedingungen des abgewandelten Systems sind die Bewegungsgleichungen des ursprünglichen. Die beschriebene Vorgehensweise wird als d'Alembertsches Prinzip bezeichnet. Zur Herleitung und Bezeichnung siehe Lit.(2.20/2), dort Kap.IV,2.

Beispiel: Abb.2.22/1a zeigt einen Körper, dessen Zapfen (Radius R) auf einer horizontalen Bahn abrollt. Der Körper besitze die Masse m und das Massenträgheitsmoment $\Theta_S = mk^2$ um seine Schwer-

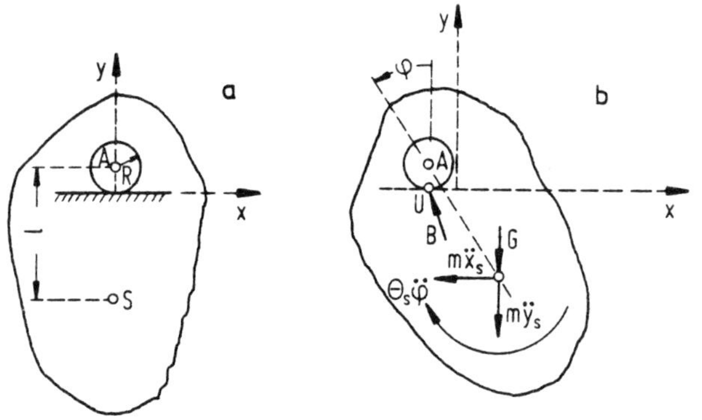

Abb.2.22/1.
Rollpendel
a) Lageplan
b) Kräfteplan

achse S; der Abstand zwischen Zapfenmittelpunkt A und Schwerpunkt S sei l. In Abb.2.22/1b ist der von der Umgebung freigeschnittene Körper in ausgelenkter Lage mit allen auf ihn wirkenden Kräften gezeichnet. Beschreiben wir die Lage des Schwerpunktes S in einem ruhenden Koordinatensystem x,y durch den Ortsvektor $\underline{r}_S = (x_S, y_S)$ und die Drehung des Körpers durch den Winkel φ, den die Verbindungslinie AS mit der vertikalen y-Achse einschließt, so resultiert aus der Translationsbewegung des Körpers die d'Alembertsche Kraft $-m\ddot{\underline{r}}_S$, am Schwerpunkt angreifend, und aus der Rotationsbewegung eine d'Alembertsche Drehkraft $-\Theta_S\ddot{\varphi}$, um den Schwerpunkt drehend. Ferner wirkt auf den Körper im Berührpunkt U des Zapfens mit der Bahn die Stützkraft B und im Schwerpunkt S die Gewichtskraft G.

Aus der Rollbedingung folgt der Zusammenhang zwischen $\dot{x}_S$, $\dot{y}_S$ und $\dot{\varphi}$ zu

$$\dot{x}_S = -R\dot{\varphi} + l\dot{\varphi}\cos\varphi \quad ; \quad \dot{y}_S = l\dot{\varphi}\sin\varphi \tag{2.22/1a}$$

und somit

$$\begin{aligned} \ddot{x}_S &= -R\ddot{\varphi} + l\ddot{\varphi}\cos\varphi - l\dot{\varphi}^2\sin\varphi \quad , \\ \ddot{y}_S &= l\ddot{\varphi}\sin\varphi + l\dot{\varphi}^2\cos\varphi \quad . \end{aligned} \tag{2.22/1b}$$

Wählen wir als Bezugspunkt für die auf den Körper wirkenden Momente den Punkt U, so ersparen wir uns die Berechnung der Kraft B. Die Gleichgewichtsbedingung wird für unser Beispiel zu

$$-m\ddot{x}_S(l\cos\varphi - R) - (m\ddot{y}_S + G)l\sin\varphi - \Theta_S\ddot{\varphi} = 0 \quad . \tag{2.22/2}$$

Setzt man $\ddot{x}_S$ und $\ddot{y}_S$ in Gl.(2.22/2) ein, so erhält man als Bewegungsgleichung des Körpers

$$\ddot{\varphi}\left[(l^2 + R^2 - 2Rl\cos\varphi) + k^2\right] + \dot{\varphi}^2 Rl\sin\varphi + gl\sin\varphi = 0. \qquad (2.22/3)$$

Die Differentialgleichung ist autonom; wieder ist sie nichtlinear.

2.23 Das Prinzip der virtuellen Arbeiten (mit d'Alembertschen Kräften)

Gemäß Abschn.2.22 läßt sich ein kinetisches Problem durch Einführen von d'Alembertschen Kräften in ein statisches umwandeln. Nun bestimmt man dessen Gleichgewicht mit Hilfe des Prinzips der virtuellen Arbeiten: Dem Gebilde wird eine gedachte, infinitesimal kleine, eine "virtuelle" Verrückung erteilt, die mit der Geometrie des Systems verträglich ist; dabei erfahren die Angriffspunkte aller Kräfte $\underline{F}_i$ (sowohl die der eingeprägten wie die der Trägheitskräfte) virtuelle Verschiebungen $\delta\underline{s}_i$. Das System ist dann im Gleichgewicht, wenn die bei der virtuellen Verrückung von allen diesen Kräften geleistete Arbeit $\delta\mathbf{W}$ verschwindet, d.h. wenn

$$\delta\mathbf{W} := \sum_i \underline{F}_i\,\delta\underline{s}_i = 0 \qquad (2.23/1)$$

ist. (Bei Drehkräften bedeuten die zugehörigen $\delta\underline{s}_i$ natürlich Winkel.)

Die Gleichgewichtsbedingung (2.23/1) bedeutet auch hier die Bewegungsgleichung.

Vielfach wird nur die hier beschriebene Kombination des d'Alembertschen Prinzips mit dem Prinzip der virtuellen Arbeiten nach d'Alembert benannt. Hamel (Lit.2.20/2, dort Kap.IV,2) schlägt andererseits hierfür die Bezeichnung Lagrangesches Prinzip vor, da Lagrange es zuerst so angab.

Bei dem hier beschriebenen Verfahren brauchen Reaktionskräfte nicht berücksichtigt zu werden, da sie keine virtuelle Arbeit leisten. Vor allem bei Systemen, die aus mehreren sich stützenden Körper bestehen, kann die Rechnung dadurch beträchtlich erleichtert werden.

Beispiel: Wir wollen das Vorgehen anhand des Fliehkraftreglers der Abb.2.23/1a näher betrachten. Der Regler bestehe aus vier masselosen Stäben (Länge l), mit denen zwei Kugeln (Massen M, Schwerpunkte S_1 und S_3) geführt werden. Die Gleithülse (Schwerpunkt S_2, Masse m) drückt über eine Feder der Steifigkeit c gegen einen Bund der vertikalen Welle, die sich mit der konstanten Winkelgeschwindigkeit ω dreht. Zwischen sich verschiebender Hülse und Welle wirke eine Reibkraft R konstanten Betrages. In Abb.2.23/1b ist das System mit allen darauf wirkenden Kräften herausgezeichnet. Da das System symmetrisch ist, genügt es, eine Hälfte zu betrachten.

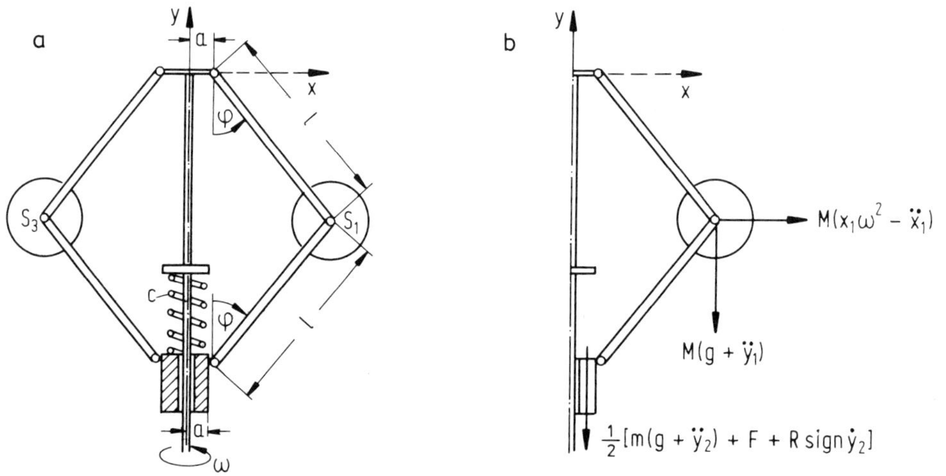

Abb.2.23/1. Fliehkraftregler; a) Lageplan, b) Kräfteplan

Die Lage der Schwerpunkte beschreiben wir in einem mitdrehenden Koordinatensystem x,y. Wir finden

$$x_1 = a + l\sin\varphi \quad ; \quad y_1 = -l\cos\varphi \quad ;$$

$$x_2 = 0 \quad ; \quad y_2 = 2y_1$$

und somit die zu einer Variation $\delta\varphi$ des Winkels φ gehörenden virtuellen Verschiebungen

$$\delta x_1 = l\cos\varphi\,\delta\varphi \quad ; \quad \delta y_1 = l\sin\varphi\,\delta\varphi \quad ;$$

$$\delta x_2 = 0 \quad ; \quad \delta y_2 = 2\delta y_1 \quad .$$

Die Beschleunigungen berechnen sich zu

$$\ddot{x}_1 = l(\ddot{\varphi}\cos\varphi - \dot{\varphi}^2\sin\varphi) \quad ; \quad \ddot{y}_1 = l(\ddot{\varphi}\sin\varphi + \dot{\varphi}^2\cos\varphi) \quad ;$$

$$\ddot{x}_2 = 0 \quad ; \quad \ddot{y}_2 = 2\ddot{y}_1 \quad .$$

Die Kraft $\underline{F}$, die von der Feder auf die Hülse ausgeübt wird, ist vom Betrage $F = c\,(k + y_2)$; k ist dabei eine Systemkonstante, nämlich der der Vorspannkraft entsprechende Weg.

Schreibt man Gl.(2.23/1) für den vorliegenden Fall an, so erhält man

$$\delta \mathbf{W} = M(x_1\omega^2 - \ddot{x}_1)\delta x_1 - M(g + \ddot{y}_1)\delta y_1$$
$$- \frac{1}{2}\left[m(g + \ddot{y}_2) + F + R\,\mathrm{sign}\,\dot{y}_2\right]\delta y_2 = 0 \quad . \qquad (2.23/2)$$

Für $0 \leqq \varphi \leqq \pi/2$ gilt

$$\mathrm{sign}\,\dot{y}_2 = \mathrm{sign}(2l\dot{\varphi}\sin\varphi) = \mathrm{sign}\,\dot{\varphi} = \begin{cases} +1 & \text{für } \dot{\varphi} > 0 \quad , \\ -1 & \text{für } \dot{\varphi} < 0 \quad . \end{cases}$$

Unter Benutzung der oben angegebenen Beziehungen erhält man aus Gl. (2.23/2) die Bewegungsdifferentialgleichung für $\varphi(t)$

$$\ddot{\varphi}(M + 2m\sin^2\varphi)l + \sin\varphi\,\left[(M + m)g + 2ml\dot{\varphi}^2\cos\varphi\right.$$
$$\left. + c(k - 2l\cos\varphi) + R\,\mathrm{sign}\,\dot{\varphi}\right] - \omega^2 M(a + l\sin\varphi)\cos\varphi = 0. \qquad (2.23/3)$$

Die Differentialgleichung ist autonom und nichtlinear.

2.24 Die Lagrangesche Vorschrift

Nach der Lagrangeschen Vorschrift (den "Lagrangeschen Gleichungen 2. Art") gewinnt man die Bewegungsdifferentialgleichungen durch formales Differenzieren aus der kinetischen Energie $\mathbf{T}(\dot{q},q)$ und der potentiellen Energie $\mathbf{U}(q)$ des Systems. Die Vorschrift kann aus dem Prinzip der virtuellen Arbeiten hergeleitet werden (siehe z.B. Lit. (2.20/2), dort Kap.V); hier geben wir sie jedoch ohne Beweis an.

Für ein System von einem Freiheitsgrad, auf das neben den Kräften, die ein Potential $\mathbf{U}$ haben, auch Kräfte $\underline{F}_i$ wirken, die kein Potential besitzen (wie z.B. dissipative Kräfte), lautet die Vorschrift unter Benutzung der Lagrange-Funktion

$$\mathbf{L} := \mathbf{T} - \mathbf{U} \tag{2.24/1}$$

(auch kinetisches Potential genannt):

$$\frac{d}{dt}\left(\frac{\partial \mathbf{L}}{\partial \dot{q}}\right) - \frac{\partial \mathbf{L}}{\partial q} = \sum_i \underline{F}_i \frac{\partial \underline{s}_i}{\partial q} \quad . \tag{2.24/2}$$

Abweichend von den vorangegangenen Abschnitten bezeichnen wir die Koordinaten hier - wie üblich - mit q, um anzudeuten, daß q keine Kartesische Koordinate zu sein braucht. (Bei mehreren Freiheitsgraden q_r mit $r = 1,\ldots,N$ muß Gl.(2.24/2) für jedes q_r einzeln erfüllt sein.) $\underline{s}_i$ ist die Verschiebung des Angriffspunktes der Kraft $\underline{F}_i$. Der Ausdruck auf der rechten Seite von Gl.(2.24/2) wird auch als generalisierte Kraft Q bezeichnet. $Q\delta q$ ist die virtuelle Arbeit, die von den Kräften ohne Potential bei der virtuellen Verrückung δq geleistet wird. Für konservative Systeme, wo solche Kräfte $\underline{F}_i$ nicht vorkommen, wird Gl. (2.24/2) einfach zu

$$\frac{d}{dt}\left(\frac{\partial \mathbf{L}}{\partial \dot{q}}\right) - \frac{\partial \mathbf{L}}{\partial q} = 0 \quad . \tag{2.24/3}$$

Das Vorgehen nach der Lagrangeschen Vorschrift ist gelegentlich etwas langwieriger als das auf anderen Wegen; es schließt aber manche Fehlerquelle aus, weil erstens die Vorschrift schematisch angewendet wird und weil zweitens die Ausgangsgrößen **T** und **U** keine Beschleunigungen enthalten. Dadurch können vor allem bei krummlinigen und bei bewegten Koordinatensystemen umfangreiche und deshalb fehleranfällige Ausdrücke umgangen werden.

Beispiel 1: Wir betrachten das schon in Abschn.2.22 erörterte Rollpendel, leiten hier seine Bewegungsgleichung jedoch mit Hilfe der Lagrangeschen Vorschrift (2.24/3) her.

Die Energieausdrücke lauten

$$\mathbf{T} = \dot{\varphi}^2 \left[\Theta_S + m(l^2 + R^2 - 2lR\cos\varphi)\right] \quad , \tag{2.24/4a}$$

$$\mathbf{U} = mgl(1-\cos\varphi) \quad . \tag{2.24/4b}$$

Die Vorschrift (2.24/3) liefert die Bewegungsgleichung; sie ist die uns schon bekannte Gl.(2.22/3).

Die Lagrangesche Vorschrift gilt auch dann, wenn das Potential **U** und/oder die kinetische Energie **T** explizit von der Zeit abhängen; siehe z.B. Lit.(2.20/3). Der erste Fall tritt auf, wenn zeitabhängige Kräfte auf das System wirken, der zweite, wenn man mit bewegten Koordinaten arbeitet. Hierzu erörtern wir die beiden Beispiele 2 und 3.

B e i s p i e l 2 betrifft einen Feder-Masse-Schwinger mit bewegtem Aufhängepunkt, siehe Abb.2.24/1. Der Aufhängepunkt A bewege sich in vertikaler Richtung gemäß $u(t) = U \sin \Omega t$. Ferner sei l die Länge der entspannten Feder, x die Federverlängerung, R(x) die Federrückstellkraft, m die Masse des Körpers.

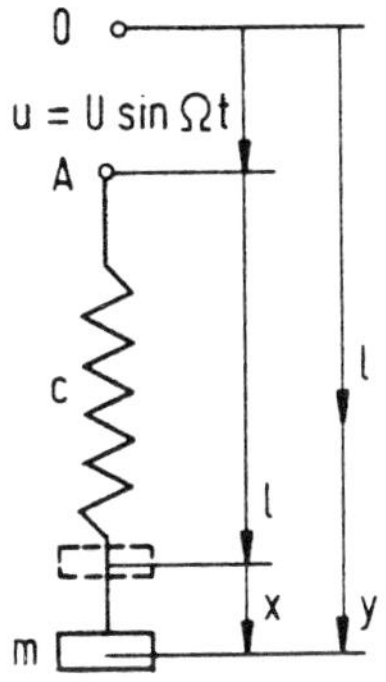

Abb.2.24/1.
Feder-Masse-Schwinger mit bewegtem Aufhängepunkt

Wir behandeln den Schwinger auf zwei Weisen: Im ersten Fall (α) benutzen wir als Koordinate x die Federverlängerung, im zweiten (β) als Koordinate y die Entfernung der Masse m vom unteren Ende der unbelasteten, bei 0 aufgehängten Feder; es ist also $y = u + x$.

F a l l α: Die kinetische Energie ist

$$\mathbf{T} = \frac{m}{2}\left[\frac{d}{dt}(u + l + x)\right]^2 \quad .$$

T hängt über $\dot{u}$ auch explizit von t ab, $\mathbf{T} = \mathbf{T}(\dot{x}, t)$. Die potentielle Energie ist

$$\mathbf{U} = \int_0^x R(\xi)\, d\xi \quad ;$$

sie hängt nur von x ab. Aus Gl.(2.24/3) folgt die Bewegungsgleichung

$$m\ddot{x} + R(x) = mU\Omega^2 \sin\Omega t \quad . \tag{2.24/5}$$

F a l l β: Die kinetische Energie ist

$$\mathbf{T} = \frac{1}{2} m\dot{y}^2 \quad ;$$

die Zeit t tritt nicht explizit auf, $\mathbf{T} = \mathbf{T}(\dot{y})$. Die potentielle Energie ist

$$\mathbf{U} = \int_0^{y-u} R(\xi)\, d\xi \quad ,$$

sie hängt über u explizit von t ab, $\mathbf{U} = \mathbf{U}(y,t)$.

Aus Gl.(2.24/3) folgt die Bewegungsgleichung

$$m\ddot{y} + R(y - U\sin\Omega t) = 0 \quad . \tag{2.24/6}$$

Unter Hinweis auf den Abschn.2.31 bemerken wir noch: Beide Gleichungen, (2.24/5) und (2.24/6), sind heteronom, die Schwingungen also fremderregt. Im Fall α handelt es sich um störungserregte Schwingungen, im Fall β (falls R(x) nichtlinear ist) um parametererregte.

B e i s p i e l 3 betrifft ein Pendel mit bewegtem Aufhängepunkt A gemäß Abb.2.24/2. Das Pendel besteht aus einer masselosen Stange der Länge l und einem Punktkörper der Masse m. Die Bewegung seines Aufhängepunktes A werde in einem ruhenden Kartesischen Koordinatensystem durch die Horizontalauslenkung $\xi(t)$ und die Vertikalauslenkung $\eta(t)$ beschrieben. Der Punktkörper soll ferner durch das umgebende Medium eine der Geschwindigkeit $\underline{v}$ proportionale Widerstandskraft $\underline{W}$ erfahren,

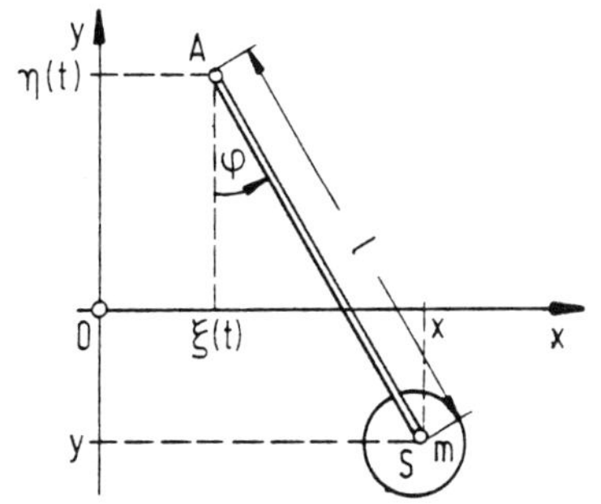

Abb.2.24/2.
Pendel mit bewegtem Aufhängepunkt

$\underline{W} = -\alpha\underline{v}$. Die Koordinaten x und y des Punktkörpers lassen sich durch den Winkel φ ausdrücken, den das Pendel mit der Vertikalen einschließt; ihn benutzen wir als kennzeichnende Koordinate. Es gilt

$$x = \xi(t) + l\sin\varphi \quad ,$$

$$y = \eta(t) - l\cos\varphi \quad .$$

Die kinetische Energie **T** berechnet sich zu

$$\mathbf{T} = \frac{m}{2}v^2 = \frac{m}{2}(\dot{x}^2 + \dot{y}^2) = \frac{m}{2}\left[(\dot{\xi} + l\dot{\varphi}\cos\varphi)^2 + (\dot{\eta} + l\dot{\varphi}\sin\varphi)^2\right] \quad ,$$

die potentielle Energie **U** zu

$$\mathbf{U}_o = \mathbf{U}_o + mgy = \mathbf{U}_o + mg(\eta - l\cos\varphi) \quad .$$

Die Größe des konstanten Anteils $\mathbf{U}_0$ hängt davon ab, für welchen Wert y man das Potential zu Null festlegt. Hier sind die beiden Ausdrücke, sowohl der für **T** als auch der für **U**, über ξ und η explizit von t abhängig.

Durch Differenzieren findet man

$$\frac{d}{dt}\left(\frac{\partial \mathbf{L}}{\partial\dot{\varphi}}\right) = \frac{d}{dt}\left(\frac{\partial \mathbf{T}}{\partial\dot{\varphi}}\right) = ml\left[\ddot{\xi}\cos\varphi - \dot{\xi}\dot{\varphi}\sin\varphi + \ddot{\eta}\sin\varphi + \dot{\eta}\dot{\varphi}\cos\varphi + l\ddot{\varphi}\right] \qquad (2.24/7)$$

und

$$\frac{\partial \mathbf{L}}{\partial\varphi} = ml\left[\dot{\eta}\dot{\varphi}\cos\varphi - g\sin\varphi - \dot{\xi}\dot{\varphi}\sin\varphi\right] \quad . \qquad (2.24/8)$$

Die nicht-konservative Kraft $\underline{W} = -\alpha\underline{v}$ schreibt sich in Komponenten

$$\underline{W} = -\alpha(\dot{x};\dot{y}) = -\alpha(\dot{\xi} + l\dot{\varphi}\cos\varphi\,;\,\dot{\eta} + l\dot{\varphi}\sin\varphi) \quad ,$$

der Ortsvektor $\underline{r}$ ihres Angriffspunktes ist $\underline{r} = (x,y)$ und somit der Verrückungsvektor $d\underline{r} \equiv d\underline{s} = (dx,dy)$. Damit wird

$$\frac{\partial \underline{r}}{\partial\varphi} = \left(\frac{\partial x}{\partial\varphi}\,;\,\frac{\partial y}{\partial\varphi}\right) = l\cdot(\cos\varphi\,;\,\sin\varphi)$$

und die generalisierte Kraft Q zu

$$Q := \underline{W} \frac{\partial \underline{s}}{\partial \varphi} = -\alpha l(\dot{\xi}\cos\varphi + \dot{\eta}\sin\varphi + l\dot{\varphi}) \quad . \qquad (2.24/9)$$

Einsetzen der Ausdrücke (2.24/7), (2.24/8) und (2.24/9) in die Gl.(2.24/2) ergibt die Bewegungsdifferentialgleichung des Pendels

$$\ddot{\varphi} + \frac{\alpha}{m}\dot{\varphi} + \frac{1}{l}\sin\varphi\left[g + \ddot{\eta} + \frac{\alpha}{m}\dot{\eta}\right] + \frac{1}{l}\cos\varphi\left[\ddot{\xi} + \frac{\alpha}{m}\dot{\xi}\right] = 0 \quad . \qquad (2.24/10)$$

Die Funktionen $\xi(t)$ und $\eta(t)$ und deshalb auch die Ableitungen $\dot{\xi}(t)$, $\dot{\eta}(t)$, $\ddot{\xi}(t)$ und $\ddot{\eta}(t)$ sind dabei bekannte Funktionen der Zeit. Die Dgl.(2.24/10) ist eine heteronome nicht-lineare Differentialgleichung; die Schwingungen sind parametererregt.

2.25 Das Hamiltonsche Prinzip

Für konservative Systeme besagt das Hamiltonsche Prinzip: Unter den kinetisch möglichen Bewegungen des Systems stellt jene sich tatsächlich ein, die dem Zeitintegral über die Lagrangefunktion **L** nach Gl.(2.24/1),

$$\mathbf{I} := \int_{t_1}^{t_2} \mathbf{L}(q,\dot{q})\,dt \quad , \qquad (2.25/1)$$

bei festgehaltenen Grenzen t_1 und t_2 einen gegenüber Variationen der Bewegung stationären Wert erteilt, die sich einstellende Bewegung wird also bestimmt durch eine der drei Forderungen:

$$\delta\mathbf{I} = 0 \quad ,$$

$$\delta\int_{t_1}^{t_2} \mathbf{L}(q,\dot{q})\,dt = 0 \quad , \qquad (2.25/2)$$

$$\int_{t_1}^{t_2} \delta\mathbf{L}(q,\dot{q})\,dt = 0 \quad .$$

L darf auch explizit von der Zeit abhängen; vgl. Abschn.2.24, Bsp.1.

Enthält das System nichtkonservative Kräfte, so muß man von der dritten Form (2.25/2) ausgehen und deren virtuelle Arbeiten $Q\delta q$ [vgl. Hinweis bei Gl.(2.24/2)] zu $\delta\mathbf{L}$ hinzufügen:

$$\int_{t_1}^{t_2} (\delta\mathbf{L} + Q\delta q)\,dt = 0 \quad . \qquad (2.25/3)$$

Nach den Methoden der Variationsrechnung kann man aus Gl.(2.25/2) oder Gl.(2.25/3) die Lagrangeschen Gleichungen (2.24/3) bzw. (2.24/2) in allgemeiner Form herleiten. Vorteilhaft sind die Formen (2.25/2) und (2.25/3) des Hamiltonschen Prinzips jedoch vor allem auch zum Ermitteln von Näherungslösungen mit Hilfe der sogenannten direkten Methoden der Variationsrechnung, z.B. nach den Methoden von Ritz und Galerkin. Ausführlich wird hierüber in den Abschn.5.71 und 5.72 gesprochen werden.

2.26 Herleitung der Bewegungsgleichung aus dem Energiesatz

Für konservative Systeme läßt sich aus der Lagrangeschen Bewegungsgleichung der Energiesatz in der Form

$$\mathbf{T} + \mathbf{U} = \text{const} \qquad (2.26/1)$$

herleiten; vgl. Lit.(2.20/2), dort Abschn.114. Durch Differenzieren nach der Zeit erhält man aus Gl.(2.26/1)

$$\frac{d\mathbf{T}}{dt} + \frac{d\mathbf{U}}{dt} = 0 \quad . \qquad (2.26/2)$$

Liegt ein System mit einem Freiheitsgrad mit der generalisierten Koordinate q vor,

$$\mathbf{T} = \mathbf{T}(q,\dot{q}) \quad , \quad \mathbf{U} = \mathbf{U}(q) \quad ,$$

so liefert Gl.(2.26/2) bis auf einen Faktor $\dot{q}$ dieselbe Bewegungsgleichung wie Gl.(2.24/3).

Das genannte Vorgehen ist grundsätzlich auf Systeme von *e i n e m* Freiheitsgrad beschränkt, denn die *e i n e* Beziehung (2.26/1) kann niemals mehr als e i n e Bewegungsgleichung liefern.

B e i s p i e l : Ein Punktkörper bewegt sich verlustfrei auf einer ruhenden Raumkurve im Schwerefeld. Die Kurve werde in einem festen x-y-z-Koordinatensystem (dabei zeige z in die vertikale Richtung nach oben) durch die Beziehungen $x = f_1(z)$ und $y = f_2(z)$ beschrieben. Unter der Voraussetzung, daß das Potential **U** für z = 0 verschwindet, erhält man die Energieausdrücke

$$\mathbf{U} = mgz \ ,$$
$$\mathbf{T} = \frac{m}{2}(\dot{x}^2 + \dot{y}^2 + \dot{z}^2) = \frac{m}{2}\dot{z}^2 \left[\left(\frac{df_1}{dz}\right)^2 + \left(\frac{df_2}{dz}\right)^2 + 1 \right] \qquad (2.26/3)$$

und daraus die Ableitungen

$$\frac{d\mathbf{U}}{dt} = mg\dot{z} \ ,$$
$$\frac{d\mathbf{T}}{dt} = m\dot{z}\left\{\ddot{z}\left[\left(\frac{df_1}{dz}\right)^2 + \left(\frac{df_2}{dz}\right)^2 + 1\right] + \dot{z}^2\left[\frac{df_1}{dz}\frac{d^2f_1}{dz^2} + \frac{df_2}{dz}\frac{d^2f_2}{dz^2}\right]\right\}. \qquad (2.26/4)$$

Als Bewegungsgleichung folgt daher gemäß Gl.(2.26/2) (nach Division durch $m\dot{z}$):

$$\ddot{z}\left[\left(\frac{df_1}{dz}\right)^2 + \left(\frac{df_2}{dz}\right)^2 + 1\right] + \dot{z}^2\left[\frac{df_1}{dz}\frac{d^2f_1}{dz^2} + \frac{df_2}{dz}\frac{d^2f_2}{dz^2}\right] + g = 0. \qquad (2.26/5)$$

Die Differentialgleichung ist autonom und nicht-linear.

2.3 Erörterungen über die Bewegungsdifferentialgleichungen

2.31 Einteilung und Benennungen

Aus den vorangegangenen Teilen dieses Kap.2 ersehen wir: Für Systeme von einem Freiheitsgrad, und zwar sowohl für mechanische Gebilde wie für elektrische Schaltkreise, haben die Bewegungsgleichungen oft die Form einer Differentialgleichung zweiter Ordnung,

$$\ddot{q} + H(q,\dot{q},t) = 0 \ . \qquad (2.31/1)$$

Gelegentlich ist es jedoch vorteilhafter, mit einem Satz von zwei gekoppelten Differentialgleichungen erster Ordnung zu arbeiten:

$$\dot{q}_1 = H_1(q_1, q_2, t) \quad ,$$
$$\dot{q}_2 = H_2(q_1, q_2, t) \quad . \qquad (2.31/2)$$

Diese Gleichungen gehen aus (2.31/1) hervor, indem man z.B.

$$q_1 = q \ , \ q_2 = \dot{q} \quad ,$$
$$H_1 = q_2 \ , \ H_2 = -H(q_1, q_2, t) \qquad (2.31/2a)$$

setzt.

In manchen Fällen, vor allem beim Aufstellen der Bewegungsgleichungen für nicht-mechanische Systeme, erscheinen die Differentialgleichungen von vornherein in der Fassung (2.31/2) [siehe etwa die Gln.(2.12/6)]; sie können dann umgekehrt durch Eliminieren von q_1 oder von q_2 durch eine Differentialgleichung zweiter Ordnung der Fassung (2.31/1) ersetzt werden [siehe etwa die Gln.(2.12/11) oder (2.12/12)].

In den Bewegungsgleichungen (2.31/1) oder (2.31/2) tritt die Zeit t im allgemeinen auch explizit auf. Die Differentialgleichung und die Bewegung heißen dann *nicht-autonom* oder auch *heteronom* oder *fremderregt*. Erscheint die Zeit t dagegen nicht explizit in den Bewegungsgleichungen, sie haben dann die Form

$$\ddot{q} = h(q, \dot{q}) \qquad (2.31/3)$$

bzw.

$$\dot{q}_1 = h_1(q_1, q_2) \quad ,$$
$$\dot{q}_2 = h_2(q_1, q_2) \quad , \qquad (2.31/4)$$

so heißen sie und die Bewegung *autonom*.

Sind die Funktionen $H(q,\dot{q},t)$, $h(q,\dot{q})$ bzw. $H_1(q_1,q_2,t)$, $H_2(q_1,q_2,t)$, $h_1(q_1,q_2)$, $h_2(q_1,q_2)$ linear bezüglich der Veränderlichen q und $\dot{q}$ bzw. q_1 und q_2, so heißen die entsprechenden Bewegungsgleichungen und die

Gebilde **linear**, andernfalls **nicht-linear**.

Oft hat die Bewegungsgleichung zweiter Ordnung (2.31/1) die Form

$$a\ddot{q} + B(\dot{q}) + C(q) = E(t) \quad ; \tag{2.31/5}$$

die Variablen $\ddot{q}$, $\dot{q}$, q und t kommen dann "ungemischt" vor. Die Konstante a bezeichnet den "Trägheitsfaktor". Bei Translation eines Punktkörpers oder eines starren Körpers bedeutet a die Masse m des Körpers, bei Rotationen um eine feste Achse das Massenträgheitsmoment Θ des Körpers für diese Achse. Das Trägheitsmoment Θ wird gelegentlich auch Drehmasse genannt und mit $\widehat{m}$ bezeichnet.

Der Term $-C(q) \equiv R(q)$ bezeichnet eine Rückführ- oder Rückstellkraft in die Gleichgewichtslage $q = 0$, falls

$$q\,C(q) > 0 \qquad \text{für} \quad q \neq 0 \tag{2.31/6}$$

ist. Die Differentialgleichung beschreibt dann (abgesehen von Ausnahmefällen, siehe z.B. Abschn.3.21) eine Schwingung.

In Gl.(2.31/6) stecken zwei Aussagen. Erstens, falls $q > 0$, ist $C(q) > 0$, falls $q < 0$, ist $C(q) < 0$; zweitens, falls $q \neq 0$, ist auch $C(q) \neq 0$.

Das Diagramm der identischen Funktionen $+C(q)$ oder $-R(q)$ heißt in der Regel **Kennlinie** (Federkennlinie, Pendelkennlinie).

Der Term $-B(\dot{q})$ beschreibt, falls

$$\dot{q}\,B(\dot{q}) > 0 \qquad \text{für} \quad \dot{q} \neq 0 \tag{2.31/7a}$$

ist, eine Dämpfungskraft; dem System wird fortlaufend Energie entzogen; es ist dissipativ. $-B(\dot{q})$ beschreibt dagegen eine anfachende Kraft, falls

$$\dot{q}\,B(\dot{q}) < 0 \qquad \text{für} \quad \dot{q} \neq 0 \tag{2.31/7b}$$

ist, dem System wird dann aus einem Reservoir Energie zugeführt. Der Term $B(\dot{q})$ kann aber auch einen Selbsterregungsmechanismus beschreiben, z.B. wenn ein Wert α existiert, so daß $\dot{q} \cdot B(\dot{q}) < 0$ für $\dot{q} < \alpha$ und $\dot{q} \cdot B(\dot{q}) > 0$ für $\dot{q} > \alpha$ ist. Dann wird bei geeignetem $C(q)$ eine Schwingung zeitlich unbegrenzt aufrecht erhalten, wobei Energie zeitweilig aufgenommen, zeitweilig abgeführt wird. Selbsterregte Schwingungen werden im Kap.5 noch vielfach betrachtet, vor allem im Abschn.5.11.

Analog zur Rückstellkraft $R(q) \equiv -C(q)$ wird oft eine Widerstandskraft $W(\dot{q}) = -B(\dot{q})$ benutzt. Das Diagramm der identischen Funktionen $B(\dot{q})$ oder $-W(\dot{q})$ heißt Widerstandskennlinie.

Ist $E(t) \equiv 0$, so heißen die Gebilde und die Bewegung frei. Ist überdies $B(\dot{q}) \equiv 0$ und gilt Gl.(2.31/6), so bezeichnet die Differentialgleichung

$$a\ddot{q} + C(q) = 0 \qquad (2.31/8)$$

einen freien, nicht gedämpften und nicht angefachten, also konservativen Schwinger. Es haben zwar sehr viele, aber nicht alle konservativen Schwinger Bewegungsgleichungen der Form (2.31/8); zu konservativen Schwingern können auch Bewegungsgleichungen der allgemeineren Formen (2.31/3) oder (2.31/4) gehören. (Mehr und Ausführlicheres hierüber findet man in Abschn.5.40.)

Ist die Kennlinie linear, $C(q) = c\,q$, so wird Gl.(2.31/8) zur einfachsten aller Schwingungsdifferentialgleichungen,

$$a\ddot{q} + cq = 0 \quad . \qquad (2.31/9)$$

Ihr ist der Hauptabschnitt 3.1 gewidmet.

Wenn $E(t) \not\equiv 0$ ist, liegt eine Fremderregung vor; diese besondere Form der Fremderregung nennt man Störerregung. Steht dagegen ein explizit von der Zeit abhängiger Term gleichsam als Parameter bei oder in einem Term der linken Seite, wie z.B. in der Differentialgleichung

$$a\ddot{q} + r(t)\,B(\dot{q}) + s(t)\,C(q) = 0 \quad , \qquad (2.31/10)$$

so nennt man die Fremderregung eine Parametererregung. Diese Unterscheidung zwischen Stör- und Parametererregung ist jedoch nicht immer eindeutig; vor allem bei nichtlinearen Schwingern kann man durch eine Koordinatentransformation die Fremderregung oft aus der einen in die andere Form überführen. Ein Beispiel hierfür haben wir bei der Erörterung des Schwingers nach Abb.2.24/1 schon kennengelernt: Je nachdem, ob man x oder y als Koordinate wählt, findet man die Dgl.(2.24/5) mit Störerregung oder die Dgl.(2.24/6) mit Parametererregung.

Fremderregte Schwingungen in linearen Systemen, und zwar sowohl störerregte wie parametererregte, werden in Kap.4 ausführlich behandelt, fremderregte Schwingungen in nichtlinearen Systemen in Kap.6.

2.32 Linearisieren

Die Bewegungsgleichungen der meisten Gebilde sind, wenn sie unter einigermaßen realistischen Voraussetzungen aufgestellt werden, nichtlinear; sie haben eine der allgemeinen Formen (2.31/1) bis (2.31/5). Bei hinreichend kleinen Ausschlägen darf man jedoch in vielen Fällen (aber nicht in allen; Gegenbeispiel siehe am Ende des nachfolgenden Beispiels 3) die Bewegungsgleichungen linearisieren und mit den einfacher lösbaren linearen Differentialgleichungen arbeiten.

Wir zeigen das Linearisieren anhand einiger Beispiele:

B e i s p i e l 1 : Es handle sich um die allgemeine Bewegungsgleichung (2.31/1),

$$\ddot{q} + H(q,\dot{q},t) = 0 \quad . \qquad (2.32/1)$$

In einem gegebenen Fall sei eine spezielle Lösung $q = q_0(t)$ von Gl. (2.32/1) bekannt,

$$\ddot{q}_0 + H(q_0,\dot{q}_0,t) \equiv 0 \quad , \qquad (2.32/2)$$

wobei auch $q_0(t) \equiv$ const oder $q_0(t) \equiv 0$ sein kann. Gesucht werde die "kleine Schwingung" $x(t)$ "um" q_0.

Wir setzen an

$$q = q_0(t) + x(t) \quad , \qquad (2.32/3)$$

führen diesen Ausdruck in Gl.(2.32/1) ein,

$$\ddot{q}_0 + \ddot{x} + H(q_0 + x,\dot{q}_0 + \dot{x},t) = 0 \quad , \qquad (2.32/4)$$

entwickeln H in Gl.(2.32/4) nach x und $\dot{x}$ in eine Taylorreihe,

$$H(q_0 + x, \dot{q}_0 + \dot{x}, t) = H(q_0, \dot{q}_0, t) + x H_q(q_0, \dot{q}_0, t) + \dot{x} H_{\dot{q}}(q_0, \dot{q}_0, t) + \text{nichtlineare Glieder in } x, \dot{x}; \qquad (2.32/5)$$

dabei stehen H_q und $H_{\dot{q}}$ für die partiellen Ableitungen von H nach q bzw. $\dot{q}$ an der "Stelle" $(q_0, \dot{q}_0, t)$. Bei Vernachlässigen der nichtlinearen Glieder erhalten wir aus Gl.(2.32/4) näherungsweise

$$\ddot{q}_0 + \ddot{x} + H(q_0, \dot{q}_0, t) + x H_q(q_0, \dot{q}_0, t) + \dot{x} H_{\dot{q}}(q_0, \dot{q}_0, t) = 0 \quad . \qquad (2.32/6)$$

Subtrahiert man hiervon die Gl.(2.32/2), so entsteht die in x l i n e a r e Bewegungsgleichung

$$\ddot{x} + \dot{x} H_{\dot{q}}(q_0, \dot{q}_0, t) + x H_q(q_0, \dot{q}_0, t) = 0 \quad . \qquad (2.32/7)$$

Die Koeffizienten $H_{\dot{q}}(q_0, \dot{q}_0, t)$ und $H_q(q_0, \dot{q}_0, t)$ sind bekannt, da $q_0(t)$ vorliegt. Sie hängen im allgemeinen explizit von der Zeit ab.

In entsprechender Weise kann man bei Gl.(2.31/2) vorgehen; nun müssen $q_{10}(t)$ und $q_{20}(t)$ bekannt sein und man setzt an

$$q_1(t) = q_{10}(t) + x_1(t) \quad ,$$

$$q_2(t) = q_{20}(t) + x_2(t) \quad .$$

B e i s p i e l 2 : Es sei wieder Gl.(2.31/1) mit der Lösung $q_0(t)$ gegeben. Auf das System wirke die zusätzliche kleine (Stör-)Kraft E(t),

$$\ddot{q} + H(q, \dot{q}, t) = E(t) \quad . \qquad (2.32/8)$$

Die gleiche Vorgehensweise wie oben führt auf die lineare Differentialgleichung

$$\ddot{x} + \dot{x} H_{\dot{q}}(q_0, \dot{q}_0, t) + x H_q(q_0, \dot{q}_0, t) = E(t) \quad . \qquad (2.32/9)$$

Diese Linearisierung ist dann zulässig, wenn sich die Lösung der linearisierten Gleichung nur wenig von der der nichtlinearen Gleichung unterscheidet. Das ist in der Regel der Fall, wenn die vernachlässigten Glieder klein gegenüber den in Gl.(2.32/9) berücksichtigten Gliedern sind.

Wir zeigen an drei etwas konkreteren Beispielen die Vorgehensweise.

B e i s p i e l 3 : An einer Feder mit der nichtlinearen Kennlinie $C(q)$ hängt eine Punktmasse m mit dem Gewicht G, Abb.2.32/1. Untersucht werden sollen kleine Schwingungen um die (statische) Ruhelage $q = q_0$.

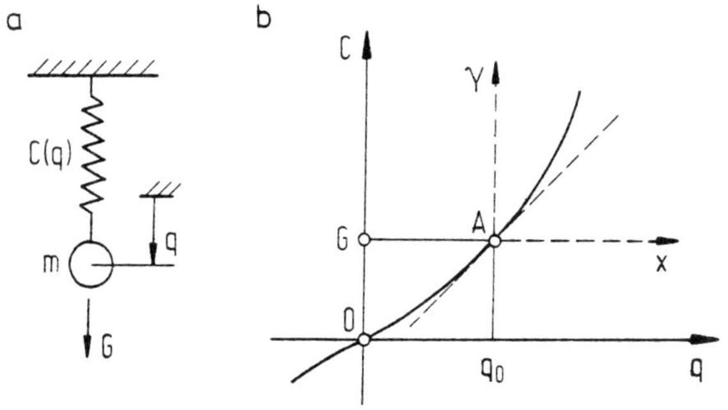

Abb.2.32/1.
Feder-Masse-Schwinger
a) Anordnung
b) Federkennlinie

Die allgemeine Bewegungsgleichung lautet

$$m\ddot{q} + C(q) = G \quad . \tag{2.32/10}$$

Für die statische Ruhelage q_0 ergibt sich aus Gl.(2.32/10) wegen $\ddot{q}_0 = 0$ die Bestimmungsgleichung

$$C(q_0) = G \quad . \tag{2.32/11}$$

Ist z.B.

$$C(q) = c\,q\,(1 + \mu^2 q^2) \tag{2.32/12}$$

mit gegebenen Konstanten c und μ^2, so erhält man für q_0 die kubische Bestimmungsgleichung

$$c q_0 (1 + \mu^2 q_0^2) = G \quad ; \tag{2.32/13}$$

aus ihr findet man q_0 und damit den Arbeitspunkt A auf der Kennlinie in Abb.2.32/1b. Linearisieren von $C(q)$ um q_0 liefert für die "Schwingung um den Arbeitspunkt A" (wenn man $dC/dq = C'$ setzt) die Bewegungsgleichung

$$m\ddot{x} + x\,C'(q_0) = 0 \quad , \tag{2.32/14}$$

im Sonderfall (2.32/12) also

$$m\ddot{x} + x\,c(1 + 3\mu^2 q_0^2) = 0 \quad . \tag{2.32/15}$$

$\gamma = xC'(q_0)$ ist die Gleichung der in der Abb.2.32/1b gestrichelt gezeichneten Tangente an die Kurve $C(q)$ im Arbeitspunkt A. Deshalb nennt man dieses Vorgehen auch "Linearisieren um den Arbeitspunkt".

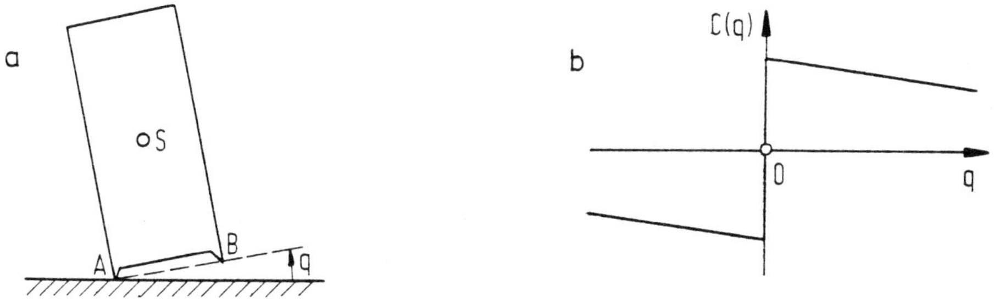

Abb.2.32/2. Wackelschwinger; a) Prinzipskizze, b) Kennlinie

Da hierbei die Existenz einer Tangente an die Kennlinie im Arbeitspunkt wesentlich ist, können unstetige Kennlinien, wie z.B. die des "Wackelschwingers" (Abb.2.32/2 und ausführlicher in Abschn.5.43, dortiges Beispiel 3) wenigstens an der Unstetigkeitsstelle nicht linearisiert werden, auch wenn die Ausschläge q nur klein sind.

Abb.2.32/3.
Angeblasene, gefederte Platte

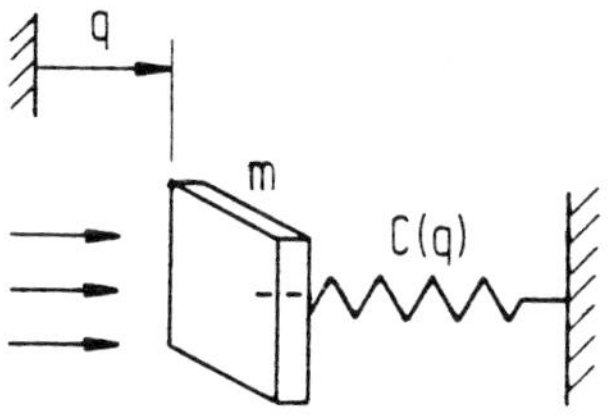

B e i s p i e l 4: Eine Platte der Masse m wird mit der Geschwindigkeit v angeblasen und von einer Feder mit der Federkraft $C(q)$ gehalten, Abb.2.32/3. Für das Anblasen gelte ein quadratisches Widerstandsgesetz. Die Bewegungsgleichung lautet

$$m\ddot{q} + C(q) = \alpha(v - \dot{q})^2 \;, \tag{2.32/16}$$

wobei α ein (als bekannt vorausgesetzter) Beiwert ist.

Wir suchen eine Lösung $q = q_0 = \text{const.}$ In der Beziehung

$$C(q_0) = \alpha(v - 0)^2 \tag{2.32/17}$$

haben wir eine Bestimmungsgleichung für den Arbeitspunkt q_0. Mit

$$q = q_0 + x \;, \quad \dot{q} = \dot{x}$$

erhalten wir aus Gl.(2.32/16) durch Linearisieren bezüglich x und $\dot{x}$

$$m\ddot{x} + 2\alpha v\dot{x} + xC'(q_0) = 0 \;. \tag{2.32/18}$$

B e i s p i e l 5 : Pendel mit bewegtem Aufhängepunkt; Abb.2.32/4. Der Aufhängepunkt A führe eine Bewegung $u(t) = U\cos\Omega t$ in einer Geraden aus, die mit der Vertikalen den Winkel δ einschließt. Der Schwerpunkt S habe den Abstand s vom Aufhängepunkt A; das Pendel besitze die Masse m und das Trägheitsmoment Θ_A für den Punkt A.

Die Bewegungsgleichung lautet

$$\begin{aligned}\Theta_A\ddot{\psi} + (Gs + mU\Omega^2 s\cos\delta\cos\Omega t)\sin\psi \\ - mU\Omega^2 s\sin\delta\cos\psi\cos\Omega t = 0 \;.\end{aligned} \tag{2.32/19}$$

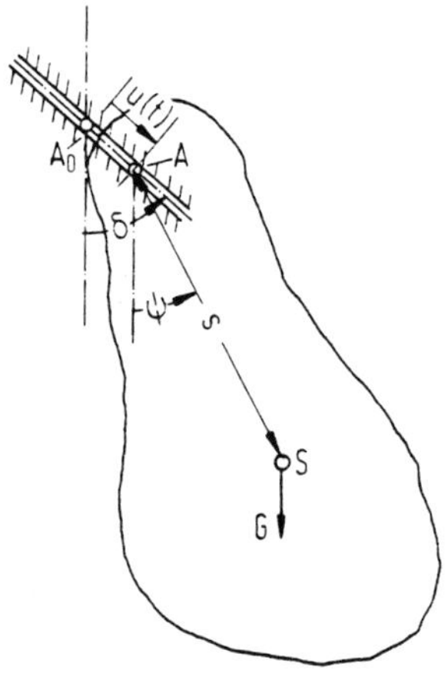

Abb.2.32/4.
Pendel mit bewegtem Aufhängepunkt

Für kleine Schwingungen $\varphi(t)$ um einen - zunächst unbekannten - Gleichwert $\psi = \alpha$ erhalten wir mit

$$\psi = \alpha + \varphi$$

aus Gl.(2.32/19) durch Linearisieren bezüglich φ die Gleichung

$$\Theta_A\ddot{\varphi} + \left[Gs\cos\alpha + mU\Omega^2 s\cos(\delta - \alpha)\cos\Omega t\right]\varphi$$
$$= -Gs\sin\alpha + mU\Omega^2 s\sin(\delta - \alpha)\cos\Omega t, \qquad (2.32/20)$$

also eine lineare inhomogene Differentialgleichung. Gl.(2.32/20) stimmt der Form nach überein mit Gl.(4.36/16).

Die Gl.(2.32/20) muß (etwa mit einem Fourierabgleich, vgl. Abschn.5.77) so gelöst werden, daß der Gleichwert von φ verschwindet. Aus dieser Forderung erhält man eine Bedingung für α.

Für $\delta = 0$ und $\delta = \pi$ erkennt man unmittelbar die möglichen Lösungen $\delta = \alpha$. Man erhält dann die Bewegungsgleichungen

$$\Theta_A\ddot{\varphi} + (Gs - mU\Omega^2 s\cos\Omega t)\varphi = 0 \qquad (2.32/21a)$$

für kleine Schwingungen des Pendels um die untere Gleichgewichtslage und

$$\Theta_A\ddot{\varphi} - (Gs + mU\Omega^2 s\cos\Omega t)\varphi = 0 \qquad (2.32/21b)$$

für kleine Schwingungen um die obere Gleichgewichtslage.

Weitere, über das Linearisieren der Differentialgleichung hinausgehende Erörterungen des Pendels mit bewegtem Aufhängepunkt finden sich im Abschn.4.36.

2.33 Dimensionslose Schreibweise

Die dimensionslose Schreibweise bietet beim Lösen technischer Probleme drei Vorteile: Erstens kann man mit bezogenen Größen - also reinen Zahlen - rechnen, was den Organisationsaufwand verringert und insbesondere Programme für Rechenautomaten vereinfacht, zweitens kann man die Bezugsgrößen so wählen, daß sich für die Rechnung Zahlen einer bequemen Größenordnung ergeben, und drittens läßt sich häufig die Anzahl der Systemparameter verringern, was einerseits die Rechnung übersichtlicher macht und andererseits "natürliche", d.h. systemimmanente Bezugsgrößen liefert.

Wir demonstrieren das Vorgehen hier an einigen Beispielen. Weitere Beispiele und zusätzliche Bemerkungen finden sich im Abschn.5.12, dessen Inhalt an diesen Abschn.2.33 eng anschließt.

α) Bezugsgrößen werden frei gewählt

Als Beispiel nehmen wir die Differentialgleichung für die störkrafterregten Schwingungen eines linearen Schwingers

$$m\ddot{q} + b\dot{q} + cq = \hat{p}\cos\Omega t \quad . \qquad (2.33/1)$$

Bei einem mechanischen System hat man es im allgemeinen mit drei Basisgrößen zu tun; bei ihrer Wahl besteht eine gewisse Freiheit. Wir wählen für sie Länge, Zeit und Kraft. Für die entsprechenden Bezugsgrößen L, T, F setzen wir beispielsweise an: L = 3 m, T = 0,5 min, F = 6 N. Für die Masse m ergibt sich dann die abgeleitete Bezugsgröße $M = F(LT^{-2})^{-1}$, im Beispiel also M = 1800 kg. Ein Stern als oberer Index soll die bezogenen Größen kennzeichnen, es wird

$$t^* = \frac{t}{T}\,,\quad q^* = \frac{q}{L}\,,\quad m^* = \frac{m}{M}\,,\quad b^* = \frac{b(L/T)}{F}\,,$$
$$c^* = \frac{cL}{F}\,,\quad \hat{p}^* = \frac{\hat{p}}{F}\,,\quad \Omega^* = \Omega T\,, \qquad (2.33/2)$$

und man erhält aus Gl.(2.33/1) nach Multiplizieren mit 1/F die Differentialgleichung

$$m^* q^{*\prime\prime} + b^* q^{*\prime} + c^* q^* = \hat{p}^* \cos\Omega^* t^* \quad ; \qquad (2.33/3)$$

dabei bedeuten Striche Ableitungen nach der bezogenen Zeit. Alle Variablen und Parameter sind nun zu reinen Zahlen geworden.

β) Bezugsgrößen werden aus den Systemparametern hergestellt.

Erstes Beispiel: Wir betrachten wieder die Dgl.(2.33/1)

$$m\ddot{q} + b\dot{q} + cq = \hat{p}\cos\Omega t \quad . \qquad (2.33/4)$$

In ihr treten zwei Variable auf, der Ausschlag q und die Zeit t. Für diese beiden Größen setzen wir an

$$q = \alpha\xi \quad \text{und} \quad t = \beta\tau \ . \tag{2.33/5}$$

Es bedeuten dann ξ den bezogenen Ausschlag und τ die bezogene Zeit; α und β sind zunächst freie Koeffizienten, über die wir noch verfügen können. Einsetzen von Gl.(2.33/5) in Gl.(2.33/4) liefert

$$m\alpha\frac{\xi''}{\beta^2} + b\alpha\frac{\xi'}{\beta} + c\alpha = \hat{p}\cos\Omega\beta\tau \ ; \quad ' := d/d\tau \ . \tag{2.33/6}$$

Dividieren durch $m\alpha/\beta^2 \neq 0$ bringt

$$\xi'' + \frac{b\beta}{m}\xi' + \frac{c\beta^2}{m}\xi = \frac{\hat{p}\beta^2}{m\alpha}\cos\Omega\beta\tau \ . \tag{2.33/7}$$

Da wir zwei freie Koeffizienten zur Verfügung haben, können wir zwei Forderungen an Gl.(2.33/7) stellen (die sich natürlich nicht widersprechen dürfen).

Falls $c \neq 0$ und $\hat{p} \neq 0$ sind, kann man z.B. fordern

$$\frac{c\beta^2}{m} = 1 \ , \quad \frac{\hat{p}\beta^2}{m\alpha} = 1 \tag{2.33/8}$$

und erhält

$$\beta = \sqrt{\frac{m}{c}} \quad \text{und} \quad \alpha = \frac{\hat{p}}{c} \ . \tag{2.33/9}$$

Für die beiden restlichen Parameter $b\beta/m$ und Ω/β kann man neue Abkürzungen einführen, etwa

$$D := \frac{b}{2\sqrt{cm}}$$

für die Dämpfung und

$$\eta := \frac{\Omega}{\sqrt{c/m}}$$

für die Störfrequenz. Die Differentialgleichung lautet dann

$$\xi'' + 2D\xi' + \xi = \cos\eta\tau \ ; \tag{2.33/10}$$

sie enthält nur noch zwei, jetzt aber wesentliche und dimensionslose Parameter, das Dämpfungsmaß D und die bezogene Störfrequenz η.

Die Bezugsgrößen α und β lassen sich deuten. $1/\beta = \sqrt{c/m}$ ist die Eigenkreisfrequenz des ungedämpft frei schwingenden Systems; sie wird häufig mit $\varkappa$ bezeichnet (vgl. Abschn.3.10). Das bedeutet, die Zeit t wird auf die Periode $T = 2\cdot\pi/\varkappa$ der freien Schwingungen bezogen,

$$\tau = \frac{t}{\beta} = \varkappa t = 2\pi \frac{t}{T} \quad ,$$

$\alpha = \hat{p}/c$ bedeutet die statische Auslenkung der Feder mit der Steifigkeit c unter der Last $\hat{p}$. Also bedeutet $\xi = q/\alpha$, daß der Ausschlag q auf diese statische Auslenkung bezogen wird.

Wählt man die Forderungen (2.33/8), so schließt man damit $c = 0$ und $\hat{p} = 0$ aus. Will man jedoch $c = 0$ zulassen, so kann man statt $c\beta^2/m = 1$ etwa $b\beta/m = 1$ fordern, man schließt damit $b = 0$ aus. Die Differentialgleichung erhält dann die Form

$$\xi'' + \xi' + k\xi = \cos\eta\tau$$

mit

$$\beta = \frac{m}{b} \quad , \quad \alpha = \frac{\hat{p}m}{b^2} \quad , \quad k := \frac{mc}{b^2} \quad , \quad \eta := \frac{\Omega m}{b} \quad .$$

Auf die Deutung der Bezugsgrößen gehen wir nicht näher ein.

Man kann aber in Gl.(2.33/7) z.B. auch

$$\frac{b\beta}{m} = \frac{c\beta^2}{m} =: \rho$$

setzen und erhält

$$\xi'' + \rho\xi' + \rho\xi = \cos\eta\tau \qquad (2.33/11)$$

mit

$$\beta = \frac{b}{c} \quad , \quad \alpha = \frac{\hat{p}b^2}{mc^2} \quad , \quad \rho := \frac{b^2}{mc} \quad , \quad \eta := \frac{\Omega b}{c} \quad .$$

Allen diesen Formen ist gemeinsam, daß nur zwei wesentliche Parameter auftreten. Welche Schreibweise am zweckmäßigsten ist, hängt vom Ziel der Untersuchung ab.

Z w e i t e s   B e i s p i e l : Wir betrachten den störkrafterregten Duffingschen Schwinger

$$m\ddot{q} + cq(1+\gamma q^2) = \hat{p}\cos\Omega t \quad . \tag{2.33/12}$$

Wieder setzen wir

$$q = \alpha\xi \quad , \quad t = \beta\tau \quad , \quad ' := d/d\tau$$

und erhalten nach Division durch $m\alpha/\beta^2$

$$\xi'' + \frac{c\beta^2}{m}\xi(1+\gamma\alpha^2\xi^2) = \frac{\hat{p}\beta^2}{m\alpha}\cos\Omega\beta\tau \quad . \tag{2.33/13}$$

Zwei Bedingungen dürfen wir vorschreiben. Wir fordern wie in Gl. (2.33/8)

$$\frac{c\beta^2}{m} = 1$$

und wahlweise

$$\text{entweder} \quad \gamma\alpha^2 = 1 \quad \text{oder} \quad \frac{\hat{p}\beta^2}{m\alpha} = 1 \quad .$$

Im ersten Fall finden wir

$$\xi'' + \xi + \xi^3 = \hat{p}^*\cos\eta\tau \tag{2.33/14}$$

mit

$$\beta = \sqrt{\frac{m}{c}} \quad , \quad \alpha = \frac{1}{\sqrt{\gamma}} \quad , \quad \hat{p}^* := \frac{\sqrt{\gamma}\,\hat{p}}{c} \quad , \quad \eta := \frac{\Omega}{\sqrt{c/m}} \quad ,$$

im zweiten

$$\xi'' + \xi + \gamma^*\xi^3 = \cos\eta\tau \tag{2.33/15}$$

mit

$$\beta = \sqrt{\frac{m}{c}} \quad , \quad \alpha = \frac{\hat{p}}{c} \quad , \quad \gamma^* := \frac{\gamma\hat{p}^2}{c^2} \quad , \quad \eta := \frac{\Omega}{\sqrt{c/m}} \quad .$$

In beiden Differentialgleichungen treten jeweils nur noch zwei wesentliche Parameter auf.

Überdies gilt

$$\gamma^* = \hat{p}^{*2} \quad ; \tag{2.33/16}$$

das bedeutet, man kann entweder, wie in Gl.(2.33/14), die Erregerkraftamplitude oder, wie in Gl.(2.33/15), den Koeffizienten des nichtlinearen Terms in Evidenz setzen. Welche Form zweckmäßiger ist, hängt nicht nur vom Verwendungszweck der Ergebnisse, sondern auch davon ab, welche Lösungsmethode angewendet werden soll; denn diese nichtlinearen Gleichungen kann man im allgemeinen nur mit Näherungsmethoden lösen. Ist z.B. γ^* und damit $\hat{p}^*$ klein, so stellt Gl.(2.33/15) eine durch ein kleines zeitabhängiges Glied gestörte nichtlineare autonome Differentialgleichung dar, während man es bei Gl.(2.33/15) mit einer durch eine kleine Nichtlinearität gestörten linearen Differentialgleichung zu tun hat. Jede dieser Formen der Differentialgleichung verlangt für das Lösen ein ihr angepaßtes Näherungsverfahren, vgl. Hauptabschnitt 5.8.

In diesem Unterabschnitt 2.33β haben wir auf die Dimensionen der eingeführten Größen scheinbar nicht besonders geachtet. Eine Prüfung zeigt jedoch, daß alle Größen dimensionslos sind. Das liegt daran, daß beim ersten Beispiel $\hat{p}\beta^2/m\alpha = 1$ gesetzt und der Ableitung ξ' dieselbe Dimension wie ξ bzw. ξ'' zugeordnet wurde. Dadurch wurde indirekt die Dimensionslosigkeit erzwungen. Ähnlich sieht es beim zweiten Beispiel aus.

Weitere Erörterungen über den Gebrauch dimensionsloser Größen finden sich im Abschn.5.12.

3 Freie Schwingungen linearer Systeme

3.1 Freie ungedämpfte Schwingungen

3.10 Lösung der Bewegungsgleichung; Einteilung der Schwinger

Die Bewegungsgleichung für die freien Schwingungen linearer, ungedämpfter Systeme hat die Gestalt (2.31/9), also $a\ddot{q} + cq = 0$. Mit der Abkürzung

$$\varkappa^2 = \frac{c}{a} \qquad (3.10/1)$$

schreiben wir sie oft

$$\ddot{q} + \varkappa^2 q = 0 \quad . \qquad (3.10/2)$$

Es gibt verschiedene Wege zur Integration dieser Gleichung. Entweder man betrachtet Gl.(3.10/2) als Sonderfall von Gl.(5.40/4c) und integriert wie in Abschn.5.41 gezeigt. Oder, und das ist viel einfacher, man macht Gebrauch von der Tatsache, daß Gl.(3.10/2) eine homogene lineare Differentialgleichung 2. Ordnung mit konstanten Koeffizienten ist. Jede homogene lineare Differentialgleichung mit konstanten Koeffizienten läßt sich mit Hilfe des Exponentialansatzes $q = A\,e^{ht}$ lösen. In 3.20 werden wir diesen Lösungsweg wählen. In der dort gefundenen Lösung (3.20/10) der Gl.(3.20/4) ist für $\delta = 0$ auch die Lösung von Gl.(3.10/2) enthalten. Hier können wir noch einfacher vorgehen: Wir erinnern uns daran, daß wir zwei Funktionen kennen, die leisten, was Gl.(3.10/2) fordert: $\ddot{q}$ soll der negativen Funktion q proportional sein. Die Forderung wird erfüllt von $q_1 = A \cos \varkappa t$ und $q_2 = B \sin \varkappa t$. Mit q_1 und q_2 ist (wegen der Linearität) auch die Summe $(q_1 + q_2)$ eine Lösung von Gl.(3.10/2),

$$q = A\cos\varkappa t + B\sin\varkappa t \qquad (3.10/3a)$$

oder damit gleichwertig

$$q = C\cos(\varkappa t + \alpha) \quad . \qquad (3.10/3b)$$

Hierin ist $\varkappa$ der in der Differentialgleichung stehende Parameter, während A und B bzw. C und α zwei noch nicht bestimmte Konstanten, die sogenannten Integrationskonstanten, sind. Die Formen (3.10/3) stellen auch schon die allgemeine Lösung dar, denn sie enthalten, wie für die allgemeine Lösung einer Differentialgleichung 2. Ordnung erforderlich, zwei Integrationskonstanten.

Die Integrationskonstanten werden aus den "Anfangsbedingungen" bestimmt. Ist etwa zur Zeit t = 0 der Wert $q(0) =: q_0$ und $\dot{q}(0) =: v_0$ vorgeschrieben, so folgt

$$A = q_0 \quad \text{und} \quad B = v_0/\varkappa \qquad (3.10/4a)$$

bzw.

$$C = \sqrt{q_0^2 + v_0^2/\varkappa^2} \quad \text{und} \quad \alpha = \arctan(\varkappa q_0/v_0) \quad . \qquad (3.10/4b)$$

Sind die Werte q_0 und v_0 nicht an der Stelle $t = 0$, sondern für $t = t_0$ vorgeschrieben, so muß in Gl.(3.10/3) t durch $(t - t_0)$ ersetzt werden.

Zusammenfassend stellen wir daher fest: Die freien Bewegungen des ungedämpften linearen Schwingers sind harmonische Schwingungen. Ihre Amplituden A und B bzw. die Schwingweite C und der Phasenverschiebungswinkel α werden durch die Anfangswerte q_0 und v_0 bestimmt. Dagegen werden die Kreisfrequenz ω und damit die Frequenz f und die Periodendauer T durch den Parameter $\varkappa$ der Differentialgleichung festgelegt,

$$\omega = \varkappa \quad , \quad f = \varkappa/2\pi \quad , \quad T = 2\pi/\varkappa \quad . \qquad (3.10/5)$$

Wir betonen: ω hängt nur vom Parameter $\varkappa$ ab, keineswegs aber von den Amplituden A, B oder C.

In den folgenden Abschn.3.11 bis 3.19 werden wir zeigen, wie die Bewegungsgleichung (3.10/2) für die verschiedenen Arten von einfachen Schwingern zustande kommt und wie der Parameter $\varkappa$ jeweils aufgebaut ist.

Ordnet man die einfachen Schwinger nach der physikalischen Natur ihrer Rückstellkräfte, so erhält man zwei Gruppen, in denen sich nahezu alle schwingungsfähigen Gebilde unterbringen lassen. Die erste Gruppe umfaßt die P e n d e l. Mit diesem Wort sollen alle jene Systeme bezeichnet werden, deren Rückstellkräfte von Feldkräften (einem Schwerefeld, Fliehkraftfeld, elektrischen oder magnetischen Feld) herrühren; wir behandeln sie in den Abschn.3.11 bis 3.16. Zur zweiten Gruppe rechnen wir jene Systeme, deren Rückstellkräfte durch die Elastizität eines aus seiner natürlichen Form verzerrten elastischen Gebildes geweckt werden. Wir nennen sie e l a s t i s c h e S c h w i n g e r und behandeln sie in den Abschn.3.17 und 3.18.

Gelegentlich trifft man auch auf Gebilde, die Rückstellkräfte beiderlei Art, Feldkräfte und elastische Kräfte, erfahren; ein Beispiel zeigt die Abb.3.18/8.

3.11 Punktkörperpendel im Schwerefeld; Kreispendel (mathematisches Pendel), Zykloidenpendel

Bewegt sich ein Punktkörper der Masse m im Schwerefeld auf einer Kurve (C), siehe Abb.3.11/1, indem er etwa an einem Faden befestigt ist oder entlang einem Draht oder in einer Rinne gleitet, so nimmt das Newtonsche Gesetz (2.21/1a) die Fassung

$$m\underline{a} = \underline{G} + \underline{S} \qquad (3.11/1a)$$

an, wenn $\underline{G}$ die Gewichtskraft $m\underline{g}$ und $\underline{S}$ die Reaktionskraft der Führung (Fadenkraft oder Bahnkraft) bedeuten. Bezeichnet φ den Winkel zwischen

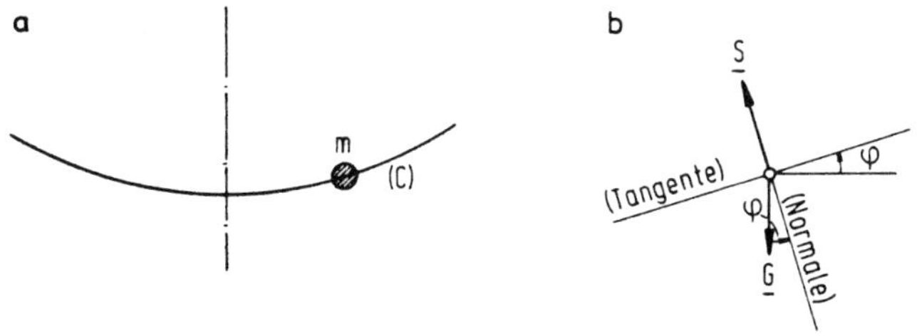

Abb.3.11/1. Punktkörper auf krummer Bahn im Schwerefeld a) Anordnung, b) Kräfte

der Kurvennormalen und der Vertikalen, so lautet die Tangentialkomponente aus Gl.(3.11/1a) bei Verwendung von natürlichen Koordinaten

$$ma_t = -G\sin\varphi \qquad (3.11/1b)$$

oder (mit der Bogenlänge s)

$$\ddot{s} + g\sin\varphi = 0 \ . \qquad (3.11/2)$$

Falls die Kurve (C) ein Kreis vom Radius l ist, (mathematisches Pendel, l ist die Fadenlänge, die Stangenlänge oder der Radius der Rollbahn), so gilt $\ddot{s} = l\ddot{\varphi}$, und aus Gl.(3.11/2) wird

$$\ddot{\varphi} + \varkappa^2\sin\varphi = 0 \qquad (3.11/3)$$

mit

$$\varkappa^2 = g/l \ . \qquad (3.11/4)$$

Linearisierung um die untere Gleichgewichtslage $\varphi = 0$ ergibt

$$\ddot{\varphi} + \varkappa^2\varphi = 0 \ , \qquad (3.11/5)$$

also die Dgl.(3.10/2).

Bemerkenswert ist, daß der die Frequenz bestimmende Parameter $\varkappa^2$ die Masse m nicht enthält; die Frequenz ist von der Masse des Punktkörpers unabhängig, sie wird nur von der Intensität g des Schwerefeldes und von der "Fadenlänge" l des Pendels bestimmt.

Ist (C) nicht ein Kreis, sondern eine allgemeine Kurve, handelt es sich aber um kleine Bewegungen in der Nähe der Gleichgewichtslage, so gilt, wenn ρ den Krümmungsradius der Kurve an der Gleichgewichtsstelle bezeichnet, $s = \rho\cdot\varphi$, also $\ddot{s} = \rho\cdot\ddot{\varphi}$. Damit wird die Bewegungsgleichung wieder zu (3.10/2), jetzt mit

$$\varkappa^2 = g/\rho \ . \qquad (3.11/6)$$

Sind die Bewegungen um die Gleichgewichtslage nicht mehr klein, so gilt im Fall des Kreises die Gl.(3.11/3), sonst (3.11/2); die Gleichungen sind dann im allgemeinen nicht mehr linear (s. Kap.5; insbesondere Abschn.5.42α und γ).

Es gibt jedoch eine besondere Kurve (C), für die die Bewegungsgleichung des Punktkörpers auch für große Ausschläge linear bleibt, so daß die Schwingungen eine von der Schwingweite unabhängige Frequenz aufweisen. Diese besondere Kurve ist die (gewöhnliche) Z y k l o i d e. Wir zeigen, wie die Bewegungsgleichung in diesem Falle zustande kommt und aussieht.

Für die gewöhnliche Zykloide (Bahnkurve eines Punktes P auf dem Umfang eines rollenden Rades vom Radius a) erhält man mit den Bezeichnungen der Abb.3.11/2:
für den Zusammenhang zwischen dem Rollwinkel ψ und dem Neigungswinkel φ

$$\psi - \pi = 2\varphi \tag{3.11/7}$$

und als Gleichung der Kurve

$$x = a(\psi - \sin\psi) \quad , \qquad y = a(1 - \cos\psi) \quad . \tag{3.11/8}$$

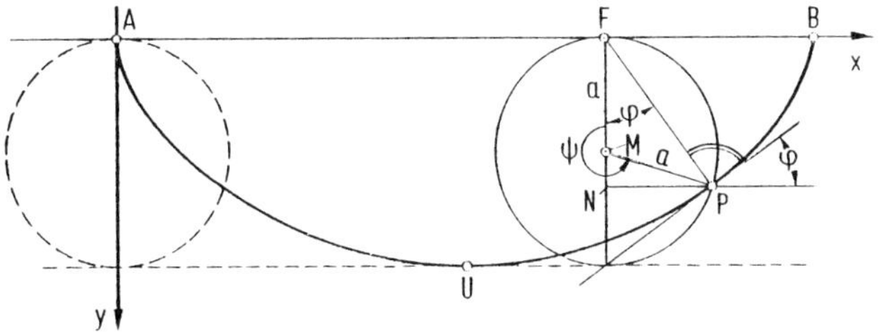

Abb.3.11/2. Zykloide als Bahnkurve

Aus Gl.(3.11/8) folgt wegen $ds = \sqrt{dx^2 + dy^2}$

$$ds = 2a \sin\frac{\psi}{2}\, d\psi$$

und somit für die vom Punkte U aus gezählte Bogenlänge

$$s = 4a \int\limits_{u/2=\pi/2}^{\psi/2} \sin\frac{u}{2}\, d\frac{u}{2} = -4a\cos\psi/2$$

oder unter Benutzung von (3.11/7)

$$s = 4a \sin\varphi \quad .$$

Setzt man diesen Ausdruck in (3.11/2) ein, so findet man als Bewegungsgleichung die für jeden Wert s lineare Differentialgleichung

$$\ddot{s} + \frac{g}{4a} s = 0 \quad . \qquad (3.11/9)$$

Die Bewegung ist also für jede Schwingungsweite $\hat{s}$ eine rein harmonische Schwingung mit dem Frequenzquadrat

$$\varkappa^2 = g/4a \quad . \qquad (3.11/10)$$

Wegen dieser strengen Unabhängigkeit der Frequenz von der Ausschlagweite bezeichnet man die Zykloide als T a u t o c h r o n e (Kurve gleicher Schwingungszeiten).

Eine zykloidenförmige Bahnkurve eines Punktkörpers kann man z.B. als Rille realisieren, in der man ihn gleiten läßt. Man erhält sie aber auch durch ein Fadenpendel, das zwischen Backen b schwingt, an die sich der Faden anlegt; Abb.3.11/3. Die Backen sind die Evoluten der Bahn, die Bahn ist die Evolvente der Backen. Für eine Zykloide (als Bahn) sind die Evoluten (Backen) kongruente Zykloiden.

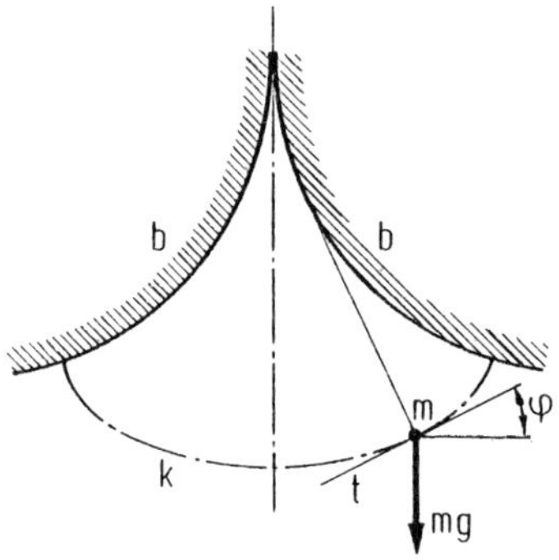

Abb.3.11/3
Zykloidenpendel
Bahnkurve ist Evolvente der Backen b

3.12 Punktkörperpendel am Umfang einer rotierenden Scheibe (Welle)

Wir wollen nun ein Pendel betrachten, das seine Rückstellkräfte nicht vom Schwerefeld her bezieht. Es ist dies ein Punktkörperpendel, das am Umfang einer mit der Drehgeschwindigkeit Ω sich drehenden

Scheibe befestigt ist; siehe Abb.3.12/1.

Abb.3.12/1.
a) Scheibe und Pendel
b) Bezeichnungen

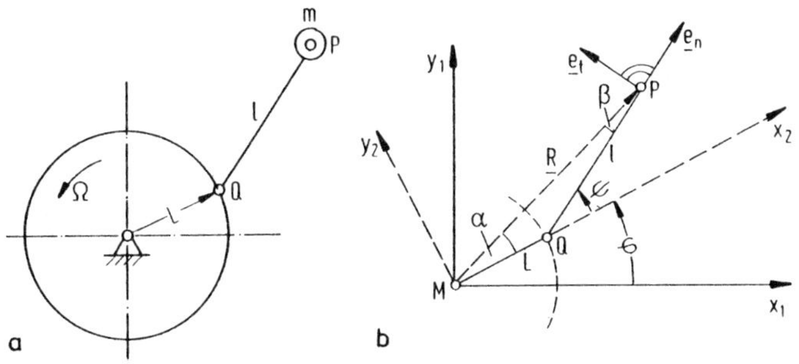

Hier kommen uns die Betrachtungen von Abschn.2.20B über rotatorisch gegeneinander bewegte Koordinatensysteme zustatten. In Abb. 3.12/1b sind durch x_1, y_1 ein ruhendes, durch x_2, y_2 ein mit $\dot{\varphi} := \Omega$ rotierendes Koordinatensystem angedeutet, wie sie der Abb.2.20/3 entsprechen; der Vektor $\underline{\Omega}$ steht senkrecht zur Zeichenebene. Der Vektor $\underline{R} := \text{MP}$ in 3.12/1b entspricht dem Vektor $\underline{r}$ der Abb.2.20/3. Für den Zusammenhang zwischen den Geschwindigkeiten $\underline{v}_a$, $\underline{v}_{rel}$ und $\underline{v}_f$ sowie zwischen den Beschleunigungen $\underline{a}_a$, $\underline{a}_{rel}$, $\underline{a}_f$ und $\underline{a}_c$ gelten die Gln.(2.20/6b) sowie (2.20/8). Am Punkte P in der Abb.3.12/1 sind zwei mit dem bewegten Koordinatensystem x_2, y_2 verbundene Einsvektoren $\underline{e}_n$ und $\underline{e}_t$ angebracht; sie liegen (bezüglich der Pendelbahn) in normaler und in tangentialer Richtung.

Die Gleichung $\underline{v}_a = \underline{v}_{rel} + \underline{v}_f$ (2.20/6b) wird hier zu

$$\underline{v}_a = (l\dot{\psi})\underline{e}_t + \underline{\Omega} \times \underline{R} \ . \qquad (3.12/1)$$

In der Gleichung $\underline{a}_a = \underline{a}_{rel} + \underline{a}_f + \underline{a}_c$ (2.20/8a) haben die vier Beschleunigungen nun die Bedeutungen

$$\underline{a}_a = \underline{S}/m = \underline{e}_n S/m \qquad (3.12/2a)$$

(wenn $\underline{S}$ die auf m wirkende Stangenkraft bezeichnet), ferner

$$\underline{a}_{rel} = -\underline{e}_n l\dot{\psi}^2 + \underline{e}_t l\ddot{\psi} \ , \qquad (3.12/2b)$$

$$\underline{a}_f = -\Omega^2 \underline{R} \ , \qquad (3.12/2c)$$

$$\underline{a}_c = 2(\underline{\Omega} \times \underline{v}_{rel}) = -\underline{e}_n 2\Omega l\dot{\psi} \ . \qquad (3.12/2d)$$

Den Vektor $\underline{R}$ zerlegen wir in

$$\underline{R} = \underline{e}_n R\cos\beta - \underline{e}_t R\sin\beta \quad ; \qquad (3.12/3a)$$

aus dem Sinussatz folgt

$$R\sin\beta = L\sin\psi \quad . \qquad (3.12/3b)$$

So wird die Vektorgleichung (2.20/8a) zu

$$0 = -\underline{e}_n[S/m + l\dot{\psi}^2 + \Omega^2 R\cos\beta + 2\Omega l\dot{\psi}] + \underline{e}_t[l\ddot{\psi} + \Omega^2 L\sin\psi] \quad . \qquad (3.12/4)$$

Zu ihrer Erfüllung müssen die Beträge der Komponenten Null werden.

Beachten wir zunächst nur die Tangentialkomponente $\underline{e}_t[\ldots]$, so finden wir als Bewegungsgleichung des Pendels

$$\ddot{\psi} + \varkappa^2\sin\psi = 0 \qquad (3.12/5a)$$

oder linearisiert

$$\ddot{\psi} + \varkappa^2\psi = 0 \qquad (3.12/5b)$$

mit dem Parameter

$$\varkappa^2 = \Omega^2 L/l \quad . \qquad (3.12/6a)$$

Die Tatsache, daß $\varkappa^2$ den Faktor Ω^2 enthält, ist höchst bemerkenswert. Sie bedeutet, wie man aus $\varkappa/\Omega = \sqrt{L/l}$ entnimmt, daß das Pendel im Laufe einer Umdrehung der Scheibe unabhängig von der Drehgeschwindigkeit Ω stets die gleiche Anzahl von Schwingungen, nämlich

$$n_1 = \sqrt{L/l} \qquad (3.12/6b)$$

ausführt. Pendel der genannten Art spielen eine wichtige Rolle als Schwingungstilger. Von ihnen wird im 2. Band (2. Aufl.) im Abschn. 5.25 gesprochen.

Aus der Normalkomponente $e_n[\ldots]$ der Gl.(3.12/4) finden wir für $\psi \ll 1$ und damit $\beta \ll 1$ den Ausdruck $R\cos\beta = l + L$ und, falls $\dot{\psi} \ll \Omega$ ist, schließlich die Stangenkraft zu

$$\underline{S} = -\underline{e}_n\left[m(l+L)\Omega^2\right] \quad . \qquad (3.12/7)$$

3.13 Starrkörperpendel (physikalisches Pendel)

Als physikalisches Pendel bezeichnet man einen starren Körper, der sich im Schwerefeld um eine feste Achse drehen kann.

α) Horizontale Drehachse

Zunächst betrachten wir den häufig vorkommenden Fall, in dem die Drehachse horizontal liegt (Abb.3.13/1). Zum Aufstellen der Bewegungsgleichung bedienen wir uns des Newtonschen Gesetzes. An eingeprägten

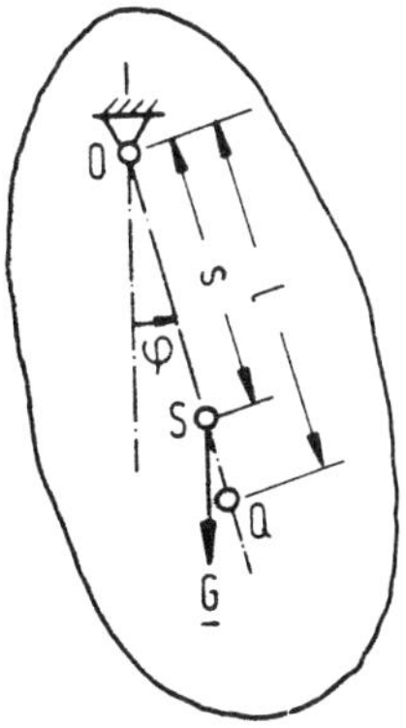

Abb.3.13/1.
Physikalisches Pendel

Kräften wirkt die Gewichtskraft $\underline{G}$ im Schwerpunkt S, Reaktionskräfte greifen an der Drehachse 0 an. Bezeichnet $\Theta = mk^2$ das (Massen-)Trägheitsmoment des Körpers für die zur Drehachse parallele Schwerachse, also $\Theta_0 = m(k^2 + s^2)$ das Trägheitsmoment für die Drehachse, so liefert das Newtonsche Gesetz (2.21/1b) für die Drehung um 0 die Bewegungsgleichung

$$\Theta_0 \ddot{\varphi} = -Gs\sin\varphi \quad . \tag{3.13/1}$$

Mit

$$\varkappa^2 = g\frac{s}{k^2 + s^2} \tag{3.13/2}$$

erscheint also wieder die Gl.(3.11/3)

$$\ddot{\varphi} + \varkappa^2 \sin\varphi = 0 \quad , \tag{3.13/3}$$

wie wir sie fürs Punktkörperpendel fanden, für kleine Ausschläge somit die lineare Gl.(3.11/5). Lediglich der Parameter $\varkappa^2$ ist jetzt anders aufgebaut. Aber auch hier geht die Masse m in $\varkappa^2$ nicht ein.

Die Bewegungsgleichung (3.13/1) ließe sich hier leicht auch gemäß (2.26/2) mit Hilfe der Energieausdrücke **T** und **U** aufstellen. Mit 0 als Bezugsniveau ist die potentielle Energie gegeben durch

$$\mathbf{U} = -mgs\cos\varphi \quad , \tag{3.13/4a}$$

die kinetische Energie ist

$$\mathbf{T} = \frac{1}{2}\Theta_0\dot{\varphi}^2 \quad . \tag{3.13/4b}$$

Gemäß (2.26/2) kommt wieder die Gl.(3.13/1) zustande.

Die Bewegungen sind also für kleine Ausschläge wieder harmonische Schwingungen; ihre Kreisfrequenz ω ist durch $\varkappa$ nach Gl.(3.13/2) bestimmt. Diese Gleichung läßt die Abhängigkeit des Frequenzquadrates ω^2

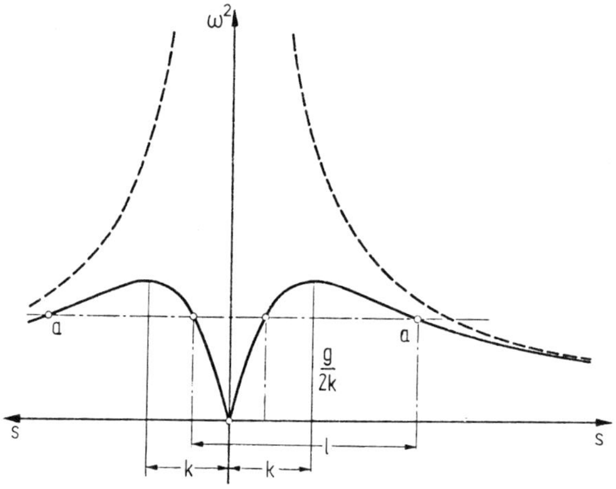

Abb.3.13/2.
Frequenzquadrat ω^2 des Körperpendels (——) und des Punktpendels (– – –)

von s erkennen. In Abb.3.13/2 ist $\omega^2(s)$ aufgezeichnet. ω^2 verschwindet sowohl für $s = 0$ als auch für $s = \infty$. Zwischen diesen Werten existiert ein Maximum; es liegt, wovon man sich durch Nullsetzen der Ableitung von $\omega^2(s)$ überzeugt, bei $s = k$. Legt man die Drehachse 0 durch einen auf dem Kreis mit dem Halbmesser k um S gelegenen Punkt des Körpers, so schwingt das Pendel mit der größten ihm erreichbaren Frequenz $\omega^2 = g/2k$. In diesem Fall ist auch die größte Unempfindlichkeit der Frequenz gegen (etwa unbeabsichtigte) Änderungen der Pendellänge vorhanden. Die Pendel genauer astronomischer Uhren werden deshalb im Abstand k vom Schwerpunkt aufgehängt (M. Schuler).

Ist der Pendelkörper punktförmig, die Masse also im Schwerpunkt vereinigt (mathematisches Pendel), so ist $k = 0$, so daß $\omega^2 = g/s$ wird. In Abb.3.13/2 ist $\omega^2(s)$ auch für das Punktpendel gestrichelt eingetragen. Das Maximum ist nach $s = 0$ gerückt und ausgeartet, die Kurve fällt monoton; sie ist zu einer Hyperbel geworden.

Man kann nun die Länge l jenes Punktpendels aufsuchen, das dieselbe Frequenz hat wie ein gegebenes Körperpendel. Man setzt also

$$l = \frac{k^2 + s^2}{s} =: l_{red} \qquad (3.13/5)$$

und nennt diese Länge l die **reduzierte Pendellänge** l_{red} des Körperpendels und den Punkt Q auf der Verlängerung der Linie OS, der den Abstand l_{red} von O hat, den **Schwingungsmittelpunkt**, genauer "den zu O gehörigen Schwingungsmittelpunkt". Zu jedem Aufhängepunkt O gehört ein anderer Schwingungsmittelpunkt Q. Der Schwingungsmittelpunkt hat eine bemerkenswerte Eigenschaft. Hängt man das Pendel statt in O im zugehörigen Schwingungsmittelpunkt Q (Abb.3.13/3) auf, so schwingt es mit derselben Frequenz wie zuvor. Denn für $s = s_1$ ist

$$\omega_1^2 = g\frac{s_1}{k^2 + s_1^2} ,$$

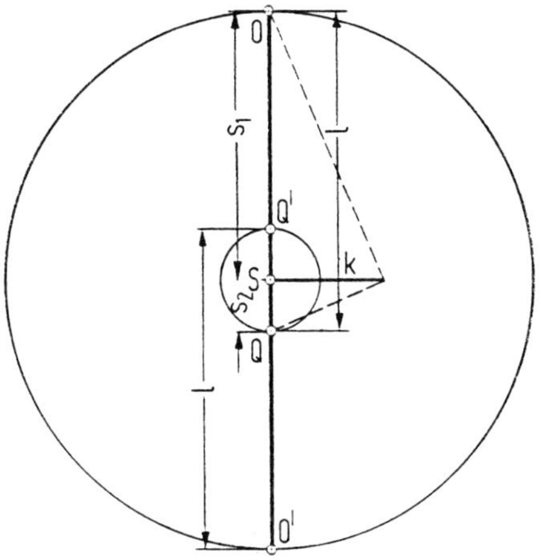

Abb.3.13/3.
Lage von Aufhängepunkt O, Schwerpunkt S und Schwingungsmittelpunkt Q

für $s = s_2 = l - s_1$ ist wegen $l - s_1 = k^2/s_1$

$$\omega_2^2 = g \frac{s_2}{k^2 + s_2^2} = g \frac{k^2/s_1}{k^2 + k^4/s_1^2} = g \frac{s_1}{k^2 + s_1^2} = \omega_1^2 .$$

Das Produkt $s_1 s_2$ der Schwerpunktsabstände $s_1 = OS$ und $s_2 = SQ$, die gleiche Schwingungsdauern ergeben, ist gleich dem Quadrat des Trägheitsarmes, $s_1 s_2 = k^2$. Man findet zusammengehörige Aufhänge- und Schwingungsmittelpunkte deshalb durch die in Abb.3.13/3 angegebene geometrische Konstruktion. Alle Punkte der Scheibe, die als Aufhängepunkte dem Pendel dieselbe Frequenz geben, liegen somit auf zwei konzentrischen Kreisen. Durchmustert man die Frequenzen zu allen Punkten einer Schwerlinie, so findet man (abgesehen von dem Sonderfall $s = k$, für den die beiden Kreise zusammenfallen) jeweils vier Punkte, zu denen dieselbe Frequenz gehört (O, Q', Q, O' in Abb.3.13/3, vgl. auch die Linie a–a in Abb.3.13/2). Ein Aufhängepunkt und ein zugehöriger Schwingungsmittelpunkt, deren Abstand gleich der reduzierten Pendellänge l_{red} ist, sind dabei jeweils durch den Schwerpunkt S getrennt und auch durch einen und nur einen weiteren Punkt "gleicher Frequenz" (wieder mit Ausnahme des Sonderfalles $s = k$).

Ein Pendel, das mit solchen Vorrichtungen versehen ist, daß es außer in einem Punkt O auch im zugehörigen Schwingungsmittelpunkt Q aufgehängt werden kann, wird ein R e v e r s i o n s p e n d e l genannt. Eine genaue Anpassung wird dabei durch Verschiebung einer kleinen Masse erreicht, die das Trägheitsmoment des Pendelkörpers ändert, bis die Baulänge zwischen den Schneiden zur reduzierten Pendellänge geworden ist.

Die Eigenfrequenz eines physikalischen Pendels ist zwar unabhängig von der Masse, nicht aber vom Trägheitsradius k. Dieser läßt sich also experimentell durch Schwingversuche finden. So geht man vor, um die Trägheitsmomente komplizierter Körper (bei denen eine Rechnung zu aufwendig ist) zu ermitteln. Dabei können aus zwei Versuchen zugleich Trägheitsradius und Lage des Schwerpunktes bestimmt werden.

Als B e i s p i e l denken wir an eine Pleuelstange, Abb.3.13/4,

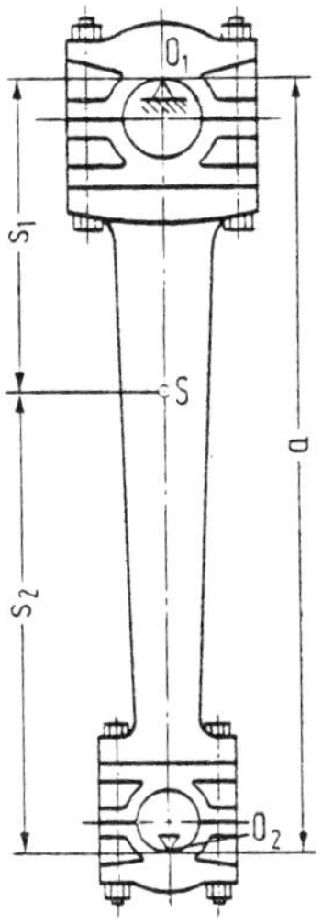

Abb.3.13/4.
Pleuelstange mit Aufhängepunkten O_1 und O_2

deren Masse m bekannt sei. Wir lassen die Pleuelstange einmal um den Punkt O_1 und einmal um den Punkt O_2 schwingen. Der (bekannte) Abstand der Drehachsen sei a, die (unbekannten) Abstände der Schwerachse von den Drehachsen O_1 und O_2 seien s_1 und s_2, der gesuchte Trägheitsarm k. Die Schwingungen um O_1 mögen die Dauer T_1, jene um O_2 die Dauer T_2 haben. Aus beiden Werten errechnet man als Hilfsgrößen die reduzierten Pendellängen

$$l_1 = \frac{gT_1^2}{4\pi^2} \quad , \quad l_2 = \frac{gT_2^2}{4\pi^2} \quad . \qquad (3.13/6)$$

Dann stehen wegen (3.13/5) die drei Gleichungen

$$\begin{aligned} k^2 + s_1^2 &= s_1 l_1 \quad , \\ k^2 + s_2^2 &= s_2 l_2 \quad , \qquad (3.13/7) \\ s_1 + s_2 &= a \end{aligned}$$

zur Bestimmung der drei Unbekannten s_1, s_2 und k zur Verfügung. Aus ihnen findet man ohne Mühe

$$s_1 = a\frac{l_2 - a}{l_1 + l_2 - 2a} \quad , \quad s_2 = a\frac{l_1 - a}{l_1 + l_2 - 2a} \quad ; \qquad (3.13/8a)$$

daraus dann

$$k^2 = s_1(l_1 - s_1) \quad \text{oder} \quad k^2 = s_2(l_2 - s_2) \qquad (3.13/8b)$$

und schließlich das Trägheitsmoment selbst

$$\Theta = m k^2 \ . \qquad (3.13/8c)$$

β) Geneigte Drehachse

Liegt die Drehachse eines Pendels nicht, wie bisher angenommen, senkrecht zur Richtung der Erdbeschleunigung, sondern bildet sie einen Winkel $\nu \neq \pi/2$ mit ihr, so ändern sich die bisherigen Gleichungen nur geringfügig. Beim Bilden der Summe der Momente um die Drehachse AA', Abb.3.13/5, tritt nun nicht mehr die ganze Gewichtskraft G, sondern

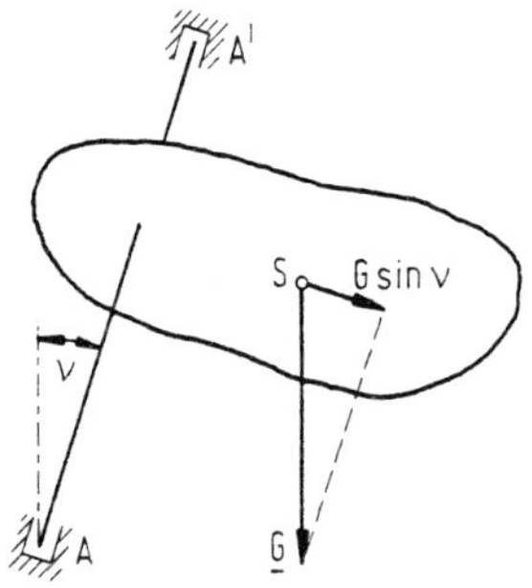

Abb.3.13/5.
Pendel mit geneigter Drehachse

nur ihre Projektion in die Bewegungsebene auf. Diese Komponente beträgt $G \cdot \sin\nu$. Alle Gleichungen dieses Abschn.3.13 bleiben anwendbar, wenn wir g durch $g \cdot \sin\nu$ ersetzen. Beispielsweise ergibt sich die Eigenfrequenz zu

$$\omega^2 = \frac{g s}{k^2 + s^2} \sin\nu \ . \qquad (3.13/9)$$

3.14 Weitere Arten von Pendeln

α) Translatorisches Pendel

Ein translatorisches Pendel besteht aus einem starren Körper, der an zwei gleich langen, parallelen Fäden (oder Stangen) aufgehängt ist, Abb.3.14/1. Da die Punkte ABCD ein Parallelogramm bilden, sind die Geschwindigkeiten der Punkte C und D stets vektoriell gleich. Sind aber die Geschwindigkeiten z w e i e r Punkte eines starren Körpers gleich,

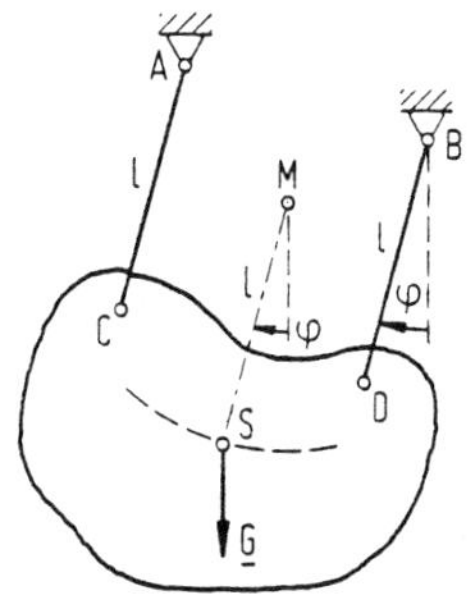

Abb.3.14/1.
Translatorisches Pendel
(Zweifadenpendel)

so sind die Geschwindigkeiten **a l l e r** Punkte des starren Körpers untereinander gleich: Der Körper führt eine reine Translation aus, alle Punkte bewegen sich auf kongruenten Bahnen. Die Schwerpunktsbahn ist kongruent mit den (Kreis-)Bahnen der Aufhängepunkte C und D, ihr Mittelpunkt sei M. Das Newtonsche Gesetz liefert deshalb auch hier

$$m\ddot{s} = -G \sin\varphi \quad ;$$

mit $s = l\varphi$ folgt

$$\ddot{\varphi} + \frac{g}{l}\sin\varphi = 0 \quad .$$

Wir erhalten also für das translatorische Starrkörperpendel die Differentialgleichung (3.11/3) des mathematischen Pendels. Für kleine Ausschläge φ ergibt sich die Eigenkreisfrequenz wie dort zu

$$\omega = \sqrt{g/l} \quad .$$

Konnten wir beim physikalischen Pendel (wo der starre Körper sich um eine feste Achse dreht) die Eigenfrequenz nicht größer machen als $\omega = \sqrt{g/2k}$, so können wir bei der hier behandelten bifilaren Aufhängung des starren Körpers die Frequenz beliebig erhöhen; wir müssen nur l klein genug machen. Die hier beschriebene Aufhängung ist für die in Abschn.3.12 erwähnten Tilger von Bedeutung, da deren Eigenfrequenzen hoch liegen sollen (s. Band 2, Abschn.5.25).

β) Mehrfadendrehpendel

Ein Körper sei nach Art der Abb.3.14/2a an mehreren (im allgemeinen n) gleich langen Fäden (Seilen) von der Länge l aufgehängt, die

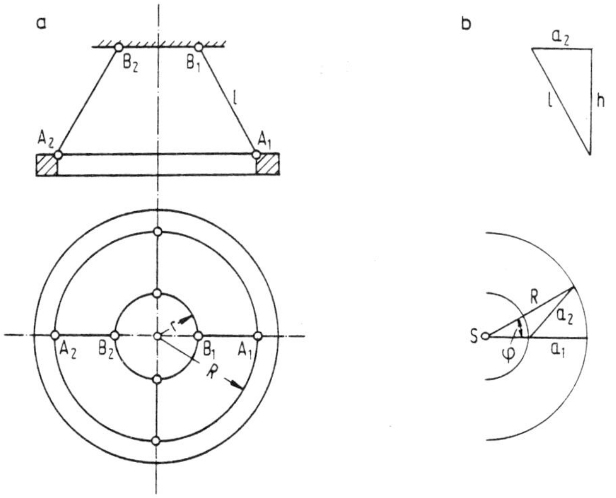

Abb.3.14/2.
Mehrfadendrehpendel

entweder parallel gespannt sind oder kegelig verlaufen. Die Punkte A_1, A_2, A_3 $(,\ldots A_n)$ liegen auf einem Kreis vom Radius R, die Punkte B_1, B_2, B_3 $(,\ldots B_n)$ auf einem Kreis vom Radius r; dabei kann $R \lesseqgtr r$ sein. Einfachstes Beispiel ist der altehrwürdige Kronleuchter. Eine der sich einstellenden Bewegungen ist eine Schraubungsbewegung des Körpers um die lotrechte Schwerachse. Zum Aufstellen der zugehörigen Bewegungsgleichung benutzen wir am einfachsten den Energiesatz (2.26/1) und Gl.(2.26/2). Nennen wir den Abstand von der Decke h und legen wir das Bezugsniveau für die potentielle Energie in die Deckenebene, so liefert der Energiesatz die Gleichung $\Theta_S\dot{\varphi}^2/2 - G\,h = \text{const}$ oder mit $\Theta_S = m\,k^2$ und $G = m\,g$

$$\frac{1}{2}k^2\dot{\varphi}^2 - gh = \text{const} \quad . \qquad (3.14/1)$$

Hierbei ist φ der Drehwinkel der Scheibe um die vertikale Symmetrieachse. Die Höhe h ist eine Funktion $h(\varphi)$. Wir bestimmen sie aus den geometrischen Bedingungen, siehe Abb.3.14/2b: Zweimalige Anwendung des Kosinussatzes bringt

$$h^2 = l^2 - a_2^2 \qquad \text{und} \qquad a_2^2 = R^2 + r^2 - 2rR\cos\varphi \quad ,$$

daraus folgt

$$h^2 = l^2 - R^2 - r^2 + 2rR\cos\varphi \quad .$$

Damit geht Gl.(3.14/1) über in

$$\frac{1}{2}k^2\dot{\varphi}^2 - g\sqrt{l^2 - R^2 - r^2 + 2rR\cos\varphi} = \text{const} \ .$$

Differenzieren nach der Zeit liefert

$$\ddot{\varphi} + \frac{g}{k^2}\frac{rR}{\sqrt{l^2 - R^2 - r^2 + 2rR\cos\varphi}}\sin\varphi = 0 \ . \qquad (3.14/2)$$

Für kleine Winkel φ kommt wegen $\sin\varphi \approx \varphi$ und $\cos\varphi \approx 1$ die lineare Gleichung

$$\ddot{\varphi} + \frac{grR}{k^2 l}\frac{1}{\sqrt{1 - \left(\frac{R-r}{l}\right)^2}}\varphi = 0 \ , \qquad (3.14/3)$$

also wieder die Gl.(3.11/5) zustande, jetzt mit dem Parameter

$$\varkappa^2 = g\frac{rR}{k^2 l}\frac{1}{\sqrt{1 - \left(\frac{R-r}{l}\right)^2}} \ . \qquad (3.14/3a)$$

Da $\varkappa$ die Eigenkreisfrequenz ω bezeichnet, finden wir, daß diese auch hier unabhängig ist von der Masse des Pendelkörpers und überdies von der Anzahl der Fäden.

γ) Rollpendel

In Abb.3.14/3 ist ein Rollpendel dargestellt: Ein Körper, der mit seiner kreiszylindrischen Begrenzungsfläche (p) auf einer horizontalen Ebene abrollt. Da der Schwerpunkt S des Körpers nicht in der Zylinderachse M liegt, hebt und senkt er sich beim Rollen, so daß der Körper im Schwerefeld pendelt.

Die Bewegung ist weder eine Translation noch eine Rotation um eine feste Achse. Es liegt hier einer der Fälle vor, wo sich zum Aufstellen der Bewegungsgleichung die Lagrangesche Methode (Abschn.2.24) oder die Benutzung des Energiesatzes (Abschn.2.26) empfiehlt.

In Abb.3.14/3 hat die kreiszylindrische Begrenzung (p) den Halbmesser r; der Schwerpunkt S des Körpers liegt um die Strecke s unter der Zylinderachse M. Ferner bezeichnet B die Berührungsgerade des Zylinders mit der Unterlage im Gleichgewichtszustand, B' nach einer Aus-

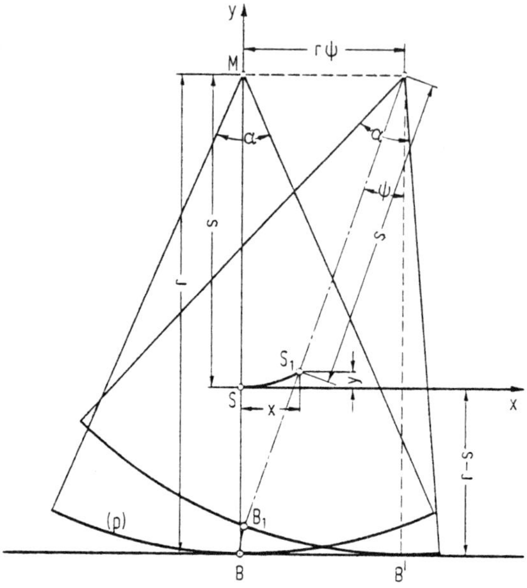

Abb.3.14/3.
Rollpendel

lenkung um den Rollwinkel ψ. Dieser diene als kennzeichnende Koordinate q.

Bei der Auslenkung bewegt sich der Schwerpunkt S nach S_1 auf der gestreckten Zykloide

$$x = r\psi - s\sin\psi \quad , \qquad y = s(1-\cos\psi) \quad . \qquad (3.14/4)$$

Die potentielle Energie **U** im ausgelenkten Zustand rührt her von der Hebung des Schwerpunktes um die Strecke $y = s(1-\cos\psi)$, sie beträgt also

$$\mathbf{U} = mgs(1-\cos\psi) \quad . \qquad (3.15/5)$$

Die kinetische Energie **T** besteht aus zwei Anteilen, nämlich aus der Energie der Drehung um den Schwerpunkt und aus der Energie aufgrund der Translation des Schwerpunktes. Bezeichnet m die Masse des Körpers und k seinen Trägheitsarm für die Schwerachse, so gilt

$$\mathbf{T} = \frac{1}{2}mk^2\dot{\psi}^2 + \frac{1}{2}m(\dot{x}^2+\dot{y}^2) \quad , \qquad (3.14/6)$$

also mit (3.14/4)

$$T = \frac{1}{2} m\dot{\psi}^2 (k^2 + r^2 + s^2 - 2rs\cos\psi) \quad . \tag{3.14/7}$$

Nach Addieren von **U** (3.14/5) und **T** (3.14/7) und Ableiten nach der Zeit gemäß (2.26/2) findet man

$$\ddot{\psi}[k^2 + r^2 + s^2 - 2rs\cos\psi] + s(g + r\dot{\psi}^2 \sin\psi) = 0 \quad . \tag{3.14/8}$$

Diese nichtlineare Bewegungsgleichung für unser Beispiel der Abb.3.14/3 erweist sich (bei Ersatz von s durch l, von r durch R sowie von ψ durch φ) als identisch mit der Bewegungsgleichung (2.22/3) des Beispiels der Abb.2.22/1. Man überzeugt sich leicht, daß die beiden Beispiele nur verschiedene Ausführungsformen für ein Rollpendel darstellen.

Linearisieren von (3.14/8) liefert

$$\ddot{\psi}[k^2 + (r - s)^2] + gs\psi = 0 \quad . \tag{3.14/9}$$

Das Kreisfrequenzquadrat ω^2 und die reduzierte Pendellänge l werden dann zu

$$\omega^2 = g\frac{s}{k^2 + (r-s)^2} \quad ; \quad l = \frac{k^2 + (r-s)^2}{s} \quad . \tag{3.14/10}$$

Die angestellten Betrachtungen haben über die durch die obigen Voraussetzungen gezogenen Grenzen hinaus Gültigkeit. Ist die Begrenzungskurve (p) des zylindrischen Schnittes nicht ein Kreisbogen wie in Abb.3.14/3, sondern eine andere Kurve, so tritt bei Beschränkung auf genügend kleine Ausschläge an die Stelle des Kreishalbmessers r der Krümmungshalbmesser ρ der Kurve (p) an der Berührstelle B. Aber auch nichtzylindrische Körper können auf die besprochene Art behandelt werden. Stellt Abb.3.14/3 z.B. den Meridianschnitt eines Kugelsektors dar, der eine ebene Rollbewegung ausführt, so bleibt die Betrachtung (auch im nicht-linearen Teil) vollständig dieselbe. Nur liegt jetzt der Schwerpunkt S in anderer Höhe als beim Zylinderschnitt.

Der hier betrachtete Fall eines Rollpendels ist in der Tafel 3.16/I auf S.120 unter Nr. 5a aufgeführt. Die Tafel zeigt für noch weitere Arten von Rollpendeln die Ergebnisse der linearisierten Betrachtung. Auf die Herleitung ist dabei verzichtet.

3.15 Schwingungen in und von Flüssigkeiten

α) Tauchschwingungen

Wir betrachten einen starren Körper (z.B. ein Schiff), der in einer Flüssigkeit schwimmt. Er hat sechs Grade der Freiheit. Wir suchen die drei Hauptträgheitsrichtungen x, y, z des Körpers auf und wählen als Koordinaten die drei Verschiebungen u, v, w in Richtung dieser Achsen und die drei Drehungen φ_1, φ_2, φ_3 um sie, siehe Abb.3.15/1. Jede dieser sechs Bewegungen kann im allgemeinen (wenigstens nahezu) unabhängig von den anderen erfolgen und stellt eine Bewegung von einem Freiheitsgrad dar. Schwingungen treten jedoch nur dann auf, wenn eine Auslenkung das Gleichgewicht stört und Rückstellkräfte weckt. Nach einer Verschiebung u oder v und nach einer Drehung φ_3 ist die neue Lage wieder Gleichgewichtslage. Dagegen wecken Auslenkungen in einer der drei anderen Koordinaten w, φ_1, φ_2 Rückstellkräfte oder -momente und geben so Veranlassung zu Schwingungen.

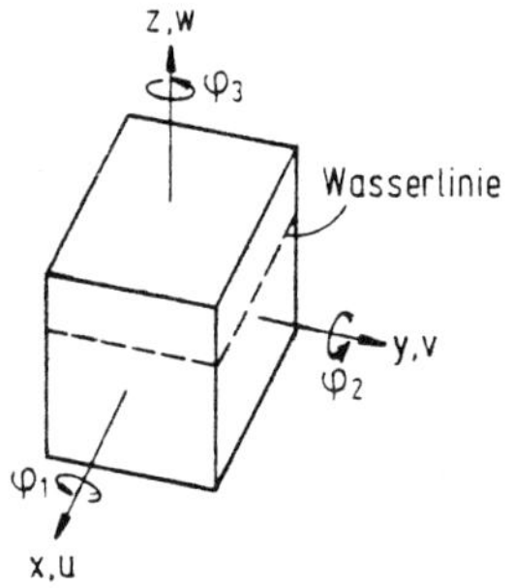

Abb.3.15/1.
Eingetauchter Körper
mit Hauptachsen

Die Schwingungen in z lassen sich einfach überblicken: Bezeichnet man die durch die Wasserlinie umschlossene "Schwimmfläche" mit A und nimmt man an, daß für vertikale Auslenkungen w sich die Schwimmfläche A nicht ändert (der Körper also in der Nähe der Wasserlinie zylindrisch ist), so beträgt die Rückführkraft -R bei einer Auslenkung w

$$-R = \rho g A w \, , \qquad (3.15/1)$$

wenn ρ die Dichte des Wassers bezeichnet. Daher lautet die Bewegungsgleichung (mit m als der Masse des Körpers)

$$m\ddot{w} + \rho g A w = 0 \ . \qquad (3.15/2)$$

Die Schwingungen verlaufen harmonisch, solange der Querschnitt A als von w unabhängig angesehen werden kann. Dem Ausdruck für die Kreisfrequenz kann man wegen $m = \rho V$ (V ist das verdrängte Volumen) die Form geben

$$\varkappa^2 = g\frac{\rho A}{m} = g\frac{A}{V} \ . \qquad (3.15/3)$$

Auslenkungen um die beiden Winkel φ_1 und φ_2 sind mit Rückstellmomenten verbunden und führen auf Drehschwingungen. Diese sollen hier nicht näher erörtert, die Resultate jedoch angegeben werden. Bei Einführung einer Kenngröße h, die metazentrische Höhe heißt (siehe hierzu Lehrbücher über Hydromechanik, etwa Lit.3.15/1), erhalten wir die lineare Bewegungsgleichung (3.11/5) mit dem Parameter

$$\varkappa^2 = gh/k^2 \ , \qquad (3.15/4)$$

wobei k der zum Massenträgheitsmoment Θ_1 bzw. Θ_2 des Körpers gehörige Trägheitsradius und h die jeweilige metazentrische Höhe ist.

Beachtung verdient allerdings: Bei der Herleitung der Bewegungsgleichungen und damit auch der Größen $\varkappa^2$ (3.15/3) und (3.15/4) ist nicht berücksichtigt, daß mit dem schwingenden Körper auch Wassermassen bewegt werden. Die Schwingmasse m oder der Trägheitsradius k müssen daher mit einem "Wasserzuschlag" versehen werden; die wahren Eigenfrequenzen der Schwingungen liegen deshalb (u.U. beträchtlich) tiefer als die hier angegebenen Werte.

β) Schwingungen einer Flüssigkeitssäule im U-Rohr

Wenn das U-Rohr nicht konstanten Querschnitt besitzt, so wird die Bewegungsgleichung nichtlinear, wir behandeln diesen Fall in Abschn. 5.45. Der Sonderfall des Rohres mit konstantem Querschnitt (Abb.3.15/2) führt dagegen auf eine lineare Differentialgleichung; er kann schon hier erörtert werden.

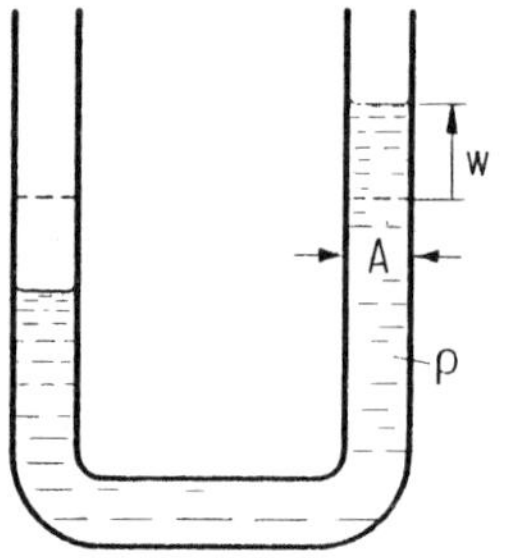

Abb.3.15/2. Flüssigkeitssäule im U-Rohr

Wir machen folgende Annahme: Die Flüssigkeit ist inkompressibel, ihre Dichte sei ρ; die Strömung ist verlustfrei; der Querschnitt des Rohres ist konstant gleich A; die Länge des Stromfadens von Spiegel zu Spiegel sei L.

Zur Herleitung der Bewegungsgleichung eignet sich der Energiesatz und somit die Gl.(2.26/2). Wenn der Ausschlag des Spiegels aus der Gleichgewichtslage in einem Schenkel mit w, seine Geschwindigkeit mit $\dot{w}$ bezeichnet wird, so beträgt die potentielle Energie

$$\mathbf{U} = \rho g A w^2 \quad , \qquad (3.15/5a)$$

die kinetische

$$\mathbf{T} = \frac{1}{2} L A \rho \dot{w}^2 \quad . \qquad (3.15/5b)$$

Ableiten gemäß Gl.(2.26/2) führt zu

$$\ddot{w} + \frac{2g}{L} w = 0 \quad ; \qquad (3.15/6)$$

somit werden Frequenzquadrat und reduzierte Pendellänge zu

$$\varkappa^2 = 2g/L \quad ; \quad l_{red} = L/2 \quad . \qquad (3.15/7)$$

3.16 Reduzierte Pendellängen

In Abschn.3.13 war der Begriff der reduzierten Pendellänge eingeführt worden als Maß für die Eigenfrequenz ω eines Pendels:

$$\omega^2 = g/l_{red} \quad ; \quad l_{red} = g/\omega^2 \quad .$$

In der Tafel 3.16/I auf den Seiten 120 und 121 sind für die in den

Abschn.3.13 bis 3.15 behandelten und für einige weitere Schwinger die Ausdrücke für die reduzierten Pendellängen l_{red} zusammengestellt.

3.17 Elastische Schwinger

Als elastische Schwinger bezeichnen wir alle Systeme, deren Rückstellkräfte ihre Ursache in der Elastizität eines gegenüber seiner natürlichen Gestalt verformten Gebildes (Saite, Stab, Balken, Membran, Platte usw.) haben. Die elastischen Gebilde nennen wir in diesem Zusammenhang F e d e r n , gleichgültig, welche Gestalt sie im einzelnen aufweisen. In den Skizzen werden solche Federn in der Regel wie in Abb.3.17/1 und 3.17/2 gezeichnet.

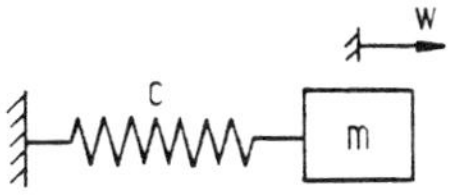

Abb.3.17/1.
Feder-Masse-Schwinger,
Bewegung horizontal

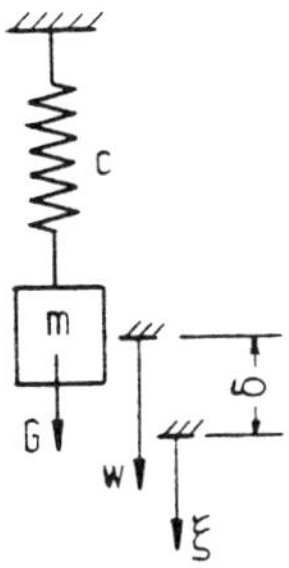

Abb.3.17/2.
Feder-Masse-Schwinger,
Bewegung vertikal

Trotz der Verschiedenheit der Gebilde ist eine einheitliche Behandlung möglich. Greift an einem elastischen Gebilde eine Kraft F an, so verformt es sich. Die angreifende Kraft F legt einen Weg zurück, dessen Projektion auf die Kraftrichtung sei w. Wenn nun erstens das Spannungs-Dehnungs-Diagramm (σ-ε-Diagramm) des elastischen Gebildes eine Gerade ist (d.h. wenn das Hookesche Gesetz $\sigma = E\varepsilon$ gilt) und wenn ferner die Auslenkung w klein ist, so sind die Beträge der Kraft F und des Weges w einander proportional,

$$F = cw \quad . \tag{3.17/1}$$

Die Kennlinie des Schwingers ist dann linear (linearisiert). Der Fak-

Tafel 3.16/I. Reduzierte Pendellängen

Nr.	Pendel	l_{red}	Abbildung	Bemerkungen
1	Punktkörper-Pendel (mathematisches Pendel)	l		
2	Starrkörper-Pendel (physikalisches Pendel)	$\frac{k^2+s^2}{s} = s + \frac{k^2}{s}$		OS = s $OQ = l_{red}$ S Schwerpunkt Q Schwingungsmittelpunkt k Trägheitsarm für S
3	Pendel mit geneigter Achse	$\frac{l}{\sin v}$	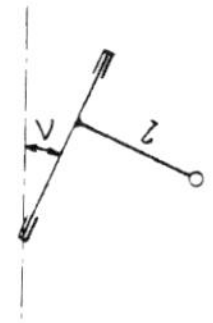	
4	Punktkörper auf krummer Bahn Sonderfall: Bahn ist Zykloide	ρ $4a$	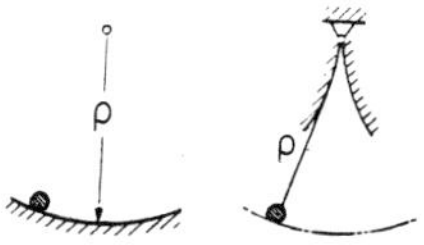	ρ Krümmungsradius für Gleichgewichtslage a Radius des erzeugenden Kreises
5a	Rollpendel	$\frac{(r-s)^2+k^2}{s}$	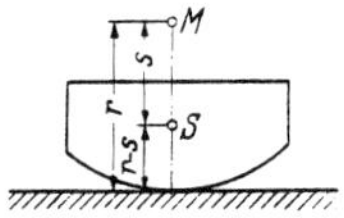	
5b		$\frac{s^2+k^2}{R-s}$ $(R>s)$	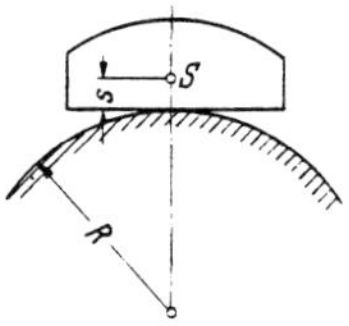	S Schwerpunkt k Trägheitsarm für S
5b	Sonderfall: s = 0 $k^2 = l^2/12$	$\frac{l^2}{12R}$	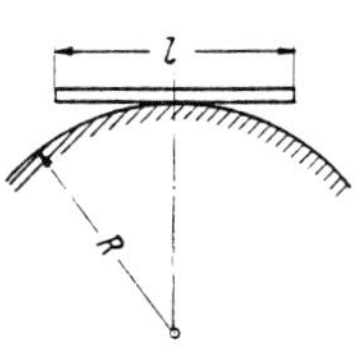	

Nr.	Pendel	l_{red}	Abbildung	Bemerkungen
5c		$\dfrac{(r-s)^2+k^2}{s-\dfrac{r^2}{R+r}}$ $(s(R+r) > r^2)$	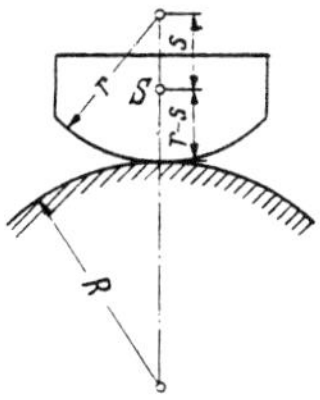	
5d		$\dfrac{(r-s)^2+k^2}{s+\dfrac{r^2}{R-r}}$	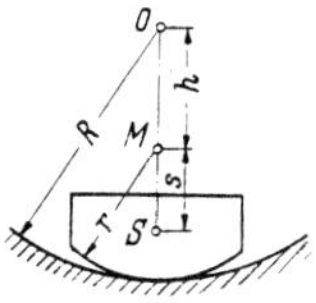	
5d	Sonderfall: s = 0 1. Vollscheibe: $k^2 = r^2/2$ 2. Ring: $k^2 = r^2$	$(R-r)(1+k^2/r^2)$ $\frac{3}{2}(R-r)$ $2(R-r)$	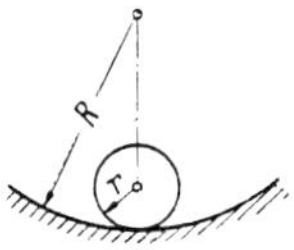	
6	Translations-Pendel	l	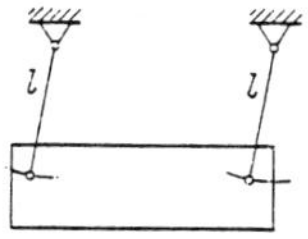	
7	Mehrfaden-Drehpendel, allgemein Seile vertikal, a = b	$l\dfrac{k^2}{ab}\sqrt{1-\left(\dfrac{a-b}{l}\right)^2}$ lk^2/a^2	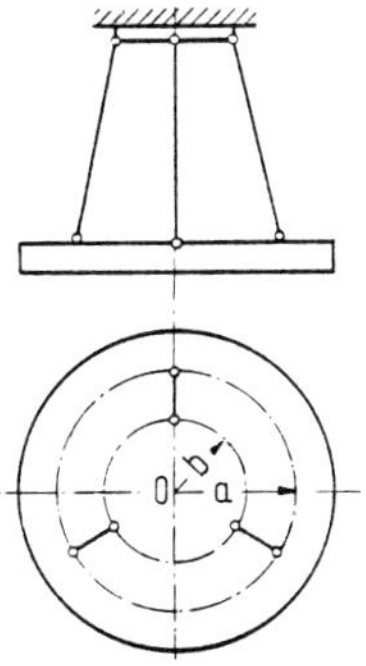	O Drehachse k Trägheitsarm der Scheibe für O
8	Tauchschwingung (ohne Wassermasse) a) in vertikaler Richtung b) Drehschwingung (Schlingern oder Stampfen)	V/A k^2/e		V Verdrängtes Volumen A Schwimmfläche k Trägheitsarm für jeweilige Drehachse e jeweilige metazentrische Höhe
9	Flüssigkeitssäule im U-Rohr konstanten Querschnitts	$L/2$		L Länge des Flüssigkeitsfadens

tor c heißt die Federsteifigkeit (gelegentlich etwas ungenau auch Federzahl).

Wir stellen nun zunächst für eine horizontale Feder-Masse-Anordnung (Abb.3.17/1) die Bewegungsdifferentialgleichung auf; dabei zählen wir die Wegkoordinate w von der entspannten Lage aus, also von der Stellung der Masse, in der die Federkraft Null ist.

Nach Newton gilt $m\ddot{w} = -cw$; also

$$\ddot{w} + \frac{c}{m} w = 0 \; . \tag{3.17/2a}$$

Wir erhalten wieder die Differentialgleichung (3.10/2) der freien ungedämpften Schwingung, jetzt mit

$$\varkappa^2 = c/m \; . \tag{3.17/2b}$$

Der Schwinger wird harmonische Schwingungen der Kreisfrequenz

$$\omega = \varkappa \tag{3.17/2c}$$

ausführen. Hier, bei den elastischen Gebilden, hängt nun, anders als bei den Pendeln, $\varkappa^2$ von der Masse m ab.

Wir stellen noch Beziehungen her zu den Energieausdrücken, der potentiellen Energie **U** und der kinetischen Energie **T**. Für ein konservatives elastisches Gebilde mit der linearen Bewegungsgleichung (3.17/2a) und den Beziehungen (3.17/2b) und (3.17/2c) lauten **U** und **T**, falls die kennzeichnende Koordinate jetzt wieder q genannt wird,

$$\mathbf{U} = \frac{1}{2} c q^2 \quad \text{und} \quad \mathbf{T} = \frac{1}{2} m \dot{q}^2 \; . \tag{3.17/3a}$$

Da die Bewegung q(t) eine harmonische Schwingung mit der Kreisfrequenz ω ist, besteht zwischen den Amplituden $\hat{q}$ und $\hat{\dot{q}}$ die Beziehung $\hat{\dot{q}} = \omega \hat{q}$. Deshalb lauten die Maximalwerte $\mathbf{U}_1$ und $\mathbf{T}_1$

$$\mathbf{U}_1 = \frac{1}{2} c \hat{q}^2 \; , \qquad \mathbf{T}_1 = \frac{1}{2} m \hat{\dot{q}}^2 = \frac{1}{2} m \omega^2 \hat{q}^2 \; . \tag{3.17/3b}$$

Wir schreiben $\mathbf{T}_1$ um in

$$\mathbf{T}_1 = \omega^2 \mathbf{T}_1^* \quad \text{mit} \quad \mathbf{T}_1^* := \frac{1}{2} m \hat{q}^2 \tag{3.17/3c}$$

und nennen $\mathbf{T}_1^*$ die "zugeordnete kinetische Energie"; der Ausdruck ist analog zu $\mathbf{T}_1$ aufgebaut, nur mit $\hat{q}$ statt $\hat{\dot{q}}$. Weil der Energiesatz (2.26/1) gilt und die Schwingungen harmonisch um $q = 0$ verlaufen, ist $\mathbf{U}_1 = \mathbf{T}_1$, also $\mathbf{U}_1 = \omega^2 \mathbf{T}_1^*$ und somit

$$\omega^2 = \mathbf{U}_1 / \mathbf{T}_1^* \quad . \tag{3.17/4}$$

Die Vorschrift (3.17/4) erweist sich oft als ein bequemes Hilfsmittel zum Bestimmen der Kreisfrequenz linearer Schwinger. Ein Beispiel bietet das Gebilde der Abb.3.18/5 mit den Gln.(3.18/6). Besondere Bedeutung kommt der Vorschrift (3.17/4) dadurch zu, daß sie sich als erweiterungsfähig erweist: Im Abschn.3.36 wird sie im Zusammenhang mit dem Rayleighschen Quotienten auf kontinuierliche elastische Gebilde ausgedehnt.

Wenden wir noch einige Aufmerksamkeit dem Feder-Masse-System in vertikaler Lage zu, Abb.3.17/2. Hier spielt beim Aufstellen der Bewegungsgleichung auch die Gewichtskraft eine Rolle, weil sie in die Richtung der betrachteten Bewegung fällt. Zählen wir die Wegkoordinate w wieder von der entspannten Lage aus, so ergibt sich als Bewegungsgleichung $m\ddot{w} = -cw + G$ oder

$$\ddot{w} + \frac{c}{m} w = g \quad . \tag{3.17/5}$$

Diese Differentialgleichung ist im Gegensatz zu den früher behandelten inhomogen. Sie wird jedoch durch die einfache Koordinatentransformation $w = \xi + mg/c$ und damit $\ddot{w} = \ddot{\xi}$ zur homogenen Gleichung

$$\ddot{\xi} + \frac{c}{m} \xi = 0 \quad ; \tag{3.17/6}$$

sie hat dieselbe Gestalt wie Gl.(3.17/2a). Der Schwinger hat wieder die Eigenkreisfrequenz $\varkappa$ nach (3.17/2b).

Der Nullpunkt der Koordinate ξ ist um $mg/c = G/c$ gegenüber dem Nullpunkt von w verschoben. G/c ist die statische Absenkung δ,

$$\delta := G/c = g/\varkappa^2 \quad , \tag{3.17/7}$$

die die Feder unter der Gewichtskraft G der Masse m erfährt; diese

Lage nennen wir statische Ruhelage. Wir merken uns: Zählen wir bei Feder-Masse-Systemen die Wegkoordinate von der statischen Ruhelage aus, so kann die Gewichtskraft unberücksichtigt bleiben, da die statische Vorspannkraft $c\delta$ der Feder die Gewichtskraft kompensiert.

Die Lösung der Differentialgleichung (3.17/6) lautet

$$\xi = \xi_0 \cos \omega t + \frac{\dot{\xi}_0}{\omega} \sin \omega t \quad . \tag{3.17/8a}$$

Damit wird die Lösung der Dgl.(3.17/5) wegen $w = \xi + \delta$ zu

$$w = \frac{g}{\omega^2} + \xi_0 \cos \omega t + \frac{\dot{\xi}_0}{\omega} \sin \omega t \quad . \tag{3.17/8b}$$

Aus den beiden Gln.(3.17/2b) und (3.17/7) folgt

$$\omega^2 = g/\delta \quad . \tag{3.17/9}$$

Das heißt aber, das Quadrat der Eigenfrequenz der Schwingungen einer Masse, die auf einem elastischen Gebilde sitzt, ist umgekehrt proportional der statischen Durchsenkung δ, die das Gebilde unter der Gewichtskraft der aufgesetzten Masse erfährt, und zwar ohne Rücksicht darauf, um welche Art von elastischem Gebilde es sich handelt, ob um eine Schraubenfeder, einen Dehnstab, einen Biegebalken, eine Platte oder dergleichen. Die Beziehung (3.17/9) kann man mit $f = \omega/2\pi$ auch schreiben als

$$f^2 \delta = \frac{g}{4\pi^2} \approx 25 \text{ cm sec}^{-2} \quad . \tag{3.17/10}$$

So findet man z.B. (in runden Zahlen) die Wertepaare der Tafel 3.17/I:

Tafel 3.17/I

δ	1 m	10 cm	1 cm	1 mm	0,1 mm	0,01 mm	1 μm
f in Hz	0,5	1,6	5	16	50	160	500

Ein Vergleich der Beziehung (3.17/9) mit (3.11/4) und (3.13/5) zeigt, daß die statische Durchsenkung δ für einen elastischen Schwinger dieselbe Rolle spielt wie die Pendellänge l für ein Punktkörperpendel oder die reduzierte Pendellänge l_{red} für ein Starrkörperpendel.

3.18 Federsteifigkeiten verschiedener Anordnungen

Der Zusammenhang zwischen der Kraft F und dem Weg w wird durch Gl.(3.17/1) mit Hilfe der *Federsteifigkeit* c beschrieben. Bezeichnet man den Kehrwert der Federsteifigkeit c, die *Federnachgiebigkeit*, mit h, also $h = 1/c$, so gilt

$$F = cw \quad \text{und} \quad w = hF \ . \tag{3.18/1}$$

Die Federsteifigkeit c hat die Dimension $\dim(c) = \dim(FL^{-1})$, die Federnachgiebigkeit h die Dimension $\dim(h) = \dim(LF^{-1})$. Für die Beziehungen zwischen Drehmomenten M und Drehwinkeln φ läßt sich in analoger Weise eine Drehfedersteifigkeit $\widehat{c}$ und eine Drehfedernachgiebigkeit $\widehat{h}$ definieren. Die Drehfedersteifigkeit $\widehat{c}$ hat die Dimension $\dim(\widehat{c}) = \dim(FL)$, für die Drehfedernachgiebigkeit $\widehat{h}$ gilt demgemäß $\dim(\widehat{h}) = \dim(F^{-1}L^{-1})$.

In den Tafeln des Abschn.3.18 sind für eine große Anzahl von Federn und Federanordnungen die Steifigkeiten c und $\widehat{c}$ zusammengestellt. Einige Anordnungen erörtern wir nun noch näher.

α) Geneigt liegende Feder

Ist eine Feder der Steifigkeit c_1 vorhanden, so kann in der Schwingungsgleichung wegen der geometrischen Anordnung eine andere Steifigkeit c auftreten. Wir betrachten dazu die Abb.3.18/1. Zieht

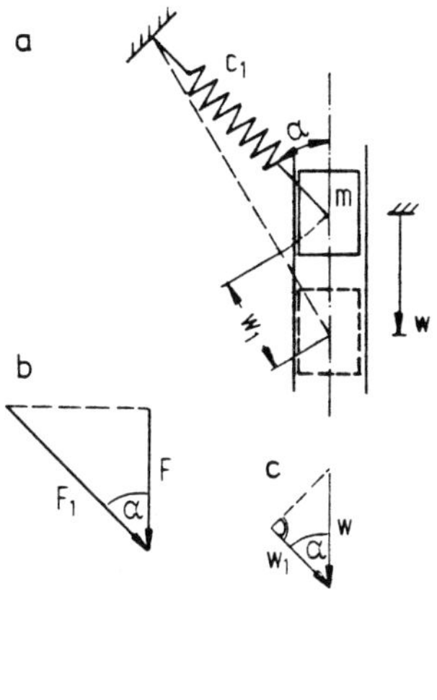

Abb.3.18/1.
Zur Bewegungsrichtung geneigt liegende Feder

man die Masse m mit der Kraft F um eine kleine Strecke w entlang der vertikalen Führung nach unten, so entsteht (Bildteil b) eine Federkraft $F_1 = F/\cos\alpha$ und (Bildteil c) eine Federverlängerung $w_1 = w\cos\alpha$. Es gilt daher für die vertikale Richtung (bei genügend kleinen Ausschlägen)

$$c = \frac{F}{w} = \frac{F_1 \cos\alpha}{w_1/\cos\alpha} = c_1 \cos^2\alpha \quad . \tag{3.18/2}$$

Die Verallgemeinerung auf Gruppen von Federn findet man in Tafel 3.18/II, Zeile 15.

Für nicht kleine Ausschläge w werden die Zusammenhänge verwickelter: α wird eine Funktion von w, somit wird c eine Funktion von w, die Differentialgleichung wird nichtlinear.

β) Parallelschaltung; Reihenschaltung

Betrachten wir nun noch die resultierenden Federzahlen, die durch Zusammenschalten von Federn entstehen. Beim Schwinger von einem Freiheitsgrad lassen sich alle Federanordnungen einteilen in Reihenschaltungen und Parallelschaltungen sowie Gruppierungen aus solchen. Bei

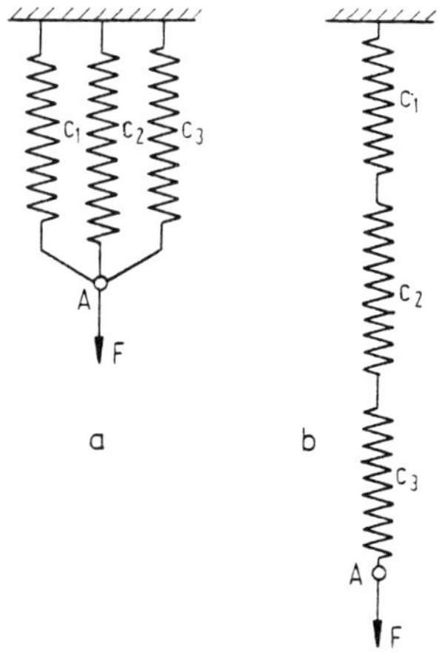

Abb.3.18/2. Federanordnungen
a) Federn liegen parallel
b) Federn liegen in Reihe

Reihenschaltung mehrerer Federn werden die Federn durch die gleiche Kraft beansprucht, sie haben im allgemeinen aber verschiedene Verlängerungen. Bei einer Parallelschaltung sind die Verlängerungen gleich, die Federkräfte im allgemeinen aber verschieden. Damit lassen sich die resultierenden Federsteifigkeiten c bzw. die resultierenden Federnachgiebigkeiten h errechnen:

Parallelschaltung (Abb.3.18/2a)	Reihenschaltung (Abb.3.18/2b)
$w_1 = w_2 = w_3 = w$	$w = w_1 + w_2 + w_3$
$F = F_1 + F_2 + F_3$	$F = F_1 = F_2 = F_3$
$c := \frac{F}{w} = c_1 + c_2 + c_3$	$h := \frac{w}{F} = h_1 + h_2 + h_3$

allgemein

$c = \sum c_i$	$h = \sum h_i$.

Ob eine Parallel- oder eine Reihenschaltung vorliegt, ist aus der Anordnung oft nicht auf den ersten Blick ersichtlich. Man muß sich überlegen, ob die Federn von der gleichen Kraft durchflossen oder aber um den gleichen Betrag ausgelenkt werden. Abb.3.18/3 zeigt zwei Anordnungen, bestehend aus je einer Balkenfeder und einer Schraubenfeder; im Fall a liegt eine Reihenschaltung, im Fall b eine Parallelschaltung vor.

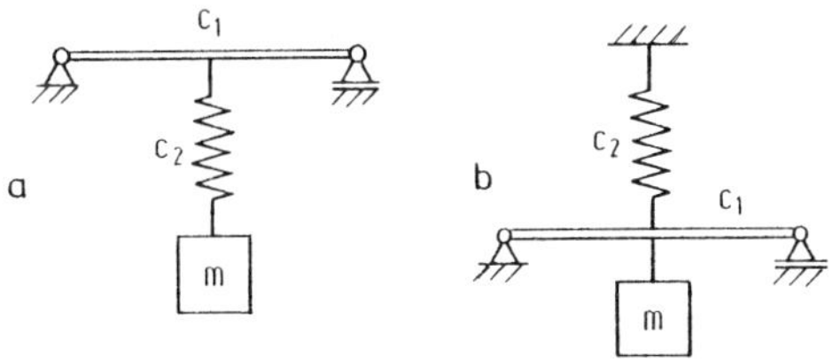

Abb.3.18/3.
Balkenfeder und Schraubenfeder;
a) in Reihe, b) parallel geschaltet

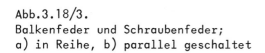

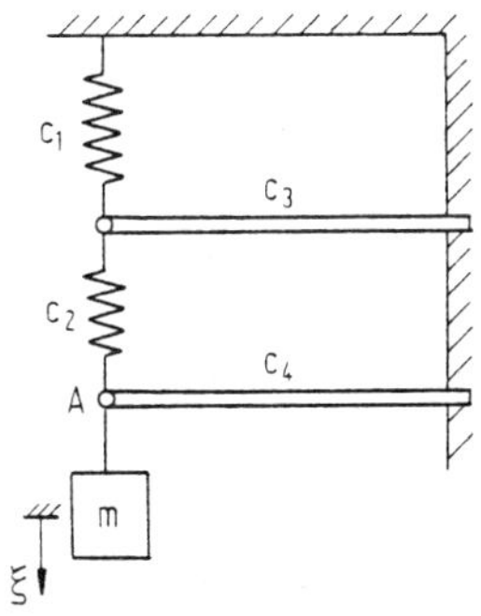

Abb.3.18/4.
System aus Balken
und Schraubenfedern

Als weiteres Beispiel bestimmen wir die Eigenfrequenz der Vertikalschwingungen der Masse m auf dem in Abb.3.18/4 dargestellten Gebilde. Zunächst berechnen wir die resultierende Federzahl c. Die Federn c_1 und c_3 liegen parallel. Mit dieser Parallelschaltung liegt c_2 in Reihe. Dieser gesamten Schaltung liegt c_4 parallel. Damit ist

$$c_1 + c_3 = c_5 \;, \quad h_5 + h_2 = h_6 \;, \quad c_6 + c_4 = c \;; \tag{3.18/3}$$

insgesamt gilt also

$$c = c_4 + \frac{1}{\dfrac{1}{c_1 + c_3} + \dfrac{1}{c_2}} \;. \tag{3.18/4}$$

Mit einer Ersatzfeder dieser Steifigkeit c geht die Anordnung der Abb. 3.18/4 über in die der Abb.3.17/2; Bewegungsgleichung ist die Dgl. (3.17/5). Die Eigenkreisfrequenz folgt aus $\omega^2 = c/m$ mit c gemäß (3.18/4).

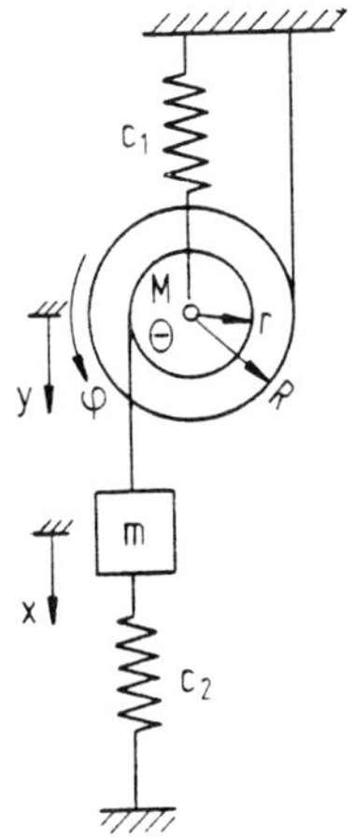

Abb.3.18/5.
Schwingeranordnung von einem Freiheitsgrad

Schließlich betrachten wir noch das in Abb.3.18/5 gezeigte "gemischte" System von Massen und Federn. Wir nehmen an, daß die Seile stets gespannt bleiben. Wenn das System in vertikaler Richtung geführt wird, hat es nur einen Freiheitsgrad, da einer Drehung der Rolle um den Winkel φ eine Absenkung y des Rollenmittelpunktes und eine Absenkung x der Masse m zugeordnet ist gemäß

$$y = R\varphi \;, \quad x = (R + r)\varphi \;. \tag{3.18/5}$$

Die Kreisfrequenz ω läßt sich am einfachsten aus der Gl.(3.17/4) bestimmen. Die Energieausdrücke lauten hier, mit φ als der kennzeichnenden Koordinate,

$$\mathbf{U}(\varphi) = \frac{1}{2}\varphi^2\left[c_1R^2 + c_2(R+r)^2\right] , \qquad (3.18/6a)$$

$$\mathbf{T}^*(\varphi) = \frac{1}{2}\varphi^2\left[\Theta + MR^2 + m(R+r)^2\right] , \qquad (3.18/6b)$$

damit wird

$$\omega^2 = \frac{c_1R^2 + c_2(R+r)^2}{\Theta + MR^2 + m(R+r)^2} . \qquad (3.18/6c)$$

Den Zähler Z in (3.18/6c), das ist die eckige Klammer in (3.18/6a), könnte man als resultierende Drehfedersteifigkeit $\widehat{c}_R$ der Drehbewegung $\varphi(t)$ bezeichnen, den Nenner N in (3.18/6c), das ist die eckige Klammer in (3.18/6b), als ihr resultierendes (ersetzendes) Trägheitsmoment Θ_R. Betrachtet man jedoch y als kennzeichnende Koordinate, so wird $Z/R^2 = c_{R,y}$ zur resultierenden Federsteifigkeit und $N/R^2 = m_{R,y}$ zur ersetzenden Masse der Translationsschwingung y(t). Für die Translationsschwingung x(t) erhält man die resultierende Steifigkeit $c_{R,x} = Z/(R+r)^2$ und die Ersatzmasse $m_{R,x} = N/(R+r)^2$.

γ) Schwinger mit sehr kleinen Eigenfrequenzen

Bei den bisherigen Federanordnungen traten im Ausdruck für die Eigenfrequenz die einzelnen Federsteifigkeiten oder Federnachgiebigkeiten stets additiv als positive Größen auf, so daß die resultierende Steifigkeit c eine positive Größe blieb. Durch geeigneten Aufbau eines Schwingers kann man es aber auch erreichen, daß einzelne Federsteifigkeiten negativ in die resultierende Steifigkeit c eingehen, also "labilisierend" wirken. Treten im Ausdruck für die resultierende Steifigkeit c Differenzen von Steifigkeiten c_i auf, so kann man das System so abstimmen, daß c gegen Null geht; damit geht dann auch ω gegen Null. Wird c gar negativ, so wird ω imaginär. In der Lösung der Differentialgleichung entstehen aus den Kreisfunktionen cos und sin dann die hyperbolischen Funktionen cosh und sinh. Es stellt sich überhaupt keine Schwingung ein, das System wird ständig weiter ausgelenkt. Wir wollen drei solcher Anordnungen untersuchen.

In der Anordnung der Abb.3.18/6 wirkt die unter einer Vorspannkraft F_1 stehende Feder c_1 labilisierend. Da für kleine Ausschläge φ sich die Federlänge nicht ändert, ist F_1 konstant. Für eine Drehung um A gilt die Newtonsche Gleichung

$$m(l^2 + k^2)\ddot{\varphi} = -c_2 a^2 \varphi + F_1 b \sin\alpha \quad ,$$

wenn m die Masse und k den Trägheitsradius des Körpers K für seinen Schwerpunkt S bezeichnen.

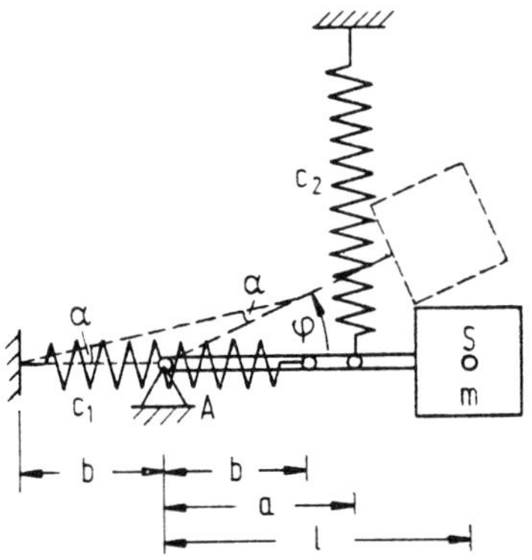

Abb.3.18/6.
Schwinger mit labilisierender Vorspannfeder c

α ist Peripheriewinkel zum Zentriwinkel φ in einem Kreis um A mit dem Radius b, also gilt $\alpha = \varphi/2$. Für kleine Auslenkungen φ ergibt sich die lineare Differentialgleichung $\ddot{\varphi} + \varkappa^2\varphi = 0$ mit

$$\varkappa^2 = \frac{c_2 a^2 - \frac{1}{2}F_1 b}{m(l^2 + k^2)} \quad . \tag{3.18/7}$$

Durch geeignete Wahl der Vorspannkraft F_1 kann man bei diesem Schwinger die Eigenfrequenz sehr tief legen. Dieser Gedanke wird bei manchen seismischen Geräten verwendet.

Eine weitere Möglichkeit, die Eigenfrequenz eines Schwingers klein zu machen, besteht darin, das Ansteigen der Federkraft durch eine Verkleinerung eines Hebelarmes zu kompensieren. Bei diesem Vorgehen ist es notwendig, eine Feder durch die Gewichtskraft der Masse m vorzuspannen; der Schwinger arbeitet daher nur in einer ausgezeichneten, z.B. in der vertikalen Lage. Betrachten wir als Beispiel die Abb. 3.18/7a. Im statischen Gleichgewicht ist die Feder von der Länge L_0 des ungespannten Zustandes auf L ausgereckt; mit $OA = s$ und dem Winkel $BOA = \beta$ ist der Hebelarm der Federkraft $a = s\cos\beta$. Mit dem horizontalen Arm $OB = b$ lautet die statische Gleichgewichtsbedingung

$$c(L - L_0)s\cos\beta = mgb \; . \qquad (3.18/8a)$$

Dreht sich die Stange um den kleinen Winkel φ um O, so legt der Federendpunkt A den Weg $x = s\varphi$ zurück; die Verlängerung der Feder ergibt sich zu $L - L_0 + s\varphi\cos\beta$, als Hebelarm, an dem die Federkraft angreift,

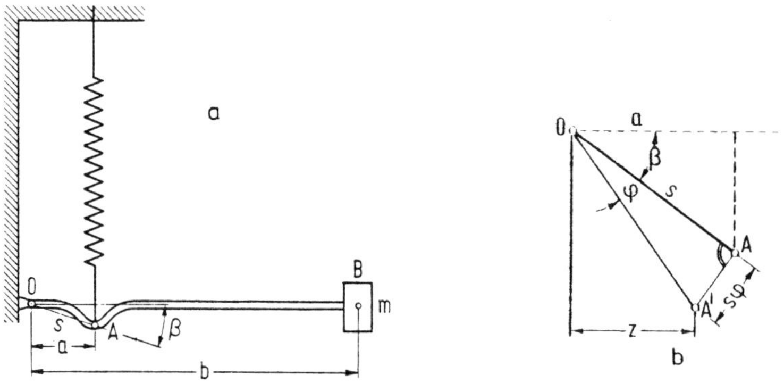

Abb.3.18/7. Pendel mit Feder an tiefliegendem Angriffspunkt; a) Anordnung, b) Hebelgeometrie

findet man $z = a - s\varphi\sin\beta = s(\cos\beta - \varphi\sin\beta)$; siehe Abb.3.18/7b. Damit wird die Bewegungsgleichung zu

$$mb^2\ddot{\varphi} + c\left[L - L_0 + s\varphi\cos\beta\right]\left[s\cos\beta - s\varphi\sin\beta\right] - mgb = 0 \; . \qquad (3.18/8b)$$

Berücksichtigen der statischen Gl.(3.18/8a) und Vernachlässigen der kleinen Größen 2. Ordnung (mit dem Faktor φ^2) liefert Gl.(3.11/5) mit

$$\varkappa^2 = \frac{c}{m}\,\frac{s[s\cos^2\beta - (L - L_0)\sin\beta]}{b^2} \; . \qquad (3.18/9)$$

Im Zähler dieses Ausdruckes steht nun wieder eine Differenz, und man hat es durch Wahl geeigneter Abmessungen in der Hand, die Frequenz klein zu machen. Im Grenzfall $\varkappa \to 0$ hat man

$$\frac{\cos^2\beta_0}{\sin\beta_0} = \frac{L - L_0}{s}$$

oder wegen der statischen Gleichgewichtsbedingung (3.18/8a)

$$\frac{\cos^3\beta_0}{\sin\beta_0} = \frac{mgb}{c\,s^2} \quad . \tag{3.18/10}$$

Als drittes Beispiel betrachten wir nun noch eine für Horizontalseismographen benutzte Anordnung, bei dem die Labilität eines aufrecht stehenden Pendels ausgenutzt wird. Der Aufbau des Labilitätspendels geht aus Abb.3.18/8 hervor.

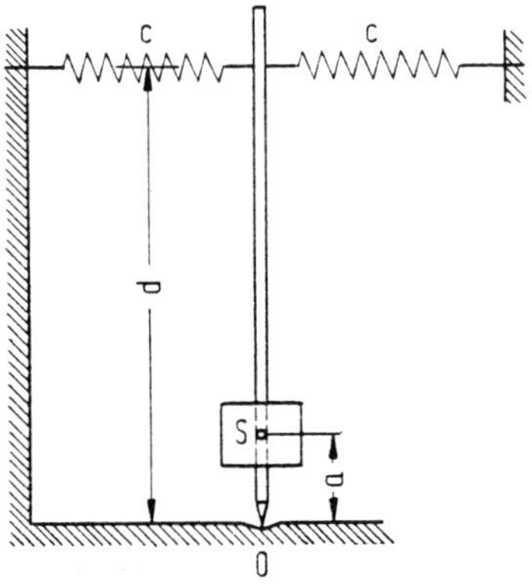

Abb.3.18/8.
Labilitätspendel

Bei einer kleinen Drehung $\varphi = x/d$ um 0 kommen folgende Momente ins Spiel:

rückführend $\quad M_1 = 2cxd = 2cd^2\varphi \quad ,$

auslenkend $\quad M_2 = mga\varphi \quad .$

Das auslenkende Moment der Gewichtskräfte schwächt das rückführende der Federkräfte, so daß $M := M_1 - M_2 = (2\,cd^2 - mga)\varphi$ übrig bleibt. Ist k der Trägheitsarm des Pendelkörpers für die zur Bildebene senkrechte Schwerachse, so lautet die Bewegungsgleichung

$$m(k^2 + a^2)\ddot{\varphi} + (2cd^2 - mga)\varphi = 0 \tag{3.18/11a}$$

und daher das Quadrat der Eigenfrequenz

$$\omega^2 = \frac{2cd^2 - mga}{m(k^2+a^2)} \quad . \tag{3.18/11b}$$

Durch geeignete Wahl der Federn kann das Rückstellmoment M und damit auch die Frequenz beliebig klein gemacht werden. Mit $2cd^2 = mga$ wird M und damit ω^2 zu Null. Bei weiterer Verringerung von M besteht für $\varphi = 0$ kein Gleichgewicht mehr.

δ) Tafeln für Steifigkeiten von Federn und Federanordnungen

In den Tafeln 3.18/I bis 3.18/III gilt $\dim(c) = \dim(FL^{-1})$ und $\dim(\hat{c}) = \dim(FL)$. In Tafel 3.18/II deutet der Buchstabe Q Querschwingungen an, der Buchstabe L Längsschwingungen. In dieser Tafel gilt die Abkürzung $l = a + b$.

Tafel 3.18/I. Drehschwingungen in der Ebene des Gebildes (um Punkt 0)

Nr.	Feder	Abbildung	Drehsteifigkeit $\hat{c}$	Bemerkungen
1	Stab, beiderseits aufliegend	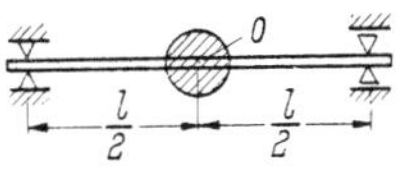	$\frac{12EI}{l}$	I Trägheitsmoment des Querschnittes für waagerechte Schwerachse
2	Stab, beiderseits eingespannt	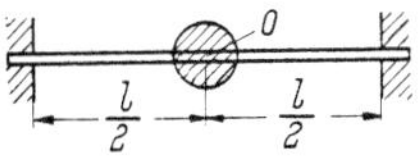	$\frac{32}{5}\frac{EI}{l}$	
3	Radspeichen	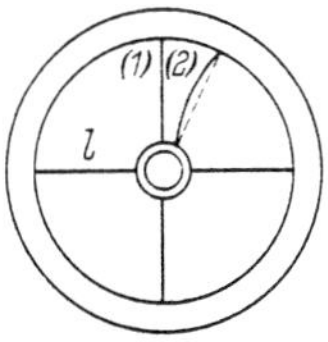	$n\frac{EI}{l}$	(1) undeformierte, (2) deformierte Speiche; n Anzahl der Speichen
4	Dehnfedern an drehbarem Stab	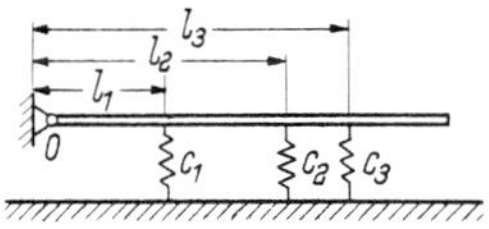	$\sum c_i l_i^2$	c Längssteifigkeit der Einzelfeder
5	Spiralfedern	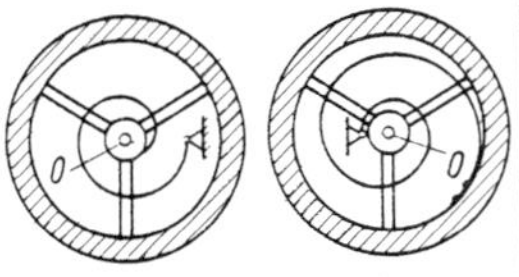	$\frac{EI}{L}$	L Länge der Spirale

Tafel 3.18/II. Translationsschwingungen

Nr.	Feder	Abbildung	Steifigkeit c	Bemerkungen
1	Saite; Q Sonderfall: a = b = l/2	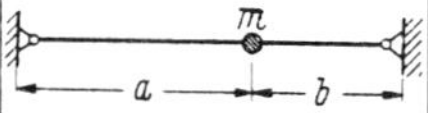	$S\frac{a+b}{ab}$ $4\frac{S}{l}$	S Spannkraft
2	Zylindrischer Stab L	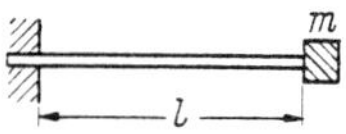	$\frac{EA}{l}$	E Elastizitätsmodul A Querschnitt
3	Verjüngter Stab, Kreisquerschnitt L	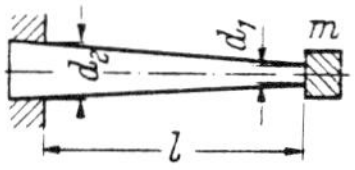	$\frac{E}{l}\frac{\pi}{4}d_1d_2$	
4	Zylindrischer Stab, einseitig eingespannt; Q	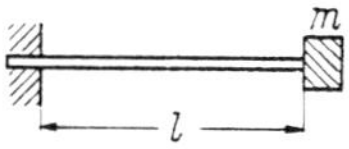	$\frac{3EI}{l^3}$	
5	Zylindrischer Stab, beidseitig gestützt Q Sonderfall: a = b = l/2	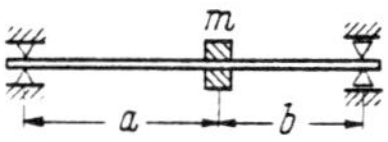	$\frac{3EIl}{a^2b^2}$ $\frac{48EI}{l^3}$	
6	Zylindrischer Stab, eingespannt und gestützt; Q Sonderfall: a = b = l/2	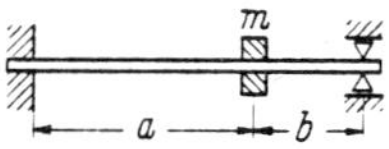	$\frac{12EIl^2}{a^2b^2(3l+b)}$ $\frac{768}{7}\frac{EI}{l^3}$	I Trägheitsmoment des Stabquerschnittes für waagerechte Schwerachse (auch für folgende Fälle) dim(I) = L^4
7	Zylindrischer Stab, beidseitig eingespannt; Q Sonderfall: a = b = l/2	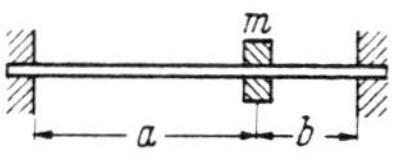	$\frac{3EIl^3}{a^3b^3}$ $\frac{192EI}{l^3}$	
8	Zylindrischer Stab, eingeklemmt; Q	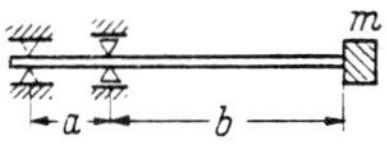	$\frac{3EI}{b^2(a+b)}$	

Tafel 3.18/II (Fortsetzung). Translationsschwingungen

Nr.	Feder	Abbildung	Steifigkeit c	Bemerkungen
9	Zylindrischer Stab, eingespannt und gestützt; Q	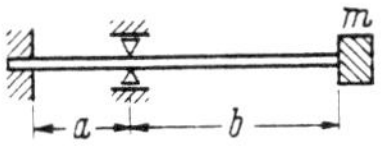	$\frac{3EI}{b^2(a+b)\left(1-\frac{a}{4(a+b)}\right)}$	siehe Fall 4 bis 7
10	Kreismembran; Q	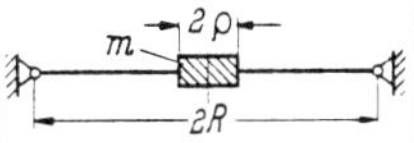	$\frac{2\pi S}{\ln(R/\rho)}$	S Spannkraft je Längeneinheit
11	Kreisplatte, Rand gestützt; Q	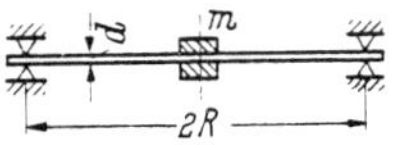	$\frac{16\pi N}{R^2}\,\frac{1+\nu}{3+\nu}$	$N = \frac{Ed^3}{12(1-\nu)^2}$ ν Poissonsche Zahl
12	Kreisplatte, Rand eingespannt; Q	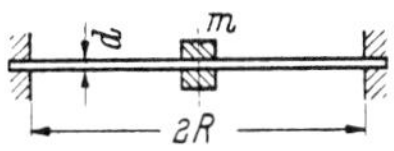	$\frac{16\pi N}{R^2}$	
13	Federn, parallel; L zwei Federn n Federn	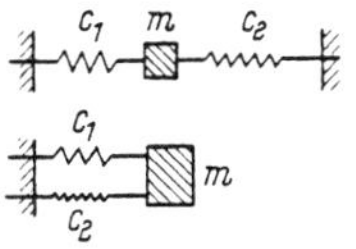	$c_1 + c_2$ $\sum_{i=1}^{n} c_i$	
14	Federn in Reihe; L zwei Federn n Federn	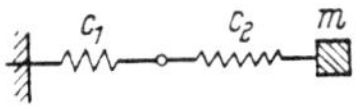	$\frac{c_1 c_2}{c_1 + c_2}$ $1 \Big/ \sum_{i=1}^{n} 1/c_i$	
15	Gruppe von Federn an einem Punktkörper angreifend	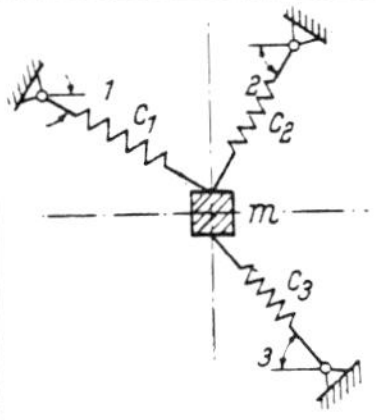	$c_H = \sum_{i=1}^{n} c_i \cos^2 \alpha_i$ für Horizontale $c_V = \sum_{i=1}^{n} c_i \sin^2 \alpha_i$ für Vertikale	α spitzer Winkel der Federachse mit der Horizontalen
16	Schraubenfeder; L		$\frac{\delta^4 G}{64 R^3 n}$	δ Drahtdurchmesser R Windungsradius n Windungszahl G Gleitmodul

Tafel 3.18/III. Drehschwingungen um Längsachse des Gebildes 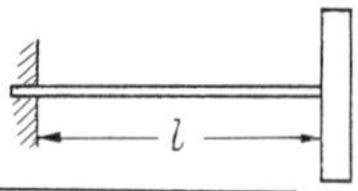

Nr.	Feder	Querschnitt	Drehsteifigkeit $\overset{\frown}{c}$	Bemerkungen
1	Zylindrischer Stab	Kreis, Durchmesser d	$\frac{GI_p}{l} = \frac{G}{l}\frac{\pi d^4}{32}$	I_p polares (Flächen-)Trägheitsmoment des Querschnittes G Gleitmodul
2	Verjüngter Stab	Kreis, Enddurchmesser d_1 und d_2	$\frac{3G\pi}{32l}\frac{(d_2-d_1)d_1^3d_2^3}{d_2^3-d_1^3}$ $=\frac{3G\pi}{32l}\frac{d_1^3\,d_2^3}{d_2^2+d_1d_2+d_1^2}$	
3	Zylindrischer Stab	Kreisring	$\frac{G\pi}{32l}(d_a^4-d_i^4)$	d_a Außendurchmesser d_i Innendurchmesser
4	Schraubenfeder		$\frac{\delta^4 E}{128Rn}$	δ Drahtdurchmesser R Windungsradius n Windungszahl

3.2 Freie gedämpfte Schwingungen

3.20 Die Bewegungsgleichungen und ihre Lösungen

Von Abschn.2.31 her wissen wir: Die freien (autonomen) Bewegungen konservativer Gebilde gehorchen den Dgln.(2.31/8); dabei muß die Bedingung (2.31/6) erfüllt sein. Sind die Rückstellkräfte C(q) linear, so gilt die Dgl.(2.31/9); sie wurde im Hauptabschnitt 3.1 eingehend behandelt. Falls zudem dissipative Kräfte eine Rolle spielen, so wird aus Gl.(2.31/9) die Gleichung

$$a\ddot{q} + B(\dot{q}) + cq = 0 \quad ; \tag{3.20/1a}$$

dabei muß die Bedingung (2.31/7a) erfüllt sein.

Eine Widerstands- (oder Dämpfungs-)Kraft $B(\dot{q})$ kann oft einer Potenz n der Geschwindigkeit proportional angenommen werden. Gl.(3.20/1a) wird dann zu

$$a\ddot{q} + b_n|\dot{q}|^n \operatorname{sign}\dot{q} + cq = 0 \quad . \tag{3.20/1b}$$

Nur der Fall $n=1$ führt auf eine lineare Differentialgleichung; er wird hier anschließend in den Abschn.3.20 bis 3.23 behandelt.

Recht wichtig sind auch die Fälle $n=0$ und $n=2$. Der erste wird zunächst im Abschn.3.24, dann später (mit anderen Methoden) noch in den Abschn.5.52 (als Beispiel c) und 5.56 behandelt, der zweite Fall im Abschn.5.54.

Hier untersuchen wir den Fall $n=1$ weiter; statt b_1 schreiben wir dabei schlicht b. Die Dgl.(3.20/1b) ist nun linear und lautet

$$a\ddot{q} + b\dot{q} + cq = 0 \quad . \qquad (3.20/2)$$

b wird Dämpfungskoeffizient (gelegentlich auch Dämpfungsfaktor) genannt. Wir dividieren durch a und führen neben $\varkappa^2 := c/a$ nach (3.10/1) noch die Abkürzung

$$2\delta := b/a \qquad (3.20/3)$$

ein. Gl.(3.20/2) geht damit über in

$$\ddot{q} + 2\delta\dot{q} + \varkappa^2 q = 0 \quad . \qquad (3.20/4)$$

Die verbleibenden beiden Parameter heißen Kennkreisfrequenz $\varkappa$ und Abklingkoeffizient δ, der Kehrwert $1/\delta$ heißt Abklingzeit.

Wir behandeln die lineare Dgl.(3.20/4) zunächst nach dem Standardverfahren, d.h. mit Hilfe des Exponential-Ansatzes $q = A\,e^{ht}$. Dabei erhalten wir aus der Dgl.(3.20/4) eine algebraische Gleichung 2. Grades für h, die sogenannte charakteristische Gleichung,

$$h^2 + 2\delta h + \varkappa^2 = 0 \quad . \qquad (3.20/5a)$$

Sie hat die beiden Wurzeln

$$h_{1,2} = -\delta \pm \sqrt{\delta^2 - \varkappa^2} \quad . \qquad (3.20/5b)$$

Jede der Wurzeln $h = h_1$ und $h = h_2$ führt zu einem partikularen Integral. Die allgemeine Lösung ist eine Linearkombination dieser Integrale,

$$q = A_1 e^{h_1 t} + A_2 e^{h_2 t} = e^{-\delta t}\left[A_1 e^{\sqrt{\delta^2 - \varkappa^2}\, t} + A_2 e^{-\sqrt{\delta^2 - \varkappa^2}\, t}\right] \quad ; \quad (3.20/5c)$$

dabei sind die Koeffizienten A_1 und A_2 zwei Integrationskonstanten, die noch durch Anfangsbedingungen festzulegen sind.

Ehe wir uns der Erörterung der Lösung (3.20/5c) zuwenden, wollen wir noch einen zweiten Weg zur Integration der Dgl.(3.20/4) beschreiben. Er bringt in diesem einfachen Fall zwar nichts Neues; der ihm zugrunde liegende Gedankengang wird uns jedoch in späteren Fällen noch von Nutzen sein.

Die (unbekannte) abhängige Veränderliche q stellen wir als Produkt zweier (ebenfalls noch unbekannter) Faktoren dar,

$$q = u \cdot v \quad , \qquad (3.20/6)$$

und wir versuchen, statt der einen Dgl.(3.20/4) für q je eine Differentialgleichung für die Faktoren u und v zu gewinnen. Mit den Ableitungen $\dot{q} = \dot{u}v + u\dot{v}$ und $\ddot{q} = \ddot{u}v + 2\dot{u}\dot{v} + u\ddot{v}$ erhalten wir aus Gl.(3.20/4)

$$v\ddot{u} + 2(\dot{v} + \delta v)\dot{u} + (\ddot{v} + 2\delta\dot{v} + \varkappa^2 v)u = 0 \quad . \qquad (3.20/7)$$

Durch die Aufspaltung von q in die beiden Faktoren u und v haben wir uns eine Freiheit verschafft. Diese Freiheit benutzen wir nun, um zu fordern, daß das mittlere Glied der Dgl.(3.20/7), der Koeffizient von $\dot{u}$, verschwinde. Diese Forderung führt zur Differentialgleichung

$$\dot{v} + \delta v = 0 \qquad (3.20/8a)$$

für den Faktor v. (3.20/8a) hat die Lösung

$$v = C e^{-\delta t} \quad . \qquad (3.20/8b)$$

Einsetzen in (3.20/7) führt zu einer Differentialgleichung für den Faktor u, nämlich

$$\ddot{u} + (\varkappa^2 - \delta^2)u = 0 \quad . \qquad (3.20/9a)$$

Sie ist eine Gleichung vom wohlbekannten Typ (3.10/2), in der nur $\varkappa^2$ durch $(\varkappa^2 - \delta^2)$ ersetzt ist.

Wir erhalten entsprechend Gl.(3.10/3a) die Lösung u:

$$u = A_1 \cos\sqrt{\varkappa^2 - \delta^2}\, t + A_2 \sin\sqrt{\varkappa^2 - \delta^2}\, t \qquad (3.20/9b)$$

und (unter Weglassung des überflüssigen Faktors C) schließlich

$$q = e^{-\delta t}\left[A_1 \cos\sqrt{\varkappa^2 - \delta^2}\, t + A_2 \sin\sqrt{\varkappa^2 - \delta^2}\, t\right] . \qquad (3.20/10)$$

Die Lösung erscheint also in den beiden Formen (3.20/5c) und (3.20/10). Die Formen sind gleichwertig und lassen sich leicht ineinander überführen.

Wir erörtern nun die Bewegungen getrennt für die Fälle

$$\begin{array}{lll} (a) & \delta^2 - \varkappa^2 > 0 & \text{oder } D > 1 , \\ (b) & \varkappa^2 - \delta^2 > 0 & \text{oder } D < 1 . \end{array} \qquad (3.20/11)$$

Dabei bedeutet D den Quotienten

$$D := \delta/\varkappa , \qquad (3.20/12)$$

er heißt D ä m p f u n g s g r a d oder (allerdings nicht mehr normgerecht) D ä m p f u n g s m a ß. Im Fall (a) spricht man von s t a r k e r, im Fall (b) von s c h w a c h e r Dämpfung. Die sich jeweils einstellenden Bewegungen werden in den Abschn.3.21 und 3.22 behandelt; im Fall (a) klingen sie k r i e c h e n d ab, im Fall (b) s c h w i n g e n d.

Der Grenzfall D = 1 hat nur vom systematischen Standpunkt aus Bedeutung. Hier geht (3.20/4) über in $\ddot{q} + 2\varkappa\dot{q} + \varkappa^2 q = 0$ mit der Lösung

$$q = e^{-\varkappa t}(a_0 + a_1 t) . \qquad (3.20/13)$$

Das Abklingen erfolgt hier, ähnlich dem Fall (a), kriechend.

Für den Grenzfall D = 1 zwischen den Fällen (a) und (b) erhält sich aus alten Zeiten und unglaublich zäh der unlogische Ausdruck "aperiodischer Grenzfall". Kein abklingender Vorgang ist periodisch. Warum soll der Grenzfall zwischen zwei unperiodischen Fällen allein "aperiodisch" heißen? Wenn ein Beiwort für den Grenzfall zum Kriechen vonnöten erscheint, kann man vom "kriechenden Grenzfall" oder besser vom "Kriechgrenzfall" sprechen.

3.21 Starke Dämpfung; kriechendes Abklingen

Wenn $D>1$ ist, so ist der Ausdruck $\mu^2 := \delta^2 - \varkappa^2 = \varkappa^2(D^2-1)$ größer als Null und μ somit reell. Hier empfiehlt sich die Lösung in der Form (3.20/5c)

$$q = e^{-\delta t}\left[A_1 e^{\mu t} + A_2 e^{-\mu t}\right] \; ; \qquad (3.21/1a)$$

sie kann auch als

$$q = e^{-\delta t}[B_1 \cosh\mu t + B_2 \sinh\mu t] \qquad (3.21/1b)$$

geschrieben werden. Drückt man die Integrationskonstanten B_1 und B_2 durch die Anfangswerte

$$q_0 := q(0) \quad \text{und} \quad v_0 := \dot{q}(0)$$

aus, so kommt

$$q = e^{-\delta t}\left[q_0 \cosh\mu t + \frac{v_0+\delta q_0}{\mu} \sinh\mu t\right] \; . \qquad (3.21/2)$$

Aus (3.21/1a) erkennt man, daß wegen $\delta > \mu$ b e i d e partikulare Integrale monoton abklingende Ausschläge darstellen. In der Überlagerung können Bewegungen der drei typischen Formen zustande kommen, wie sie Abb.3.21/1 zeigt. Es tritt höchstens e i n Extremwert (zur Zeit

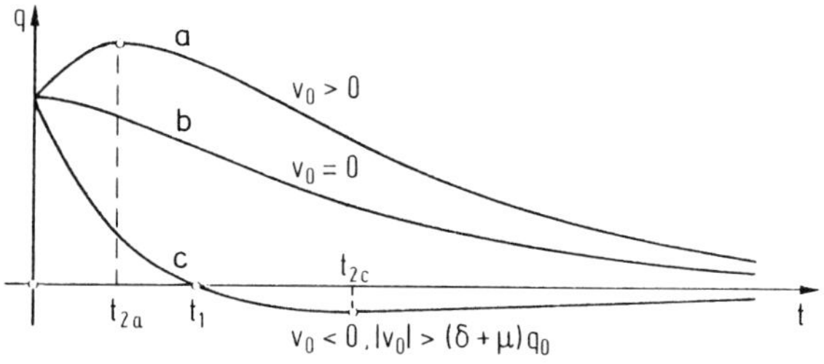

Abb.3.21/1. Drei Typen von Kriechbewegungen

t_2) und höchstens e i n Nulldurchgang (zur Zeit t_1) auf. Die Bewegungen sind gemäß der Definition in Abschn.1.1 in keinem Fall Schwingungen. Wir nennen sie Kriechbewegungen: Der Vorgang klingt kriechend ab.

Die Zeit t_1 des Nulldurchgangs findet man aus

$$\tanh\mu t_1 = -\frac{\mu q_0}{v_0 + \delta q_0} , \tag{3.21/3}$$

die Zeit t_2 des Extremwertes aus

$$\tanh\mu t_2 = \frac{\mu v_0}{\delta v_0 + \varkappa^2 q_0} . \tag{3.21/4}$$

Jede der transzendenten Gln.(3.21/3) und (3.21/4) hat höchstens eine reelle Wurzel μt_1 und μt_2; damit sind die Behauptungen über die Bewegungsabläufe bewiesen.

3.22 Schwache Dämpfung; schwingendes Abklingen

Wenn $D < 1$ ist, so ist

$$\nu^2 := \varkappa^2 - \delta^2 = \varkappa^2(1 - D^2) > 0 \tag{3.22/0}$$

und ν damit reell. Hier empfiehlt es sich, die Lösung in der Form (3.20/10) heranzuziehen. Sie kann wegen $\nu^2 = -\mu^2$, also $\mu = \pm i\nu$, natürlich auch aus (3.20/5b) gewonnen werden. Die Lösung lautet also

$$q = e^{-\delta t}[B_1 \cos\nu t + B_2 \sin\nu t] \tag{3.22/1a}$$

und mit Benutzen der Anfangswerte q_0 und v_0

$$q = e^{-\delta t}\left[q_0 \cos\nu t + \frac{v_0 + \delta q_0}{\nu} \sin\nu t\right] . \tag{3.22/1b}$$

Schließlich kann man ihr noch die Gestalt

$$q = \left(C e^{-\delta t}\right) \cos(\nu t + \alpha) \tag{3.22/2a}$$

geben mit

$$C^2 = q_0^2 + \left[\frac{v_0 + \delta q_0}{\nu}\right]^2 ; \quad -\alpha = \arctan\frac{v_0 + \delta q_0}{\nu q_0} . \tag{3.22/2b}$$

Die Geschwindigkeit $\dot{q}$ findet man aus (3.22/2a) zu

$$\dot{q} = -C e^{-\delta t}[\delta \cos(\nu t + \alpha) + \nu \sin(\nu t + \alpha)] . \tag{3.22/2c}$$

Die Bewegung (3.22/2a) ist eine Schwingung, die exponentiell abklingt. (In der Sprechweise von Abschn.1.31 handelt es sich um eine monoton amplitudenmodulierte Schwingung.) Der letzte Faktor in (3.22/2a), nicht aber die gesamte Schwingung, ist periodisch; die Periodendauer des Faktors beträgt $T_d = 2\pi/\nu$. Abb.3.22/1 zeigt als Kurve 3

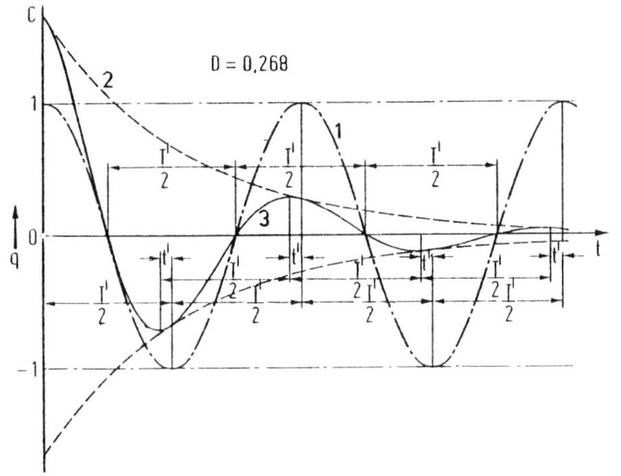

Abb.3.22/1. Abklingende Schwingung, $D < 1$.
Kurve 3 zeigt q(t) nach (3.22/2a), Kurve 1 zeigt den periodischen, Kurve 2 den Amplitudenfaktor

den Verlauf der Schwingung. Sowohl die Nulldurchgänge wie auch die "Berührpunkte" mit den Grenzkurven $\pm C\,e^{-\delta t}$ haben den zeitlichen Abstand

$$T_d/2 := \pi/\nu \quad . \tag{3.22/3a}$$

Da die Extrema von den benachbarten Berührpunkten den festen zeitlichen Abstand

$$t_d := \frac{1}{\nu}\arctan\frac{\delta}{\nu} \tag{3.22/3b}$$

aufweisen, haben auch die Zeiten zwischen zwei aufeinanderfolgenden Extremwerten den konstanten Betrag $T_d/2 = \pi/\nu$, Maxima oder Minima untereinander haben den zeitlichen Abstand $T_d = 2\pi/\nu$.

Bilden wir den Quotienten zweier aufeinander folgender *gleichsinniger* Extremwerte, so finden wir (weil $t_{k+1} = t_k + T_d$ ist)

$$q_k/q_{k+1} = e^{\delta T_d} \quad , \qquad (3.22/4a)$$

eine von der Zeit und damit von der "Nummer" k des Maximalausschlags unabhängige Größe: Die Extremwerte bilden eine geometrische Folge.

Aus (3.22/4a) kommt

$$\Lambda := \ln \frac{q_k}{q_{k+1}} = \delta T_d = 2\pi \frac{\delta}{\nu} = 2\pi \frac{D}{\sqrt{1-D^2}} \quad . \qquad (3.22/4b)$$

Λ heißt das l o g a r i t h m i s c h e D e k r e m e n t der Schwingung.

Manchmal gibt man das logarithmische Dekrement auch in einem anderen (ebenfalls dimensionslosen) Maß, in D e z i b e l, an. Es ist

$$\vartheta := 20 \log_{10} \frac{q_k}{q_{k+1}} \text{ dB} \quad . \qquad (3.22/5a)$$

Wegen $\ln x = 0{,}4343 \log x$ gilt als Beziehung zwischen den beiden Arten von logarithmischen Dekrementen

$$\vartheta = 8{,}686\,\Lambda \text{ dB} \qquad (3.22/5b)$$

Dämpfungsgrade $D < 1$ werden oft über das logarithmische Dekrement Λ oder ϑ gemessen.

Bisher haben wir vom logarithmischen Dekrement Λ oder ϑ der Ausschläge gesprochen. Würden wir einen Quotienten der in der Schwingung enthaltenen potentiellen Energie bilden, so erhielten wir, da $\mathbf{W}_k$ proportional zu q_k^2 ist,

$$\frac{\mathbf{W}_k}{\mathbf{W}_{k+1}} = \left(\frac{q_k}{q_{k+1}}\right)^2$$

oder

$$\Lambda_W := \ln \frac{\mathbf{W}_k}{\mathbf{W}_{k+1}} = 2\Lambda \quad . \qquad (3.22/5^*)$$

Das logarithmische Dekrement Λ_W der Energie ist also gleich dem doppelten logarithmischen Dekrement Λ des Ausschlags.

Mißt man die Abnahme jedoch über das in Dezibel gemessene logarithmische Dekrement ϑ, so pflegt man zwei verschiedene Definitionen zu benutzen, nämlich neben der ersten, (3.22/5a),

$$\vartheta := 20 \log_{10}(q_k/q_{k+1}) \text{ dB} \qquad (3.22/5a)$$

für die Ausschläge, eine zweite,

$$\vartheta_W := 10 \log_{10}(\mathbf{W}_k/\mathbf{W}_{k+1}) \text{ dB} \qquad (3.22/5c)$$

für die Energien. Da $\log \mathbf{W}_k/\mathbf{W}_{k+1} = 2\log(q_k/q_{k+1})$ ist, wird dann

$$\vartheta_W = \vartheta \qquad (3.22/5d)$$

Das heißt: Das in Dezibel gemessene logarithmische Dekrement der Schwingung hat den gleichen Zahlenwert, gleichgültig ob man die Abnahme von Ausschlägen oder die von Energien betrachtet, weil nämlich in den beiden Fällen verschiedene Maßstäbe benutzt werden.

Für viele Darstellungen ist es zweckmäßig, neben dem Dämpfungsgrad D noch einen Dämpfungswinkel Θ einzuführen gemäß

$$\Theta := \arcsin D \quad \text{, also} \quad D = \sin\Theta \quad . \qquad (3.22/6)$$

Nun stellen wir einige Formeln zusammen. Wegen

$$\nu^2 = \varkappa^2 - \delta^2 = \varkappa^2(1 - D^2) \qquad (3.22/7a)$$

ist

$$\frac{\delta}{\varkappa} = D = \sin\Theta \; ; \; \frac{\nu}{\varkappa} = \sqrt{1 - D^2} = \cos\Theta \; ; \; \frac{\delta}{\nu} = \frac{D}{\sqrt{1-D^2}} = \tan\Theta . \qquad (3.22/7b)$$

Wegen $T := 2\pi/\varkappa$ und $T_d := 2\pi/\nu$ wird

$$\frac{T_d}{T} = \frac{1}{\sqrt{1-D^2}} = \frac{1}{\cos\Theta} \; ; \; t_d = \frac{1}{\nu}\arctan\frac{\delta}{\nu} = \frac{1}{\nu}\Theta \quad . \qquad (3.22/7c)$$

Für die logarithmischen Dekremente gilt

$$\Lambda = 2\pi\frac{D}{\sqrt{1-D^2}} = 2\pi\tan\Theta \quad \text{und} \quad \Lambda_W = 2\Lambda \;, \qquad (3.22/8a)$$

also umgekehrt

$$D = \Lambda / \sqrt{4\pi^2 + \Lambda^2} \quad ; \qquad (3.22/8b)$$

ferner gilt

$$\vartheta = 8{,}686\,\Lambda\ \mathrm{dB} \ , \quad \vartheta_W = 4{,}343\,\Lambda_W \mathrm{dB} \ , \quad \vartheta\ \mathrm{dB} = \vartheta_W \mathrm{dB} \ .$$

Bei sehr kleinen Dämpfungen, $D \ll 1$, kann man mit den folgenden Näherungen arbeiten:

$$D^2 = 0 \ ; \ D = \Theta \ ; \ \Lambda = 2\pi D \ ; \ T_d = T \ ; \ \nu = \varkappa \ . \qquad (3.22/9)$$

In der Literatur wird oft - auch im Normblatt DIN 1311/2 - die hier benutzte Größe $\varkappa$ durch ω_0, die Größe ν durch ω_d bezeichnet. Man will mit der Wahl der Buchstaben ω darauf hinweisen, daß beide Größen sich als Kreisfrequenzen deuten lassen: ω_0 als die der zugehörigen ungedämpften Schwingung, ω_d als die des einen Faktors der gedämpften Schwingung. ω_0 wird dabei Kennkreisfrequenz des Schwingers genannt. Die Bezeichnungen ω_0 und ω_d müssen jedoch mit Vorsicht verwendet werden, sie führen bei nichtlinearen Schwingungen allzu leicht zu Schwierigkeiten.

Im Normblatt DIN 1311/2 tritt das logarithmische Dekrement in der hier ϑ genannten Form (3.22/5a) nicht auf. Dort wird der Buchstabe ϑ für den Dämpfungsgrad benutzt, der hier (in Übereinstimmung mit dem wesentlichen Teil der Literatur über mechanische Schwingungen) mit D bezeichnet wird.

Zur Vervollständigung des Formelapparates geben wir noch an, wie die bisherigen Ergebnisse aussehen, wenn anstelle der Variablen t, q und $\dot{q}$ die später (vor allem in Kap.5 und 6) fast ausschließlich verwendeten dimensionslosen Veränderlichen τ, x und y eingeführt werden. Mit

$$\tau := \varkappa t \ , \quad x := q \ , \quad y := \frac{dx}{d\tau} = \dot{q}/\varkappa \ , \quad {}' := \frac{d}{d\tau} \qquad (3.22/10)$$

sowie bei Gebrauch der Größen (3.22/6) und (3.22/7) und der Abkürzung

$$\psi := \nu t + \alpha = \frac{\nu}{\varkappa}\tau + \alpha = \sqrt{1 - D^2}\,\tau + \alpha \qquad (3.22/11)$$

folgt erstens aus (3.20/4) die Differentialgleichung

$$x'' + 2Dx' + x = 0 \quad , \tag{3.22/12}$$

zweitens aus (3.22/2a) ihre Lösung

$$x = Ce^{-D\tau}\cos\psi \tag{3.22/13}$$

und daraus, sowie aus (3.22/2c), die Geschwindigkeit

$$\begin{aligned} y &= -Ce^{-D\tau}\left[D\cos\psi + \sqrt{1-D^2}\,\sin\psi\right] \\ &= -Ce^{-D\tau}\sin(\psi + \Theta) \qquad (3.22/14) \\ &= +Ce^{-D\tau}\cos(\psi + \Theta + \pi/2) \quad . \end{aligned}$$

3.23 Drehzeiger und Phasendiagramm

In Kap.1, und zwar in der Abb.1.22/1, war angegeben worden, wie harmonische Schwingungen als Projektionen eines mit konstanter Winkelgeschwindigkeit umlaufenden Zeigers $\underline{z}$ auf die Achsen eines kartesischen Koordinatensystems entstehen. Ferner zeigte Abb.1.13/4a schematisch das Phasendiagramm einer abklingenden Schwingung.

Nun stellen wir drei Fragen. E r s t e n s : Läßt sich in Analogie zu Abb.1.22/1 auch die abklingende Schwingung (3.22/2a) [oder gleichwertig (3.22/13)] als Projektion eines umlaufenden Zeigers darstellen? Z w e i t e n s : Läßt sich auch die Geschwindigkeit $\dot{q}$ (3.22/2c) [oder gleichwertig y (3.22/14)] als eine solche Projektion auffassen? D r i t t e n s : Wie konstruiert man im einzelnen das in Abb.1.13/4 schematisch gezeigte Phasendiagramm x,y der abklingenden Schwingung in kartesischen Koordinaten?

Für alles Folgende benutzen wir die dimensionslosen Größen τ, x, y gemäß (3.22/10), die Gln.(3.22/13) und (3.22/14) sowie die Abkürzungen (3.22/6), (3.22/7) und (3.22/11), nennen die drei Größen aber trotzdem Zeit, Ausschlag (Weg) und Geschwindigkeit.

Wir definieren einen Zeiger

$$\underline{z} := C e^{-D\tau} e^{i\psi} \quad \text{mit} \quad \psi := \frac{\nu}{\varkappa}\tau + \alpha \ . \qquad (3.23/1)$$

Er hat zur Zeit $\tau = 0$ die Länge $r_0 = C$, zur Zeit τ die Länge $r = Ce^{-D\tau}$; er läuft aus der Stellung $\psi = \alpha$, die er zur Zeit $\tau = 0$ einnimmt, mit der Winkelgeschwindigkeit $\psi' = \nu/\varkappa$ im Uhrzeigersinn um.

Während der Zeit $\Delta\tau$ vergrößert sich der Winkel ψ um $\Delta\psi = \nu\Delta\tau/\varkappa = \Delta\tau \cos\Theta$; dabei nimmt die Länge des Zeigers von r_1 ab auf

$$r_2 = r_1 e^{-\Delta\psi \tan\Theta} \ . \qquad (3.23/2a)$$

Sind r_1 und r_2 aufeinanderfolgende Abschnitte auf der gleichen Geraden, so ist $\Delta\psi = \pi$, und damit wird

$$r_2 = r_1 e^{-\pi\tan\Theta} = r_1 e^{-\sigma} \quad \text{mit} \quad \sigma := \pi\tan\Theta \ . \qquad (3.23/2b)$$

Die durch (3.23/1) angegebene Kurve $r(\tau) = Ce^{-D\tau}$ lautet in Polarkoordinaten r, ψ

$$r(\psi) = C e^{-\tan\Theta(\psi - \alpha)} \ . \qquad (3.23/2c)$$

Sie ist eine logarithmische Spirale. Von ihr erwähnen wir noch, daß der Winkel zwischen der Tangente und der Senkrechten zum Polstrahl OZ

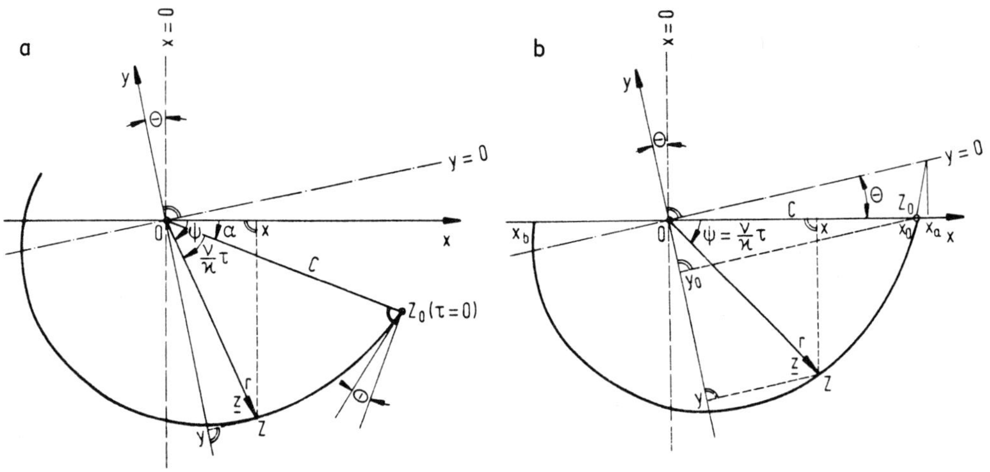

Abb.3.23/1. Polardiagramme der nach (3.23/1) abklingenden Schwingung und orthogonale Projektionen x und y in einem schiefwinkligen Koordinatensystem; $D = 0{,}2$;
a) allgemeiner Fall $\alpha \neq 0$, b) Sonderfall $\alpha = 0$

gleich Θ ist. In Abb.3.23/1a ist dieser Winkel bei Z_0 angedeutet.

Die Projektion des Zeigers $\underline{z}$ der Länge r auf die horizontale Achse schneidet dort die Strecke $r\cos\psi$ ab; diese Strecke bezeichnet gemäß (3.23/13) die Veränderliche x.

Um auch die Veränderliche y durch eine Projektion darzustellen, muß gemäß (3.22/14) derselbe Zeiger $\underline{z}$ auf eine Achse projiziert werden, die nicht wie eine kartesische y-Achse senkrecht auf der x-Achse steht, sondern mit der positiven x-Achse den stumpfen Winkel $\pi/2+\Theta$ einschließt.

Abb.3.23/1a zeigt das schiefwinklige Koordinatensystem x,y und die orthogonalen Projektionen x und y des Zeigers $\underline{z}$ auf diese Achsen. Fällt der Zeiger $\underline{z}$ in die (strichpunktierte) Gerade, die senkrecht auf der y-Achse steht, so ist in jenem Zeitpunkt die Geschwindigkeit y gleich Null, fällt er in die (gestrichelte) Gerade, die senkrecht auf der x-Achse steht, so ist der Ausschlag x gleich Null.

Als Abb.3.23/1b ist noch der Sonderfall $\alpha=0$ gezeichnet. Damit der Anfangswinkel $\alpha=\psi(\tau=0)$ zu Null wird, müssen die Anfangswerte x_0 und y_0, wie etwa aus (3.22/2b) folgt, der Bedingung $\sin\Theta=-y_0/x_0$ genügen. In der Abb.3.23/1b sind auch zwei Extremwerte x_a und x_b des Ausschlags angedeutet; sie stellen sich ein für $\psi=-\Theta$ und $\psi=-\Theta+\pi$, wo die Geschwindigkeit y zu Null wird.

Die ersten beiden der oben gestellten Fragen sind damit beantwortet.

Die Kurven $r(\tau)$ in Abb.3.23/1a und 3.23/1b können, obgleich der Zeiger $\underline{z}$ nach den Richtungen eines schiefwinkligen Koordinatensystems zerlegt wird, als Phasenkurven bezeichnet werden. Üblicherweise arbeitet man jedoch mit Phasenkurven, bei denen kartesische Koordinaten den Ausschlag x und die Geschwindigkeit y darstellen. Wir greifen deshalb auch noch die dritte der obigen Fragen auf.

Die Antwort liegt in der Abb.3.23/2. Diese zeigt zwei Strahlen $OA=\underline{z}_A$ und $OB=\underline{z}_B$; beide haben die gleiche Länge $r=Ce^{-D\tau}$; sie schließen den festen Winkel Θ miteinander ein. Die beiden Strahlen laufen starr miteinander verbunden um. Der Winkel, den $\underline{z}_A$ mit der x-Achse einschließt, ist $\psi = v\tau/\varkappa + \alpha$, die Umlaufgeschwindigkeit also $\psi' = v/\varkappa$. Projiziert man $\underline{z}_A$ auf die x-Achse eines kartesischen Koordinatensystems, so findet man $x = r\cos\psi$, wie (3.22/13) fordert, und projiziert man $\underline{z}_B$ auf die y-Achse, so findet man $y = r\sin(\psi+\Theta)$, wie (3.22/14) fordert.

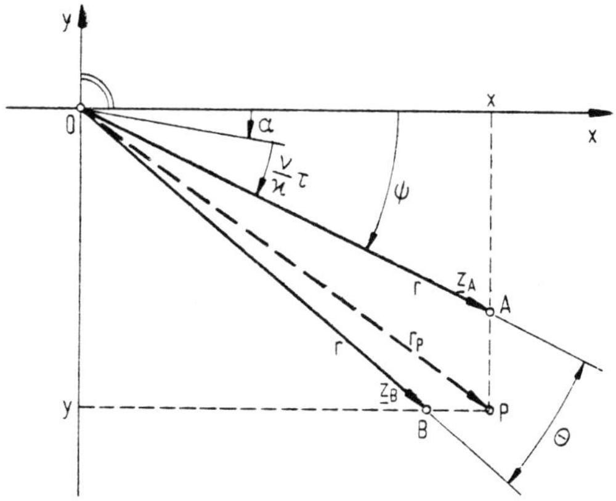

Abb.3.23/2. Konstruktion des Phasenpunktes P in einem Kartesischen Koordinatensystem

Phasenpunkt ist somit weder der Endpunkt A von $\underline{z}_A$, noch der Endpunkt B von $\underline{z}_B$. Der Phasenpunkt P hat vielmehr als Abszisse x die Abszisse von A, als Ordinate die Ordinate von B; er wird also so konstruiert, wie die Abb.3.23/2 zeigt.

Wir halten fest: Die Punkte A und B laufen jeweils auf einer logarithmischen Spirale; diese logarithmischen Spiralen sind kongruent. Auch der Phasenpunkt P läuft auf einer Spirale; sie ist jedoch keine logarithmische.

Die Abb.3.23/3 zeigt die beiden logarithmischen Spiralen A und B sowie die aus ihnen konstruierte Phasenkurve P. Parameterwert für das Beispiel ist $D = 0{,}3$; somit wird $\Theta = 0{,}305$ entsprechend $17{,}5^\circ$; ferner ist $\cos\Theta = 0{,}954$ und $\tan\Theta = 0{,}315$. Die Kurvengleichung (3.23/2c) lautet daher

$$r(\psi) = e^{-0{,}315(\psi-\alpha)} \quad . \tag{3.23/3}$$

Für das weitere ordnen wir ψ und τ einander so zu, daß $\alpha = 0$ wird: Nun ist ψ der Winkel zwischen der positiven x-Achse und dem Strahl OA, $\psi + \Theta$

ist der Winkel zwischen der positiven x-Achse und dem Strahl OB.

Mit den Indizes k, 0, 1, 2,... sind jeweils zusammengehörige Punkte A_k, B_k, P_k,... bezeichnet. Dabei erläutern in Abb.3.23/3 die Punkte A_k, B_k, P_k den allgemeinen Fall k. Die Indizes 0, 1, 2,... gehören zu besonderen Fällen.

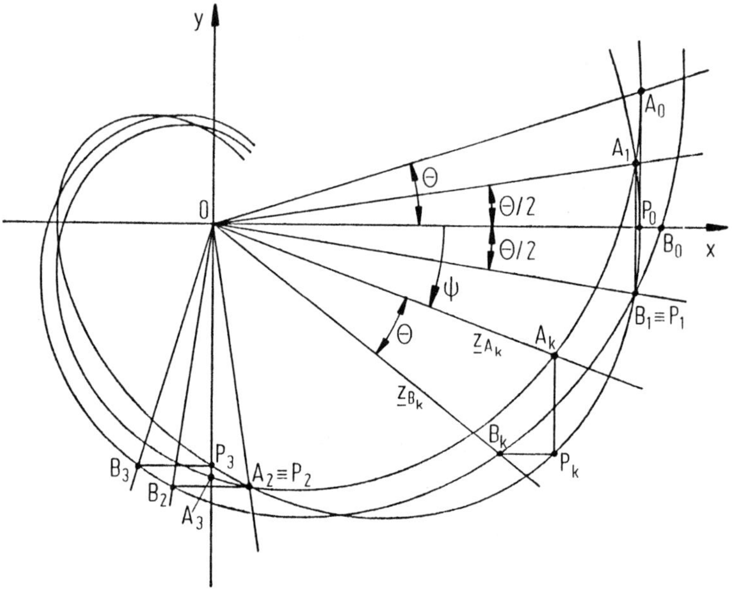

Abb.3.23/2. Logarithmische Spiralen A und B und Phasenkurve P in Kartesischen Koordinaten; D = 0,3

Mit dem Index k = 0 ist der Fall bezeichnet, in dem der Punkt B_0 und damit auch P_0 auf der x-Achse liegen. Hier ist $y_0 = 0$ und somit x_0 ein Extremwert. Man sieht, daß wegen $\psi + \Theta = 0$ in diesem Fall $\psi = -\Theta$ wird.

Der Index 1 bezeichnet den Fall, in dem die P-Kurve die B-Kurve schneidet. Wegen $P_1 \equiv B_1$ muß auch A_1 dieselbe Abszisse x_1 haben: Die Punkte A_1 und B_1 liegen symmetrisch zur x-Achse; es ist $\psi = -\Theta/2$.

Der Index 2 bezeichnet den analogen Fall, in dem die P-Kurve die A-Kurve schneidet. Wegen $P_2 \equiv A_2$ muß auch B_2 dieselbe Ordinate y_2 haben: Die Punkte A_2 und B_2 liegen symmetrisch zur y-Achse; es ist

$\psi = \pi/2 - \Theta/2$.

Der Index 3 bezeichnet schließlich noch den zu $k = 0$ analogen Fall, in dem der Punkt A_3 und damit auch P_3 auf der y-Achse liegen. Hier ist $x_3 = 0$, die $x(\tau)$-Kurve schneidet die Zeitachse. Man sieht, es ist $\psi = \pi/2$.

Die Aussagen zu den Fällen $k = 0$ und $k = 3$ lassen sich auch so fassen: Die Phasenwinkeldifferenz $\Delta\psi$ zwischen dem Nulldurchgang der Schwingung $(x_3 = 0)$ und ihrem vorausgegangenen Extremwert $(y_0 = 0)$ beträgt

$$\Delta\psi = \pi/2 + \Theta \quad . \tag{3.23/4}$$

Dieser Wert stimmt mit den in Abschn.3.22 beschriebenen Tatsachen überein: Aus der Abb.3.22/1 entnimmt man $\Delta t = t_d + T_d/4$. Wegen der Gln. (3.22/3a) und (3.22/3b) wird daraus $\nu\Delta t = \pi/2 + \arctan \delta/\nu$. Wegen (3.22/7b) und wegen $\Delta\psi = \nu\Delta t$ gemäß (3.22/11) folgt wieder die Gl. (3.23/4).

Für späteren Gebrauch geben wir einigen Aussagen noch besondere Fassungen: Die Zeit τ_s, die vergeht zwischen zwei aufeinanderfolgenden Durchstößen der Phasenkurve durch die x-Achse [$y = 0$: Extremwerte von $x(\tau)$], beträgt

$$\tau_s = \pi\varkappa/\nu = \pi/\cos\Theta \quad . \tag{3.23/5}$$

Die gleiche Zeit τ_s (3.23/5) vergeht zwischen zwei aufeinanderfolgenden Durchstößen durch die y-Achse [$x = 0$; Nulldurchgänge von $x(\tau)$]. Während dieser Zeit τ_s nimmt die Länge der Zeiger r ab von Werten r_1 auf Werte r_2, für die gilt

$$r_2 = r_1 e^{-D\tau_s} = r_1 e^{-\sigma} \qquad \text{mit} \qquad \sigma := \pi \tan\Theta \quad ; \tag{3.23/6}$$

diese Beziehung stimmt mit (3.23/2b) überein.

Weil jeder der Zeiger OA und OB sich mit der Winkelgeschwindigkeit $\psi' = \nu/\varkappa$ dreht, entnimmt man der Abb.3.23/2 auch noch: Die Zeitspanne zwischen einem Extremwert von $x(\tau)$, $y = 0$, und dem nächsten Nulldurchgang, $x = 0$, beträgt

$$\tau_{en} = \frac{\pi/2 + \Theta}{\nu/\varkappa} , \qquad (3.23/7a)$$

die zwischen einem Nulldurchgang und dem nächsten Extremwert

$$\tau_{ne} = \frac{\pi/2 - \Theta}{\nu/\varkappa} . \qquad (3.23/7b)$$

Diese Feststellungen sind gleichwertig mit der Beziehung (3.22/3b), die sich schreiben läßt als $\nu t_d = \Theta$.

3.24 Dämpfung durch Coulombsche Reibkräfte

In der vereinfachten Fassung der Coulombschen Theorie der Reibung fester Körper wird der Widerstandskraft W, hier Reibkraft genannt, während der Bewegung ein fester Betrag zugeschrieben. Es gilt dann mit positivem b_0

für $\dot{q} \neq 0$: $\quad -W \equiv B(\dot{q}) = +b_0 \operatorname{sign} \dot{q}$ (Gleitreibung), (3.24/1a)

für $\dot{q} = 0$: $\quad |W| \leqq b_0$ (Haftreibung). (3.24/1b)

Wegen (3.24/1a) wird aus (3.20/1b) mit $n = 0$

$$a\ddot{q} + b_0 \operatorname{sign} \dot{q} + cq = 0 . \qquad (3.24/2)$$

Nach Division durch a und mit den Abkürzungen

$$c/a = \varkappa^2 , \qquad b_0/a = s\varkappa^2 \qquad (3.24/3)$$

lautet die Bewegungsgleichung schließlich

$$\ddot{q} + \varkappa^2 (q + s \operatorname{sign} \dot{q}) = 0 . \qquad (3.24/4a)$$

s ist eine Hilfsgröße; sie hat die gleiche Dimension wie q. Sie ist ein Maß für die Reibkraft, und zwar gibt sie wegen $b_0 = c \cdot s$ den größten Ausschlag q an, bei dem die Reibkraft die Rückstellkraft noch ins Gleichgewicht setzen kann.

Die Dgl.(3.24/4a) ist zwar selbst nicht mehr linear; sie führt jedoch zu einer Folge von abschnittsweise linearen Differentialgleichungen. Deshalb behandeln wir diesen eigentlich nicht-linearen Fall dennoch an dieser Stelle weiter.

Nimmt man die Koordinatentransformation $\xi = q + (\operatorname{sign} \dot{q}) \cdot s$ vor, so lautet die Bewegungsgleichung einfach wie Gl.(3.10/2)

$$\ddot{\xi} + \varkappa^2 \xi = 0 \tag{3.24/4b}$$

mit der Lösung $\xi = A \cos(\varkappa t + \alpha)$. Damit ergibt sich die Lösung (Dauergleichung) der Dgl.(3.24/4a) zu

$$q = -s \operatorname{sign} \dot{q} + A \cos(\varkappa t + \alpha) \quad . \tag{3.24/5}$$

Die sich einstellende Bewegung kann somit dargestellt werden durch Zusammenfügen von harmonischen Halbschwingungen, die die Frequenz $\varkappa$ der ungedämpften Bewegung haben. Die Schwingungen verlaufen im q-t-Diagramm aber nicht um eine feste Bezugsachse, sondern um wechselnde Bezugsachsen. Die Halbschwingungen mit negativer Geschwindigkeit haben die Gerade $q = +s$, die mit positiver Geschwindigkeit die Gerade $q = -s$ zur Achse.

Abb.3.24/1. Schwingung mit Dämpfung durch Reibkräfte; $q_0 = 8{,}5\,s$, $v_0 = 0$

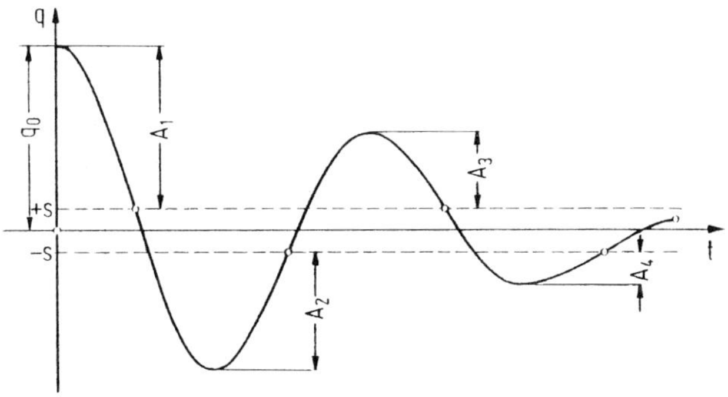

Beginnt die Bewegung wie im Beispiel der Abb.3.24/1 zur Zeit $t = 0$ mit einem positiven Ausschlag $q_0 > s$ aus der Ruhe, so ist in Gl.(3.24/5) $\alpha = 0$ und die Dauergleichung liefert, weil zunächst eine negative Geschwindigkeit auftritt, $q = s + A_1 \cos \varkappa t$; die Amplitude A_1 bestimmt sich aus $q_0 = s + A_1$ zu $A_1 = q_0 - s$, so daß die erste Halbschwingung durch

$$q = s + (q_0 - s) \cos \varkappa t \tag{3.24/5a}$$

beschrieben wird. Der Schwinger verliert nach der Zeit $T/2 = \pi/\varkappa$ seine

Geschwindigkeit. Der dann erreichte Ausschlag ist $q_1 = 2s - q_0 = -(q_0 - 2s)$. Von nun an gilt das neue Bewegungsgesetz $q = -s + A_2 \cos \varkappa t$. Zum Bestimmen von A_2 dient die neue "Anfangsbedingung" (zur Zeit $t = \pi/\varkappa$) $q_1 = -(q_0 - 2s)$, sie liefert die Amplitude $A_2 = q_0 - 3s$ und damit als Gleichung für die zweite Halbschwingung (für $\pi/\varkappa \leqq t \leqq 2\pi/\varkappa$)

$$q = -s + (q_0 - 3s)\cos \varkappa t \quad . \tag{3.24/5b}$$

Die Amplituden A_n aufeinanderfolgender Halbschwingungen fallen daher in arithmetischer Folge: $A_{n+1} = A_n - 2s$. Die Schwingung hat das Dekrement 2s.

Gerät der Umkehrpunkt einmal in den Streifen $-s \leqq q \leqq +s$, so setzt sich der Schwinger nicht wieder in Bewegung; denn in diesem Fall reicht die Rückstellkraft $cq = b_0 q/s \leqq b_0$ nicht mehr aus, die Reibkraft zu überwinden.

Ein Körper, der seine Bewegung mit dem Ausschlag $q = q_0$ aus der Ruhe beginnt, weist für die Amplituden A der Halbschwingungen die Folge

$$q_0 - s \,, \; q_0 - 3s \,, \ldots\ldots, \; q_0 - (2j-1)s \,, \ldots$$

auf. Er macht so viele Halbschwingungen, wie ganze Zahlen unterhalb von

$$(q_0 + s)/2s \tag{3.24/6}$$

liegen. Im Beispiel der Abb.3.24/1 ist $q_0 = 8{,}5\,s$; der Schwinger führt daher vier Halbschwingungen aus.

Das Gesetz der Abnahme der Schwingungsweiten $|q_j|$ kann in der Form

$$|q_j| - s = |q_{j+1}| + s \tag{3.24/7}$$

angeschrieben werden. Daraus folgt für das Dekrement 2s

$$2s = |q_j| - |q_{j+1}| \quad \text{oder} \quad 2s = (|q_j| - |q_{j+n}|)/n \quad . \tag{3.24/7a}$$

Ist die Anfangsgeschwindigkeit v_0 von Null verschieden, so bestimmt sich die erste Amplitude A_1 und der Nullphasenwinkel α aus den beiden Gleichungen

$$q_0 = -s\,\mathrm{sign}\,\dot{q} + A_1\cos\alpha \quad \text{und} \quad v_0 = -\varkappa A_1 \sin\alpha$$

zu

$$\tan\alpha = \frac{v_0/\varkappa}{q_0 + s\,\mathrm{sign}\,\dot{q}} \qquad \text{und} \qquad A_1 = \sqrt{(v_0/\varkappa)^2 + (q_0 + s\,\mathrm{sign}\,\dot{q})^2}\,. \quad (3.24/8a)$$

Die Bewegung bis zum ersten Umkehrpunkt verläuft nach der Gleichung

$$q = -s\,\mathrm{sign}\,\dot{q} + A_1\cos(\varkappa t + \alpha) \qquad (3.24/8b)$$

und von da ab weiter wie oben beschrieben. Die Abszisse t_1 des ersten Umkehrpunktes folgt aus $\sin(\varkappa t_1 + \alpha) = 0$ zu $t_1 = (\pi - \alpha)/\varkappa$.

Beispiel: Ein einfacher Schwinger besteht aus einem Punktkörper mit der Masse m und aus einer Feder, die eine gerade Kennlinie mit der Steigung c aufweist; er erfahre ferner Reibkräfte W, die einen festen Betrag b_0 haben, für den $s = b_0/c$ ein Maß ist. Zur Zeit $t = 0$ ist ein Ausschlag $q(0) = 5s$ vorhanden, die Anfangsgeschwindigkeit beträgt $v(0) = -4s\sqrt{c/m}$. Nach welcher Zeit t_1 kehrt der Schwinger seine Bewegung zum ersten Male um, nach welcher Zeit t_2 und wo kommt er dauernd zur Ruhe?

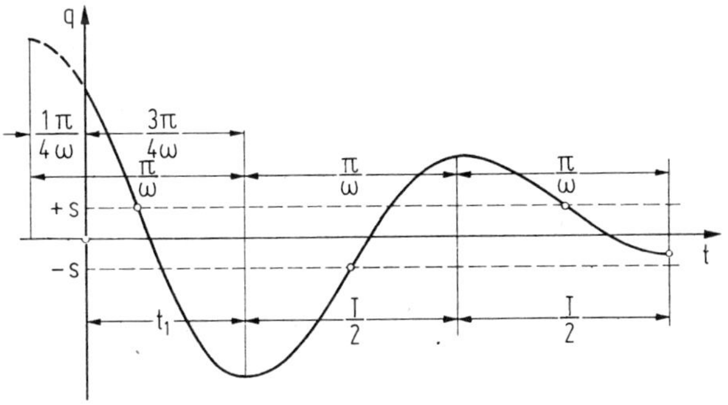

Abb.3.24/2. Schwingung zum Beispiel; $q_0 = 5\,s$, $v_0 = -4\,s$

Die Bewegung bis zum ersten Umkehrpunkt erfolgt nach Gl.(3.24/8b). Amplitude und Nullphasenwinkel ergeben sich aus Gl.(3.24/8a). Für unser Beispiel, siehe Abb.3.24/2, ist $\tan\alpha = 4s/(5s - s) = +1$, also $\alpha = \pi/4$

und $A_1 = s\sqrt{16+16} = 5{,}66\,s$. Daher ist

$$t_1 = \frac{\pi - \pi/4}{\varkappa} = \frac{3\pi}{4\varkappa} \quad .$$

Die Gesamtzahl der Halbschwingungen, aus denen sich die Bewegung zusammensetzt, ist (einschließlich der ersten unvollständigen Halbschwingung) gleich der größten ganzen Zahl, die in $(A_1 + s)/2s = 6{,}66/2$ enthalten ist, also 3; denn sie ist ebenso groß, wie wenn die Bewegung mit dem Ausschlag $A_1 + s$ und der Anfangsgeschwindigkeit $v_0 = 0$ begonnen hätte. Die Gesamtdauer der Bewegung beträgt $t_2 = t_1 + 2\,T/2 = 2{,}75\,\pi/\varkappa$. Der erste Umkehrpunkt liegt (wegen der negativen Anfangsgeschwindigkeit) auf der negativen Seite im Abstand $q_1 = -(A_1 - s) = -4{,}66\,s$, daher liegt der dritte im Abstand $q_3 = q_1 + 2 \cdot 2s = -0{,}66\,s$. Dort kommt die Schwingung zum Stehen.

Auch wenn neben der Coulombschen Reibkraft noch eine lineare Dämpfungskraft vorhanden ist, wird die Differentialgleichung zu einer abschnittsweise linearen. An die Stelle von Gl.(3.24/2) tritt

$$a\ddot{q} + b_1\dot{q} + cq + b_0 \operatorname{sign}\dot{q} = 0 \qquad (3.24/9a)$$

oder gleichwertig

$$\ddot{q} + 2\delta\dot{q} + \varkappa^2(q + s \operatorname{sign}\dot{q}) = 0 \quad . \qquad (3.24/9b)$$

Wir führen die Rechnungen hier nicht weiter fort, sondern verweisen wegen der Einzelheiten auf die beiden Veröffentlichungen Lit.(3.24/1) und Lit.(3.24/2) oder auf die 2. Aufl. dieses Buches von 1951 (dort auf S. 126 bis 129).

3.25 Quadratische und andere Dämpfungskräfte; Hinweise

Wenn in der Gl.(3.20/1b) der Exponent $n = 2$ wird, so geht die Bewegungsgleichung über in

$$a\ddot{q} + b_2|\dot{q}|^2 \operatorname{sign}\dot{q} + cq = 0 \quad . \qquad (3.25/1)$$

Wir behandeln diesen nicht-linearen Fall an der gegenwärtigen Stelle nicht, sondern verweisen auf den Abschn.5.54 und die Gl.(5.53/1). Dort werden diese Schwingungen mit den ihnen angemessenen Methoden erörtert.

Neben den einer Potenz der Geschwindigkeit proportionalen Dämpfungskräften gibt es noch anders geartete. Ein herausragendes Beispiel unter ihnen ist die sogenannte Werkstoffdämpfung. Sowohl die $|\dot{q}|^n$ proportionalen Dämpfungskräfte, bei denen n aber verschieden ist von 0, 1 oder 2, sowie die sonst noch vorkommenden, wie die Werkstoffdämpfung, spielen für die Behandlung der freien Schwingungen keine wesentliche Rolle. Anders ist dies bei den erzwungenen, also nicht-autonomen, Schwingungen. Wir erörtern sie deshalb im Kap.6, und zwar in den Abschn.6.31 bis 6.33.

3.3 Freie Schwingungen kontinuierlicher Gebilde

3.30 Übersicht; Einteilung

Zwar gilt dieser Band den Schwingern von nur einem Freiheitsgrad, den "einfachen" Schwingern. Es gibt jedoch nahezu zwingende Gründe dafür, einen Blick über diese Grenzen hinaus zu tun und auch "kontinuierliche elastische Gebilde" (elastische Gebilde mit verteilten Massen; kurz: Kontinua) in Betracht zu ziehen. Dazu gehört unter anderem etwa die Frage, unter welchen Umständen ein reales Gebilde überhaupt zu einem System von nur einem Freiheitsgrad idealisiert werden darf und die damit zusammenhängende nach dem (angenäherten) Einfluß verteilter Massen (etwa der Federn) auf das Verhalten des Schwingers.

Dabei erkennen wir, daß die Untersuchungen zum einfachen Schwinger weit über den ursprünglich ins Auge gefaßten Rahmen hinaus Bedeutung haben. Wir werden sehen: Die freien Schwingungen eines kontinuierlichen Gebildes setzen sich zusammen aus (unendlich vielen) sogenannten Eigenschwingungen. Jede einzelne dieser Eigenschwingungen besteht darin, daß bestimmte Funktionen des Ortes, die Eigenfunktionen $\varphi(x)$, mit der Zeit genauso ablaufen wie die Koordinate q eines einfachen Schwingers: Ohne Dämpfung als harmonische Schwingung $a_1 \cos\omega t + a_2 \sin\omega t$; mit (linearer) Dämpfung nach dem Zeitgesetz $e^{-\delta t}(a_1 \cos\nu t + a_2 \sin\nu t)$.

Kurz: Von den freien Schwingungen eines kontinuierlichen elastischen Gebildes verhält sich jede einzelne wie die freie Schwingung eines einfachen Schwingers.

Auch für die erzwungenen Schwingungen der kontinuierlichen Gebilde gilt ähnliches. Im Kap.4 (Abschn.4.28) werden wir zeigen, wie die erzwungenen Schwingungen eines kontinuierlichen Gebildes auf die von einfachen Schwingern zurückgeführt werden.

Unter den mannigfachen kontinuierlichen elastischen Gebilden werden wir an dieser Stelle jedoch nur die sogenannten *eindimensionalen* betrachten, also solche elastische Körper, deren Abmessungen in einer Richtung weit größer sind als in den übrigen. Wir werden betrachten:

a) die querschwingende Saite,

b) den längsschwingenden Stab,

c) den drehschwingenden Stab,

d) den querschwingenden Balken.

Die Querschwingungen *zweidimensionaler* Gebilde, etwa von Membranen und Platten, sowie manche Schwingungen dreidimensionaler Gebilde lassen sich nach den gleichen Methoden behandeln; darauf werden wir hier jedoch nicht eingehen.

Die drei unter a, b, c genannten Gebilde gehorchen derselben Differentialgleichung. Wir werden den Fall b als repräsentativ für diese Gruppe ansehen, an ihm die Untersuchungen (in den Abschn.3.31 bis 3.33) durchführen und die Ergebnisse dann auf die Fälle a und c übertragen. Den Balken (Fall d) behandeln wir danach eigens (Abschn. 3.34 und 3.35).

In allen Fällen, ob Saite, Stab oder Balken, werden wir nur "einfeldrige" Gebilde betrachten, das sind solche, für die zwischen den beiden Rändern nur eine einzige Differentialgleichung gilt. Die Darlegungen über Kontinua in diesem Hauptabschnitt 3.3 sind nämlich nur als Ergänzungen zum einfachen Schwinger gedacht; sie haben keineswegs zum Ziel, die Schwingungen aller Kontinua in auch nur mäßiger Ausführlichkeit zu behandeln.

3.31 Der homogene, längsschwingende (ungedämpfte) Stab und seine Analoga; Ränder fest oder frei

Wir beginnen mit dem homogenen, längsschwingenden Stab; Abb. 3.31/1a. A, E und ρ bezeichnen die konstanten Werte von Querschnittsfläche, Elastizitätsmodul und Dichte. x sei die Koordinate in Achsenrichtung, $u(x,t)$ die Verschiebung eines Elementes in dieser Richtung. Zur Aufstellung der Bewegungsgleichung führen wir die d'Alembertschen Kräfte als verteilte Lasten $q(x)$ $\left[\dim(q) = \dim(FL^{-1})\right]$ ein und stellen die Gleichgewichtsbedingungen am Element auf; siehe Abschn.2.22.

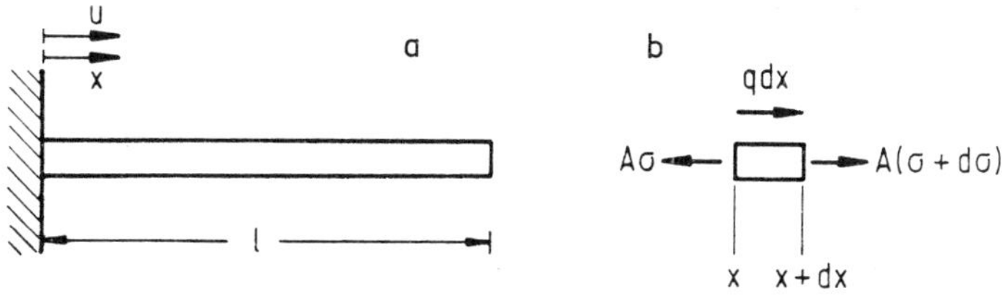

Abb.3.31/1. Längsschwingender Stab; a) Bezeichnungen, b) Kräfte

Nach Definition ist die Dehnung

$$\varepsilon := \frac{\partial u}{\partial x} \quad ; \qquad (3.31/1)$$

wenn der Stoff dem Hookeschen Gesetz folgt, so gilt für die Normalspannung im Querschnitt

$$\sigma = E\varepsilon \quad . \qquad (3.31/2)$$

Greift in x-Richtung die verteilte Last $q(x)$ an, so fordert das Gleichgewicht, siehe Abb.3.31/1b,

$$q\,dx + A\,d\sigma = 0 \quad , \text{ also } \quad q(x) = -A\frac{\partial \sigma}{\partial x} \quad . \qquad (3.31/3)$$

Bei einer Bewegung bedeutet $q(x)$ die d'Alembertsche Kraft

$$q(x) = -\rho A\frac{\partial^2 u}{\partial t^2} \quad . \qquad (3.31/4)$$

Aus den Gln.(3.31/1) bis (3.31/4) folgt die partielle Differentialgleichung

$$\frac{E}{\rho}\frac{\partial^2 u}{\partial x^2} = \frac{\partial^2 u}{\partial t^2} \qquad (3.31/5a)$$

für die Längsbewegungen $u(x,t)$ eines Teilchens.

Aus der Tatsache, daß die Gl.(3.31/5a) die Fläche A nicht enthält, darf nicht gefolgert werden, daß A sich mit dem Ort x verändern darf. Für diesen Fall gilt nämlich Gl.(3.31/3) nicht.

Den Faktor E/ρ kürzen wir mit $\tilde{c}^2$ ab; der Ausdruck $\tilde{c}$ ist (was wir hier nicht beweisen) die Wellen- oder Schallgeschwindigkeit. Bezeichnet man noch mit Strichen ' die Ableitungen nach x, mit Punkten die Ableitungen nach t, so nimmt (3.31/5a) die Form

$$\tilde{c}^2 u'' = \ddot{u} \qquad (3.31/5b)$$

an.

Wir versuchen, diese partielle Differentialgleichung mit Hilfe des Separationsansatzes zu lösen, d.h. wir setzen

$$u(x,t) =: \varphi(x)\tau(t) \quad ; \qquad (3.31/6)$$

damit erhalten wir aus (3.31/5b)

$$\tilde{c}^2 \frac{\varphi''}{\varphi} = \frac{\ddot{\tau}}{\tau} \quad . \qquad (3.31/7)$$

Hier ist die linke Seite eine Funktion allein des Ortes x, die rechte eine Funktion allein der Zeit t. Damit diese Gleichheit zu beliebigen Zeiten und an allen Orten besteht, müssen beide Seiten einer Konstanten gleich sein. Diese Konstante schreiben wir (ohne damit die Bedeutung des Formelzeichens zu präjudizieren) als $-\omega^2$. Wenn überdies

$$\omega^2/\tilde{c}^2 =: k^2 \qquad (3.31/8)$$

gesetzt wird, folgen aus (3.31/7) die beiden gewöhnlichen Differentialgleichungen

$$\frac{d^2\tau}{dt^2} + \omega^2\tau = 0 \quad , \qquad (3.31/9a)$$

$$\frac{d^2\varphi}{dx^2} + k^2\varphi = 0 \quad . \qquad (3.31/9b)$$

Ihre Lösungen kennen wir aus Abschn. 3.10. Sie lauten

$$\tau(t) = a_1 \cos\omega t + a_2 \sin\omega t \quad , \qquad (3.31/10a)$$

$$\varphi(x) = A_1 \cos kx + A_2 \sin kx \quad . \qquad (3.31/10b)$$

Eine partikuläre Lösung der partiellen Dgl. (3.31/5a) lautet also

$$u(x,t) = (A_1 \cos kx + A_2 \sin kx)(a_1 \cos\omega t + a_2 \sin\omega t) \; . \qquad (3.31/10c)$$

ω erweist sich nun als die schon bekannte Kreisfrequenz, k heißt die *Kreiswellenzahl*. So wie die Wiederholung der Zeitfunktion durch die *Periodendauer* $T = 2\pi/\omega$ angegeben wird, wird die Wiederholung der Ortsfunktion durch die *Wellenlänge* $\lambda = 2\pi/k$ angegeben. Wegen (3.31/8) gilt

$$\lambda / T = \tilde{c} \quad \text{oder} \quad \lambda f = \tilde{c} \quad , \qquad (3.31/11)$$

wenn f die Frequenz $\omega/2\pi$ bezeichnet. Eine Bewegung $u(x,t)$ gemäß (3.31/10c) heißt auch eine *stehende Welle*.

In (3.31/10c) sind die Integrationskonstanten A_1, A_2, a_1, a_2 sowie die Parameter k und ω noch unbekannt. Sie müssen aus den Randbedingungen und den Anfangsbedingungen bestimmt werden.

Diesen weiteren Schritt zeigen wir an einem Beispiel auf. Dafür wählen wir den bei $x = 0$ festgehaltenen, bei $x = l$ freien Stab gemäß Abb. 3.31/1a. Für diesen Fall lauten die Randbedingungen $u(0,t) = 0$ und $\sigma(l,t) = 0$. Die zweite Bedingung läßt sich wegen (3.31/2) und (3.31/1) fassen als $u'(l,t) = 0$. Die erste Bedingung führt zu $\varphi(0) = 0$ und liefert $A_1 = 0$, die zweite führt zu $\varphi'(l) = 0$ und liefert

$$k A_2 \cos kl = 0 \quad . \qquad (3.31/12)$$

Wenn in diesem Produkt aus drei Faktoren entweder $A_2 = 0$ oder $k = 0$ ist, so ergibt dies die triviale Lösung $\varphi \equiv 0$ und damit $u \equiv 0$. Die dritte Möglichkeit ist

$$\cos kl = 0 \quad . \qquad (3.31/13a)$$

Diese Gleichung ist eine Bestimmungsgleichung für den Systemparameter k; ihre Wurzeln lauten

$$k_n l = n\pi/2 \; ; \quad n = 1,3,5,7,\ldots \quad . \tag{3.31/13b}$$

Die Werte $k_n l$ oder auch die k_n selbst heißen die Eigenwerte des Problems. Aus der Randbedingung (3.31/12) wird also nicht eine Integrationskonstante, sondern ein Systemparameter, der Eigenwert, bestimmt. Es liegt in diesem Fall kein "gewöhnliches Randwertproblem", sondern ein "Eigenwertproblem" vor. Mit den k_n sind über (3.31/8) auch die "Eigen(kreis)frequenzen"

$$\omega_n = \tilde{c} k_n \tag{3.31/14}$$

festgelegt. Die Gl.(3.31/13a) zur Bestimmung der Eigenwerte heißt deshalb oft auch "Frequenzengleichung". Die Funktion $\varphi(x)$ wird nun zu

$$\varphi(x) = A_{2n} \sin\frac{n\pi}{2l} x \; ; \quad n = 1,3,5,\ldots \quad . \tag{3.31/15a}$$

Die Integrationskonstante A_{2n} bleibt unbestimmt; sie ist (siehe Gl. (3.31/16)) unwesentlich. Die Funktionen

$$\varphi_n(x) = \sin\frac{n\pi}{2l} x \tag{3.31/15b}$$

heißen die "Eigenfunktionen" des Problems. Wir erwähnen, daß sie orthogonal zueinander sind, für $n \neq m$ gilt

$$\int_0^l \varphi_n(x)\,\varphi_m(x)\,dx = 0 \quad . \tag{3.31/15c}$$

Für den Stab mit den genannten Randbedingungen kennen wir somit eine unendliche Folge von Partikularlösungen. Zieht man A_{2n} in a_{1n} und a_{2n} hinein, so lautet die n-te Lösung

$$u_n(x,t) = \left[a_{1n} \cos\sqrt{\frac{E}{\rho}}\frac{n\pi}{2l} t + a_{2n} \sin\sqrt{\frac{E}{\rho}}\frac{n\pi}{2l} t \right] \sin\frac{n\pi}{2l} x \tag{3.31/16}$$

mit $n = 1,3,5,\ldots$

$u_n(x,t)$ bezeichnen wir als die "n-te Eigenschwingung" des Stabes.

Die Gesamtschwingung $u(x,t)$ ergibt sich als Summe aller Eigenschwingungen

$$u(x,t) = \sum_{n=1,3,5,\ldots}^{\infty} u_n(x,t) \quad . \tag{3.31/17}$$

In ihr sind die Integrationskonstanten a_{1n} und a_{2n} noch offen. Sie werden festgelegt durch die "Anfangsbedingungen". Wir können zur Zeit $t=0$ die Auslenkung und die Geschwindigkeit als Funktionen von x vorschreiben (natürlich nur in einer mit den Randbedingungen verträglichen Weise). Diese gegebenen Funktionen bezeichnen wir abkürzend als

$$u(x,0) =: f(x) \quad , \tag{3.31/18a}$$

$$\dot{u}(x,0) =: g(x) \quad . \tag{3.31/18b}$$

Es muß daher gelten

allgemein:

$$\begin{aligned} \sum_n A_{1n}\varphi_n(x) &= f(x) \quad , \\ \sum_n \omega_n A_{2n}\varphi_n(x) &= g(x) \quad ; \end{aligned} \tag{3.31/19}$$

hier im besonderen:

$$\sum_n a_{1n} \sin\frac{n\pi}{2l}x = f(x) \quad ; \quad n = 1,3,5,\ldots \quad , \tag{3.31/19a}$$

$$\sum_n \omega_n a_{2n} \sin\frac{n\pi}{2l}x = g(x) \quad ; \quad n = 1,3,5,\ldots \quad . \tag{3.31/19b}$$

Es handelt sich hier also um die Fourierentwicklungen der Funktionen $f(x)$ und $g(x)$ nach $\sin(n\pi x/2l)$. Die Fourierkoeffizienten a_{1n} und a_{2n} lauten

$$a_{1n} = \frac{2}{l}\int_0^l f(x)\sin\frac{n\pi}{2l}x\,dx \quad ; \quad n = 1,3,5,\ldots \quad , \tag{3.31/20a}$$

$$a_{2n} = \frac{2}{l}\int_0^l g(x)\sin\frac{n\pi}{2l}x\,dx \quad ; \quad n = 1,3,5,\ldots \quad . \tag{3.31/20b}$$

In Abschn.3.33 werden wir auf das Bestimmen der a_{1n} und a_{2n} ausführlich eingehen.

In diesem Abschn.3.31 haben wir bisher den an einem Ende festen ($u=0$), am andern Ende freien ($u'=0$) Stab behandelt. In genau der gleichen Weise findet man Frequenzengleichung, Eigenwerte $k_n l$ und Eigenfunktionen $\varphi_n(x)$ für Stäbe mit anderen Kombinationen von Randbedingungen. Die Ergebnisse stehen in Tafel 3.31/I. Die zu den drei niedrigsten Eigenfrequenzen gehörenden Eigenfunktionen sind jeweils skizziert.

Tafel 3.31/I. Stab (Saite) mit einfachen Randbedingungen (Nullbedingungen)

Stab	Randbedingungen	Frequenzengleichung	Eigenwerte	Eigenfunktionen φ_n
① 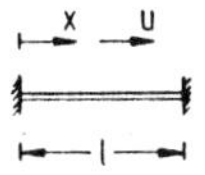	fest fest $u(0) = 0$ $u(l) = 0$	$\sin kl = 0$	$k_n l = n\pi$ $n = 1,2,3\ldots$	$\varphi_n(x) = \sin \frac{n\pi}{l} x$ 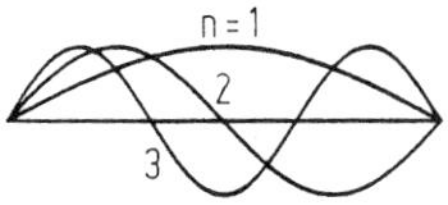
② 	fest frei $u(0) = 0$ $u'(l) = 0$	$\cos kl = 0$	$k_n l = n\pi/2$ $n = 1,3,5\ldots$	$\varphi_n(x) = \sin \frac{n\pi}{2l} x$ 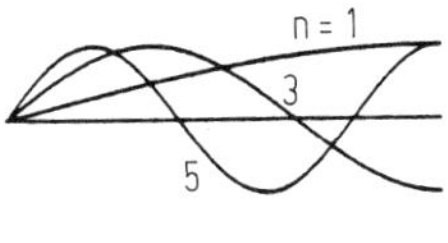
③ 	frei frei $u'(0) = 0$ $u'(l) = 0$	$\sin kl = 0$	$k_n l = n\pi$ $n = 1,2,3\ldots$	$\varphi_n(x) = \cos \frac{n\pi}{l} x$ 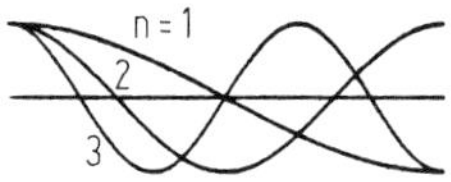

Andere Typen von Randbedingungen, und zwar solche, in denen Ableitungen der Funktion u miteinander verknüpft sind, werden im folgenden Abschn.3.32 behandelt.

Im vorangegangenen Abschn.3.30 war erwähnt, daß die Bewegungen der drei Gebilde a, b, c zu derselben Differentialgleichung (3.31/5) führen. Für das Gebilde b, den längsschwingenden Stab, bedeutet u den Ausschlag in Achsrichtung, die Konstante $\tilde{c}^2$ ist gleich E/ρ. Dieses Gebilde haben wir explizit behandelt.

Für das Gebilde c, den Torsionsschwingungen ausführenden Stab von Kreis- und Kreisringquerschnitt (Maschinenwelle), müssen wir $u(x,t)$ als den Winkelausschlag eines Querschnitts deuten; hier wird $\tilde{c}^2 = G/\rho$, G ist der Gleitmodul.

Für das Gebilde a, die querschwingende Saite, muß $u(x,t)$ als Querausschlag gedeutet werden. Die Konstante wird $\tilde{c}^2 = S/m^*$, wobei S

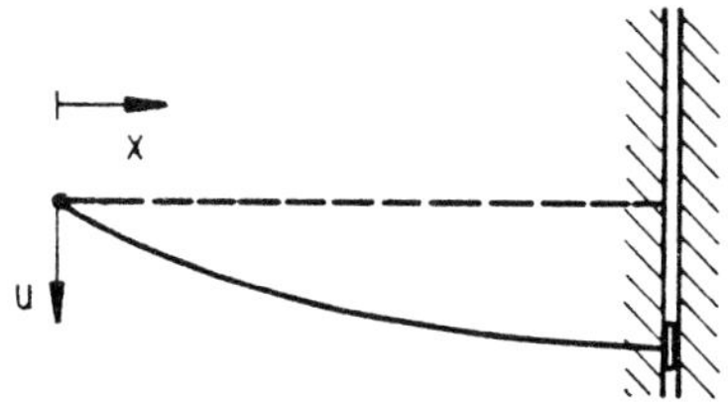

Abb.3.31/2.
Querschwingende Saite

die Spannkraft der Saite, $m^* = \rho A$ die Massenbelegung (Masse je Längeneinheit) bezeichnet. Der Rand der Saite kann festgehalten sein, $u = 0$, oder er kann keine Querkraft erfahren, $u' = 0$. Der letztere Fall läßt sich realisieren durch eine Anordnung, bei der das Saitenende in Querrichtung widerstandslos gleitet wie das rechte Ende in Abb.3.31/2.

3.32 Der homogene längsschwingende Stab mit anderen Randbedingungen

Wieder sprechen wir nur vom längsschwingenden Stab, dem Fall b aus der Liste im Abschn.3.30. Die Ergebnisse beziehen sich bei geeigneter Deutung der Formelzeichen aber auch auf die Gebilde a und c, wie wir dies am Ende des Abschn.3.31 angedeutet haben.

Wir betrachten vier Fälle von Randbedingungen (siehe Abb.3.32/1a bis 3.32/1d). An den links festgehaltenen Stab ist rechts angeschlossen (oder: Der Stab ist rechts a b g e s c h l o s s e n durch ...)

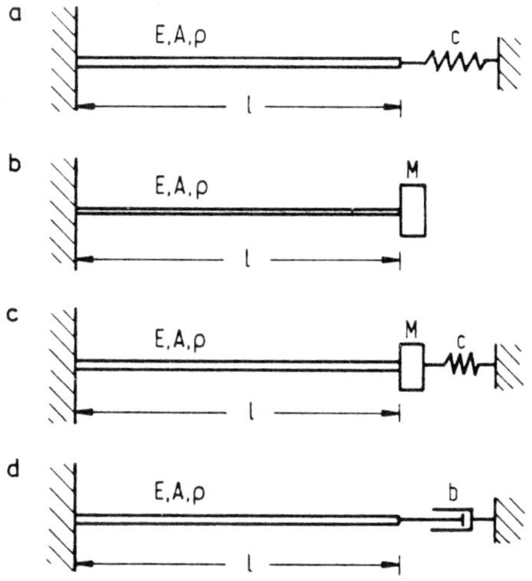

Abb.3.32/1.
Längsschwingender Stab mit verschiedenen Abschlüssen am rechten Rand

1. Fall: eine (masselose) Feder der Steifigkeit c,
2. Fall: ein Punktkörper der Masse M ("Einzelmasse"),
3. Fall: ein Feder-Masse-Schwinger (M,c),
4. Fall: ein Dämpfer mit dem Dämpfungskoeffizienten (der "Dämpfersteifigkeit") b.

Differentialgleichung der Bewegung des Stabes bleibt nach wie vor die Gl.(3.31/5a) mit $\tilde{c}^2 = E/\rho$. Ihre partikularen Integrale zeigt nach wie vor die Gl.(3.31/10c). Die Randbedingungen am linken Ende lauten in allen vier Fällen $u(0,t) = 0$. Daher wird für alle vier Fälle die Partikularlösung zu $u(x,t) = \sin kx\,(a_1 \cos\omega t + a_2 \sin\omega t)$.

Am rechten Ende wirkt in allen vier Fällen eine Kraft K auf den Stab,

$$K(l,t) = A\sigma(l,t) = EA\varepsilon(l,t) = EAu'(l,t) \quad . \tag{3.32/1}$$

Diese Kraft wird vom "Abschluß" ausgeübt; sie lautet im

$$\begin{aligned}
&1.\ \text{Fall:} \quad K(l,t) = -c\,u(l,t)\\
&2.\ \text{Fall:} \quad K(l,t) = -M\ddot{u}(l,t)\\
&3.\ \text{Fall:} \quad K(l,t) = -c\,u(l,t) - M\ddot{u}(l,t)\\
&4.\ \text{Fall:} \quad K(l,t) = -b\,\dot{u}(l,t).
\end{aligned} \tag{3.32/2}$$

Als Randbedingungen entstehen also die folgenden linearen Differentialbeziehungen

1. Fall: $u'(l,t) + c/EA\; u(l,t) = 0$
2. Fall: $u'(l,t) + M/EA\; \ddot{u}(l,t) = 0$
3. Fall: $u'(l,t) + c/EA\; u(l,t) + M/EA\; \ddot{u}(l,t) = 0$
4. Fall: $u'(l,t) + b/EA\; \dot{u}(l,t) = 0$.

Mit Hilfe des Separationsansatzes (3.31/6) und des aus (3.31/7) bekannten Zusammenhangs

$$\ddot{\tau} = -\omega^2\tau$$

finden wir

$$\begin{aligned}
&1.\ \text{Fall:} \quad \varphi'(l) + c/EA\;\varphi(l) = 0\\
&2.\ \text{Fall:} \quad \varphi'(l) - \omega^2 M/EA\;\varphi(l) = 0\\
&3.\ \text{Fall:} \quad \varphi'(l) + c/EA\;\varphi(l) - \omega^2 M/EA\;\varphi(l) = 0\\
&4.\ \text{Fall:} \quad \varphi'(l)\tau + b/EA\;\varphi(l)\dot{\tau} = 0.
\end{aligned} \tag{3.32/3}$$

Die Randbedingungen der Fälle 1 bis 3 erweisen sich als "zeitfrei". Sie sollen zunächst behandelt werden. Setzen wir die Ortsfunktion $\varphi = \sin kx$ ein, so finden wir (mit $c_s := EA/l$ als "statischer" Steifigkeit des Stabes und $m := \rho Al$ für seine Masse) als Eigenwert- oder Frequenzgleichungen transzendente Gleichungen für kl, und zwar im

1. Fall: $\tan kl = - c_s/c\ kl$ (3.32/4a)
2. Fall: $\cot kl = M/m\ kl$ (3.32/4b)
3. Fall: $\cot kl = M/m\ kl - c/c_s\ 1/kl$. (3.32/4c)

Ihre Wurzeln sind die Eigenwerte $k_n l$. Mit den Eigenwerten sind die Eigenfunktionen $\varphi_n(x) = \sin k_n x$ bekannt. Die partikularen Integrale bilden also eine unendliche Folge

$$u_n = (a_{1n} \cos \omega_n t + a_{2n} \sin \omega_n t) \sin k_n l \quad , \quad n = 1,2,3,\ldots \quad . \tag{3.32/5}$$

Die Koeffizienten a_{1n} und a_{2n} werden hier wie in 3.31 dadurch gefunden, daß gemäß (3.31/19) der Anfangsausschlag f(x) und die Anfangsgeschwindigkeit g(x) jeweils in eine Reihe nach den Eigenfunktionen $\varphi_n(x)$ entwickelt werden. In 3.31 gehören die $\varphi_n(x)$ dem Funktionensystem (3.31/15b) an; deshalb lassen sich die Koeffizienten a_{1n} und a_{2n} einzeln bestimmen, dort im besonderen durch eine Fourier-Entwicklung. Falls hier die Eigenfunktionen $\varphi_n(x) = \sin k_n x$, wo die k_n durch die transzendenten Gln.(3.32/4) bestimmt werden, ebenfalls ein orthogonales Funktionensystem bilden, können die a_{1n} und a_{2n} wieder, ähnlich wie die Fourier-Koeffizienten in (3.31/20), einzeln ermittelt werden.

Ob die $\varphi_n(x)$ orthogonal sind, werden wir in Abschn.3.33 untersuchen. Wir nehmen die Antwort vorweg: Die Eigenfunktionen sind entweder unmittelbar orthogonal (Fall 1) oder "belastet orthogonal" (Fall 2 und 3). Den Integralen (3.31/20) entsprechen dann die Beziehungen (3.33/19) und (3.33/20).

Den Fall 2 wollen wir ausführlicher untersuchen. Einen Überblick über die Lösungen der Frequenzengleichung (3.32/4b) erhält man z.B., indem man rechte und linke Seite der Gleichung als Funktion von kl aufträgt. Für kleine Parameter M/m liegt der erste Eigenwert $k_1 l$ in der Nähe von $\pi/2$ (seinem Wert für $M=0$), und zwar liegt er darunter. Die höheren Eigenwerte liegen unterhalb von $3\pi/2$, $5\pi/2$ usf.; sie rükken aber immer näher an die ganzzahligen Vielfachen von π heran (wo sie für eingespanntes rechtes Ende liegen würden): Die Abschlußmasse M wirkt bei höheren Frequenzen immer mehr wie eine Einspannung.

Wir untersuchen noch die Lage des ersten Eigenwertes $k_1 l$ für die beiden Grenzfälle (die Buchstaben μ und ν werden nur in diesem Abschn. 3.32 vorübergehend in dieser Bedeutung benutzt):

$$\mu := M/m \qquad \text{und} \qquad 1/\mu := \nu := m/M \quad .$$

Wenn die Endmasse groß ist gegenüber der Stabmasse ($\mu \ll 1$), so schreiben wir unter Benutzung von $kl = \pi/2 - \xi$ die Gl. (3.32/4b) um in

$$\mu(\pi/2 - \xi) = \tan\xi \quad .$$

Entwickeln von $\tan\xi$ unter Beibehalten nur des ersten Gliedes gibt

$$\xi = \frac{\pi}{2}\frac{\mu}{1+\mu} \approx \frac{\pi}{2}\mu \quad ;$$

gleichwertig damit ist

$$k_1 l \approx \frac{\pi}{2}(1-\mu) \quad . \tag{3.32/6}$$

Diese Gleichung gibt also für $\mu \ll 1$ eine Näherung für den ersten Eigenwert.

Wenn dagegen die Endmasse klein ist gegenüber der Stabmasse ($\nu \ll 1$), so finden wir aus $kl \tan kl = \nu$ durch Entwickeln von $\tan kl$ und Beibehalten nur des ersten Gliedes: $(kl)_0^2 = \nu$. Dieser Ausdruck ist wegen (3.31/8) und $\tilde{c}^2 = E/\rho$ gleichwertig mit

$$\omega^2 = EA/lM \quad ; \tag{3.32/7a}$$

er gibt also (siehe (3.17/2b) und Tafel 3.18/II Nr. 2) die Eigenfrequenz für verschwindende Stabmasse m an. Behält man in der Entwicklung die ersten **beiden** Glieder bei, so kommt

$$(kl)^2[1 + (kl)^2/3] = \nu \qquad \text{oder} \qquad (kl)^2 = \frac{\nu}{1 + (kl)^2/3} \quad .$$

Löst man die letzte Gleichung rekursiv, indem man rechts die obige (nullte) Näherung $(kl)_0^2 = \nu$ einsetzt, so lautet die erste Näherung

$$(kl)_I^2 = \frac{\nu}{1 + \nu/3} \quad .$$

Umrechnen zeigt, daß diese Beziehung gleichwertig ist mit

$$\omega_I^2 = \frac{EA}{l} \frac{1}{M + m/3} \quad . \tag{3.32/7b}$$

Daraus erfahren wir: Liegt eine Stabfeder vor, an deren Ende eine Punktmasse M sitzt, so kann bei der Berechnung der Eigenfrequenz dieses Gebildes die auf dem Stab verteilte Masse $m := \overset{*}{m} l$ (wenn $m/M \ll 1$ ist) angenähert dadurch berücksichtigt werden, daß man ein Drittel der verteilten Masse zur Einzelmasse zuschlägt.

Auch für andere Schwinger (etwa Balken) kann man errechnen, welche Massenzuschläge ζm zur Einzelmasse M des einfachen Schwingers hinzutreten müssen, um die Wirkung der verteilten Masse m (im Hinblick auf die niedrigste Eigenschwingung) abzugelten. Solche Betrachtungen stellen wir in Abschn.3.36 an.

Die angegebenen Näherungen (3.32/6) und (3.32/7) lassen sich weiter verbessern. Wir verzichten aber auf diese Erörterungen.

Entsprechende Untersuchungen lassen sich auch an die beiden anderen Frequenzengleichungen, (3.32/4a) und (3.32/4c), anschließen. Wir begnügen uns jedoch mit den gemachten Andeutungen über das Vorgehen.

Schließlich bleibt noch die Diskussion des Falles 4 von (3.32/3) übrig, bei dem sowohl die Ortsfunktion φ wie auch die Zeitfunktion τ in der Randbedingung auftreten. Nach Einsetzen von $\varphi = \sin kx$ (k ist noch unbekannt) in (3.32/3) folgt

$$\dot{\tau} + \left(\frac{EA}{b} k \cot kl\right)\tau = 0 \quad .$$

Differenzieren nach der Zeit bringt

$$\ddot{\tau} + \left(\frac{EA}{b} k \cot kl\right)\dot{\tau} = 0 \quad .$$

Die erste Gleichung in die zweite eingesetzt liefert

$$\ddot{\tau} - \left(\frac{EA}{b} k \cot kl\right)^2 \tau = 0$$

und, da $\ddot{\tau} = -\omega^2\tau = -Ek^2\tau/\rho$ ist, folgt

$$-\frac{E}{\rho} = \left(\frac{EA}{b}\right)^2 (\cot kl)^2 \qquad \text{oder} \qquad \cot kl = i\sqrt{\frac{E}{\rho}}\,\frac{b}{EA} \quad .$$

Mit der Beziehung $\cot\alpha = i \coth i\alpha$ ergibt sich

$$\coth ikl = \sqrt{\frac{E}{\rho}}\,\frac{b}{EA} \quad . \tag{3.32/8}$$

Da rechts ein reeller Wert steht, muß kl rein imaginär sein. Wichtig ist aber vor allem: Die Gl.(3.32/8) hat nur eine einzige Wurzel $k_1 l$, somit ist u(x) eine festgelegte Funktion; sie läßt sich nicht an beliebige Anfangsbedingungen anpassen. Das bedeutet: Für den Stab, der durch einen Dämpfer abgeschlossen ist (wo also in der Randbedingung Ortsfunktionen und Zeitfunktionen nicht getrennt sind), kann die allgemeine Lösung n i c h t auf dem Weg über Partikularintegrale der Form (3.31/10c), d.h. über stehende Wellen, gefunden werden. Auf andere Lösungsmöglichkeiten, wie etwa laufende Wellen, wollen wir jedoch nicht eingehen.

3.33 Der längsschwingende Stab mit ortsabhängigen Parametern

α) Die Differentialgleichung und die Separationsbedingung

Wir betrachten einen Stab mit einer verteilten, d.h. ortsabhängigen äußeren und inneren Dämpfung, verteilten äußeren Rückstellkräften und einer ortsabhängigen Massenbelegung. Für einen solchen Stab stellen wir zunächst die Bewegungsdifferentialgleichung auf. Die Querschnittsfläche A soll wie zuvor konstant sein; es soll also Gl. (3.31/3) gelten. Mit $c^*(x)$, $b^*(x)$ und $m^*(x)$ bezeichnen wir die mit der Koordinate x veränderlichen und auf die Längeneinheit bezogenen drei Größen: äußere Federsteifigkeit, äußere Dämpfersteifigkeit und Masse; damit gilt also $\dim(c^*) = \dim(F L^{-2})$, $\dim(b^*) = \dim(F t L^{-2})$ und $\dim(m^*) = \dim(F t^2 L^{-2})$. In Analogie zum Kräftespiel der Abb.3.31/1b und damit zu den Gln.(3.31/3) und (3.31/4) erhalten wir hier

$$A\frac{\partial \sigma}{\partial x} = m^*\frac{\partial^2 u}{\partial t^2} + b^*\frac{\partial u}{\partial t} + c^* u \ . \qquad (3.33/1)$$

Das dynamische Verhalten des Werkstoffes möge durch das Gesetz

$$\sigma = E(\varepsilon + \alpha\dot{\varepsilon}) \qquad (3.33/2)$$

(mit konstanten Werten E und α) beschrieben werden. Wegen $\varepsilon = \partial u/\partial x$ erhalten wir aus den beiden Gleichungen die gesuchte Differentialgleichung

$$EA\left(\frac{\partial^2 u}{\partial x^2} + \alpha\frac{\partial^3 u}{\partial x^2 \partial t}\right) = m^*\frac{\partial^2 u}{\partial t^2} + b^*\frac{\partial u}{\partial t} + c^* u \ . \qquad (3.33/3)$$

In diesem Unterabschnitt soll uns die Frage beschäftigen, ob - und gegebenenfalls unter welchen Umständen - auch die Dgl.(3.33/3) [so wie (3.31/5)] durch den Separationsansatz (3.31/6) gelöst werden kann. Gehen wir mit (3.31/6) in Gl.(3.33/3) ein, so finden wir

$$EA\varphi''[\tau + \alpha\dot{\tau}] = \varphi[m^*\ddot{\tau} + b^*\dot{\tau} + c^*\tau] \ . \qquad (3.33/4)$$

Wir benutzen die Abkürzungen

$$\beta(x) := \frac{b^*(x)}{m^*(x)} \quad \text{und} \quad \gamma(x) := \frac{c^*(x)}{m^*(x)} \ , \qquad (3.33/5)$$

für die gilt: $\dim(\beta) = \dim(t^{-1})$, $\dim(\gamma) = \dim(t^{-2})$, und trennen die Funktionen $\varphi(x)$ und $\tau(t)$:

$$\frac{EA}{m^*}\frac{\varphi''}{\varphi} = \frac{\ddot{\tau} + \beta\dot{\tau} + \gamma\tau}{\tau + \alpha\dot{\tau}} \ .$$

Auf beiden Seiten subtrahieren wir γ und erhalten

$$\frac{EA}{m^*}\frac{\varphi''}{\varphi} - \gamma = \frac{\ddot{\tau} + (\beta - \alpha\gamma)\dot{\tau}}{\tau + \alpha\dot{\tau}} \ . \qquad (3.33/6)$$

Da sowohl β wie γ noch Funktionen von x sind, ist eine vollständige

Trennung von Orts- und Zeitfunktionen noch nicht erreicht; sie ist nur möglich, wenn die Differenz $\beta(x) - \alpha\gamma(x)$ eine Konstante ist; wir nennen sie S,

$$S := \beta(x) - \alpha\gamma(x) \quad , \tag{3.33/7a}$$

und fordern

$$S = \text{const} \quad . \tag{3.33/7b}$$

Nur unter der Voraussetzung (3.33/7b) erhalten wir (so wie in Abschn. 3.31 und 3.32) getrennte Differentialgleichungen für $\varphi(x)$ und $\tau(t)$ und damit Eigenfunktionen und Eigenschwingungen. Ist die Separationsbedingung (3.33/7) erfüllt, so finden wir, wenn jede Seite von (3.33/6) gleich $-\omega^2$ gesetzt wird, die beiden gewöhnlichen Differentialgleichungen

$$\varphi'' + \frac{m^*\omega^2 - c^*}{EA}\varphi = 0 \tag{3.33/8}$$

und

$$\ddot{\tau} + (S + \alpha\omega^2)\dot{\tau} + \omega^2\tau = 0 \quad . \tag{3.33/9}$$

Bemerkenswert ist dabei: Die Dgl.(3.33/8) für die Ortsfunktion $\varphi(x)$, aus der über die Randbedingungen die Eigenfunktionen $\varphi_n(x)$ bestimmt werden, enthält die Dämpfungsgrößen b^* und α nicht; diese treten nur in der Differentialgleichung für die Zeitfunktion $\tau(t)$ auf. Das heißt: Gedämpfte und ungedämpfte Gebilde besitzen (wenn ihnen dieselben dämpfungsfreien Randbedingungen auferlegt werden) die gleichen Eigenfunktionen; sie unterscheiden sich nur im Zeitverhalten.

Unter den gemachten Voraussetzungen hat die Dgl.(3.33/9) konstante Koeffizienten. Mit den Abkürzungen

$$2\delta := S + \alpha\omega^2 = \beta + \alpha(\omega^2 - \gamma) \quad \text{und} \quad \nu^2 := \omega^2 - \delta^2 \tag{3.33/9a}$$

hat sie die Gestalt von (3.20/3b), nämlich

$$\ddot{\tau} + 2\delta\dot{\tau} + \omega^2\tau = 0 \tag{3.33/9b}$$

mit der Lösung

$$\tau = e^{-\delta t}(a_1 \cos \nu t + a_2 \sin \nu t) \quad . \qquad (3.33/9c)$$

In der Dgl.(3.33/8) tritt dagegen unter den bisherigen Voraussetzungen noch der Bruch als ein mit x veränderlicher Koeffizient auf. Für solche Differentialgleichungen existiert keine so umfassende Integrationstheorie wie für jene mit konstanten Koeffizienten. Ob und wie die Differentialgleichungen integriert werden können, hängt davon ab, wie der Koeffizient mit x verläuft.

Konstante Koeffizienten stellen sich ein für $m^*(x) = \text{const}$ und $c^*(x) = \text{const}$. Damit wird $\gamma(x) = \text{const}$, und wegen (3.33/7) muß dann auch $\beta(x)$ und damit $b^*(x)$ konstant sein. Wenn also alle drei Größen m^*, b^*, c^* von x unabhängig sind, haben sowohl (3.33/8) wie (3.33/9) konstante Koeffizienten und die beiden Differentialgleichungen lauten

$$\varphi'' + k^2\varphi = 0 \qquad \text{mit} \qquad k^2 = (m^*\omega^2 - c^*)/EA \qquad (3.33/8b)$$

und

$$\ddot{\tau} + 2\delta\dot{\tau} + \omega^2\tau = 0 \qquad \text{mit} \qquad 2\delta = \beta - \alpha\gamma + \alpha\omega^2 \quad . \qquad (3.33/9b)$$

β) Die Randbedingungen

Im vorigen Unterabschnitt wurde gezeigt, daß, wenn die Separationsbedingung (3.33/7) erfüllt ist, die partielle Dgl.(3.33/3) in zwei gewöhnliche Differentialgleichungen zerfällt, je eine für die Ortsfunktion $\varphi(x)$ und die Zeitfunktion $\tau(t)$. Wir müssen nun auch noch die Randbedingungen auf Trennbarkeit untersuchen.

Leicht überblicken lassen sich die Fälle des an einer Stelle $x = a$ festgehaltenen oder des dort freien Randes. Im ersten Fall folgt aus $u(a,t) = 0$, da die Bedingung zu allen Zeiten gelten soll,

$$\varphi(a) = 0 \quad . \qquad (3.33/10a)$$

Im zweiten Fall entsteht aus $\sigma(a,t) = 0$ wegen (3.33/2)

$$E[u'(a,t) + \alpha\dot{u}'(a,t)] = 0$$

und somit

$$E\varphi'(a)[\tau(t) + \alpha\dot{\tau}(t)] = 0 \quad ,$$

also – wieder wie früher –

$$\varphi'(a) = 0 \quad . \qquad (3.33/10b)$$

Ist der Stab am Rande $x = a$ jedoch durch eine Masse M, einen Dämpfer b und eine Feder c abgeschlossen, so lautet die Randbedingung (linker Rand oberes, rechter Rand unteres Vorzeichen)

$$\pm A\sigma(a,t) = M\ddot{u}(a,t) + b\dot{u}(a,t) + cu(a,t) \quad . \qquad (3.33/11a)$$

Der Separationsansatz bringt

$$\pm\left[\frac{EA}{M}\frac{\varphi'(a)}{\varphi(a)} - \frac{c}{M}\right] = \frac{\ddot{\tau} + (b/M - \alpha c/M)\dot{\tau}}{\tau + \alpha\dot{\tau}} \quad . \qquad (3.33/11b)$$

Links steht eine Konstante, die rechte Seite ist dagegen eine Funktion von t. Für $\tau(t)$ muß aber die Dgl.(3.33/9b) gelten; mit ihrer Hilfe wird die rechte Seite von (3.33/11b) zu

$$-\omega^2 + [(b/M - \alpha c/M) - (\beta - \alpha\gamma)]\frac{\dot{\tau}}{\tau + \alpha\dot{\tau}} \quad .$$

Damit dieser Ausdruck zu einer Konstanten wird, muß

$$b/M - \alpha c/M = \beta - \alpha\gamma \equiv S$$

sein: Auch die Randwerte M, b, c müssen (wie die verteilten Werte m^*, b^*, c^*) die Separationsbedingung (3.33/7) erfüllen. Die Konstante in (3.33/11b) ergibt sich dann wieder zu $-\omega^2$. Die Randbedingung (3.33/11a) geht damit über in

$$\pm EA\varphi'(a) + (\omega^2 M - c)\varphi(a) = 0 \quad . \qquad (3.33/11c)$$

Sie ist zeitfrei; sie ist wieder eine Bedingung für die Ortsfunktion $\varphi(x)$.

Das Anpassen der Lösung (3.31/10b) der Dgl.(3.33/8b) an die Randbedingungen führt wieder zu einem Eigenwertproblem. Wie zuvor werden aus einer transzendenten Frequenzengleichung die Eigenwerte k_n (3.33/8b) und aus ihnen die Eigenfrequenzen ω_n sowie die Eigenfunktionen $\varphi_n(x)$ bestimmt.

γ) Orthogonalität der Eigenfunktionen

Vorbemerkung: Zwei Funktionen $\psi_n(x)$ und $\psi_m(x)$ heißen orthogonal im Bereich $x = 0$ bis $x = l$, wenn für $n \neq m$ gilt

$$\int_0^l \psi_n(x)\,\psi_m(x)\,dx = 0 \quad ;$$

(siehe Abschn.1.42). Sie heißen "verallgemeinert orthogonal", "belastet orthogonal" oder "bewertet orthogonal" mit der "Belastungs-" oder "Bewertungsfunktion" $b(x)$, wenn gilt

$$\int_0^l b(x)\,\psi_n(x)\,\psi_m(x)\,dx = 0 \qquad (n \neq m) \quad .$$

Die in Abschn.3.31 (bei konstanter Massenbelegung $m^* = \text{const}$) sich einstellenden Eigenfunktionen $\varphi_n(x)$ konnten leicht als orthogonal erkannt werden. Es erhebt sich die Frage, ob die aus andern als den einfachen Randbedingungen $\varphi(a) = 0$ und $\varphi'(a) = 0$ folgenden Eigenfunktionen ebenfalls orthogonal sind. Erweisen sie sich als orthogonal, so ist das Problem der Entwicklung von Anfangsausschlägen und Anfangsgeschwindigkeiten nach den Eigenfunktionen ähnlich einfach wie in Abschn.3.31, wo Fourierkoeffizienten bestimmt werden mußten.

Wir werden zeigen: Die Eigenfunktionen s i n d orthogonal, und zwar entweder im einfachen oder im verallgemeinerten Sinn. Wir können das zeigen, ohne daß wir die Eigenfunktionen im einzelnen zu kennen brauchen. Zum Beweis benötigen wir nur die Tatsache, daß die Eigenfunktionen der Differentialgleichung und den Randbedingungen genügen und zu verschiedenen Eigenwerten gehören.

Die Eigenfunktion $\varphi_n(x)$ genüge der Dgl.(3.33/8b),

$$EA\varphi_n'' + (m^*\omega_n^2 - c^*)\varphi_n = 0 \quad . \qquad (3.33/12a)$$

Multiplikation mit der Eigenfunktion $\varphi_m(x)$ bringt

$$EA\varphi_n''\varphi_m + (m^*\omega_n^2 - c^*)\varphi_n\varphi_m = 0 \quad .$$

Ebenso gilt, wenn die Differentialgleichung für $\varphi_m(x)$ angeschrieben und mit $\varphi_n(x)$ multipliziert wird,

$$EA\varphi_m''\varphi_n + (m^*\omega_m^2 - c^*)\varphi_m\varphi_n = 0 \quad .$$

Die Differenz der beiden Gleichungen lautet

$$EA(\varphi_n''\varphi_m - \varphi_m''\varphi_n) + (\omega_n^2 - \omega_m^2)m^*\varphi_n\varphi_m = 0 \quad . \qquad (3.33/12b)$$

Integration über die Stablänge von $x = 0$ bis $x = l$ liefert

$$EA\int_0^l (\varphi_n''\varphi_m - \varphi_m''\varphi_n)\,dx + (\omega_n^2 - \omega_m^2)\int_0^l m^*\varphi_n\varphi_m\,dx = 0 \quad . \qquad (3.33/12c)$$

Nun ist aber (partielle Integration)

$$\int_0^l \varphi_n''\varphi_m\,dx = \left[\varphi_n'\varphi_m\right]_0^l - \int_0^l \varphi_n'\varphi_m'\,dx \quad ;$$

deshalb wird aus (3.33/12c)

$$EA\left[\varphi_n'\varphi_m - \varphi_m'\varphi_n\right]_0^l + (\omega_n^2 - \omega_m^2)\int_0^l m^*\varphi_n\varphi_m\,dx = 0 \quad . \qquad (3.33/12d)$$

Sind die Ränder entweder fest ($\varphi = 0$) oder frei ($\varphi' = 0$), so verschwindet der ausintegrierte Anteil, und es gilt, wenn $\omega_n \neq \omega_m$ ist,

$$\int_0^l m^*\varphi_n\varphi_m\,dx = 0 \quad . \qquad (3.33/12e)$$

Ist der Stab an den Rändern durch Massen M_0 oder M_l, Dämpfer b_0 oder b_l und Federn c_0 oder c_l abgeschlossen, so gelten die Randbedingungen [siehe (3.33/11c)]

$$\begin{aligned} EA\varphi'(0) &= -(\omega^2 M_0 - c_0)\varphi(0) \quad , \\ EA\varphi'(l) &= +(\omega^2 M_l - c_l)\varphi(l) \quad . \end{aligned} \qquad (3.33/13)$$

Aus (3.33/12d) wird

$$(\omega_m^2-\omega_n^2)\left[\int_0^l m^*\varphi_n(x)\varphi_m(x)\,dx + M_0\varphi_n(0)\varphi_m(0) + M_l\varphi_n(l)\varphi_m(l)\right] = 0\,. \quad (3.33/14a)$$

Definiert man durch

$$M^*(x) := M_0 + m^*(x) + M_l \quad (3.33/14b)$$

eine neue Massenbelegungsfunktion M*(x), die die Einzelmassen mit erfaßt, so läßt sich die Aussage (3.33/14a) für $\omega_n \neq \omega_m$ analog zu (3.33/12e) fassen als

$$\int_0^l M^*(x)\varphi_n(x)\varphi_m(x)\,dx = 0\ . \quad (3.33/14c)$$

Die beiden Bedingungen (3.33/12e) bzw. (3.33/14c) drücken eine verallgemeinerte Orthogonalität mit der Bewertungsfunktion m* bzw. M* aus. Wenn die Bewertungsfunktion eine Konstante ist, geht die verallgemeinerte Orthogonalität über in die einfache,

$$\int_0^l \varphi_n(x)\varphi_m(x)\,dx = 0\ . \quad (3.33/15)$$

Für n = m erhält man für das Integral (3.33/14c) den Ausdruck

$$\int_0^l M^*(x)\varphi_n^2(x)\,dx =: \Lambda_n^*\ , \quad (3.33/16)$$

er heißt die Norm der Eigenfunktion.

δ) Die Anfangsbedingungen

Der Ausschlag u(x,t) setzt sich auch hier zusammen aus allen Eigenschwingungen $u_n(x,t) = \varphi_n(x)\tau_n(t)$, also

$$u(x,t) = \sum_n \varphi_n(x)\tau_n(t)\ . \quad (3.33/17)$$

Wenn die Eigenfunktionen $\varphi_n(x)$ bestimmt worden sind, folgen die Zeitfunktionen $\tau_n(t)$ aus (3.33/9c) mit Integrationskonstanten a_{1n} und a_{2n}; die Parameter δ_n und ν_n bestimmen sich aus dem zu $\varphi_n(x)$ gehörigen Wert ω_n.

Die Koeffizienten a_{1n} und a_{2n} von τ_n in (3.33/17) müssen auch hier aus den Anfangsbedingungen (3.31/18a) und (3.31/18b) ermittelt werden:

$$u(x,0) =: f(x) = \sum_n \varphi_n(x)\tau_n(0) \quad , \qquad (3.33/17a)$$

$$\dot{u}(x,0) =: g(x) = \sum_n \varphi_n(x)\dot{\tau}_n(0) \quad . \qquad (3.33/17b)$$

Wir lassen in der Dgl.(3.33/8) noch veränderliche Koeffizienten zu. Multiplizieren wir (3.33/17a) mit $m^*(x)\varphi_m(x)$ und integrieren über die Stablänge, so folgt nach Vertauschen von Integration und Summation

$$\int_0^l f(x)\,m^*(x)\,\varphi_m(x)\,dx = \sum_n \tau_n(0)\int_0^l m^*(x)\,\varphi_n(x)\,\varphi_m(x)\,dx \quad . \qquad (3.33/18)$$

Wegen der Orthogonalität (3.33/14c) bleibt von der Summe nur ein Glied, das für $n = m$, übrig. Aus ihm folgt

$$\tau_n(0) = \frac{1}{\Lambda_n^*}\int_0^l f(x)M^*(x)\,\varphi_n(x)\,dx \quad . \qquad (3.33/19a)$$

Entsprechend gilt

$$\dot{\tau}_n(0) = \frac{1}{\Lambda_n^*}\int_0^l g(x)M^*(x)\,\varphi_n(x)\,dx \quad . \qquad (3.33/19b)$$

Aus (3.33/19a) und (3.33/19b) lassen sich danach wegen der aus (3.33/9c) folgenden Beziehungen

$$\begin{aligned} \tau_n(0) &= a_{1n} \;, & a_{1n} &= \tau_n(0) \;, \\ \dot{\tau}_n(0) &= a_{1n}\delta_n + a_{2n}\nu_n \;, & a_{2n} &= \frac{1}{\nu_n}\left[\dot{\tau}_n(0) + \delta_n\tau_n(0)\right] \end{aligned} \qquad (3.33/20)$$

die Koeffizienten a_{1n} und a_{2n} ermitteln. Somit sind alle Integrationskonstanten bestimmt.

3.34 Der querschwingende Balken

a) Die Differentialgleichung und die Separationsbedingung

Nach den Gesetzen der elementaren Festigkeitslehre besteht zwischen der Absenkung $w(x)$ eines Balkens, den Parametern E (Elastizitätsmodul) und I(x) (Hauptflächenträgheitsmoment) sowie der Streckenlast q(x) [wobei $\dim(q) = \dim(F L^{-1})$ ist], die Beziehung

$$(EIw'')'' = q \quad .$$

Dieser Gleichung liegt als Werkstoffgesetz die Hookesche Beziehung $\sigma = E\varepsilon$ zugrunde; mit dem Gesetz $\sigma = E(\varepsilon + \alpha\dot{\varepsilon})$ (3.33/2) tritt an ihre Stelle

$$(EIw'' + \alpha EI\dot{w}'')'' = q \quad .$$

Die Streckenlast q möge sich (ähnlich wie in 3.33) zusammensetzen aus der Trägheitskraft $-m^*\ddot{w}$, einer äußeren Dämpferkraft $-b^*\dot{w}$ und einer äußeren Federkraft $-c^*w$. Damit folgt als Bewegungsgleichung die partielle Differentialgleichung vierter Ordnung

$$(EIw'' + \alpha EI\dot{w}'')'' = -(m^*\ddot{w} + b^*\dot{w} + c^*w) \quad . \tag{3.34/1}$$

Auch hier suchen wir solche Lösungen auf, die mit Hilfe des Separationsansatzes

$$w(x,t) = \varphi(x)\,\tau(t) \tag{3.34/2}$$

gewonnen werden können, die also auf Eigenschwingungen führen. Mit (3.34/2) entsteht aus (3.34/1)

$$(EI\varphi'')''(\tau + \alpha\dot{\tau}) = -(m^*\ddot{\tau} + b^*\dot{\tau} + c^*\tau)\varphi \quad . \tag{3.34/3}$$

Wieder benutzen wir die Abkürzungen (3.33/5)

$$\beta(x) := \frac{b^*(x)}{m^*(x)} \quad , \qquad \gamma(x) := \frac{c^*(x)}{m^*(x)} \quad . \tag{3.34/4}$$

Trennen von φ und τ bringt, ähnlich wie in (3.33/6) die Gleichung

$$\frac{(EI\varphi'')''}{m^*\varphi} + \gamma = -\frac{\ddot{\tau} + (\beta - \alpha\gamma)\dot{\tau}}{\tau + \alpha\dot{\tau}} \quad . \tag{3.34/5}$$

Weil sowohl β wie γ noch von x abhängen, ist auch hier eine vollständige Trennung von Orts- und Zeitfunktionen noch nicht erreicht. Wieder ist sie nur erreichbar, falls die Separationsbedingung (3.33/7) erfüllt ist. Setzen wir dann beide Seiten von (3.34/5) gleich $+\omega^2$, so erhalten wir die beiden gewöhnlichen Differentialgleichungen

$$(EI\varphi'')'' - (\omega^2 m^* - c^*)\varphi = 0 \qquad (3.34/6)$$

und

$$\ddot{\tau} + (S + \alpha\omega^2)\dot{\tau} + \omega^2\tau = 0 \ . \qquad (3.34/7)$$

Gl.(3.34/7) stimmt mit Gl.(3.33/9) überein und hat deshalb dieselben Lösungen wie jene. In Gl.(3.34/6) dürfen die Koeffizienten $I(x)$, $m^*(x)$ und $c^*(x)$ noch veränderlich sein. Methode und Ergebnis der Integration hängen von diesen Funktionen allerdings entscheidend ab.

β) Die Randbedingungen

Die Dgl.(3.34/6) ist von vierter Ordnung; demgemäß enthält ihre Lösung vier Integrationskonstanten. Sie werden aus den vier Randbedingungen des Problems bestimmt. Für jeden der beiden Ränder des Balkens lassen sich zwei Randbedingungen formulieren. Auf dem Balken und am Rand ist die Querkraft $Q = -(EIw'' + EI\alpha\dot{w}'')'$; das Biegemoment $B = -EI(w'' + \alpha\dot{w}'')$. Nehmen wir den allgemeinen Fall an, daß die Ränder sowohl durch eine Masse M, einen Dämpfer b, eine Feder c wie auch durch eine Drehmasse $\widehat{m}$, einen Drehdämpfer $\widehat{b}$ und eine Drehfeder $\widehat{c}$ abgeschlossen sind, so lauten die Randbedingungen für den l i n k e n Rand $(x = 0)$

$$Q \equiv -(EIw'' + EI\alpha\dot{w}'')' = M\ddot{w} + b\dot{w} + cw \ , \qquad (3.34/8a)$$

$$B \equiv -EI(w'' + \alpha\dot{w}'') = -(\widehat{m}\ddot{w}' + \widehat{b}\dot{w}' + \widehat{c}w') \ . \qquad (3.34/8b)$$

Am rechten Rand ändert sich in beiden Gleichungen das Vorzeichen einer Seite.

Einarbeiten des Separationsansatzes $w(0,t) = \varphi(0)\tau(t)$ bringt

$$\frac{(EI\varphi'')'(0)}{M\varphi(0)} + \frac{c}{M} = -\frac{\ddot{\tau} + (b/M - \alpha c/M)\dot{\tau}}{\tau + \alpha\dot{\tau}} \ , \qquad (3.34/9a)$$

$$-\frac{(EI\varphi'')(0)}{\widehat{m}\varphi'(0)} + \frac{\widehat{c}}{\widehat{m}} = -\frac{\ddot{\tau} + (\widehat{b}/\widehat{m} - \alpha\widehat{c}/\widehat{m})\dot{\tau}}{\tau + \alpha\dot{\tau}} \quad . \qquad (3.34/9b)$$

Die rechten Seiten beider Randgleichungen müssen die für den ganzen Balken geltende Funktion $\tau(t)$ liefern, die der Dgl.(3.34/7) genügt; es müssen also sowohl M, b, c wie auch $\widehat{m}$, $\widehat{b}$, $\widehat{c}$ die Separationsbedingung erfüllen:

$$b/M - \alpha c/M = \widehat{b}/\widehat{m} - \alpha\widehat{c}/\widehat{m} = \beta - \alpha\gamma = \delta \quad . \qquad (3.34/10)$$

Beide Seiten beider Gln.(3.34/9) sind dann wieder konstantengleich, etwa $\overline{\omega}^2$ und $\widehat{\omega}^2$. Damit lauten die Randbedingungen für den Rand $x = 0$, wenn wir zur Vereinfachung $EI = \text{const}$ voraussetzen,

$$\begin{aligned} EI\varphi''' + (c - M\overline{\omega}^2)\varphi &= 0 \quad , \\ EI\varphi'' - (\widehat{c} - \widehat{m}\widehat{\omega}^2)\varphi' &= 0 \quad . \end{aligned} \qquad (3.34/11a)$$

Für den Rand $x = l$ drehen sich die Vorzeichen von Q und B in (3.34/8) um, so daß am rechten Rand gilt

$$\begin{aligned} EI\varphi''' - (c - M\overline{\omega}^2)\varphi &= 0 \quad , \\ EI\varphi'' + (\widehat{c} - \widehat{m}\widehat{\omega}^2)\varphi' &= 0 \quad . \end{aligned} \qquad (3.34/11b)$$

Die Randbedingungen (3.34/11) stellen homogene lineare Beziehungen zwischen Ableitungen von φ dar. Wichtige Sonderfälle homogener Randbedingungen sind (an einer Stelle $x = a$) die Nullbedingungen:

$$\varphi(a) = 0 \;,\; \varphi'(a) = 0 \;,\; \varphi''(a) = 0 \;,\; \varphi'''(a) = 0 \quad . \qquad (3.34/12)$$

Wenn alle Randbedingungen homogen sind, so wird das Problem zu einem Eigenwertproblem. Eine Frequenzengleichung liefert die (unendlich vielen) Eigenkreisfrequenzen ω_n. Mit ihnen sind (über die k_n) dann die Eigenfunktionen $\varphi_n(x)$ bestimmt.

Beispiele folgen in Abschn.3.35.

γ) Orthogonalität der Eigenfunktionen

Auch für die Balkenquerschwingungen wollen wir untersuchen, ob die Eigenfunktionen ein orthogonales Funktionensystem bilden. Das Vorgehen ist völlig analog zu dem in Abschn.3.33. Die Dgl.(3.34/6) wird einmal für φ_n, das andere Mal für φ_m angeschrieben. Jede Gleichung wird mit "der anderen" Eigenfunktion multipliziert, dann werden beide Gleichungen voneinander subtrahiert. Integration über die Balkenlänge l liefert schließlich

$$\left[(EI\varphi_n'')'\varphi_m - (EI\varphi_m'')'\varphi_n - EI\varphi_n''\varphi_m' + EI\varphi_m''\varphi_n'\right]_0^l =$$

$$= (\omega_n^2 - \omega_m^2)\int_0^l m^*\varphi_n\varphi_m\,dx \quad . \qquad (3.34/13)$$

Nehmen wir als Randbedingungen die allgemeinen Bedingungen (3.34/11) und bezeichnen mit dem Argument und dem Index 0 die Größen am linken Rand, mit l die am rechten Rand, so folgt nach Division durch $(\omega_n^2 - \omega_m^2)$ für $n \neq m$

$$-m_l\varphi_n(l)\varphi_m(l) - m_0\varphi_n(0)\varphi_m(0) - \widehat{m}_l\varphi_n'(l)\varphi_m'(l) - \widehat{m}_0\varphi_n'(0)\varphi_m'(0) =$$

$$= \int_0^l m^*\varphi_n\varphi_m\,dx \quad . \qquad (3.34/14)$$

Ziehen wir wie in Abschn.3.33 die Endmassen m_0 und m_l mit in eine Massenbelegung M* (3.33/14b) hinein, so wird

$$\int_0^l M^*\varphi_n\varphi_m\,dx + \widehat{m}_l\varphi_n'(l)\varphi_m'(l) + \widehat{m}_0\varphi_n'(0)\varphi_m'(0) = 0 \qquad \text{für} \quad n \neq m \quad .$$

Fehlen Drehmassen $\widehat{m}$, so gilt die verallgemeinerte Orthogonalitätsbeziehung

$$\int_0^l M^*\varphi_n\varphi_m\,dx = 0 \quad . \qquad (3.34/15)$$

sind Drehmassen $\widehat{m}$ jedoch vorhanden, so gilt sie n i c h t.

δ) Die Anfangsbedingungen

Fehlen Drehmassen, so gelten auch für die Balkenschwingungen die Darlegungen des Abschn.3.33 : Die Konstanten a_{1n} und a_{2n} in der Zeitfunktion $\tau_n(t)$ werden durch Entwicklung nach Eigenfunktionen gewonnen.

3.35 Balkenschwingungen; Beispiele für verschiedene Randbedingungen

α) Alle Randbedingungen sind Nullbedingungen

Für den Balken selbst soll zusätzlich gelten:

$I(x) = const =: I$; $m^*(x) = const =: \rho A$; $b^*(x) = 0$; $c^* = 0$; $\alpha = 0$. Hiermit liefert (3.34/5)

$$\frac{EI\varphi^{IV}}{\rho A} = -\frac{\ddot{\tau}}{\tau} = \omega^2 \ . \qquad (3.35/1)$$

Nennen wir

$$\frac{\rho A}{EI}\omega^2 =: k^4 \ , \qquad (3.35/1a)$$

so ergeben sich die beiden gewöhnlichen Differentialgleichungen

$$\varphi^{IV} - k^4\varphi = 0 \ , \qquad (3.35/2a)$$

$$\ddot{\tau} + \omega^2\tau = 0 \ . \qquad (3.35/3a)$$

Sie haben die Lösungen

$$\varphi = A_1 \cosh kx + A_2 \sinh kx + A_3 \cos kx + A_4 \sin kx, \qquad (3.35/2b)$$

$$\tau = a_1 \cos \omega t + a_2 \sin \omega t \ . \qquad (3.35/3b)$$

Aus den vier Randbedingungen für die Funktion $\varphi(x)$ werden drei der vier Integrationskonstanten A_1 bis A_4 und dazu der Eigenwert k bestimmt.

Nehmen wir als Beispiel den bei $x = 0$ eingespannten, bei $x = l$ freien Balken, so lauten die vier Randbedingungen

$$\varphi(0) = 0 \ , \quad \varphi'(0) = 0 \ , \quad \varphi''(l) = 0 \ , \quad \varphi'''(l) = 0 \ .$$

Die erste von ihnen bringt $A_1 = -A_3$, die zweite $A_2 = -A_4$. Also wird

$$\varphi = A_1(\cos kx - \cosh kx) + A_2(\sin kx - \sinh kx)$$

und damit

$$\varphi''/k^2 = A_1(-\cos kx - \cosh kx) + A_2(-\sin kx - \sinh kx)$$

sowie

$$\varphi'''/k^3 = A_1(\sin kx - \sinh kx) + A_2(-\cos kx - \cosh kx) \ .$$

Die dritte Randbedingung bringt

$$\frac{A_1}{A_2} = -\frac{\sin kl + \sinh kl}{\cos kl + \cosh kl} \quad ,$$

die vierte

$$\frac{A_1}{A_2} = -\frac{\cos kl + \cosh kl}{-\sin kl + \sinh kl} \quad .$$

Die Forderung, daß beide Quotienten gleich sind, liefert die Eigenwertgleichung (Frequenzengleichung) in der Form

$$(\cos kl + \cosh kl)^2 = (\sin kl + \sinh kl)(\sinh kl - \sin kl)$$

oder gleichwertig

$$\cos kl \cosh kl + 1 = 0 \quad . \tag{3.35/4}$$

Sie legt die Eigenwerte k_n fest. Die Eigenfunktionen lauten damit (unter Weglassung der Konstanten, die man in die Koeffizienten a_{1n} und a_{2n} der Zeitfunktion nehmen kann)

$$\varphi_n(x) = (\cos k_n x - \cosh k_n x) - (\sin k_n x - \sinh k_n x)\frac{\cos k_n l + \cosh k_n l}{\sin k_n l + \sinh k_n l} \,. \tag{3.35/5}$$

Die Koeffizienten a_{1n} und a_{2n} der Zeitfunktion τ findet man wieder aus den Anfangsbedingungen: Ist eine Anfangsauslenkung $f(x)$ und eine Anfangsgeschwindigkeit $g(x)$ gegeben, so berechnen sich die Koeffizienten a_{1n} und a_{2n} aus den Gln.(3.33/17a) und (3.33/17b). Die erforderlichen Entwicklungen bedingen hier allerdings aufwendigere Rechnungen; es handelt sich nicht mehr um Fourier-Reihen.

In Tafel 3.35/I sind für einige Kombinationen von Randbedingungen sowohl die Frequenzengleichung wie die Eigenfunktionen angegeben.

β) Die Randbedingungen sind homogen im Ausschlag und seinen Ableitungen

Explizit behandeln wir den Fall eines links eingespannten Balkens, der am rechten Ende durch eine Feder der Steifigkeit c abgeschlossen ist. Die vier Randbedingungen lauten hier

$$\varphi(0) = 0 \ , \quad \varphi'(0) = 0 \ , \quad \varphi''(l) = 0 \ , \quad EI\varphi'''(l) = c\varphi(l) \ .$$

Die ersten drei Bedingungen stimmen mit denen des Beispiels im Unterabschnitt α) überein; aus ihnen folgt

$$\varphi(x) = A_1\left[(\cos kx - \cosh kx) - (\sin kx - \sinh kx)\frac{\cos kl + \cosh kl}{\sin kl + \sinh kl}\right] . \qquad (3.35/6)$$

Die vierte Randbedingung liefert die Frequenzengleichung

$$1 + \cos kl \cosh kl = \frac{c}{EIk^3}\left[\cos kl \sinh kl - \cosh kl \sin kl\right], \qquad (3.35/7)$$

sie bestimmt die Eigenwerte k_n. Gl.(3.35/6) gibt (ohne den Faktor A_1) die zugehörige Eigenfunktion.

γ) Balken auf federnder und dämpfender Unterlage; beide Ränder sind frei

Die Parameter des Gebildes seien: $I(x) = \text{const} =: I$, $m^* = \text{const} =: \rho A$, $b^*(x) = \text{const} =: b^*$, $c^*(x) = \text{const} =: c^*$; ferner sei $\alpha = 0$.

Die Separationsbedingung (3.33/7) $\beta - \alpha\gamma = \text{const}$ ist erfüllt: Es gibt Eigenfunktionen. Gl.(3.34/5) bringt

$$\frac{EI\varphi^{IV}}{\rho A\varphi} + \frac{c^*}{\rho A} = -\frac{\ddot{\tau} + (b^*/\rho A)\dot{\tau}}{\tau} = \omega^2 \ .$$

Für die Ortsfunktion $\varphi(x)$ gilt die Differentialgleichung

$$EI\varphi^{IV} + (c^* - \rho A\omega^2)\varphi = 0 \ .$$

Nennen wir hier

$$(c^* - \rho A\omega^2)/EI =: k^4 \ , \qquad (3.35/8a)$$

so lautet die Differentialgleichung wieder wie (3.35/2a)

$$\varphi^{IV} - k^4\varphi = 0 \ . \qquad (3.35/8b)$$

Die Differentialgleichung für die Zeitfunktion $\tau(t)$ lautet hier

$$\ddot{\tau} + (b^*/\rho A)\dot{\tau} + \omega^2\tau = 0 \ . \qquad (3.35/8c)$$

Tafel 3.35/I. Balken mit einfachen Randbedingungen

Anordnung	Randbedingungen	Frequenzengleichung	Asymptotischer Wert $k_m^{(a)}l$ des Eigenwertes $k_m l$, $m = 1, 2, 3 \ldots$	Differenz $\delta = k_m l - k_m^{(a)} l$: m	Differenz $\delta = k_m l - k_m^{(a)} l$: δ
①	$\varphi^{II}(0) = \varphi^{III}(0) = 0$ $\varphi^{II}(l) = \varphi^{III}(l) = 0$	$1 - \cos kl \cosh kl = 0$	$(2m+1)\frac{\pi}{2}$	1 2 3	+ 0,01765 − 0,00078 + 0,00003
② 	$\varphi(0) = \varphi^{I}(0) = 0$ $\varphi(l) = \varphi^{I}(l) = 0$	$1 - \cos kl \cosh kl = 0$	$(2m+1)\frac{\pi}{2}$	1 2 3	+ 0,01765 − 0,00078 + 0,00003
③ 	$\varphi(0) = \varphi^{II}(0) = 0$ $\varphi(l) = \varphi^{II}(l) = 0$	$\sin kl = 0$	$m\pi$	1 2 3	0 0 0
④ 	$\varphi(0) = \varphi^{I}(0) = 0$ $\varphi^{II}(l) = \varphi^{III}(l) = 0$	$1 + \cos kl \cosh kl = 0$	$(2m-1)\frac{\pi}{2}$	1 2 3	+ 0,30431 − 0,01830 + 0,00078
⑤ 	$\varphi(0) = \varphi^{I}(0) = 0$ $\varphi(l) = \varphi^{II}(l) = 0$	$\tan kl - \tanh kl = 0$	$(4m+1)\frac{\pi}{4}$	1 2 3	− 0,00039 ≈ 0 ≈ 0
⑥ 	$\varphi^{II}(0) = \varphi^{III}(0) = 0$ $\varphi(l) = \varphi^{II}(l) = 0$	$\tan kl - \tanh kl = 0$	$(4m+1)\frac{\pi}{4}$	1 2 3	− 0,00039 ≈ 0 ≈ 0

Tafel 3.35/I (Fortsetzung). Balken mit einfachen Randbedingungen

Eigenfunktion $\varphi_m(x)$ (mit $k = k_m$)	Skizzen der jeweils ersten drei Eigenfunktionen ($m = 1,2,3$)
$\cosh kx + \cos kx - (\sinh kx + \sin kx)\dfrac{\cosh kl - \cos kl}{\sinh kl - \sin kl}$	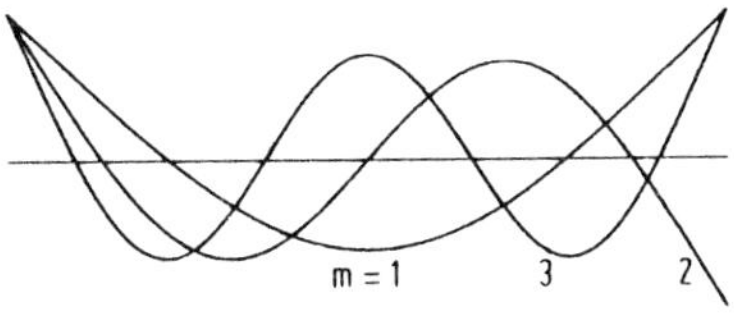
$\cosh kx - \cos kx - (\sinh kx - \sin kx)\dfrac{\cosh kl - \cos kl}{\sinh kl - \sin kl}$	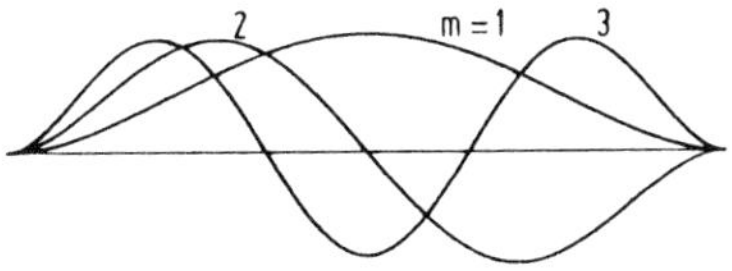
$\sin kx$	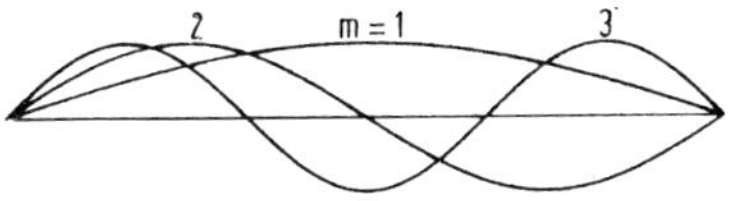
$\cosh kx - \cos kx - (\sinh kx - \sin kx)\dfrac{\sinh kl - \sin kl}{\cosh kl + \cos kl}$	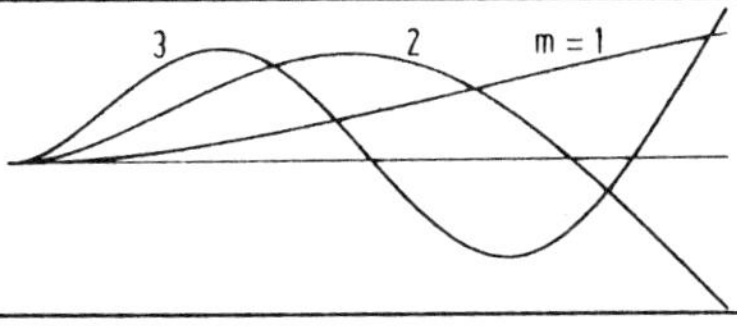
$\cosh kx - \cos kx - (\sinh kx - \sin kx)\cot kl$	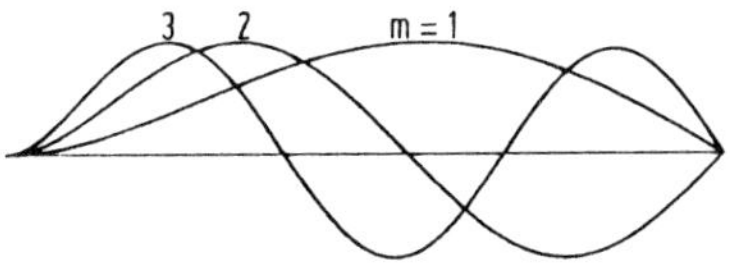
$\cosh kx + \cos kx - (\sinh kx + \sin kx)\cot kl$	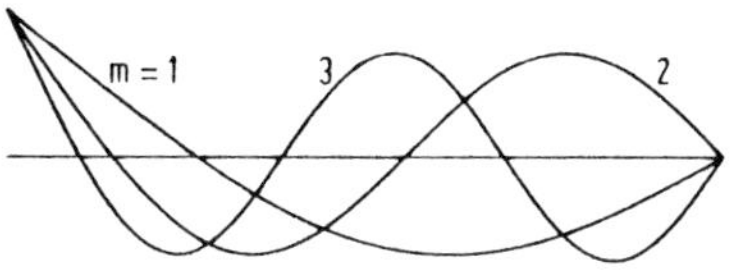

Als Lösungen der beiden Differentialgleichungen finden wir

$$\varphi(x) = A_1 \cos kx + A_2 \sin kx + A_3 \cosh kx + A_4 \sinh kx \quad , \qquad (3.35/9)$$

$$\tau(t) = e^{-\delta t}(a_1 \cos \nu t + a_2 \sin \nu t) \qquad (3.35/10)$$

mit $\delta := b^*/2\rho A$ und $\nu^2 := \omega^2 - \delta^2$. Gl.(3.35/9) ist identisch mit (3.35/2b).

Die Randbedingungen lauten hier

$$\varphi''(0) = 0 \quad , \quad \varphi'''(0) = 0 \quad , \quad \varphi''(l) = 0 \quad , \quad \varphi'''(l) = 0 \quad .$$

Tafel 3.35/I liefert dazu die Frequenzengleichung und die Eigenfunktionen. Wir erhalten die gleichen Eigenwerte k_n wie im Falle ohne federnde Unterlage, die zugehörigen Frequenzen ω_n sind aber verschieden von denen im ungefederten Fall; hier gilt nämlich nicht (3.35/1a), sondern

$$\frac{c^* - \rho A \omega_n^2}{EI} =: k_n^4 \quad . \qquad (3.35/8a)$$

Zusätzlich zu den durch (3.35/9) gegebenen Lösungen hat (3.35/8b) noch eine weitere Lösung, nämlich die Eigenform $\varphi_0 = \text{const} \neq 0$, also $\varphi_0^{IV} = 0$ mit dem Eigenwert $k_0 = 0$. Er liefert die Eigenfrequenz

$$\omega_0^2 = c^*/\rho A \quad (= c^* l/m) \quad .$$

Der Balken führt dann als starrer Körper Translationsschwingungen auf der Unterlage aus. Die Eigenfunktion $\varphi_0 = \text{const}$ ist ebenfalls orthogonal zu den aus (3.35/7) bestimmten Eigenfunktionen φ_n, $n = 1,2,\ldots$ Sie macht das System der orthogonalen Eigenfunktionen erst vollständig, und sie darf beim Entwickeln der Anfangswerte f(x) und g(x) nach Eigenfunktionen nicht außer acht bleiben.

3.36 Angenäherte Berechnung der niedrigsten Eigenfrequenz

a) Eigenwerte von Differentialgleichungen; der Rayleighsche Quotient

In den Abschn.3.31 und 3.34 waren wir auf zwei gewöhnliche Differentialgleichungen gestoßen, die – zusammen mit homogenen Randbedingungen – auf Eigenwertprobleme führten; zum einen war dies die

Dgl.(3.31/9b), zum andern die Dgl.(3.34/6) oder in vereinfachter Gestalt (3.35/2a):

$$-\varphi'' = k^2\varphi \; , \tag{3.36/1a}$$

$$\varphi^{IV} = k^4\varphi \; . \tag{3.36/1b}$$

Beide Eigenwertaufgaben werden mathematisch zu den sogenannten "speziellen Eigenwertproblemen" gerechnet, bei denen die Differentialgleichung für die Funktion $\varphi(x)$ die Gestalt

$$\mathbf{M}[\varphi] = \lambda\mu(x)\varphi \tag{3.36/2}$$

hat. (Einzelheiten siehe z.B. in Lit.3.36/1.) Dabei bezeichnet

λ den Eigenwert [entsprechend k^2 oder k^4 in (3.36/1)],

$\mu(x)$ eine Belegungsfunktion (von durchweg positivem Vorzeichen) und

$\mathbf{M}[\varphi]$ einen linearen Differentialausdruck der Ordnung 2m; das Vorzeichen von $\mathbf{M}$ soll so gewählt sein, daß für irgend eine Vergleichsfunktion $u(x)$ der Ausdruck

$$\int_0^l u\mathbf{M}[u]\,dx > 0 \tag{3.36/2a}$$

wird.

Für die soeben beschriebenen "speziellen" Eigenwertprobleme (mit solchen haben wir es hier allein zu tun) gelten (neben manchen anderen) die folgenden fünf Sätze:

1. Alle Eigenfunktionen $\varphi_n(x)$ genügen einer (verallgemeinerten) Orthogonalitätsbedingung

$$\int_0^l \mu(x)\varphi_i(x)\varphi_k(x) = 0 \quad \text{für} \quad i \neq k \; . \tag{3.36/3}$$

(Für bestimmte Differentialgleichungen haben wir diesen Satz in den Abschn.3.33γ und 3.34γ explizit bewiesen.)

2. Hat die Differentialgleichung reelle Koeffizienten, so sind alle Eigenwerte λ_n reell.

3. Der mit einer (die Randbedingungen erfüllenden und (2m)-mal ste-

tig differenzierbaren) "Vergleichsfunktion" $u(x)$ gebildete Ausdruck

$$\mathbf{R}[u] = \frac{\int_0^l u\mathbf{M}[u]\,dx}{\int_0^l \mu u^2\,dx} \tag{3.36/4}$$

heißt der Rayleighsche Quotient. Er ist eine positive Zahl,

$$\mathbf{R}[u] > 0 \quad . \tag{3.36/4a}$$

4. Wird als $u(x)$ eine Eigenfunktion $\varphi_n(x)$ gewählt, so gibt der Rayleighsche Quotient den zugehörigen Eigenwert λ_n an,

$$\mathbf{R}[\varphi_n] = \lambda_n \quad ; \tag{3.36/5}$$

die Eigenwerte sind also alle positiv.

5. Der mit irgend einer Vergleichsfunktion $u(x)$ gebildete Rayleighsche Quotient ist nie kleiner als der erste Eigenwert λ_1,

$$\mathbf{R}[u] \geqq \lambda_1 \quad . \tag{3.36/6}$$

Die Aussage (3.36/6) ist für die angenäherte Berechnung des wichtigen niedrigsten Eigenwertes von großer praktischer Bedeutung. Wir geben für diese Berechnung zwei Beispiele, und zwar je eines zur Differentialgleichung zweiter Ordnung (3.36/1a) und zur Differentialgleichung vierter Ordnung (3.36/1b).

Erstes Beispiel: Die Differentialgleichung des Eigenwertproblems sei (3.36/1a). In der Schreibweise von (3.36/2) lautet sie wegen der Bedingung (3.36/2a)

$$-\varphi'' = \lambda\varphi \quad . \tag{3.36/7a}$$

Die Belegungsfunktion ist hier $\mu \equiv 1$. Die Randbedingungen seien

$$\varphi(0) = 0 \quad ; \quad \varphi(l) = 0 \quad . \tag{3.36/7b}$$

Der Rayleighsche Quotient (3.36/4) nimmt hier die Gestalt

$$\mathbf{R}[u] = \frac{-\int_0^l u\,u''\,dx}{\int_0^l u^2\,dx} \tag{3.36/8a}$$

an.

Wählt man nun für u(x) die (aus der Gl.(3.31/15b) bekannte) erste Eigenfunktion $\varphi_1 = \sin\pi x/l$, so liefert (3.36/8a) wegen (3.36/5) den ersten Eigenwert λ_1; sein Zahlenwert ergibt sich zu

$$\lambda_1 \equiv \mathbf{R}[\varphi_1] = \pi^2/l^2 \quad . \tag{3.36/8b}$$

Wegen $\lambda_1 = k_1^2$ stimmt dieser Wert mit dem in der Tafel 3.31/I (erste Zeile) stehenden überein.

Wählt man dagegen als Vergleichsfunktion u(x) etwa die Parabel

$$u(x) = x(l - x) \quad ,$$

so nimmt der Rayleighsche Quotient den Wert

$$\mathbf{R}[u] = \frac{2\int_0^l u\,dx}{\int_0^l u^2\,dx} = \frac{10}{l^2} \tag{3.36/8c}$$

an. Wie (3.36/6) fordert, ist dieser Wert größer als λ_1; die Abweichung beträgt hier 1,32 %.

Zweites Beispiel: Differentialgleichung sei (3.36/1b), also in der Schreibweise von (3.36/2) mit der Bedingung (3.36/2a)

$$\varphi^{IV} = \lambda\varphi \quad ; \tag{3.36/9a}$$

wieder ist $\mu \equiv 1$. Die Randbedingungen seien

$$\varphi(0) = 0 \;\; ; \;\; \varphi'(0) = 0 \;\; ; \;\; \varphi''(l) = 0 \;\; ; \;\; \varphi'''(l) = 0 \quad . \tag{3.36/9b}$$

Der Rayleighsche Quotient (3.36/4) nimmt hier die Gestalt

$$\mathbf{R}[u] = \frac{\int u\,u^{IV}\,dx}{\int u^2\,dx} \tag{3.36/10a}$$

an.

Man bestätigt leicht, daß mit der aus der vierten Zeile von Tafel 3.35/I entnommenen Eigenfunktion $u = \varphi_n(x)$ der Rayleighsche Quotient (3.36/10a) wegen der Dgl.(3.36/9a) gleich k_n^4, also gleich λ_n ist, wie es (3.36/5) fordert.

Wählt man dagegen als Vergleichsfunktion $u(x)$ etwa jene ganze Funktion 4. Grades, die die vier Randbedingungen (3.36/9b) erfüllt, nämlich

$$u(x) = A\left[6x^2l^2 - 4x^3l + x^4\right]$$

(sie beschreibt die Durchsenkung des mit einer Gleichstreckenlast ruhend belasteten Balkens), so liefert der Rayleighsche Quotient (3.36/10a)

$$\mathbf{R}[u] = 12{,}45/l^4 \ . \qquad (3.36/10b)$$

Dieser Wert stellt gemäß (3.36/6) eine obere Schranke $\tilde{\lambda}_1$ für den ersten Eigenwert $\lambda_1 = k_1^4/l^4$ dar. Wir vergleichen die Zahlenwerte: Die niedrigste Wurzel kl der Eigenwertgleichung $1 + \cos kl \cosh kl = 0$ beträgt $k_1 l = 1{,}87510$, die vierte Wurzel aus $\tilde{\lambda}_1$ liefert $\tilde{k}_1 l = 1{,}878$. Der Näherungswert $\tilde{k}_1 l$ ist größer als der genaue Wert $k_1 l$; er weicht von ihm hier um 1,6 ‰ ab.

β) Mechanische Bedeutung des Rayleighschen Quotienten

Im Anschluß an Abschn.3.17 benutzen wir die folgenden Bezeichnungen: $u(x)$ bedeute die Ausschlagsform, $\mathbf{U}[u]$ die potentielle Energie, $\mathbf{T}[\dot{u}]$ die kinetische Energie eines schwingenden Gebildes. Der analog zu $\mathbf{T}[\dot{u}]$, aber mit dem Argument $u(x)$ statt $\dot{u}(x)$ gebildete Ausdruck heiße die "zugeordnete kinetische Energie" $\mathbf{T}^*[u]$.

Es läßt sich zeigen: Führen Schwingungsaufgaben mechanischer kontinuierlicher Gebilde auf spezielle Eigenwertprobleme [im besonderen z.B. auf Differentialgleichungen der Bauart (3.36/1)], so ist der [analog zu (3.17/4)] aus den Energieausdrücken $\mathbf{U}$ (potentielle Energie) und $\mathbf{T}^*$ ("zugeordnete kinetische Energie") gebildete Quotient $\mathbf{U}/\mathbf{T}^*$ proportional dem Rayleighschen Quotienten (3.36/4),

$$\frac{\mathbf{U}[u]}{\mathbf{T}^*[u]} = A_0\,\mathbf{R}[u] \quad . \qquad (3.36/11)$$

Der Faktor A_0 ist dabei so gebaut, daß der mit der "richtigen Ausschlagsfunktion" $u(x)$, also einer Eigenfunktion $\varphi_n(x)$, gebildete Quotient $\mathbf{U}/\mathbf{T}^*$, der wegen (3.36/5) gleich $A_0\lambda_n$ ist, das Eigenfrequenzquadrat ω_n^2 ergibt,

$$\frac{\mathbf{U}[\varphi_n]}{\mathbf{T}^*[\varphi_n]} = \omega_n^2 \quad . \qquad (3.36/12a)$$

Demgemäß liefert der mit einer "Vergleichs"-Funktion $u(x)$ zu $\varphi_1(x)$ gebildete Quotient (3.36/11) eine obere Schranke $\tilde{\omega}_1$ für ω_1,

$$\frac{\mathbf{U}[u]}{\mathbf{T}^*[u]} =: \tilde{\omega}_1^2 \geqq \omega_1^2 \quad . \qquad (3.36/12b)$$

γ) Beispiele; Massenzuschläge

Im Abschn.3.32 hatten wir erörtert, wie bei der Berechnung der Eigenfrequenz eines Feder(c_S)-Masse(M)-Schwingers der Einfluß der auf einer Stabfeder verteilten Masse m in Rechnung gestellt werden kann. Dort fanden wir durch Entwicklung der transzendenten Funktionen in der Frequenzengleichung, daß für $m \ll M$ der Einfluß durch einen Massenzuschlag m/3 zu M angenähert berücksichtigt werden kann; siehe (3.32/7b). Der Frage nach solchen Massenzuschlägen wollen wir nun auch für andere Anordnungen nachgehen. Dabei leistet der Rayleighsche Quotient vorzügliche Dienste.

B e i s p i e l 1 : Einleitend behandeln wir den schon untersuchten Schwinger, dessen Feder ein Dehnstab ist (Abb.3.36/1a), nun mit Hilfe des Rayleighschen Quotienten.

Die Auslenkung $u(x)$ der Stabelemente nehmen wir so an, wie sie sich ohne verteilte Masse m ergäbe: $u(x) = u_1 x/l$. (u_1 ist der Ausschlag der Masse M.) Dadurch werden $\mathbf{U}$ und $\mathbf{T}^*$ zu

$$\mathbf{U} = \frac{EA}{l}\frac{u_1^2}{2} \quad , \qquad \mathbf{T}^* = \frac{1}{2}\Big[M u_1^2 + \frac{m}{l}\int_0^l u^2\,dx\Big] = \frac{1}{2}m^2\big[M + m/3\big]$$

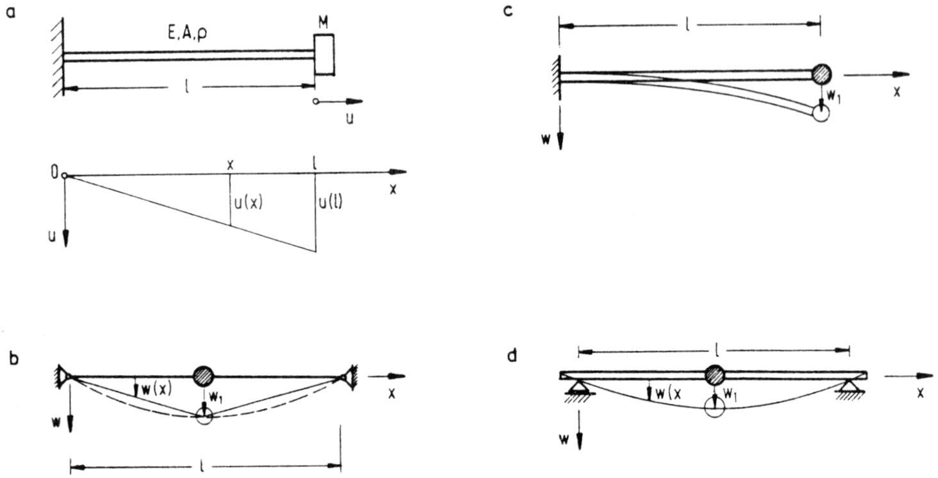

Abb.3.36/1. Gebilde mit Einzelmassen; a) Stab, b) Saite, c) und d) Balken

und somit

$$\omega_1^2 \leqq \frac{EA}{l}\,\frac{1}{M + m/3} \quad . \tag{3.36/13a}$$

Gl.(3.32/7b) entspricht (3.36/13a) mit dem Gleichheitszeichen. Wir sehen also, daß wir den Einfluß der verteilten Masse durch den Massenzuschlag m/3 berücksichtigen können und daß der so berechnete Näherungswert eine obere Schranke für den wahren Wert ω_1^2 darstellt.

B e i s p i e l 2 : Es liege eine Saite gemäß Abb.3.36/1b vor. Sie trage in der Mitte eine Masse M; ihre Spannkraft sei S. Als Auslenkungsfunktion w(x) nehmen wir hier an:

$$w(x) = w_1 \frac{x}{l/2} \qquad \text{für} \qquad x \leqq l/2 \quad .$$

So kommt

$$2\mathbf{U} = \frac{4S}{l} w_1^2 \quad ,$$

$$2\mathbf{T}^* = M w_1^2 + 2\frac{m}{l}\int_0^{l/2} w^2\,dx = w_1^2(M + m/3)$$

und deshalb

$$\omega_1^2 \leqq \frac{4S}{l(M + m/3)} \quad . \tag{3.36/13b}$$

B e i s p i e l 3 : Eine Biegefeder trage am Ende die Masse M (Abb. 3.36/1c). Als Vergleichsfunktion w(x) wählen wir die statische Biegelinie des durch eine Kraft am Ende belasteten Balkens,

$$w(x) = \frac{1}{2} w_1 \left[3(x/l)^2 - (x/l)^3\right] .$$

Somit finden wir

$$2\,\mathbf{U} = \frac{EI}{l^3} w_1^2 , \qquad 2\,\mathbf{T}^* = w_1^2\left[M + \frac{33}{140} m\right]$$

und damit

$$\omega_1^2 \leqq \frac{EI}{l^3} \frac{1}{M + \frac{33}{140} m} . \qquad (3.36/13c)$$

B e i s p i e l 4 : Eine Biegefeder trage eine Masse M in ihrer Mitte (Abb.3.36/1d). Als Funktion w(x) wählen wir wieder die zugehörige statische Biegelinie,

$$w(x) = w_1\left[3(x/l)^2 - 4(x/l)^3\right] \quad \text{für} \quad 0 \leqq x \leqq l/2 .$$

Hier wird

$$2\,\mathbf{U} = \frac{EI}{48 l^3} w_1^2 , \quad 2\,\mathbf{T}^* = w_1^2\left[M + \frac{17}{35} m\right] ,$$

also

$$\omega_1^2 \leqq \frac{EI}{48 l^3} \frac{1}{M + \frac{17}{35} m} . \qquad (3.36/13d)$$

Die Faktoren ζ in den Massenzuschlägen ζm betragen also in den Fällen (Beispielen)

1 und 2	3	4
$\zeta = 1/3$	$\zeta = 33/140 \approx 1/4$	$\zeta = 17/35 \approx 1/2$

Als Faustregel können wir deshalb aussprechen: Um den Einfluß einer verteilten Masse der Feder auf die Eigenfrequenz eines mit einer Einzelmasse belasteten elastischen Schwingers angenähert zu berücksichtigen, schlägt man der Lastmasse einen Bruchteil der verteilten

Masse zu. Dieser Bruchteil hängt von der Auslenkungsform der schwingenden Feder ab. Ist die Auslenkungsform etwa eine Gerade, so fügt man (in runden Werten) der Last ein Drittel, ist sie nach der Ruhelage hin konkav, die Hälfte, ist sie dorthin konvex, ein Viertel der Federmasse zu, siehe Abb.3.36/2.

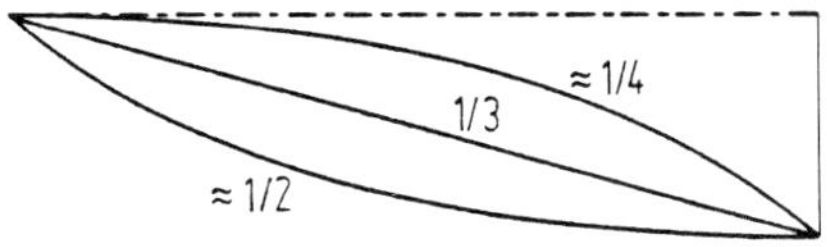

Abb.3.36/2.
Näherungswerte für die Faktoren ζ in den Massenzuschlägen der Gl.(3.36/13d)

4 Fremderregte Schwingungen linearer Gebilde

4.1 Vorbetrachtungen

4.11 Benennungen; Einteilung der Einwirkungen

Die Bezeichnung f r e m d - e r r e g t setzt die in diesem Kap.4 behandelten Schwingungen ab von den s e l b s t - e r r e g t e n. Selbsterregte Schwingungen können nur in nicht-linearen Gebilden auftreten: Sie werden einen Teil der Erörterungen von Kap.5 ausmachen; siehe z.B. Abschn.5.11.

Die ("fremden" oder "äußeren") Einwirkungen, die Schwingungen erregen, teilt man nach der Art des Angriffs am Gebilde ein in Einwirkungen über Störfunktionen (Störkräfte oder Störbewegungen) und Einwirkungen auf Systemparameter. Die hervorgerufenen Schwingungen heissen im ersten Fall s t ö r - e r r e g t e oder (synonym) e r z w u n g e n e Schwingungen, im zweiten Fall p a r a m e t e r - e r r e g t e Schwingungen. Im Abschn.2.31 war schon gesagt worden, daß im ersten Fall die Erregerfunktion als Störfunktion in der Differentialgleichung allein steht (etwa auf ihrer rechten Seite), daß sie im zweiten Fall aber als Koeffizient bei der abhängigen Veränderlichen oder einer ihrer Ableitungen auftritt.

Die Störfunktionen fremderregter Schwingungen [etwa $F(t)$ in Gl. (4.12/2)] haben nichts zu tun mit jenen Störfunktionen, die in den Formeln der sog. Störungsrechnung vorkommen [etwa $\varepsilon f(x,x')$ in Gl. (5.80/2)]; sie müssen von diesen scharf unterschieden werden. Um diese Unterscheidung zu sichern, wird im Normblatt DIN 1311, Blatt 2, neuerdings vorgeschlagen, statt von Störerregung und Störfunktionen von Quellerregung und Quellfunktionen zu sprechen. Diesem neuen Vorschlag (der seine Bewährungsprobe erst noch bestehen muß) folgen wir in diesem Buche n i c h t.

Die parametererregten Schwingungen und Schwinger werden gelegentlich r h e o -linear (gegebenenfalls r h e o -nichtlinear) genannt, die stör-erregten dann im Kontrast s k l e r o -linear (oder s k l e r o - nichtlinear). (Die Bezeichnungen rheo-linear oder sklero-linear sind gebildet in Analogie zu den Bezeichnungen rheonom und skleronom für Gebilde, die zeitabhängigen oder zeitunabhängigen Bedingungen unterworfen sind.)

Die parametererregten Schwingungen werden im Hauptabschnitt 4.3 behandelt, die stör-erregten in den übrigen Hauptabschnitten, eingeteilt nach dem Zeitverlauf der Einwirkungen. Aus der großen Mannigfaltigkeit der Einwirkungen schälen sich vier besonders wichtige Klassen heraus, nämlich die p e r i o d i s c h e n (Hauptabschnitt 4.2 und 4.3), die f a s t - p e r i o d i s c h e n (Hauptabschnitt 4.4), die s t o ß a r t i g e n (Hauptabschnitt 4.5) und die r e g e l l o s e n. Jeder dieser Klassen kommt eine ihr eigene Betrachtungs- und Behandlungsweise zu.

Schwingungen mit regellosen (stochastischen) Einwirkungen werden in diesem Buche allerdings nicht behandelt. Ihretwegen muß auf gesonderte Darstellungen verwiesen werden, z.B. auf die unter Lit.4.6 aufgeführten.

Ehe wir die erwähnten Klassen von Einwirkungen der Reihe nach untersuchen, betrachten wir vorab in den Abschn.4.12 und 4.13 Schwingungen mit Störfunktionen, deren Zeitverlauf noch nicht spezifiziert ist.

4.12 Störfunktionen ohne spezifizierten Verlauf; Duhamel-Integral; Faltungsintegral

Bemerkung zu den Formelzeichen: In den Kap.1, 2 und 3 war der Trägheitsfaktor eines Schwingers [Masse oder Drehmasse (Trägheitsmoment)] oft mit dem Buchstaben a (aus der Reihe a, b, c der Koeffizienten) bezeichnet worden, vor allem, um eine einheitliche Schreibung für Translationsbewegungen und für Drehbewegungen zu erzielen. Für viele im folgenden herangezogene Beispiele und Anwendungsgebiete erweist es sich jedoch als praktisch unumgänglich, den Buchstaben a für Beschleunigungen zu reservieren. Demgemäß werden wir von nun an die Masse mit m, die Drehmasse mit $\widehat{m}$ oder Θ bezeichnen.

Greift an einem Schwinger, dessen freie (Translations-)Schwingungen durch die Dgl.(3.20/2)

$$m\ddot{q} + b\dot{q} + cq = 0 \qquad (4.12/1)$$

beschrieben werden, als Erregerkraft eine Störkraft F(t) an, so wird die autonome Dgl.(4.12/1) zur nicht-autonomen,

$$m\ddot{q} + b\dot{q} + cq = F(t) \quad . \qquad (4.12/2)$$

Da die Gleichungen (4.12/1) und (4.12/2) linear sind, dürfen sie auch als homogen und nicht-homogen unterschieden werden.

Wir dividieren die letzte Gleichung durch m, schreiben

$$a(t) := \frac{1}{m}F(t) \qquad (4.12/3)$$

und verwenden die Parameter $\varkappa^2 = c/m$ (3.10/1) sowie $2\delta = b/m$ (3.20/3); dadurch entsteht aus (4.12/2) die Differentialgleichung

$$\ddot{q} + 2\delta\dot{q} + \varkappa^2 q = a(t) \quad . \qquad (4.12/4)$$

Sie ist eine inhomogene lineare Differentialgleichung 2. Ordnung mit konstanten Koeffizienten. Ihre allgemeine Lösung setzt sich zusammen aus zwei Anteilen, der allgemeinen Lösung q_h der um das Störglied a(t) "verkürzten" (homogenen) Gleichung (der "Eigenlösung"), die auch die Integrationskonstanten enthält, und aus einem partikulären Integral q_p der "unverkürzten" (inhomogenen) Gleichung:

$$q = q_h + q_p \quad . \qquad (4.12/5)$$

Unter Benutzung der weiteren Parameter $\nu^2 := \varkappa^2 - \delta^2$ (3.22/0) sowie $D := \delta/\varkappa$ (3.20/12) lauten die beiden Anteile q_h und q_p, falls $D < 1$ ist:

$$q_h = e^{-\delta t}\left(q_0 \cos\nu t + \frac{v_0 + \delta q_0}{\nu}\sin\nu t\right) \quad , \qquad (4.12/6)$$

$$q_p = \int_0^t a(\tau)\frac{1}{\nu}e^{-\delta(t-\tau)}\sin\nu(t-\tau)\,d\tau \quad . \qquad (4.12/7)$$

Der Anteil q_h genügt der verkürzten Differentialgleichung; er beschreibt die durch die Anfangswerte $q_0 := q(0)$ und $v_0 := \dot{q}(0)$ bestimmten freien Schwingungen [gemäß Gl.(3.22/1b)].

Der Anteil q_p genügt der inhomogenen Differentialgleichung; er beschreibt die durch die Einwirkung $a(t)$ erzwungene Schwingung mit den Anfangswerten $q_p(0) = 0$ und $\dot{q}_p(0) = 0$.

Der Ausdruck (4.12/7) für den Anteil q_p kann auf zweierlei Weise hergeleitet werden:

1. $a(\tau)d\tau$ kann als eine Anfangsgeschwindigkeit $d\dot{q}(\tau)$ des freien Schwingers im Zeitpunkt τ aufgefaßt werden. Die daran anschließende Bewegung ist gemäß (4.12/6)

$$dq = a(\tau)\,d\tau\frac{1}{\nu}e^{-\delta(t-\tau)}\sin\nu(t-\tau) \quad .$$

Summation aller so "angestoßenen" Bewegungen, d.h. Integration über τ von $\tau = 0$ bis $\tau = t$, liefert (4.12/7).

2. Eine partikuläre Lösung der inhomogenen linearen Differentialgleichung n-ter Ordnung mit konstanten Koeffizienten

$$L[q] = a(t) \qquad (4.12/8a)$$

kann man stets dadurch gewinnen, daß zunächst die Lösung $\tilde{q}$ der homogenen Dgl. $L[\tilde{q}] = 0$ den folgenden n Bedingungen zur Zeit $t = 0$ unterworfen wird:

$$\tilde{q}(0) = 0\ ;\ \dot{\tilde{q}}(0) = 0\ ;\ldots\ ;\ \tilde{q}^{(n-2)}(0) = 0\ ;\ \tilde{q}^{(n-1)}(0) = 1\ . \qquad (4.12/8b)$$

Die so gewonnene Lösung $\tilde{q} =: g(t)$ heißt Gewichtsfunktion. Aus ihr entsteht q_p gemäß

$$q_p = \int_0^t a(\tau)\,g(t-\tau)\,d\tau \quad . \qquad (4.12/8c)$$

Hier wird die Gewichtsfunktion $g(t)$, weil sie aus der Lösung q_h (4.12/6) entsteht, zu

$$g(t) = \frac{1}{\nu}e^{-\delta t}\sin\nu t \quad . \qquad (4.12/9)$$

Mit diesem g(t) ergibt sich aus (4.12/8c) die Funktion (4.12/7) als partikulare Lösung q_p der Dgl.(4.12/4), wie behauptet wurde.

Für späteren Gebrauch, siehe Abschn.4.54, fügen wir noch die Bemerkung an: Die partikulare Lösung (4.12/8c) der Dgl.(4.12/8a) erfüllt die Anfangsbedingungen

$$q_p^{(m)}(0) = 0 \qquad \text{für} \quad m = 0,1,\dots,(n-1) \quad . \tag{4.12/8d}$$

Das Integral (4.12/8c) wird in der Literatur über Differentialgleichungen oft Duhamel-Integral genannt. Der Aufbau der Funktion wird vielfach als Faltungsintegral oder Faltung (der Funktionen a und g) bezeichnet. Hierfür hat sich die abgekürzte Schreibweise

$$q(t) =: a(t) * g(t) \tag{4.12/10}$$

(sprich: "a gefaltet mit g") eingebürgert. Die Argumente τ und $(t-\tau)$ in (4.12/8c) sind vertauschbar, d.h. es gilt stets

$$\int_0^t a(\tau)g(t-\tau)\,d\tau = \int_0^t a(t-\tau)g(\tau)\,d\tau \tag{4.12/11a}$$

oder gleichwertig geschrieben:

$$a(t) * g(t) \equiv g(t) * a(t) \quad . \tag{4.12/11b}$$

Beweis: Einführen der neuen Veränderlichen $\sigma = t - \tau$ macht wegen $\tau = t - \sigma$ und $d\sigma = d\tau$ aus der linken Seite

$$-\int_t^0 a(t-\sigma)g(\sigma)\,d\sigma \quad .$$

Das ist aber - nach Vertauschen der Integrationsgrenzen - genau die rechte Seite, geschrieben in der Integrationsveränderlichen σ statt τ.

Obgleich die Störfunktion a(t) einen beliebigen Verlauf haben darf, werden wir die in diesem Abschn.4.12 gewonnene Form (4.12/8c) bzw. (4.12/7) der Lösung im wesentlichen nur für nicht-periodische Verläufe von a(t) verwenden, so z.B. in den Hauptabschnitten 4.4 und 4.5. Wo periodische und im besonderen harmonische Störfunktionen auftreten, wie im Hauptabschnitt 4.2, werden wir die Lösung dagegen von speziellen Ansätzen aus herstellen, wie z.B. von (4.20/4) aus.

4.13 Beispielschwinger

Wir legen der Diskussion zunächst den Schwinger der Abb.4.13/1 zugrunde und nennen ihn - wo angebracht - den Standard-Schwinger. Im Bildteil a wird der Schwinger durch die am Schwingkörper (mit der Masse m) angreifende Störkraft F(t) erregt, im Bildteil b durch die

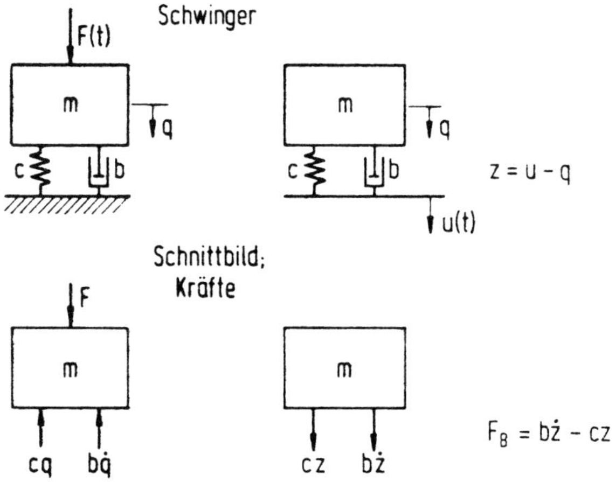

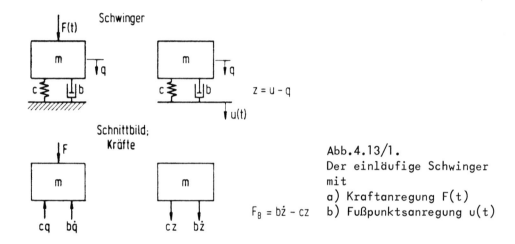

Abb.4.13/1.
Der einläufige Schwinger mit
a) Kraftanregung F(t)
b) Fußpunktsanregung u(t)

vorgegebene Bewegung u(t) der Unterlage (des "Fußpunktes"). Im Fall (a) gilt die Bewegungsgleichung (4.12/2) und somit auch (4.12/4). Im Fall (b) lautet die Bewegungsgleichung

$$m\ddot{q} + b(\dot{q} - \dot{u}) + c(q - u) = 0 \quad . \tag{4.13/1}$$

Führt man hier an Stelle der Absolutkoordinate q die Relativkoordinate

$$z := u - q \tag{4.13/2}$$

ein, so geht (4.13/1) über in

$$\ddot{z} + 2\delta\dot{z} + \varkappa^2 z = \ddot{u}(t) \quad . \tag{4.13/3}$$

Die Störbeschleunigung ist in diesem Fall $a(t) \equiv \ddot{u}(t)$.

Als **Bindungskraft** F_B und **Bindungsbeschleunigung** $a_B := F_B/m$ bezeichnen wir jeweils die Summe aus dem zweiten und dritten Glied auf der linken Seite der Differentialgleichungen. Im Falle (a) der Krafterregung gemäß Gl.(4.12/2) wird deshalb

$$F_B = b\dot{q} + cq \quad \text{und} \quad a_B = 2\delta\dot{q} + \varkappa^2 q \;, \tag{4.13/4a}$$

im Falle (b) der Fußpunktsanregung gemäß Gl.(4.13/3) kommt

$$F_B = b\dot{z} + cz \quad \text{und} \quad a_B = 2\delta\dot{z} + \varkappa^2 z \;; \tag{4.13/4b}$$

der letzte Ausdruck ist übrigens identisch mit $\ddot{q}$,

$$a_B = \ddot{q} \;. \tag{4.13/4c}$$

Tafel 4.13/I. Schwinger mit verschiedenen Arten von Anregungen ① Beispiel für Kraftanregung F(t), ② bis ⑧ Beispiele für Fußpunktsanregungen u(t)

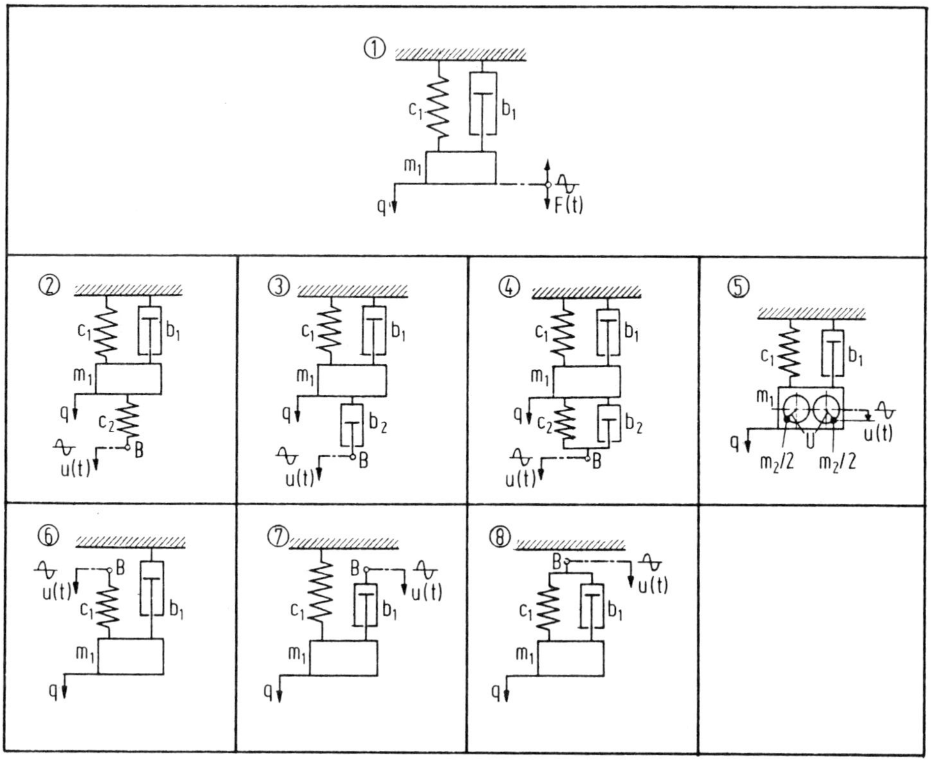

Die Bewegungsgleichungen haben im Falle (a) und im Falle (b) den gleichen Aufbau. Wenn wir eine repräsentative Fassung benötigen, ziehen wir (4.12/4) heran. Bei der Integration in Abschn.4.12 sind wir ja auch schon so verfahren.

Der in Abb.4.13/1 gezeigte Standardschwinger besitzt, da seine Bewegungen auf die Vertikale beschränkt sein sollen, einen einzigen Freiheitsgrad. Der Schwinger besteht aus drei Elementen, einem Körper mit der Masse m, einer Feder c und einem Dämpfer b. Aber auch dann, wenn neben der einen Masse m mehr als eine Feder oder mehr als ein Dämpfer vorhanden sind, bleibt es bei dem einen Freiheitsgrad. Eine Anzahl von solchen aus mehreren Federn und Dämpfern aufgebauten Schwingern zeigt die Tafel 4.13/I. Die Anregung geschieht im Fall ① (der mit Abb.4.13/1a übereinstimmt) durch eine Kraft F(t), die am Schwingkörper m angreift, in allen anderen Fällen dadurch, daß bestimmten Stellen des Schwingers (etwa Endpunkten von Federn oder von Dämpfern) Bewegungen u(t) aufgeprägt werden.

Tafel 4.13/II. Bewegungsgleichungen der Schwinger von Tafel 4.13/I

	Bewegungsgleichung	siehe auch Abbildung	siehe auch Gleichung
①	$m_1\ddot{q} + b_1\dot{q} + c_1 q = F(t)$	4.13/1a	(4.12/2)
②	$m_1\ddot{q} + b_1\dot{q} + (c_1 + c_2)q = c_2 u(t)$		
③	$m_1\ddot{q} + (b_1 + b_2)\dot{q} + c_1 q = b_2\dot{u}(t)$		
④	$m_1\ddot{q} + (b_1 + b_2)\dot{q} + (c_1 + c_2)q = c_2 u(t) + b_2\dot{u}(t)$		
⑤	$(m_1 + m_2)\ddot{q} + b_1\dot{q} + c_1 q = m_2\ddot{u}(t)$		
⑥	$m_1\ddot{q} + b_1\dot{q} + c_1 q = c_1 u(t)$		
⑦	$m_1\ddot{q} + b_1\dot{q} + c_1 q = b_1\dot{u}(t)$		
⑧	$m_1\ddot{q} + b_1\dot{q} + c_1 q = c_1 u(t) + b_1\dot{u}(t)$	4.13/1b	(4.13/1)

Die in den Fällen ② bis ⑧ geltenden Bewegungsgleichungen lassen sich ohne besondere Schwierigkeiten nach den Regeln von Kap.2 herstellen, etwa mit Hilfe der Newtonschen Gleichung, Abschn.2.21, oder nach der Lagrangeschen Vorschrift, Abschn.2.24. Wir wollen hier solche Übungen im Gewinnen der Bewegungsgleichungen nicht durchführen; wir stellen vielmehr die Ergebnisse in der Tafel 4.13/II zusammen. Die Fallnummern ① bis ⑧ der beiden Tafeln entsprechen einander.

4.2 Periodische Einwirkungen über Störfunktionen

4.20 Die erzwungene Schwingung; Dauerschwingung und Einschwingvorgang

Ausgangspunkt der Betrachtungen ist die Dgl.(4.12/2). Die Störfunktion F(t) sei nun periodisch. Wie jede periodische Funktion läßt sich F(t) mit Hilfe von Fourierreihen (siehe Hauptabschnitt 1.4) als Summe harmonischer Anteile darstellen. Ist die Differentialgleichung, wie im vorliegenden Fall, linear, so darf man sie zunächst für jede einzelne der harmonischen Komponenten der Störfunktion lösen und danach die Einzellösungen zur Gesamtlösung superponieren. Es genügt daher, die Untersuchungen zunächst für eine der harmonischen Störfunktionen

$$F(t) = \hat{F}\cos(\Omega t + \alpha) \qquad (4.20/1a)$$

oder gleichwertig

$$F(t) = \hat{F}\sin(\Omega t + \alpha) \qquad (4.20/1b)$$

durchzuführen. Mit Ω bezeichnen wir weiterhin stets die Kreisfrequenz der harmonischen Störfunktion, die Erregerfrequenz. Die in Rede stehende Differentialgleichung lautet somit [wir wählen (4.20/1a)]

$$m\ddot{q} + b\dot{q} + cq = \hat{F}\cos(\Omega t + \alpha) \quad . \qquad (4.20/2)$$

Wie in Abschn.4.12 schon auseinandergesetzt wurde, baut sich die allgemeine Lösung gemäß (4.12/5) auf aus

$$q = q_h + q_p \quad . \qquad (4.20/3)$$

Zum Herstellen des Anteils q_p kann man die Methoden von Abschn. 4.12, also die Gl. (4.12/7), heranziehen. Bei harmonischen Störfunktionen gibt es jedoch einen direkteren Weg.

Ein partikulares Integral q_p der Gl. (4.20/2) findet man durch den Ansatz

$$q_p = \hat{q}\cos(\Omega t + \beta) \quad ; \qquad (4.20/4)$$

er enthält zwei noch zu bestimmende Parameter, $\hat{q}$ und β. Einsetzen in Gl. (4.20/2) bringt

$$\hat{q}\left[(c - m\Omega^2)\cos(\Omega t + \beta) - b\Omega\sin(\Omega t + \beta)\right] = \hat{F}\cos(\Omega t + \alpha) \qquad (4.20/5)$$

oder gleichwertig [siehe z.B. Gl. (1.24/5a)]

$$\hat{q}\sqrt{(c-m\Omega^2)^2 + b^2\Omega^2}\,\cos\left(\Omega t + \beta + \arctan\frac{b\Omega}{c-m\Omega^2}\right) = \hat{F}\cos(\Omega t + \alpha) \qquad (4.20/6)$$

Vergleichen der linken und rechten Seite dieser Gleichung liefert die unbekannten Parameter $\hat{q}$ und β des Ansatzes (4.20/4), und zwar

$$\hat{q} = \frac{\hat{F}}{\sqrt{(c - m\Omega^2)^2 + b^2\Omega^2}} \qquad (4.20/7)$$

und

$$\beta = \alpha - \arctan\frac{b\Omega}{c - m\Omega^2} \quad . \qquad (4.20/8)$$

Die erzwungene Schwingung $q_p(t)$ ist gegenüber der Erregerschwingung $F(t)$ um den Winkel

$$\gamma := \beta - \alpha = -\arctan\frac{b\Omega}{c - m\Omega^2} \qquad (4.20/9)$$

phasenverschoben.

Um die Gesamtschwingung $q(t)$ nach (4.20/3) zu erhalten, muß zu $q_p(t)$ die Eigenschwingung $q_h(t)$ hinzugefügt werden. Sie ist aus Kap. 3 bekannt und hat verschiedene Formen, je nachdem, ob das Dämpfungsmaß $D \lesseqgtr 1$ ist. Für $D < 1$ gemäß Gl. (3.22/1a):

$$q_h = e^{-\delta t}[A\cos\nu t + B\sin\nu t] \qquad (4.20/10a)$$

mit dem Sonderfall für $D = 0$,

$$q_h = A\cos\varkappa t + B\sin\varkappa t \quad ;$$

für $D > 1$ kommt gemäß Gl.(3.21/1a):

$$q_h = e^{-\delta t}\left[A e^{-\mu t} + B e^{+\mu t}\right] \quad ; \qquad (4.20/10b)$$

dabei bedeuten die Abkürzungen wie in Hauptabschnitt 3.2 (wir schreiben m statt des dortigen a)

$$\varkappa^2 = c/m \; ; \; \delta = b/2m \; ; \; D = \delta/\varkappa \; ; \; \nu = \varkappa\sqrt{1 - D^2} \; ; \; \mu = \varkappa\sqrt{D^2 - 1} . \qquad (4.20/10c)$$

Wenn $\varkappa$ (wie im Fall $D = 0$) als Kreisfrequenz der freien Schwingung auftritt, so wird häufig ω_0 anstelle von $\varkappa$ geschrieben; in ähnlichem Sinn tritt oft ω_d an die Stelle von ν.

Für $D \neq 0$ klingen die durch (4.20/10a) und (4.20/10b) gegebenen Eigenlösungen q_h ab; sie gehen asymptotisch gegen Null, so daß nach einiger Zeit die Lösung q_p nach (4.20/4) mit (4.20/7) und (4.20/8) allein übrig bleibt. Diese Lösung heißt deshalb auch die Dauerlösung oder Dauerschwingung; sie beschreibt den e i n g e s c h w u n g e n e n Z u s t a n d.

Vor dem Erreichen des eingeschwungenen Zustands heißt der Vorgang $q = q_h(t) + q_p(t)$ E i n s c h w i n g v o r g a n g. Ihn betrachten wir nun. Dabei befassen wir uns überwiegend mit dem Fall $D < 1$. Hier lautet die Gesamtlösung

$$q = e^{-\delta t}\left[A\cos\omega_d t + B\sin\omega_d t\right] + \hat{q}\cos(\Omega t + \beta) \; . \qquad (4.20/11)$$

Die Konstanten A und B folgen aus den Anfangswerten $q(0)$ und $\dot{q}(0)$. Sie lauten

$$A = q(0) - \hat{q}\cos\beta \quad , \qquad (4.20/12a)$$

$$B = [\dot{q}(0) + \delta q(0) - \delta\hat{q}\cos\beta + \Omega\hat{q}\sin\beta]/\omega_d \; . \qquad (4.20/12b)$$

Wie man den Gln.(4.20/12) entnimmt, kann man durch geeignete Wahl der Anfangswerte $q(0)$ und $\dot{q}(0)$ den Eigenanteil $q_h(t)$ und damit ein Einschwingen ganz unterdrücken. Dieser Fall hat praktisch allerdings wenig Bedeutung; wir rechnen die Einzelheiten deshalb nicht aus.

Bemerkenswert ist die Tatsache, daß die Ausschläge q während des Einschwingens größere Werte als die Amplitude $\hat{q}$ der Dauerschwingung annehmen können. Bei der Untersuchung des Einschwingens werden wir den hierbei nicht unwichtigen Sonderfall, in dem die Anfangswerte q(0) und $\dot{q}(0)$ beide Null sind, die Störung F(t) also auf den in Ruhe befindlichen Schwinger aufgebracht wird, eingehender betrachten. Beschränken wir uns noch auf den "ungünstigsten" Fall des dämpfungsfreien Schwingers, D = 0, so wird

$$q(t) = \hat{q}[-\cos\beta\cos\omega_0 t + \frac{\Omega}{\omega_0}\sin\beta\sin\omega_0 t + \cos(\Omega t + \beta)] \qquad (4.20/13)$$

oder

$$q(t) = \hat{q}\left[\sqrt{\cos^2\beta + (\Omega/\omega_0)^2\sin^2\beta}\,\cos(\omega_0 t + \xi) + \cos(\Omega t + \beta)\right] \qquad (4.20/14)$$

mit

$$\tan\xi = \frac{\Omega}{\omega_0}\tan\beta \quad .$$

Der maximale Ausschlag q_{max} wird, unabhängig von der Größe des Nullphasenwinkels ξ, zu

$$q_{max} = \hat{q}\left[\sqrt{\cos^2\beta + (\Omega/\omega_0)^2\sin^2\beta} + 1\right] \quad . \qquad (4.20/15)$$

Wird die Störung zu einem beliebigen Zeitpunkt, also mit beliebigem Nullphasenwinkel α und damit auch β, auf den ruhenden Schwinger geschaltet, so ist es angebracht, für die Untersuchung den ungünstigsten Winkel β zugrunde zu legen. Wir finden dann

$$\begin{aligned} q_{max} &= 2\hat{q} && \text{für} \quad \Omega < \omega_0 \;, \\ q_{max} &= \hat{q}\left(\frac{\Omega}{\omega_0} + 1\right) && \text{für} \quad \Omega > \omega_0 \;. \end{aligned} \qquad (4.20/16)$$

Setzen wir aus Gl.(4.20/7) den Wert für $\hat{q}$ ein, so folgt

$$\begin{aligned} q_{max} &= \frac{\hat{F}}{c}\,\frac{2}{1 - (\Omega/\omega_0)^2} && \text{für} \quad \Omega < \omega_0 \;, \\ q_{max} &= \frac{\hat{F}}{c}\,\frac{1}{\Omega/\omega_0 - 1} && \text{für} \quad \Omega > \omega_0 \;. \end{aligned} \qquad (4.20/17)$$

Die Abb.4.20/1 zeigt für einen schwach gedämpften Schwinger qualitativ zwei typische Verläufe des Einschwingens; im Fall a ist $\Omega > \omega_d$, im Fall b ist $\Omega < \omega_d$. Die Abkürzung C im Bildteil a bedeutet $\sqrt{A^2 + B^2}$ gemäß Gl.(4.20/11).

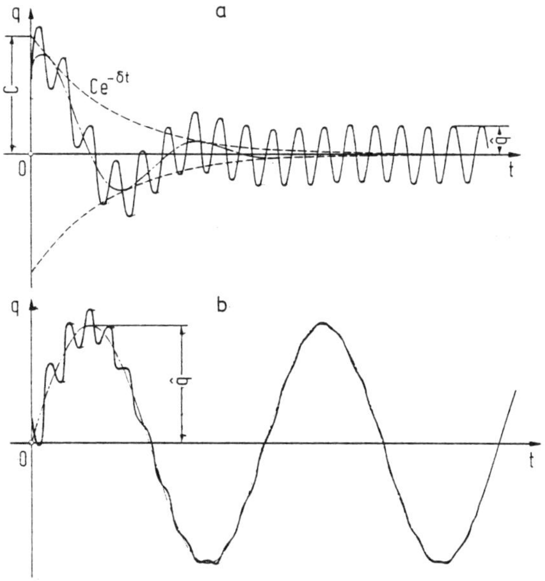

Abb.4.20/1. Einschwingvorgänge
a) $\Omega > \omega_d$
b) $\Omega < \omega_d$

Ganz ähnlich wie den Fall $D < 1$ kann man auch den Fall $D > 1$ untersuchen; hier besteht der Einschwingvorgang aus der Überlagerung einer kriechend abklingenden Bewegung mit der Dauerschwingung. Auch hier kann während des Einschwingens der Ausschlag q_{max} größer sein als die Daueramplitude $\hat{q}$. Wir verzichten auf das Ausrechnen der Einzelheiten; sie lassen sich nach dem gezeigten Muster leicht auffinden.

Abschließend wollen wir noch auf einige Erscheinungsformen eingehen, die beim Einschwingvorgang auftreten, wenn die Erregerfrequenz Ω nahe bei der Eigenfrequenz ω_0 des Schwingers liegt. Wir begnügen uns mit dem ungedämpften Schwinger und schreiben Gl.(4.20/13) der Reihe nach um in die Fassungen

$$q = \hat{q}\left[\cos(\Omega t + \beta) - \cos\beta\cos\omega_0 t + \sin\beta\sin\omega_0 t - (1 - \Omega/\omega_0)\sin\beta\sin\omega_0 t\right] \quad ,$$

$$q = \hat{q}\left[\cos(\Omega t + \beta) - \cos(\omega_0 t + \beta) - (1 - \Omega/\omega_0)\sin\beta\sin\omega_0 t\right] \quad ,$$

$$q = \hat{q}\left[-2\sin\left(\frac{\Omega-\omega_0}{2}t\right)\sin\left(\frac{\Omega+\omega_0}{2}t + \beta\right) - (1 - \Omega/\omega_0)\sin\beta\sin\omega_0 t\right] \quad . \qquad (4.20/18)$$

Wenn Ω nahe bei ω_0 liegt, so bezeichnet der erste Term in (4.20/18) eine Schwebung; das Bild der Schwingung wird durch diese Schwebung geprägt, da der zweite Term klein ist.

Nun führen wir für diesen ungedämpften Schwinger noch den Grenzübergang $\Omega \to \omega_0$ durch: Zunächst erhalten wir aus (4.20/7) für den ungedämpften Schwinger

$$\hat{q} = \frac{\hat{F}}{c} \frac{1}{1 - \Omega^2/\omega_0^2} = \frac{\hat{F}}{c} \frac{1}{1 - \Omega/\omega_0} \frac{1}{1 + \Omega/\omega_0} ,$$

also beim Grenzübergang

$$\hat{q} \to -\frac{\hat{F}}{c} \frac{\omega_0}{\Omega - \omega_0} \frac{1}{2}$$

und deshalb aus (4.20/18)

$$q \to \frac{1}{2} \frac{\hat{F}}{c} \frac{\sin \frac{\Omega - \omega_0}{2} t}{\frac{\Omega - \omega_0}{2} t} (\omega_0 t) \sin(\omega_0 t + \beta)$$

und schließlich

$$q = \frac{1}{2} \frac{\hat{F}}{c} (\omega_0 t) \sin(\omega_0 t + \beta) \quad . \qquad (4.20/19)$$

Dieser Ausdruck beschreibt das mit der Zeit proportionale Anwachsen der "Amplitude" der Schwingung, wenn die Erregerfrequenz Ω gleich der Eigenfrequenz ω_0 ist, d.h. das Verhalten des Schwingers bei "Resonanz". Einen eingeschwungenen, also periodischen Zustand gibt es hier nicht; die "Amplitude" der sinusverwandten Schwingung wächst unaufhörlich an.

4.21 Die erzwungene harmonische Schwingung in komplexer Schreibweise; zwei Tripel von Vergrößerungsfaktoren $\underline{V}_k$

Im vorigen Abschnitt wurde gezeigt: Nach Ablauf einer gewissen Zeit, der Einschwingzeit, bestehen die von harmonischen Störkräften erregten Schwingungen, die Dauerschwingungen, allein aus harmonischen Schwingungen. Diese erzwungenen harmonischen Schwingungen sollen nun weiter erörtert werden.

Eine harmonische Funktion der Zeit

$$x(t) = \hat{x}\cos(\Omega t + \alpha) \tag{4.21/1}$$

läßt sich (siehe Abschn.1.23) auch komplex schreiben als

$$\underline{x}(t) = \hat{x}\,e^{i\alpha}e^{i\Omega t} = \hat{\underline{x}}\,e^{i\Omega t} \qquad \text{mit} \qquad \hat{\underline{x}} = \hat{x}\,e^{i\alpha} \;. \tag{4.21/2}$$

$\underline{x}(t)$ stellt den komplexen Drehzeiger der Schwingung dar; $\hat{\underline{x}}$ ist ihre komplexe Amplitude, hier somit der Drehzeiger zur Zeit $t = 0$.

Die komplexe Schreibweise ist zum Darstellen und zum Berechnen harmonischer Schwingungen gut geeignet, denn sie kürzt die Rechenvorgänge ab und macht sie übersichtlicher. Wir zeigen dies an zwei Modellschwingern: Zunächst am "Schwinger A" der Abb.4.21/1, der durch

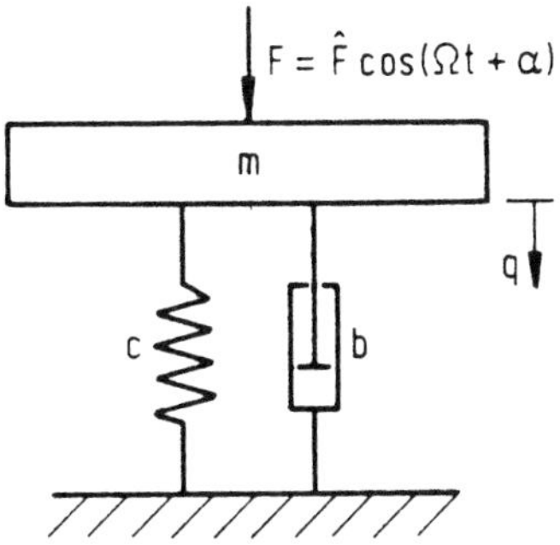

Abb.4.21/1. Schwinger A; Erregerkraftamplitude ist konstant

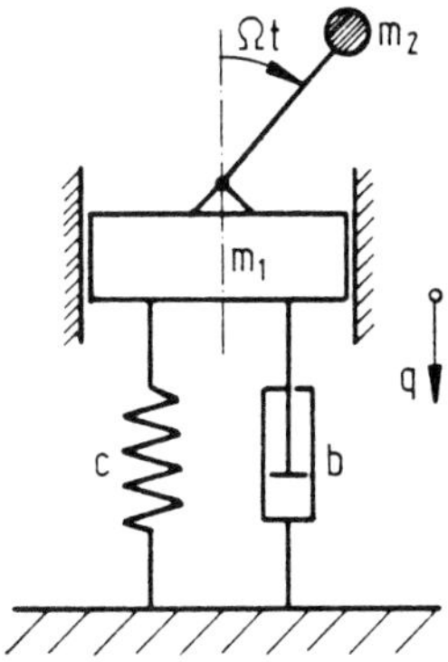

Abb.4.21/2. Schwinger B; Erregerkraftamplitude ist drehzahlabhängig

eine harmonisch verlaufende Kraft $F(t) = \hat{F}\cos(\Omega t + \alpha)$ mit konstanter (frequenzunabhängiger) Amplitude $\hat{F}$ erregt wird; danach am "Schwinger B" der Abb.4.21/2, der durch eine mit der Winkelgeschwindigkeit Ω rotierende Unwucht erregt wird, so daß die Störkraft lautet

$$F(t) = -l m_2 \Omega^2 \cos\Omega t \;;$$

ihre Amplitude $\hat{F}$ ist also dem Quadrat der Erregerfrequenz Ω proportional.

α) S c h w i n g e r A : die Amplitude der Störkraft ist frequenzunabhängig.

Die Differentialgleichung für den Ausschlag q des Schwingers A lautet

$$m\ddot{q} + b\dot{q} + cq = \hat{F}\cos(\Omega t + \alpha) \quad , \tag{4.21/3}$$

sie hat die Dauerlösung

$$q = \hat{q}\cos(\Omega t + \beta) =: \hat{q}\cos(\Omega t + \alpha + \gamma) \quad . \tag{4.21/4}$$

Komplex geschrieben lautet (4.21/3)

$$m\ddot{\underline{q}} + b\dot{\underline{q}} + c\underline{q} = \underline{\hat{F}}\,e^{i\Omega t} \tag{4.21/5}$$

und die Dauerlösung (4.21/4)

$$\underline{q} = \underline{\hat{q}}\,e^{i\Omega t} \quad . \tag{4.21/6}$$

Die noch unbekannte komplexe Amplitude $\underline{\hat{q}}$ findet man durch Einsetzen von (4.21/6) in die Dgl.(4.21/5); das bringt

$$[-m\Omega^2 + ib\Omega + c]\,\underline{\hat{q}} = \underline{\hat{F}} \quad ,$$

also

$$\underline{\hat{q}} = \underline{\hat{F}}\,\frac{1}{c - m\Omega^2 + ib\Omega} = \frac{\underline{\hat{F}}}{m}\,\frac{1}{-\Omega^2 + i2\delta\Omega + \varkappa^2} \quad . \tag{4.21/7}$$

Durch (4.21/7) ist $\underline{\hat{q}}$ nach Betrag und Argument (Winkel) festgelegt. Die reellen Bestimmungsstücke $\hat{q}$ und γ von $\underline{\hat{q}} = \hat{q}\,e^{i\gamma}$ lauten

$$\hat{q} = \frac{\hat{F}}{\sqrt{(c - m\Omega^2)^2 + b^2\Omega^2}} \quad , \tag{4.21/7a}$$

$$\gamma = \arctan\frac{-b\Omega}{c - m\Omega^2} \quad . \tag{4.21/7b}$$

Für viele Fälle ist es zweckmäßig, mit Hilfe der Kennkreisfrequenz $\omega_0 := \varkappa$ die normierte Erregerfrequenz η

$$\eta := \Omega/\omega_0 = \Omega/\varkappa \tag{4.21/8a}$$

einzuführen und das Dämpfungsmaß $D := b/2\sqrt{mc}$ [wie in (3.20/12)] zu benutzen. Auf diese Weise erhält die Dgl.(4.21/3) die Fassung

$$\ddot{q} + 2D\varkappa\dot{q} + \varkappa^2 q = \frac{\hat{F}}{m}\cos(\eta\varkappa t + \alpha) \quad , \tag{4.21/8b}$$

und aus den Gln.(4.21/7) wird

$$\underline{\hat{q}} = \frac{\hat{\underline{F}}}{c}\,\frac{1}{1-\eta^2 + i2D\eta} \quad , \tag{4.21/9}$$

$$\hat{q} = \frac{\hat{F}}{c}\,\frac{1}{\sqrt{(1-\eta^2)^2 + 4D^2\eta^2}} \quad , \tag{4.21/9a}$$

$$\gamma = \arctan\frac{-2D\eta}{1-\eta^2} \quad . \tag{4.21/9b}$$

Den dimensionslosen zweiten Faktor in (4.21/9) bezeichnen wir mit

$$\underline{V}_3 := \frac{1}{1-\eta^2 + i2D\eta} \tag{4.21/9c}$$

und nennen ihn V e r g r ö ß e r u n g s f a k t o r oder auch V e r g r ö s s e r u n g s f u n k t i o n $\underline{V}_3(\eta)$.

In manchen Gebieten der Schwingungslehre werden die Funktion $\underline{V}_3(\eta)$ sowie die nachfolgend beschriebenen Funktionen $\underline{V}_2(\eta)$ und $\underline{V}_1(\eta)$ Übertragungsfaktoren oder Übertragungsfunktionen genannt. In diesem Buch reservieren wir die Bezeichnung Ü b e r t r a g u n g s f u n k t i o n jedoch für einen besonderen Fall solcher Funktionen, nämlich für die komplexe Funktion (4.26/8a) $\underline{V}_T = \underline{V}_3 + 2D\,\underline{V}_2$ und ihren Betrag V_T gemäß (4.26/8b).

Der Index 3 ist historisch bedingt. Er deutet jedoch bereits an, daß es noch andere, ähnliche Vergrößerungsfaktoren gibt. Betrachten wir z.B. die Geschwindigkeit $\underline{\dot{q}}$ des Schwingers, so finden wir für deren komplexe Amplitude $\underline{\hat{\dot{q}}}$ wegen

$$\underline{\hat{\dot{q}}} = i\Omega\underline{\hat{q}} = i\varkappa\eta\underline{\hat{q}} = i\sqrt{c/m}\,\eta\underline{\hat{q}} \tag{4.21/10a}$$

den Ausdruck

$$\underline{\hat{q}} = \frac{1}{\sqrt{mc}}\underline{\hat{F}}\frac{i\eta}{1-\eta^2+i2D\eta} \quad . \qquad (4.21/10b)$$

Hier wird der dimensionslose, komplexe letzte Faktor als Vergrößerungsfaktor $\underline{V}_2$ bezeichnet. Für die Beschleunigung erhält man entsprechend

$$\underline{\hat{\ddot{q}}} = \frac{1}{m}\underline{\hat{F}}\frac{-\eta^2}{1-\eta^2+i2D\eta} \qquad (4.21/11)$$

mit dem Vergrößerungsfaktor $\underline{V}_1$.

Wir stellen die Ergebnisse zusammen: Es ist

$$\underline{\hat{q}} = \frac{1}{c}\underline{\hat{F}}\underline{V}_3 \quad \text{mit} \quad \underline{V}_3 := \frac{1}{1-\eta^2+i2D\eta} \quad , \qquad (4.21/12)$$

$$\underline{\hat{\dot{q}}} = \frac{1}{\sqrt{mc}}\underline{\hat{F}}\underline{V}_2 \quad \text{mit} \quad \underline{V}_2 := \frac{i\eta}{1-\eta^2+i2D\eta} \quad , \qquad (4.21/13)$$

$$\underline{\hat{\ddot{q}}} = \frac{1}{m}\underline{\hat{F}}\underline{V}_1 \quad \text{mit} \quad \underline{V}_1 := \frac{-\eta^2}{1-\eta^2+i2D\eta} \quad . \qquad (4.21/14)$$

Für die Beträge gilt

$$V_3(\eta) = \frac{1}{\sqrt{(1-\eta^2)^2+4D^2\eta^2}} \quad , \qquad (4.21/15a)$$

$$V_2(\eta) = \eta V_3(\eta) \quad , \qquad (4.21/15b)$$

$$V_1(\eta) = \eta^2 V_3(\eta) \quad , \qquad (4.21/15c)$$

und daher wird

$$\hat{q} = |\underline{\hat{q}}| = \frac{\hat{F}}{c}\frac{1}{\sqrt{(1-\eta^2)^2+4D^2\eta^2}} \quad , \qquad (4.21/15a')$$

$$\hat{\dot{q}} = |\underline{\hat{\dot{q}}}| = \frac{\hat{F}}{\sqrt{mc}}\frac{\eta}{\sqrt{(1-\eta^2)^2+4D^2\eta^2}} \quad , \qquad (4.21/15b')$$

$$\hat{\ddot{q}} = |\underline{\hat{\ddot{q}}}| = \frac{\hat{F}}{m}\frac{\eta^2}{\sqrt{(1-\eta^2)^2+4D^2\eta^2}} \quad . \qquad (4.21/15c')$$

β) S c h w i n g e r B : die Amplitude der Störkraft ist dem Quadrat der Erregerfrequenz proportional.

Beim Schwinger B lautet die Differentialgleichung für den Ausschlag q

$$(m_1 + m_2)\ddot{q} + b\dot{q} + cq = -l m_2 \Omega^2 \cos\Omega t \qquad (4.21/16a)$$

oder, komplex geschrieben analog zu (4.21/5),

$$(m_1 + m_2)\ddot{\underline{q}} + b\dot{\underline{q}} + c\underline{q} = (-l m_2 \Omega^2)\, e^{i\Omega t} \quad . \qquad (4.21/16b)$$

Für die Lösung $\underline{q}(t)$ machen wir auch hier den Ansatz (4.21/6). Er bringt

$$[-(m_1 + m_2)\Omega^2 + ib\Omega + c]\hat{\underline{q}} = -l m_2 \Omega^2 \qquad (4.21/17)$$

und somit die Ausschlagamplitude

$$\hat{\underline{q}} = \frac{-l m_2 \Omega^2}{c - (m_1 + m_2)\Omega^2 + ib\Omega} \quad . \qquad (4.21/18)$$

Die Kennkreisfrequenz ω_0, das Dämpfungsmaß D und die normierte Erregerkreisfrequenz η lauten hier

$$\omega_0 = \sqrt{\frac{c}{m_1 + m_2}} \quad ; \quad D = \frac{1}{2\sqrt{c(m_1 + m_2)}} \quad ; \quad \eta = \Omega/\omega_0 \quad . \qquad (4.21/19)$$

Mit ihnen wird (4.21/18) zu

$$\hat{\underline{q}} = l \frac{m_2}{m_1 + m_2} \frac{-\eta^2}{1 - \eta^2 + i2D\eta} \quad , \qquad (4.21/20)$$

also unter Benutzung von $\underline{V}_1$ (4.21/14)

$$\hat{\underline{q}} = l \frac{m_2}{m_1 + m_2} \underline{V}_1 \quad . \qquad (4.21/21)$$

Hier wird nun - im Gegensatz zu (4.21/12) - die komplexe Ausschlagamplitude $\hat{\underline{q}}$ durch den Vergrößerungsfaktor $\underline{V}_1$ bestimmt. Für die komplexen Amplituden $\hat{\dot{\underline{q}}}$ und $\hat{\ddot{\underline{q}}}$ von Geschwindigkeit und Beschleunigung folgt

$$\hat{\dot{\underline{q}}} = l \frac{\sqrt{m_2 c}}{(m_1 + m_2)^{3/2}} [i\eta \underline{V}_1] \quad , \qquad (4.21/22)$$

$$\hat{\ddot{\underline{q}}} = l \frac{m_2 c}{(m_1 + m_2)^2} [-\eta^2 \underline{V}_1] \quad . \qquad (4.21/23)$$

Den beiden neuen, in eckige Klammern gesetzten Vergrößerungsfaktoren geben wir keine eigenen Namen und Indizes; wir verwenden sie vielmehr in den angegebenen Formen $i\eta\underline{V}_1$ und $-\eta^2\underline{V}_1$.

Die Beträge der drei in (4.21/21), (4.21/22) und (4.21/23) auftretenden komplexen Vergrößerungsfunktionen lauten der Reihe nach V_1, ηV_1 und $\eta^2 V_1$ in Analogie zu den Beträgen V_3, ηV_3, $\eta^2 V_3$ für die drei komplexen Vergrößerungsfunktionen in (4.21/12), (4.21/13) und (4.21/14).

4.22 Darstellung und Diskussion der Vergrößerungsfaktoren $\underline{V}_k$

α) Ortskurven in der komplexen Ebene

Die Vergrößerungsfaktoren $\underline{V}_1$, $\underline{V}_2$ und $\underline{V}_3$, (4.21/12) bis (4.21/14), sind komplexe Zahlen und zwar Funktionen der reellen Veränderlichen η und D. Ihre Bestimmungsstücke, entweder der Betrag $|\underline{V}_k| =: V_k$ und das Argument $\arg \underline{V}_k =: \gamma_k$ oder aber der Real- und der Imaginärteil, lassen sich in der komplexen Zahlenebene ablesen. Zu diesem Zweck tragen wir dort sowohl Kurven $\underline{V}_k(\eta)$ für feste Parameter D wie auch Kurven $\underline{V}_k(D)$ für feste Parameter η auf. Diese beiden Scharen von "Ortskurven" liefern ein η-D-Netz, mit dessen Hilfe die Zeiger $\underline{V}_k$ für die Wertepaare (η,D) gefunden werden können. Die Abb.4.22/1 bis 4.22/3 enthalten diese Netze aus Ortskurven für die drei genannten Vergrößerungsfaktoren.

Die Ortskurven bei festem η, d.h. die Kurven $\underline{V}_k(D)$, sind für alle drei Faktoren Kreise, die durch den Ursprung 0 der Zahlenebene gehen. Die Mittelpunkte der Kreise liegen

für $\underline{V}_3(D)$ im Punkte $\dfrac{1}{2(1-\eta^2)}$ auf der reellen Achse,

für $\underline{V}_2(D)$ im Punkte $\dfrac{\eta}{2(1-\eta^2)}$ auf der imaginären Achse,

für $\underline{V}_1(D)$ im Punkte $\dfrac{-\eta^2}{2(1-\eta^2)}$ auf der reellen Achse.

Bei den Ortskurven für festes D, also $\underline{V}_k(\eta)$, bilden nur die Kurven $\underline{V}_2(\eta)$ Kreise. Diese Kreise gehen ebenfalls durch den Ursprung der Zahlenebene; ihre Mittelpunkte liegen bei 1/4D auf der reellen Achse.

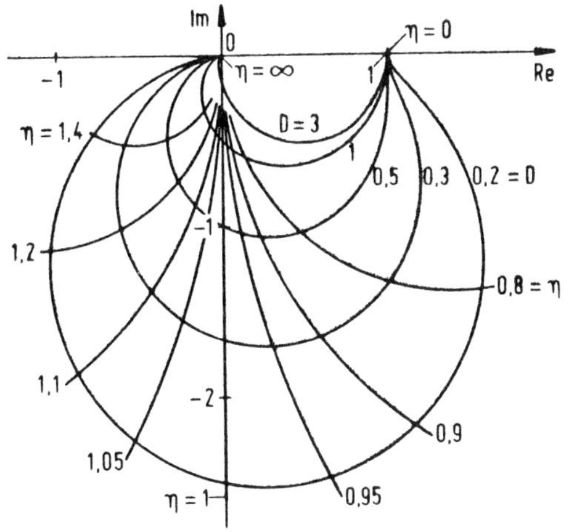

Abb.4.22/1.
Komplexer Vergrößerungsfaktor $\underline{V}_3$; Ortskurven für $\eta = \text{const}$, $D = \text{const}$

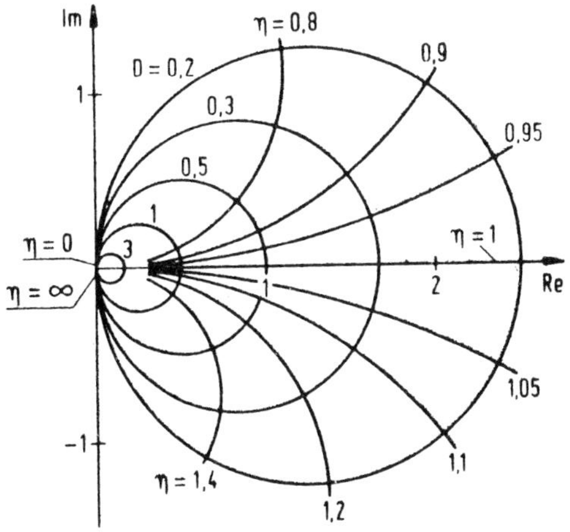

Abb.4.22/2.
Komplexer Vergrößerungsfaktor $\underline{V}_2$; Ortskurven für $\eta = \text{const}$, $D = \text{const}$

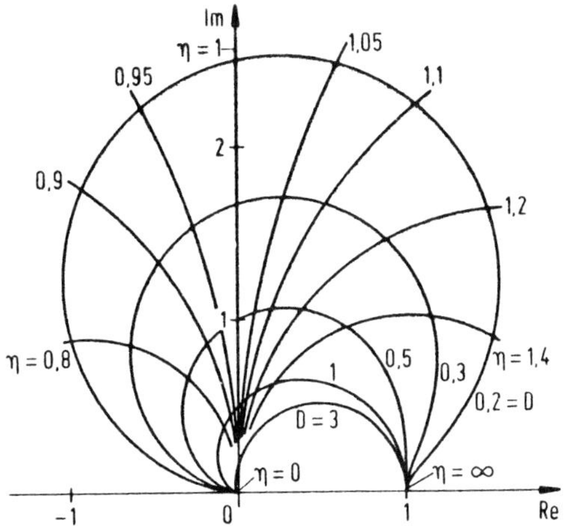

Abb.4.22/3.
Komplexer Vergrößerungsfaktor $\underline{V}_1$; Ortskurven für $\eta = \text{const}$, $D = \text{const}$

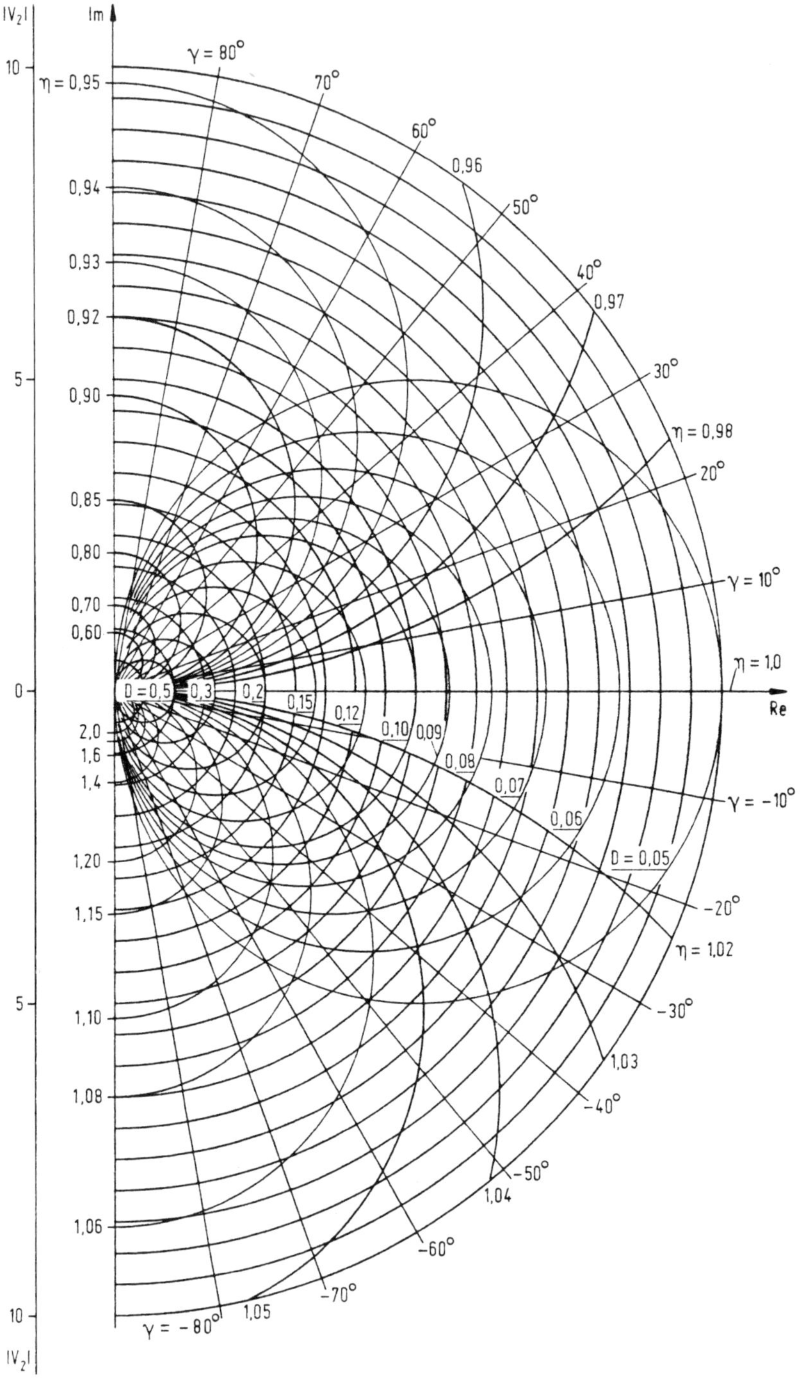

Abb.4.22/4. Komplexer Vergrößerungsfaktor $\underline{V}_2$ wie Abb.4.22/2, jedoch für einen ausgedehnteren Bereich

Die Kurven $\underline{V}_1(\eta)$ und $\underline{V}_3(\eta)$ sind dagegen Kurven vierten Grades, die jedoch Kreisen ähneln. Man gewinnt diese Kurven am einfachsten aus den Kurven $\underline{V}_2(\eta)$ durch Multiplikation mit $i\eta$ bzw. $1/i\eta$. Der besonderen Bedeutung wegen ist $\underline{V}_2$ in Abb.4.22/4 noch einmal in einem ausgedehnteren Bereich der komplexen Ebene dargestellt, und zwar mit zwei Netzen: Erstens mit den Ortskurven $D = \text{const}$ und $\eta = \text{const}$; zweitens mit den Polarkoordinaten $V_2 := |\underline{V}_2| = \text{const}$ und $\gamma := \arg \underline{V}_2 = \text{const}$.

β) Beträge V_k und Winkel γ_k

Die Beträge V_k der Vergrößerungsfaktoren $\underline{V}_k$ sind in den Gln. (4.21/15) angegeben und in den Abb.4.22/5 bis 4.22/7 über der Frequenz η mit D als Scharparameter aufgetragen.

(A n m e r k u n g : In den früheren Auflagen dieses Buches waren für einige der Bezeichnungen abweichende Definitionen verwendet worden; die wesentlichste Abweichung: $V_{2(\text{früher})} = (2D)V_{2(\text{jetzt})}$.)

Als Beziehungen zwischen den Faktoren merken wir besonders an: Erstens

$$V_1(\eta) = \eta V_2(\eta) = \eta^2 V_3(\eta) \quad , \tag{4.22/1}$$

zweitens

$$V_1(\eta) = V_3(1/\eta) \quad \text{oder gleichwertig} \quad V_3(\eta) = V_1(1/\eta) \quad , \tag{4.22/2a}$$

sowie

$$V_2(\eta) = V_2(1/\eta) \quad . \tag{4.22/2b}$$

Die Beziehungen (4.22/2a) erlauben, die Funktionen $V_1(\eta)$ und $V_3(\eta)$ in einem einzigen Diagramm unterzubringen, wenn man als Abszisse etwa

$$\begin{aligned} &\zeta := \eta && \text{im Bereich } 0 \leqq \eta \leqq 1 \\ \text{und } &\zeta := 2 - 1/\eta && \text{im Bereich } 1 \leqq \eta < \infty \end{aligned} \tag{4.22/3}$$

verwendet. In Abb.4.22/8 ist so verfahren.

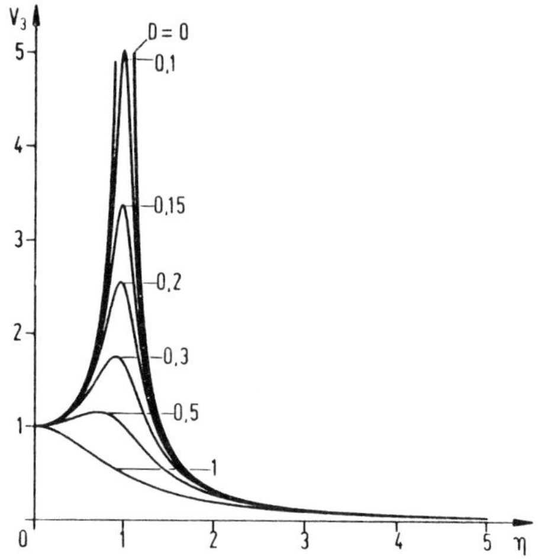

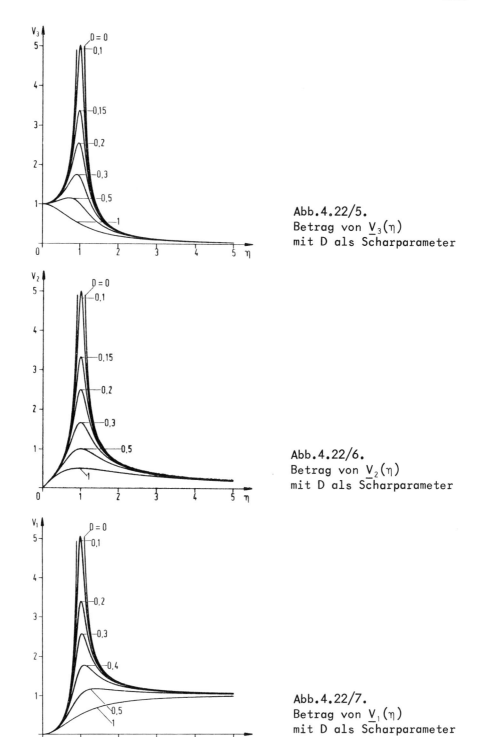

Abb.4.22/5.
Betrag von $\underline{V}_3(\eta)$
mit D als Scharparameter

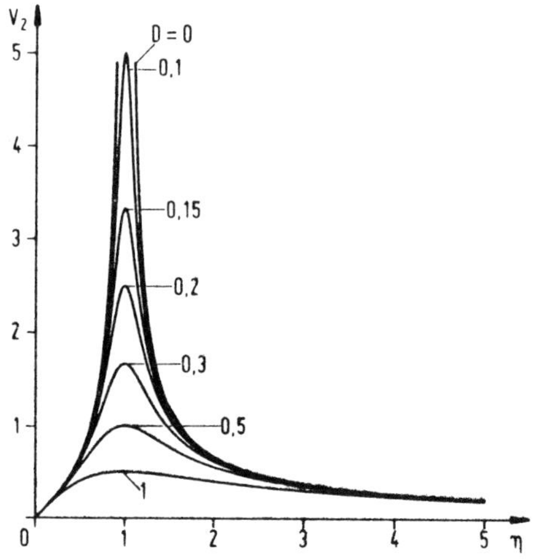

Abb.4.22/6.
Betrag von $\underline{V}_2(\eta)$
mit D als Scharparameter

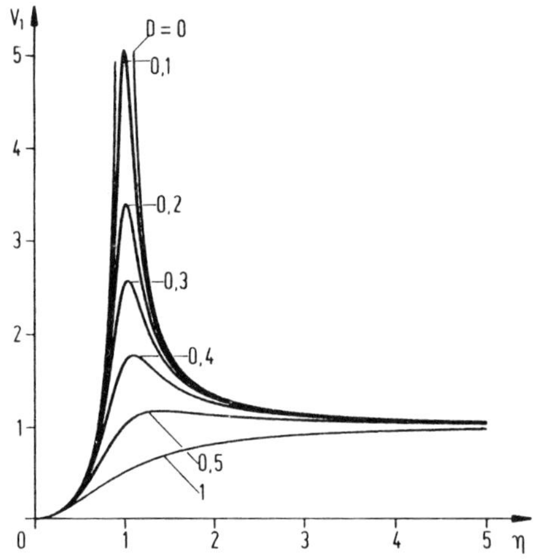

Abb.4.22/7.
Betrag von $\underline{V}_1(\eta)$
mit D als Scharparameter

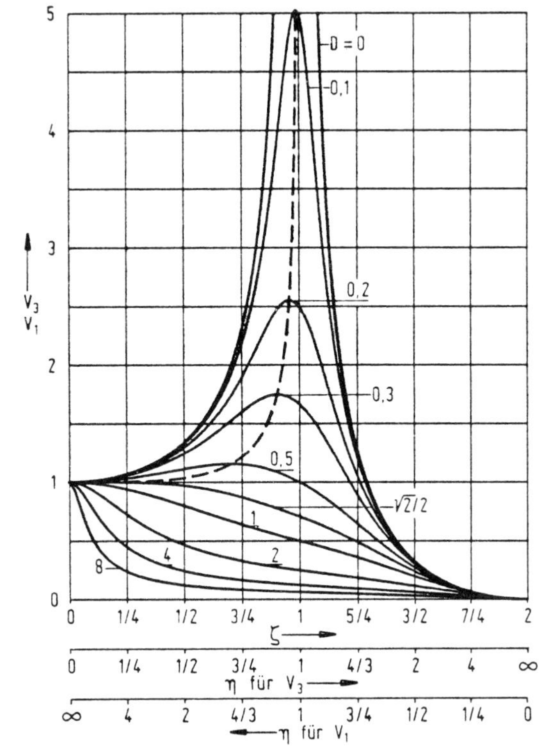

Abb.4.22/8.
Beträge von $\underline{V}_3(\eta)$ und $\underline{V}_1(\eta)$ mit ζ gemäß Gl.(4.22/3)

Trägt man den Betrag V_2 über ζ auf, so erhält man wegen (4.22/2b) eine zur Geraden $\zeta = 1$ symmetrische Kurve; sie besteht aus dem Teil der Kurve V_2 aus Abb.4.22/6, der zwischen $0 \leqq \eta \leqq 1$ liegt, und seinem an der Vertikalen $\eta = 1$ gespiegelten Bild. Aufzeichnen ist deshalb überflüssig. Darstellungen über ζ nach (4.22/3) raffen in vorteilhafter Weise jeweils den Bereich $1 \leqq \eta < \infty$.

Die Phasenverschiebungswinkel γ_k, die Argumente der komplexen Vergrößerungsfaktoren $\underline{V}_k$, sind gemeinsam in Abb.4.22/9 über η als Abszisse

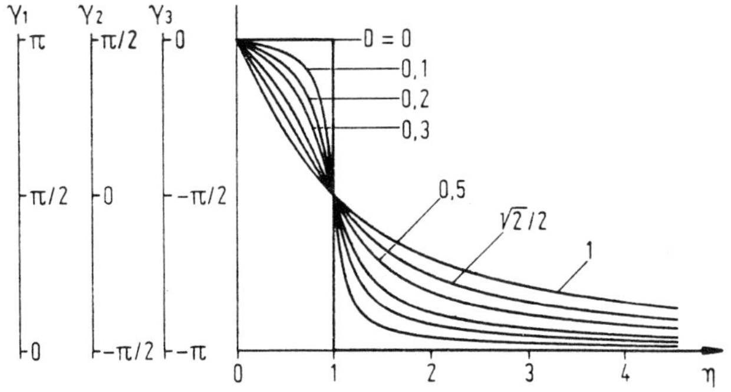

Abb.4.22/9.
Phasenverschiebungswinkel $\gamma_k := \arg \underline{V}_k$ über η

eingetragen. Für die Ordinaten gilt dabei

$$\gamma_2 = \gamma_3 + \pi/2 \quad ; \quad \gamma_1 = \gamma_3 + \pi \quad .$$

Die Werte $\gamma_3(\eta)$ betragen

$$\gamma_3 = -\arctan\frac{2D\eta}{1-\eta^2} \quad . \tag{4.22/4}$$

Die Abb.4.22/10 zeigt die Winkel γ_k auch noch über ζ, (4.22/3).

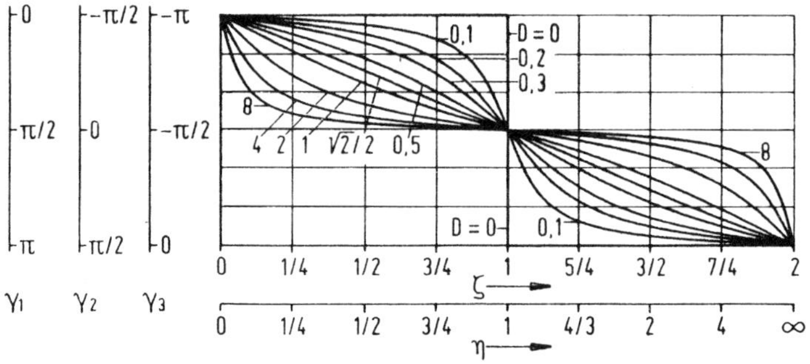

Abb.4.22/10. Phasenverschiebungswinkel γ_k, aufgetragen über ζ

γ) Resonanzbereich und Resonanzfrequenzen

Als Beispiel für das Verwerten der Vergrößerungsfaktoren $\underline{V}_k$ wollen wir zunächst den Ausschlag q des Schwingers A in Abhängigkeit von der normierten Erregerfrequenz η diskutieren. Dazu legen wir die Beziehung (4.21/12) zugrunde. Für niedrige Erregerfrequenzen $\eta \ll 1$ ist $\underline{V}_3 \approx 1$; der Ausschlag $\underline{q}$ ist nahezu in Phase mit der Kraft $\underline{F}$, und die Ausschlagamplitude $\hat{q}$ ist nahezu gleich dem "statischen Ausschlag" $\hat{F}/c$. Erhöhen wir η, so wachsen bei hinreichend kleinem D die Ausschlagamplituden $\hat{q}$ an. Im "Resonanzgebiet", d.h. in der Nähe von $\eta = 1$, werden sie groß; sie können ein Vielfaches des statischen Ausschlags betragen. Für den Wert $\eta = 1$ selbst ist $V_3 = 1/2D$ und $\gamma_3 = -\pi/2$, der Ausschlag eilt der Kraft um 90° nach. Wird η weiter erhöht, so sinken die Ausschlagamplituden wieder ab, für $\eta \to \infty$ geht V_3 und damit $\hat{q}$ gegen Null und γ_3 gegen $-\pi$.

Aus der Diskussion des Verlaufs der Funktion $V_3(\eta)$ sollen außer den schon erwähnten noch folgende Eigenschaften festgehalten werden:

Die Ableitung

$$\frac{\partial V_3}{\partial \eta} = \eta \frac{2(1-\eta^2) - 4D^2}{\left[(1-\eta^2)^2 + 4D^2\eta^2\right]^{3/2}}$$

besagt: Extrema von $V_3(\eta)$ existieren bei $\eta = 0$ und bei $\eta_m = \sqrt{1-2D^2}$. Einen reellen Wert η_m gibt es nur für $D \leqq \sqrt{2}/2$. Die zweite Ableitung zeigt, daß die Kurven V_3 an der Stelle $\eta = 0$ für $D < \sqrt{2}/2$ ein Minimum, für $D > \sqrt{2}/2$ ein Maximum haben. Für $D = 1/2$ verschwindet für $\eta = 0$ außer der ersten und der zweiten sogar noch die dritte Ableitung, diese Kurve bleibt besonders lange in der Nähe des Wertes $V_3 = 1$.

Ähnlich wie die Beziehungen (4.21/12) für $\hat{q}$ lassen sich die beiden andern, (4.21/13) für $\hat{\dot{q}}$ und (4.21/14) für $\hat{\ddot{q}}$, diskutieren.

Der Frequenzbereich, in dem große Ausschläge auftreten, wird oft leichthin Resonanz*bereich* genannt. Der Begriff Resonanz*frequenz* muß dagegen genauer betrachtet werden. Eine allgemein verbindliche Definition dieses oft benutzten Terms existiert nicht.

Einfach liegt der Fall beim Faktor $\underline{V}_2$. Wie man anhand der Ortskurven in Abb.4.22/2 erkennt, tritt bei jedem vorgegebenen Dämpfungsmaß D der Maximalwert von V_2 exakt bei $\eta = 1$ auf; der Maximalwert der Geschwindigkeit wird also erreicht, wenn die Erregerfrequenz Ω gleich der Kennfrequenz ω_0 wird. Der Phasenverschiebungswinkel γ_2 ist dabei exakt gleich Null. Hier ist es selbstverständlich und eindeutig, daß man unter der Resonanzfrequenz den Wert $\eta = 1$ versteht.

Bei den Funktionen $\underline{V}_1$ und $\underline{V}_3$ hingegen tritt das Maximum des Betrages V_1 oder V_3 nicht bei $\eta = 1$ auf. Man errechnet seine Lage und seinen Wert durch Differenzieren der Funktionen $V_1(\eta)$ und $V_3(\eta)$ nach η und Nullsetzen der Ableitung. Die Ergebnisse stehen in den Spalten ⑦ und ⑧ der Tafel 4.22/I. Als Resonanzfrequenz kann man nun jene Werte η_m bezeichnen, bei denen die jeweils betrachtete Vergrößerungsfunktion ihr Maximum hat. Man sollte dabei aber vermeiden, von einer Resonanzfrequenz "des Schwingers" zu sprechen, weil die soeben definierte Resonanzfrequenz η_m (Spalte ⑧) davon abhängt, ob man die Amplitude des Ausschlags, der Geschwindigkeit oder der Beschleunigung betrach-

Tafel 4.22/I. Vergrößerungsfunktionen $V_k(\eta)$ und Phasenverschiebungswinkel $\gamma_k(\eta)$

	①	②	③	④	⑤	⑥	⑦	⑧
	$V_k(\eta)$	$\gamma_k(\eta)$	$\gamma_k(1)$	$V_k(\eta \ll 1)$	$V_k(\eta \approx 1)$	$V_k(\eta \gg 1)$	$\max[V_k(\eta)] =: V_k(\eta_m)$	η_m
=3	$\frac{1}{\sqrt{(1-\eta^2)^2+4D^2\eta^2}}$	$-\arctan\frac{2D\eta}{1-\eta^2}$	$-\frac{\pi}{2}$	1	$\left(\frac{1}{2D}\right)\frac{1}{\eta}$	$\frac{1}{\eta^2}$	$\frac{1}{2D\sqrt{1-D^2}} = \frac{1}{\sqrt{1-\eta_m^4}}$	$\sqrt{1-2D^2}$
=2	$\frac{\eta}{\sqrt{(1-\eta^2)^2+4D^2\eta^2}}$	$\gamma_3+\frac{\pi}{2}$	0	η	$\left(\frac{1}{2D}\right)\cdot 1$	$\frac{1}{\eta}$	$\frac{1}{2D}$	1
=1	$\frac{\eta^2}{\sqrt{(1-\eta^2)^2+4D^2\eta^2}}$	$\gamma_3+\pi$	$+\frac{\pi}{2}$	η^2	$\left(\frac{1}{2D}\right)\eta$	1	$\frac{1}{2D\sqrt{1-D^2}} = \frac{\eta_m^2}{\sqrt{\eta_m^4-1}}$	$\frac{1}{\sqrt{1-2D^2}}$

tet. Man tut gut daran, hier überhaupt nicht von Resonanz schlechthin, sondern von Ausschlags-, Geschwindigkeits- oder Beschleunigungsresonanz und den zugehörigen Resonanzfrequenzen zu sprechen.

Außer dem soeben erwähnten Wert η_m der Spalte ⑧ wird jedoch oft auch der Wert $\eta = 1$ als Resonanzfrequenz nicht nur für V_2, sondern auch für V_3 und V_1 bezeichnet. Der zugehörige Ordinatenwert lautet in allen drei Fällen

$$V_k(1) = \frac{1}{2D} \quad , \qquad k = 1,2,3. \tag{4.22/5}$$

δ) Winkelresonanzfrequenz, 90°-Frequenz;
45°-Frequenzen und Halbwertsbreite

Neben den bisher erörterten Resonanzfrequenzen, die sich auf die Beträge der Faktoren $\underline{V}_k$ beziehen, kennt man auch noch eine Winkelresonanzfrequenz. Damit meint man jenen Wert η, bei dem der Phasenverschiebungswinkel γ_k gegenüber dem Wert, den er bei $\eta \to 0$ aufweist, um $\pi/2$ verändert ist. Für alle drei Funktionen $\underline{V}_k(\eta)$ findet Winkelresonanz bei $\eta = 1$ statt; man spricht hier auch von der 90°-Frequenz.

Eine besondere Bedeutung kommt ferner jenen beiden Winkel γ zu, die um $\pi/4$ vor bzw. hinter der Winkelresonanz liegen. Bei jedem von ihnen ist der Imaginärteil gleich dem Realteil des komplexen Faktors $\underline{V}_k$. Es ist also

$$|1 - \eta^2| = 2D\eta \ . \tag{4.22/6}$$

Zu diesen Winkeln gehören die Frequenzen

$$\eta_I = -D + \sqrt{1 + D^2} \quad \text{bzw.} \quad \eta_{II} = +D + \sqrt{1 + D^2} \ . \tag{4.22/7}$$

Ihre Differenz beträgt

$$\Delta\eta := \eta_{II} - \eta_I = 2D \ , \tag{4.22/8}$$

der Abstand dieser "45°-Frequenzen" im γ-η-Diagramm ist also gleich dem Doppelten des Dämpfungsmaßes D.

Die 45°-Frequenzen spielen eine Rolle, wenn die kinetische Energie eines Schwingers betrachtet wird. Die kinetische Energie $m\dot{q}^2/2$ ist dem Quadrat der Geschwindigkeit $\dot{q}$ proportional und deshalb dem Quadrat des Vergrößerungsfaktors V_2. Das Maximum von $V_2(\eta)$ liegt, wie erwähnt, bei $\eta = 1$ und beträgt $V_{2max} = 1/2D$. Bei den 45°-Frequenzen ist wegen (4.22/6) der Wert von V_2 gleich $V_{2max}/\sqrt{2}$. Das heißt: Die kinetische Energie ist bei den 45°-Frequenzen halb so groß wie im Resonanzfall. $\Delta\eta$ gemäß (4.22/8) wird deshalb auch Halbwertsbreite genannt. Diese Größe ist für das experimentelle Bestimmen der Dämpfung bedeutungsvoll.

Die Abb.4.22/11 stellt in den Bildteilen a, b und c Ausschnitte aus Kurven $V_2(\eta)$ (siehe Abb.4.22/6), $V_2(\Omega)$ und $V_2(f)$ (mit $f = \Omega/2\pi$) dar. Sie zeigt, wie die Halbwertsbreite in den drei Fällen der Reihe nach 2D, 2δ und δ/π beträgt.

Wir erwähnen noch: Bei sehr kleinen Werten D und damit bei starken Resonanzüberhöhungen, gelten die für $V_2(\eta)$ errechneten Zusammenhänge (4.22/6) bis (4.22/8) angenähert auch für die Kurven $V_1(\eta)$ und $V_3(\eta)$.

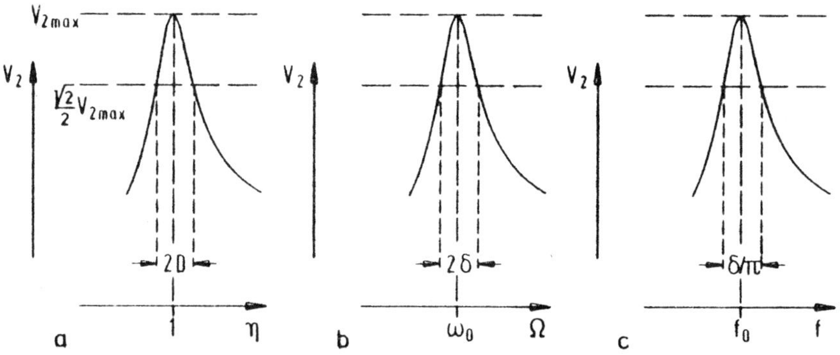

Abb.4.22/11. Resonanzbereich der Vergrößerungsfunktion V_2 und Halbwertsbreiten 2D, 2δ oder δ/π

4.23 Die logarithmische Darstellung der Vergrößerungsfaktoren

α) Die beiden Funktionentripel V_3, V_2, V_1 und V_1, ηV_1, $\eta^2 V_1$

Neben den Darstellungen für die Vergrößerungsfaktoren, die im

Abschn.4.22 betrachtet wurden, gibt es noch eine weitere, die manche besonderen Vorteile bietet: Die Aufzeichnung der Beträge V_k in einem doppelt-logarithmischen Diagramm. Die Abb.4.23/1 bis 4.23/3 zeigen diese Art der Auftragung für $V_3(\eta)$, $V_2(\eta)$ und $V_1(\eta)$. Wir gehen aus von den Näherungswerten für die Beträge $V_k(\eta)$, wie sie in den Spalten ④ und ⑥ der Tafel 4.22/I verzeichnet sind. Man erkennt: Außerhalb der Resonanzbereiche werden die Funktionen $V_k(\eta)$ (angenähert) durch Potenzfunktionen $V = \eta^p$ wiedergegeben; solche Potenzfunktionen erscheinen in einem doppelt-logarithmischen Diagramm als Geraden (stärker gezeichnet).

Die Abb.4.23/4 zeigt die Phasenverschiebungswinkel γ_k über einer logarithmisch geteilten Abszissenachse η. In den Abb.4.23/1 bis 4.23/3 sind die durch die Gln.(4.22/2a) und (4.22/2b) ausgedrückten Symmetrieeigenschaften erkennbar, in Abb.4.23/4 die Punktsymmetrie der Kurven $\gamma_k(\eta)$.

Die Geradenpaare der Abb.4.23/1 bis 4.23/3 schneiden sich alle bei $V_k = 1$ und $\eta = 1$; sie bilden dort eine Ecke. Der Wert $\eta = 1$ wird deshalb auch "Eckfrequenz" genannt. In weiten Bereichen der Abszissenwerte η stellen die Geradenpaare die jeweiligen Funktionen $V_k(\eta)$ hinreichend genau dar. Die exakten Kurven $V_k(\eta)$ weichen nur in der Nähe der Eckfrequenz (im Resonanzgebiet), und zwar etwa innerhalb der Dekade

$$1/\sqrt{10} < \eta < \sqrt{10} \tag{4.23/1}$$

merklich von den jeweiligen Geradenzügen ab. In der unmittelbaren Umgebung von $\eta = 1$ gelten für die Kurven die Näherungen der Spalte ⑤ der Tafel 4.22/I:

$$V_3 = \left(\frac{1}{2D}\right)\frac{1}{\eta} \quad ; \quad V_2 = \frac{1}{2D} \quad ; \quad V_1 = \left(\frac{1}{2D}\right)\eta \quad . \tag{4.23/2}$$

Die Kurven laufen also an der Stelle $\eta = 1$ alle durch den Punkt

$$V_k(1) = \frac{1}{2D} \quad ; \tag{4.23/3}$$

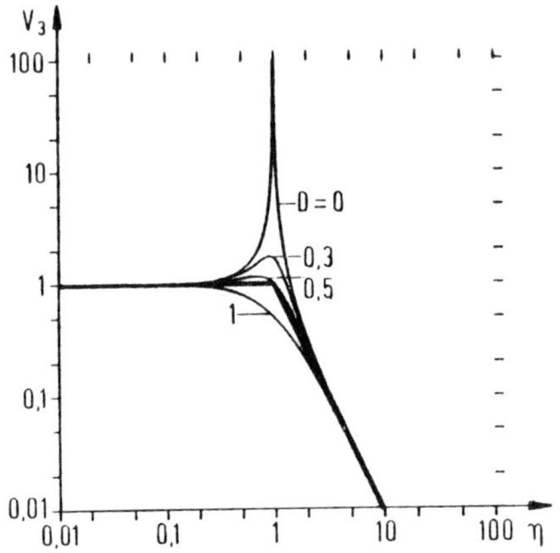

Abb.4.23/1.

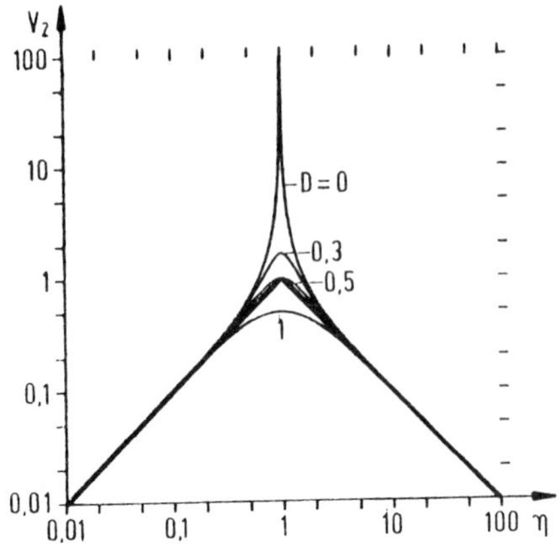

Abb.4.23/2.

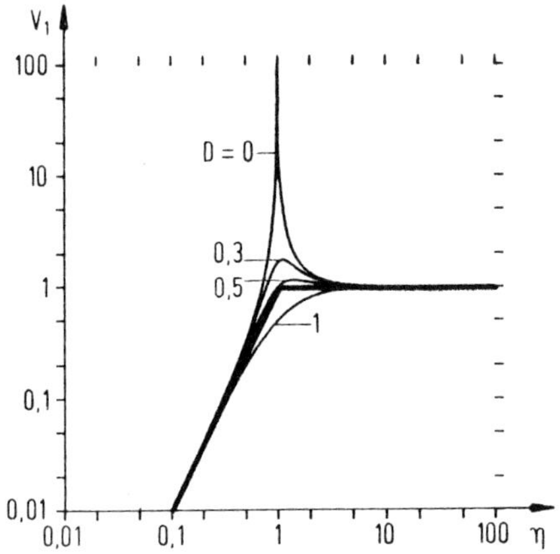

Abb.4.23/3.

Abb.4.23/1 bis 4.23/3. Vergrößerungsfunktionen $V_k(\eta)$ im doppelt-logarithmischen Diagramm. Die Näherungsgeraden $V = \eta^p$ sind stark gezeichnet

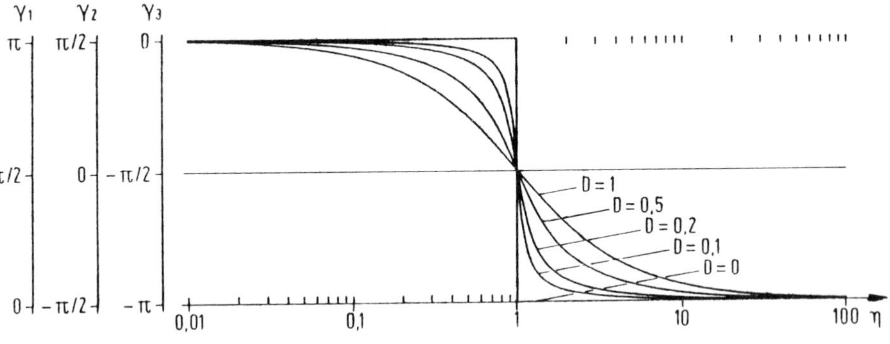

Abb.4.23/4. Phasenverschiebungswinkel γ_k über logarithmisch geteilter Abszissenachse η

ihre Steigungen haben dort

$$\begin{array}{lll} \text{für } V_3 & \text{den Wert} & -1 \;, \\ \text{für } V_2 & \text{den Wert} & 0 \;, \\ \text{für } V_1 & \text{den Wert} & +1 \;. \end{array} \qquad (4.23/4)$$

Es ist deshalb nicht schwierig, die Kurven $V_k(\eta)$ im logarithmischen Diagramm aus den jeweiligen Geradenpaaren und einer (rohen) Kurve innerhalb der Dekade (4.23/1) um die Eckfrequenz herum mit Hilfe von (4.23/3) und (4.23/4) aufzubauen.

Beiläufig sei noch erwähnt, daß die durch (4.23/3) und (4.23/4) im logarithmischen Diagramm bestimmten Tangenten für alle Werte η oberhalb der Kurven $V_k(\eta)$ liegen.

Die Steigung der vorkommenden Geraden läßt sich durch ein Steigungsmaß n:1 ausdrücken. Es bedeutet: Geht man auf der Abszissenachse η um eine Dekade nach rechts, so wächst der Vergrößerungsfaktor um n Dekaden.

B e i s p i e l e :

E r s t e n s : Im Hinblick auf die Vergrößerungsfaktoren V_3, V_2, V_1, die gemäß den Beziehungen (4.21/15') die Amplituden $\hat{q}$, $\hat{\dot{q}}$ und $\hat{\ddot{q}}$ von Ausschlag, Geschwindigkeit und Beschleunigung des Schwingers A bestimmen, gilt: Im logarithmischen Diagramm steigt unterhalb des Resonanzbereichs

$$V_3 \text{ mit } 0{:}1, \qquad V_2 \text{ mit } 1{:}1, \qquad V_1 \text{ mit } 2{:}1, \qquad (4.23/5a)$$

oberhalb des Resonanzbereichs fällt (bzw. steigt)

$$\begin{array}{lll} V_3 \text{ mit } 2{:}1, & V_2 \text{ mit } 1{:}1, & V_1 \text{ mit } 0{:}1, \\ (-2{:}1), & (-1{:}1), & (0{:}1). \end{array} \qquad (4.23/5b)$$

Die Steigungen oberhalb der Resonanz sind für jeden der drei Faktoren V_3, V_2, V_1 um zwei Einheiten ("Stufen") kleiner als unterhalb der Resonanz.

Zweitens: Die soeben getroffene Feststellung gilt nicht nur für die drei Faktoren V_3, V_2 und V_1, die die Amplituden $\hat{q}$, $\hat{\dot{q}}$ und $\hat{\ddot{q}}$ des Schwingers A bestimmen; sie gilt im selben Wortlaut auch für die Beträge V_1, ηV_1 und $\eta^2 V_1$ der drei Vergrößerungsfaktoren, die gemäß den Beziehungen (4.21/21) bis (4.21/23) die Amplituden $\hat{q}$, $\hat{\dot{q}}$ und $\hat{\ddot{q}}$ des Schwingers B bestimmen. In den Abb.4.23/5 bis 4.23/7 ist das Tripel V_1, ηV_1 und $\eta^2 V_1$ aufgezeichnet, und man bestätigt mit einem Blick die obige Feststellung.

β) Gemeinsame Darstellung für das Tripel V_3, V_2, V_1; die "Schwingungstapete"

Die engen Beziehungen (4.22/1), die zwischen den Vergrößerungsfaktoren V_k bestehen und die auch in den Feststellungen (4.23/5a) und (4.23/5b) zum Ausdruck kommen, erlauben, die logarithmischen Diagramme für V_3, V_2 und V_1 in einer einzigen Darstellung zusammenzufassen. Dieser Darstellung liegt das logarithmische Diagramm Abb.4.23/2 für $V_2(\eta)$ zugrunde. Der Gl.(4.22/1) entnimmt man $V_1 = \eta V_2$ und $V_3 = V_2/\eta$. Also ist

$$\log V_1 = \log V_2 + \log \eta \qquad \text{und} \qquad \log V_3 = \log V_2 - \log \eta \quad . \qquad (4.23/6)$$

Die Funktion $\log \eta$ über $\log \eta$ aufgetragen ergibt eine durch den Punkt (1;1) gehende Gerade mit der Steigung +1; die Funktion $-\log \eta$ ergibt entsprechend eine Gerade mit der Steigung -1. Im Diagramm 4.23/2 werden die Werte V_2 bei gegebenem η als Abstände von der Horizontalen $V_2 = 1$ abgelesen (wegen $\log V_2 = 0$). Wegen (4.23/6) findet man im gleichen Diagramm die Werte V_3 als Abstände der gezeichneten V_2-Kurve von der "η-Geraden" ($\log V = \log \eta$), die unter 45° nach rechts oben steigt, und die Werte V_1 als Abstände der gezeichneten V_2-Kurve von der "$1/\eta$-Geraden" ($\log V = -\log \eta$), die unter 45° nach rechts unten fällt. Die Abb.4.23/8 zeigt zu einer Kurve aus der Schar die drei Ableseskalen für V_3, V_2 und V_1.

Die vier in Abb.4.23/8 angedeuteten logarithmischen Skalen (für η, V_3, V_2 und V_1) lassen sich systematisch zu einem neuen Diagrammpapier entwickeln. Die Abb.4.23/9 zeigt dieses Papier mit dem besonderen Netz, in das der Inhalt der Abb.4.23/8 mit weiteren Kurven der

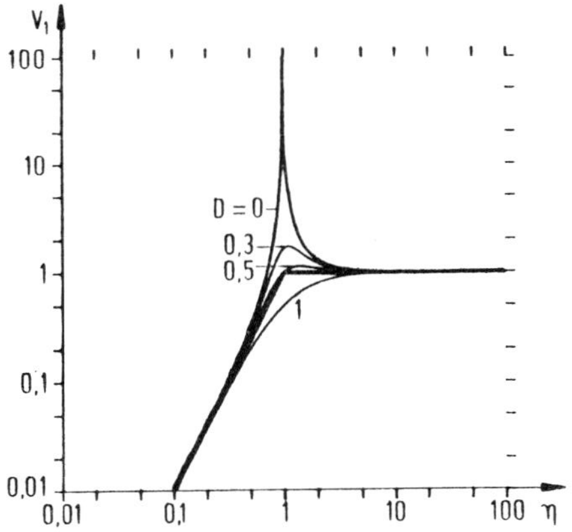

Abb.4.23/5.

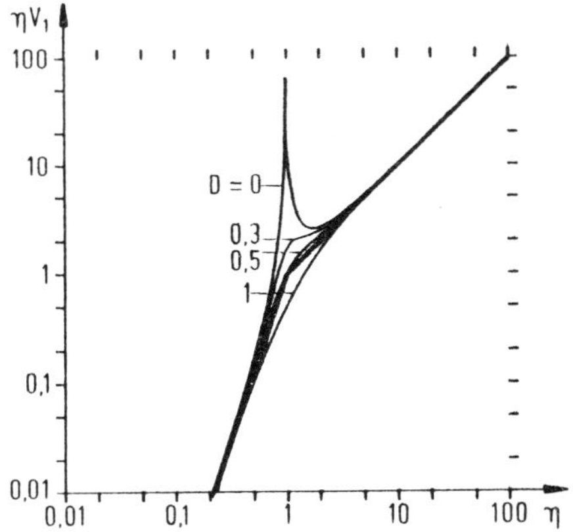

Abb.4.23/6.

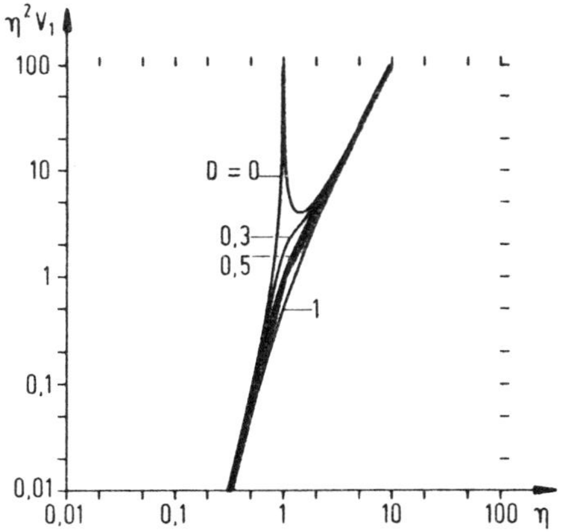

Abb.4.23/7.

Abb.4.23/5 bis 4.23/7. Vergrößerungsfunktionen $V_1(\eta)$, $\eta V_1(\eta)$ und $\eta^2 V_1(\eta)$ im doppelt-logarithmischen Diagramm. Die Näherungsgeraden $V = \eta^p$ sind stark gezeichnet

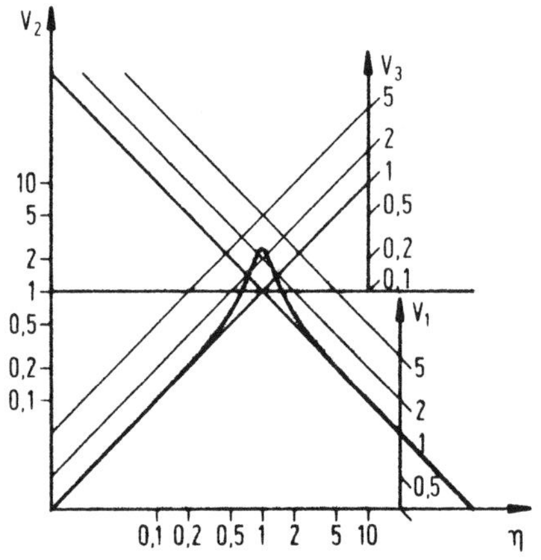

Abb.4.23/8.
Darstellung der Funktionen $V_k(\eta)$ durch eine einzige Kurve (als Element einer Kurvenschar) mit drei Ableseskalen

Schar eingetragen ist. Durch sorgfältiges Vergleichen der beiden Abbildungen 4.23/8 und 4.23/9 erfährt man besser als durch Worte die Eigenschaften der neuen Darstellung.

In der Schwingungstechnik werden Diagrammpapiere mit Rastern nach der Art der Abb.4.23/9 häufig verwendet. Auch wir werden noch mehrfach darauf zurückgreifen (z.B. im Hauptabschnitt 4.5; man vergleiche etwa die Abb.4.53/1b; Abb.4.58/1 bis 4.58/3; Abb.4.59/1 bis 4.59/3). Oft nennt man diese Diagrammpapiere etwas salopp "Schwingungstapete" oder "Frequenztapete".

γ) Zur Verwendung der logarithmischen Diagramme

Die Vorteile, die die (doppelt-)logarithmische Darstellung bietet (leichter Aufbau der Vergrößerungskurven, Zusammenfassen von drei Funktionen in einem einzigen Diagramm), sind jedoch noch nicht erschöpfend aufgezählt. Ein weiterer Vorteil mit bedeutungsvollen Konsequenzen besteht im folgenden: Bisher haben wir dimensionslose, und zwar in bestimmter Weise normierte, Variabeln (z.B. η und V_k) benutzt. Normiert man jedoch die Veränderlichen in anderer Weise (etwa durch Benutzen anderer Bezugsgrößen) oder verwendet man sie mit ihren ursprünglichen Dimensionen und Einheiten, so wird (wegen $\log \alpha x = \log \alpha + \log x$ und $\log \beta y = \log \beta + \log y$) eine für die ursprünglichen Variabeln gezeichnete Kurve zwar (translatorisch) verschoben, nicht aber deformiert. Oft zieht man es auch vor, eine gezeichnete Kurve

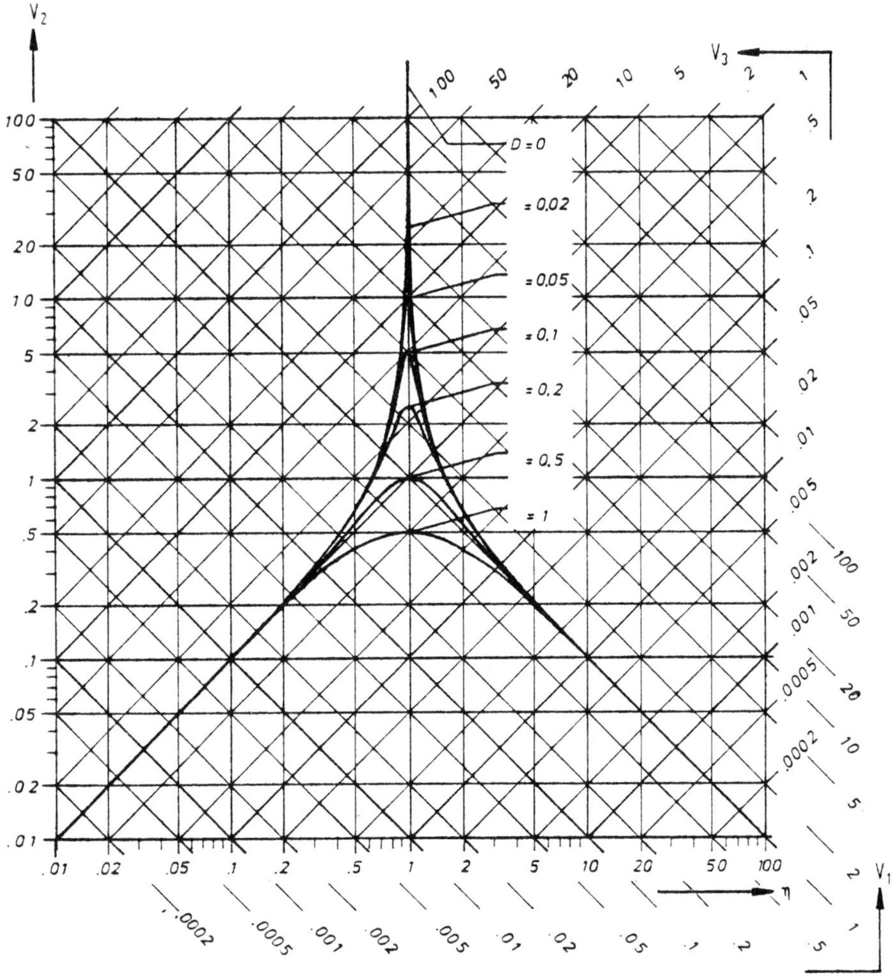

Abb.4.23/9. Diagrammpapier ("Schwingungstapete") mit Kurvenschar und Ableseskalen für die drei Funktionen $V_k(\eta)$

festzuhalten und die Koordinatensysteme zu verschieben.

Zunächst soll noch ein naheliegender Einwand aufgegriffen werden: Von dimensionsbehafteten Größen lassen sich keine Logarithmen bilden. In diesem Fall dividiert man (wenigstens in Gedanken) die Variabeln jeweils durch ihre Maßeinheit, z.B. eine Wegamplitude $\hat{q}$ durch mm, eine Erregerfrequenz Ω durch s^{-1}, so daß man allein die Maßzahlen, also wieder reine Zahlen vor sich hat, im Beispiel $\hat{q}$/mm und Ω/s^{-1}; von ihnen lassen sich Logarithmen bilden.

Wir verdeutlichen das Gesagte anhand eines Beispiels. Es liege ein Schwinger A vor. Der Frequenzgang der reellen Ausschlagamplitude $\hat{q}$ lautet unter Verwendung dimensionsbehafteter Größen gemäß Gl.(4.21/7a)

$$\hat{q} = \frac{\hat{F}}{\sqrt{(c - m\Omega^2)^2 + b^2\Omega^2}} , \qquad (4.23/7)$$

unter Verwendung dimensionsloser (normierter) Größen

$$V_3 = \frac{1}{\sqrt{(1 - \eta^2)^2 + 4D^2\eta^2}} . \qquad (4.23/8)$$

In die Abb.4.23/10 ist als Grundstock die Kurvenschar $V_3(\eta)$ eingetragen; sie ist aus Abb.4.23/1 kopiert (und - was zunächst aber unwesentlich ist - um die Kurve für den Scharparameter $D = 1/8$ erweitert); die Maßstäbe auf den Koordinatenachsen für V_3 und für η sind untereinander und in den beiden Abb.4.23/1 und 4.23/10 jeweils identisch.

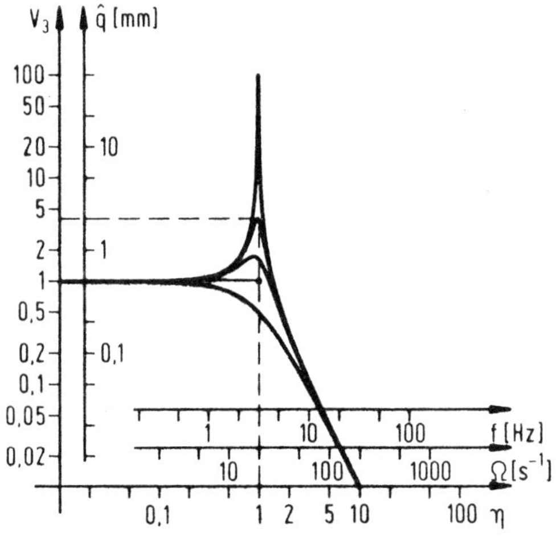

Abb.4.23/10. Zur Deutung des Diagramms $V_3(\eta)$ als Diagramm $\hat{q}(\Omega)$

Nun soll die beschriebene Kurvenschar als Diagramm für die Schwingungsamplitude $\hat{q}$ in Abhängigkeit von der Erregerfrequenz Ω interpretiert werden, und zwar für einen Beispielschwinger mit den Daten:

$\hat{F} = 200$ N, $c = 400$ N/mm, $m = 1000$ kg,

also $\omega_0 = 20\ s^{-1}$, $f_0 = 3{,}18$ Hz; (4.23/9a)

ferner sei

$b = 10$ Ns/mm, also $\hat{F}/b\omega_0 = 2$ mm. (4.23/9b)

1. Für die Ordinatenachse folgt aus der Beziehung (4.21/15a')

$$\frac{\hat{q}}{\hat{F}/c} = V_3$$

mit den Daten (4.23/9a) als Zusammenhang zwischen den Skalen

$$\hat{q}/\text{mm} = V_3/2 \quad . \qquad (4.23/10)$$

Das heißt z.B.: Zum Ordinatenwert $V_3 = 1$ gehört der Ordinatenwert $\hat{q}/\text{mm} = 1/2$. Demgemäß ist in der Abb.4.23/10 die Skala $\hat{q}/\text{mm}$ angeordnet worden.

2. Für die Abszissenachse folgt aus $\eta = \Omega/\omega_0$ mit den Daten (4.23/9a) die Beziehung

$$\Omega/\text{sec}^{-1} = 20\eta \quad . \qquad (4.23/11)$$

Zum Abszissenwert $\eta = 1$ gehört der Abszissenwert $\Omega/s^{-1} = 20$; damit ist die Lage der neuen Abszissenachse Ω/s^{-1} bestimmt. Die Skala der weiteren Abszissenachse f/Hz ist verschoben: Dem Wert $\Omega/s^{-1} = 20$ entspricht der Wert $f/\text{Hz} = 20/2\pi = 3{,}18$; somit ist auch die Lage dieser Skala bestimmt.

3. Jetzt muß noch entschieden werden, welche Kurve der Schar zu den Dämpfungswerten (4.23/9b) gehört. Die Entscheidung kann auf zweierlei Weise getroffen werden: Entweder man ermittelt aus den Daten (4.23/9) den Parameterwert D der Schar $V_3(\eta)$ und aus ihm den Ordinatenwert $V_3(\eta = 1) = 1/2D$, oder aber man berechnet aus den Daten den zu $\Omega = \omega_0$ gehörenden Ordinatenwert

$$\hat{q}/\text{mm} = \frac{\hat{F}}{\omega_0 b} \quad . \qquad (4.23/12)$$

Auf dem ersten Weg findet man

$$D = 1/8 \ , \quad \text{also} \quad V_3(\eta = 1) = 4 \ , \qquad (4.23/13')$$

auf dem zweiten

$$\frac{\hat{q}}{mm}(\Omega = \omega_0) = 2 \ . \qquad (4.23/13'')$$

Man sieht: Die beiden Werte (4.23/13) passen so zusammen, wie (4.23/10) es fordert.

4.24 Einfluß der Systemparameter auf die Schwingungsamplituden

Mit Hilfe der bisher betrachteten Vergrößerungsfunktionen V_k wurden die Amplituden des Ausschlags (Weges) $\hat{q}$, der Geschwindigkeit $\hat{\dot{q}}$ und der Beschleunigung $\hat{\ddot{q}}$ der beiden Musterschwinger A und B (Abb. 4.21/1 und 4.21/2) in Abhängigkeit von der normierten Erregerfrequenz η untersucht. Jetzt wollen wir uns der Frage zuwenden, wie die genannten Amplituden sich ändern, wenn nicht die Erregerfrequenz Ω oder η, sondern einer der Systemparameter m, b, c variiert wird. Dabei beschränken wir die explizite Betrachtung zunächst auf die Wegamplituden $\hat{q}$, untersuchen diese aber sowohl für den Schwinger A wie auch für den Schwinger B. Die Auswirkungen auf $\hat{\dot{q}}$ und $\hat{\ddot{q}}$ werden für beide Schwinger am Ende des Abschnitts noch angesprochen.

a) Schwinger A

Hier wird die Amplitude $\hat{q}$ durch Gl.(4.21/15a')

$$\hat{q} = \frac{\hat{F}}{c} \frac{1}{\sqrt{(1-\eta^2)^2 + 4D^2\eta^2}} = \frac{\hat{F}}{c} V_3(\eta) \qquad (4.24/1)$$

beschrieben.

Im Abschn.4.23 wurde schon gezeigt, daß der Verlauf der Funktion $V_3(\eta)$ (mit anderen Maßstäben) auch den von $\hat{q}(\Omega)$ wiedergibt. Nicht so einfach gestaltet sich jedoch die Diskussion des Ausschlags $\hat{q}$, wenn nicht die Erregerfrequenz Ω, sondern die Masse m des Schwingers als unabhängige Veränderliche dienen soll; denn m steckt sowohl in der normierten Frequenz η als auch im Dämpfungsmaß D. Noch verwickelter wird die Diskussion des Einflusses der Federzahl c; denn c tritt außer in η

und in D auch noch im Vorfaktor $\hat{F}/c$ auf. Es ist somit offenkundig, daß die Abhängigkeit des Ausschlags $\hat{q}$ von den Systemparametern aus der Fassung (4.24/1) mit ihren dimensionslosen Parametern nicht ohne weiteres entnommen werden kann. Vielmehr ist es zweckmäßig, die Zusammenhänge $\hat{q} = \hat{q}(m)$, $\hat{q} = \hat{q}(c)$ und $\hat{q} = \hat{q}(b)$ aus der Gl.(4.21/7a) herzuleiten, die die Systemparameter m, c und b noch explizit enthält. Gl.(4.21/7a) lautet

$$\hat{q} = \frac{\hat{F}}{\sqrt{(c - m\Omega^2)^2 + b^2\Omega^2}} \; ; \qquad (4.24/2)$$

sie läßt sich umschreiben zu

$$\hat{q} = \frac{\hat{F}}{\sqrt{c^2 - 2mc\Omega^2 + b^2\Omega^2 + m^2\Omega^4}} \; . \qquad (4.24/3)$$

Unter der Wurzel stehen die vier Parameter Ω, m, c und b.

Für den Fortgang der Untersuchung ist nun die folgende Einsicht entscheidend: Wählt man als unabhängige Veränderliche x nicht einen der vier Parameter Ω, m, c oder b, sondern einen aus dem Satz Ω, $\sqrt{m}$, $\sqrt{c}$, $\sqrt{b}$, so nimmt (4.24/3) in jedem der vier Fälle die Gestalt

$$\hat{q}(x) = \frac{\hat{F}}{\sqrt{\alpha + \beta x^2 + \gamma x^4}} \qquad (4.24/4)$$

an mit Koeffizienten α, β und γ, wie sie in Tafel 4.24/I verzeichnet sind.

Tafel 4.24/I. Koeffizienten α, β, γ zur Gl.(4.24/4)

Fall k	x	α	β	γ
1	Ω	c^2	$b^2 - 2mc$	m^2
2	$\sqrt{m}$	$c^2 + b^2\Omega^2$	$-2c\Omega^2$	Ω^4
3	$\sqrt{c}$	$m^2\Omega^4 + b^2\Omega^2$	$-2m\Omega^2$	1
4	$\sqrt{b}$	$(c - m\Omega^2)^2$	0	Ω^2

Gl.(4.24/4) besagt: Die Funktionen $\hat{q}(\Omega)$, $\hat{q}(\sqrt{m})$, $\hat{q}(\sqrt{c})$ und $\hat{q}(\sqrt{b})$ sind alle von der gleichen Bauart, und da auch $\hat{q}(\Omega)$ zu ihnen gehört, entsprechen alle Kurven $\hat{q}(x)$ dem Verlauf von $V_3(\eta)$. Das heißt, die Funktion $V_3(\eta)$ gibt "dennoch" (wenn auch in ganz anderer Weise als oben zunächst vermutet) die Abhängigkeit des Ausschlags $\hat{q}$ von den verschiedenen Systemparametern an.

Es bleibt allein die Frage offen, wie man für einen vorgegebenen Schwinger die Kurve $\hat{q}(x)$ im einzelnen findet. Wieder bietet sich die logarithmische Darstellung an. Wir setzen voraus, es liege in logarithmischer Darstellung eine Schar von Kurven $V_3(\eta)$ mit dem Scharparameter D vor.

Man zeichnet nun eine $\hat{q}$-Achse als Ordinatenachse, eine x-Achse als Abszissenachse in demselben logarithmischen Maßstab, in dem die Kurven $V_3(\eta)$ vorliegen (gleiche Länge für eine Dekade). Danach wird der Geradenzug und sein Eckpunkt E bestimmt. Die Gl.(4.24/4) liefert für sehr kleine Werte x die horizontale Gerade

$$\hat{q} = \hat{F}/\sqrt{\alpha} \quad , \tag{4.24/5}$$

für sehr große Werte x die Beziehung

$$\hat{q} = \hat{F}/x^2\sqrt{\gamma} \quad ; \tag{4.24/6}$$

ihr logarithmisches Bild ist eine mit der Neigung 2:1 fallende Gerade. Diese beiden Geraden schneiden sich im Eckpunkt E; seine Koordinaten lauten

$$\hat{q}_E = \hat{F}/\sqrt{\alpha} \quad , \quad x_E = \sqrt[4]{\alpha/\gamma} \quad . \tag{4.24/7}$$

Von dem durch (4.24/5) und (4.24/6) bestimmten Geradenzug weicht die Kurve $\hat{q}(x)$ nur in der unmittelbaren Umgebung des Eckpunktes E merklich ab. Für viele Zwecke genügt schon der Geradenzug als Näherung. Will man die Kurve $\hat{q}(x)$ im Resonanzgebiet um E herum genauer bestimmen, so bedarf es nur noch der Kenntnis eines einzigen weiteren Kurvenpunktes, da ja die Kurvenschar nur einen einzigen Scharparameter besitzt (wie die Schar $V_3(\eta)$ den Parameter D). Als solcher weiterer

Punkt bietet sich jener Kurvenpunkt an, der zur Abszisse x_E gehört, also der Punkt $\hat{q}(x_E)$. Eine kurze Rechnung liefert

$$\hat{q}(x_E) = \frac{\hat{F}}{\sqrt{\alpha}\sqrt{2 + \beta/\sqrt{\alpha\gamma}}} \quad . \tag{4.24/8}$$

Legt man nun die vorhandene (auf Transparentpapier gezeichnete) Kurvenschar $V_3(\eta)$ auf den soeben konstruierten Geradenzug, so muß man jene Kurve der Schar herausgreifen, die durch den Punkt $\hat{q}(x_E)$ läuft.

Dieses Probierverfahren kann dadurch vermieden werden, daß man den Parameterwert D der entsprechenden V_3-Kurve rechnerisch ermittelt. Am Eckpunkt E der $V_3(\eta)$-Kurve ist $\eta = 1$ und $V_{3E} = 1$, ferner ist $V_3(1) = 1/2D$; also muß für die $\hat{q}(x)$-Kurve gelten

$$\frac{\hat{q}(x_E)}{\hat{q}_E} = \frac{V_3(1)}{V_{3E}} = \frac{1}{2D} \quad . \tag{4.24/9}$$

Daraus folgt wegen (4.24/7) und (4.24/8)

$$D = \frac{1}{2}\sqrt{2 + \beta/\sqrt{\alpha\gamma}} \quad . \tag{4.24/10}$$

In einem praktischen Fall wird man allerdings meist auf einen D-Wert treffen, für den die zugehörige $V_3(\eta)$-Kurve nicht gezeichnet vorliegt. Man ist dann darauf angewiesen, zwischen zwei Kurven der Schar eine weitere Kurve, die gesuchte, "kunstgerecht" einzupassen. Die Erfahrung zeigt, daß ein solches Einpassen wesentlich besser gelingt, wenn man die Konstruktion nicht an der Stelle x_E bzw. η_E (also für die Winkelresonanz), sondern an der Stelle x_m bzw. η_m, also bei der Amplitudenresonanz vornimmt ($x_m < x_E$).

Für die Kurve $V_3(\eta)$ gilt wegen $x_E \equiv \eta_E = 1$ und $V_{3E} = 1$ gemäß Tafel 4.22/I, Spalte ⑦,

$$\frac{V_{3max}}{V_{3E}} = \frac{1}{2D\sqrt{1 - D^2}} \quad ;$$

deshalb muß für die Kurve $\hat{q}(x)$ ebenfalls gelten

$$\frac{\hat{q}_{max}}{\hat{q}_E} = \frac{1}{2D\sqrt{1-D^2}} \quad . \tag{4.24/11}$$

Setzt man hierin D nach (4.24/10) ein, so kommt

$$\frac{\hat{q}_{max}}{\hat{q}_E} = \frac{1}{\sqrt{1 - \beta^2/4\alpha\gamma}} \tag{4.24/12}$$

zustande. Das Maximum liegt beim Abszissenwert x_m; für ihn gilt $x_m/x_E = \eta_m/1$, also gemäß Tafel 4.22/I, Spalte ⑧, und wegen (4.24/10)

$$\frac{x_m}{x_E} = \sqrt{1 - 2D^2} = \sqrt{\frac{-\beta}{2\sqrt{\alpha\gamma}}} \quad . \tag{4.24/13}$$

In der Tafel 4.24/II sind für die vier Fälle von unabhängigen Veränderlichen $x = \Omega$, $\sqrt{m}$, $\sqrt{c}$, $\sqrt{b}$ die wichtigsten der Ergebnisse aus den Gln.(4.24/7) bis (4.24/13) zusammengestellt. Um die Schreibung zu vereinfachen, wird dabei die Abkürzung $\sigma := \sqrt{\alpha}$ verwendet. Bemerkenswert ist, welch einfache Gestalt die Ausdrücke ⑨ und ⑩ für die Endergebnisse x_m und $\hat{q}_{max}$ haben.

Wir fügen ein Zahlenbeispiel an. Ein Schwinger weise folgende Daten auf: $\hat{F} = 200$ N, $c = 400$ N/mm, $b = 10$ Ns/mm, $\Omega = 40\ s^{-1}$. Gesucht wird der Verlauf von $\hat{q} = \hat{q}(\sqrt{m})$. Aus den Daten folgen gemäß Tafel 4.24/II, Zeile $k = 2$, die Zwischenwerte und Resultate:

$$\sigma = \sqrt{c^2 + b^2\Omega^2} = 565{,}7\ \text{N/mm}\ , \quad x_E = 0{,}5995\sqrt{\frac{Ns^2}{mm}} = 0{,}5995\sqrt{10^3}\sqrt{kg} = 18{,}80\ \sqrt{kg}\ ,$$

$\hat{q}_E = 0{,}3535$ mm , $\hat{q}(x_E)/\hat{q}_E = 1{,}307$, $\hat{q}(x_E) = 0{,462}$ mm

oder $\hat{q}_{max}/\hat{q}_E = 1{,}414$, $\hat{q}_{max} = \underline{0{,}500\ \text{mm}}$

an der Stelle $x_m/x_E = 0{,}841$, $x_m = \underline{15{,}81\ \sqrt{kg}}$.

Mit den unterstrichenen Zahlenwerten ist die Kurve $\hat{q}(\sqrt{m})$ festgelegt, sie ist in Abb.4.24/1 aufgezeichnet. Die Abszisse $x = \sqrt{m}$ läßt sich durch Quadrieren der Zahlenwerte leicht in eine Abszisse $x = m$ umwandeln, in der logarithmischen Darstellung bedeutet dies lediglich eine Halbierung des Maßstabes.

Tafel 4.24/II. Auswertung der Gln.(4.24/7) bis (4.24/13) für Schwinger A

	①	②	③	④	⑤	⑥	⑦	⑧	⑨	⑩
Fall; k	x	Abkürzung $\sigma := \sqrt{\alpha}$	$\hat{q}_E$ (4.24/7)	x_E (4.24/7)	$\frac{\hat{q}(x_E)}{\hat{q}_E}$ (4.24/8)	D (4.24/10)	$\frac{x_m}{x_E}$ (4.24/13)	$\frac{\hat{q}_{max}}{\hat{q}_E}$ (4.24/11)	x_m	$\hat{q}_{max}$
1	Ω	c	$\frac{\hat{F}}{\sigma}$	$\sqrt{\frac{c}{m}}$	$\frac{\sqrt{mc}}{b}$	$\frac{b}{2\sqrt{mc}}$	$\sqrt{1-\frac{b^2}{2mc}}$	$\frac{2mc}{b\sqrt{4mc-b^2}}$	$\sqrt{\frac{c}{m}-\frac{b^2}{2m^2}}$	$\frac{2\hat{F}m}{b\sqrt{4mc-b^2}}$
2	$\sqrt{m}$	$\sqrt{c^2+b^2\Omega^2}$	$\frac{\hat{F}}{\sigma}$	$\frac{\sqrt{\sigma}}{\Omega}$	$\frac{1}{\sqrt{2}\sqrt{1-c/\sigma}}$	$\frac{\sqrt{1-c/\sigma}}{\sqrt{2}}$	$\sqrt{\frac{c}{\sigma}}$	$\frac{\sigma}{b\Omega}$	$\frac{\sqrt{c}}{\Omega}$	$\frac{\hat{F}}{b\Omega}$
3	$\sqrt{c}$	$\Omega\sqrt{m^2\Omega^2+b^2}$	$\frac{\hat{F}}{\sigma}$	$\sqrt{\sigma}$	$\frac{1}{\sqrt{2}\sqrt{1-m\Omega^2/c}}$	$\frac{\sqrt{1-m\Omega^2/\sigma}}{\sqrt{2}}$	$\sqrt{\frac{m\Omega^2}{\sigma}}$	$\frac{\sigma}{b\Omega}$	$\sqrt{m}\,\Omega$	$\frac{\hat{F}}{b\Omega}$
4	$\sqrt{b}$	$c-m\Omega^2$	$\frac{\hat{F}}{\sigma}$	$\sqrt{\frac{\sigma}{\Omega}}$	$\frac{1}{\sqrt{2}}$	$\frac{1}{\sqrt{2}}$	0	1	0	$\frac{\hat{F}}{c-m\Omega^2}$

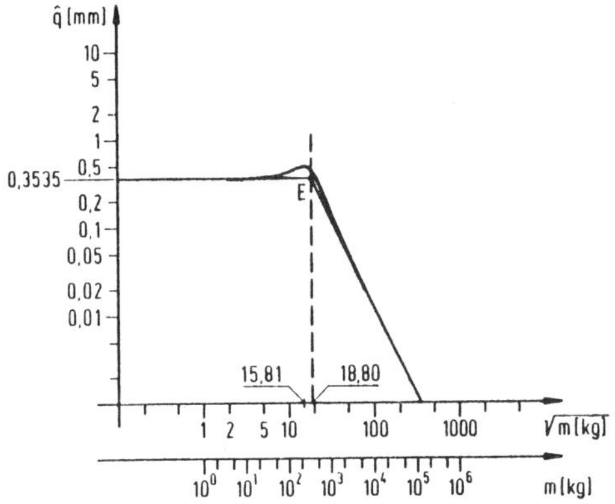

Abb.4.24/1. Kurve $\hat{q}(\sqrt{m})$ gemäß dem Zahlenbeispiel

β) S c h w i n g e r B

Die zur Gl.(4.24/3) des Schwingers A analoge Gleichung geht für den Schwinger B aus der Gl.(4.21/17) durch Bilden des Betrages hervor; sie lautet

$$\hat{q} = \frac{l m_2 \Omega^2}{\sqrt{c^2 - 2cm_1\Omega^2 - 2cm_2\Omega^2 + b^2\Omega^2 + (m_1^2 + 2m_1m_2 + m_2^2)\Omega^4}} . \quad (4.24/14)$$

Hier treten neben der Erregerfrequenz Ω nicht drei, sondern vier Systemparameter auf. In Analogie zu Gl.(4.24/4) läßt sich die Gl. (4.24/14) schreiben als

$$\hat{q} = \frac{l(\delta + \varepsilon x^2)}{\sqrt{\alpha + \beta x^2 + \gamma x^4}} . \quad (4.24/15)$$

Die Koeffizienten α, β, γ, δ, ε sind für die Veränderlichen $x = \Omega$, $\sqrt{m_1}$, $\sqrt{m_2}$, $\sqrt{c}$, $\sqrt{b}$ analog zu Tafel 4.24/I in der Tafel 4.24/III verzeichnet. Von den beiden Koeffizienten δ und ε ist jeweils nur einer von Null verschieden.

Man erkennt aus (4.24/15) sofort: Falls $\varepsilon = 0$ ist, entstehen wieder Kurven $\hat{q}(x)$ vom Typ $V_3(\eta)$; man findet sie wie zuvor. Ist dagegen $\delta = 0$, so sind die Kurven $\hat{q}(x)$ vom Typ $\eta^2 V_3(\eta) \equiv V_1(\eta)$. Der Geradenzug besteht in diesem Fall für kleine Werte von x aus einer Geraden mit der Steigung 2:1, für große Werte von x aus einer horizontalen Geraden.

Tafel 4.24/III. Koeffizienten α, β, γ, δ, ε zur Gl.(4.24/15)

x	α	β	γ	δ	ε
Ω	c^2	$b^2 - 2c(m_1 + m_2)$	$(m_1 + m_2)^2$	0	m_2
$\sqrt{m_1}$	$c^2 - 2cm_2\Omega^2 + b^2\Omega^2 + m_2^2\Omega^4$	$-2c\Omega^2 + 2m_2\Omega^4$	Ω^4	$m_2\Omega^2$	0
$\sqrt{m_2}$	$c^2 - 2cm_1\Omega^2 + b^2\Omega^2 + m_1^2\Omega^4$	$-2c\Omega^2 + 2m_1\Omega^4$	Ω^4	0	Ω^2
$\sqrt{c}$	$(m_1 + m_2)^2\Omega^4 + b^2\Omega^2$	$-2(m_1 + m_2)\Omega^2$	1	$m_2\Omega^2$	0
$\sqrt{b}$	$[b - (m_1 + m_2)\Omega^2]^2$	0	Ω^2	$m_2\Omega^2$	0

Die Eckpunkte E der beiden Arten von Geradenzügen haben folgende Koordinaten:

$$\text{für} \quad \varepsilon = 0 : \quad \hat{q}_E = |\delta/\sqrt{\alpha} \; ; \quad x_E = \sqrt[4]{\alpha/\gamma} \; ,$$

$$\text{für} \quad \delta = 0 : \quad \hat{q}_E = |\varepsilon/\sqrt{\gamma} \; ; \quad x_E = \sqrt[4]{\alpha/\gamma} \; . \tag{4.24/16}$$

Das zum Winkelresonanzwert x_E gehörende Verhältnis $\hat{q}(x_E)/\hat{q}_E$ beträgt in jedem Fall

$$\frac{\hat{q}(x_E)}{\hat{q}_E} = \frac{1}{\sqrt{2 + \beta/\sqrt{\alpha\gamma}}} \; , \tag{4.24/17}$$

also gilt

$$D = \frac{1}{2}\sqrt{2 + \beta/\sqrt{\alpha\gamma}} \; . \tag{4.24/18}$$

Das zum Amplitudenresonanzwert x_m gehörende Verhältnis x_m/x_E lautet

$$\text{für} \quad \varepsilon = 0 : \quad x_m/x_E = \sqrt{1 - 2D^2} = \sqrt{\frac{-\beta}{2\sqrt{\alpha\gamma}}} \; ,$$

$$\text{für} \quad \delta = 0 : \quad x_m/x_E = \frac{1}{\sqrt{1 - 2D^2}} = \sqrt{\frac{2\sqrt{\alpha\gamma}}{-\beta}} \; . \tag{4.24/19}$$

Tafel 4.24/IV. Auswertung der Gln.(4.24/16) bis (4.24/20) für Schwinger B

①	②	③	④	⑤	⑥	⑦	⑧	⑨	⑩
x	Abkürzungen $\sigma := \sqrt{\alpha}$ $M := m_1 + m_2$	$\hat{q}_E$ (4.24/16)	x_E (4.24/16)	$\frac{\hat{q}(x_E)}{\hat{q}_E}$ (4.24/17)	D (4.24/18)	$\frac{x_m}{x_E}$ (4.24/19)	$\frac{\hat{q}_{max}}{\hat{q}_E}$ (4.24/20)	x_m	$\hat{q}_{max}$
Ω	c	$l\,\frac{m_2}{M}$	$\sqrt{\frac{c}{M}}$	$\frac{\sqrt{cM}}{b}$	$\frac{b}{2\sqrt{cM}}$	$\frac{1}{\sqrt{1-\frac{b^2}{2cM}}}$	$\frac{2cM}{b\sqrt{4cM+b^2}}$	$\sqrt{\frac{c}{M-b^2/2c}}$	$\frac{2cm_2 l}{b\sqrt{4cM+b^2}}$
$\sqrt{m_1}$	$\sqrt{(c-m_2\Omega^2)^2+b^2\Omega^2}$	$\frac{l m_2\Omega^2}{\sigma}$	$\frac{\sqrt{\sigma}}{\Omega}$	$\frac{1}{\sqrt{2}\sqrt{1-(c-m_2\Omega^2)/\sigma}}$	$\frac{\sqrt{1-(c-m_2\Omega^2)/\sigma}}{\sqrt{2}}$	$\sqrt{\frac{c-m_2\Omega^2}{\sigma}}$	$\frac{\sigma}{b\Omega}$	$\frac{\sqrt{c-m_2\Omega^2}}{\Omega}$	$\frac{l m_2\Omega}{b}$
$\sqrt{m_2}$	$\sqrt{(c-m_1\Omega^2)^2+b^2\Omega^2}$	l	$\frac{\sqrt{\sigma}}{\Omega}$	$\frac{1}{\sqrt{2}\sqrt{1-(c-m_1\Omega^2)/\sigma}}$	$\frac{\sqrt{1-(c-m_1\Omega^2)/\sigma}}{\sqrt{2}}$	$\sqrt{\frac{\sigma}{c-m_1\Omega^2}}$	$\frac{\sigma}{b\Omega}$	$\frac{\sigma}{\Omega\sqrt{c-m_1\Omega^2}}$	$\frac{l\sigma}{b\Omega}$
$\sqrt{c}$	$\Omega\sqrt{M^2\Omega^2+b^2}$	$\frac{l m_2\Omega^2}{\sigma}$	$\sqrt{\sigma}$	$\frac{1}{\sqrt{2}\sqrt{1-M\Omega^2/\sigma}}$	$\frac{\sqrt{1-M\Omega^2/\sigma}}{\sqrt{2}}$	$\sqrt{\frac{M\Omega^2}{\sigma}}$	$\frac{\sigma}{b\Omega}$	$\Omega\sqrt{M}$	$\frac{l m_2\Omega}{b}$
$\sqrt{b}$	$c-M\Omega^2$	$\frac{l m_2\Omega^2}{\sigma}$	$\sqrt{\frac{\sigma}{\Omega}}$	$\frac{1}{\sqrt{2}}$	$\frac{1}{\sqrt{2}}$	0	1	0	$\frac{l m_2\Omega^2}{\sigma}$

Das Verhältnis $\hat{q}_{max}/\hat{q}_E$ hat in allen Fällen denselben Wert, nämlich

$$\frac{\hat{q}_{max}}{\hat{q}_E} = \frac{1}{2D\sqrt{1-D^2}} = \frac{1}{\sqrt{1-\beta^2/4\alpha\gamma}} \quad . \qquad (4.24/20)$$

Die Tafel 4.24/IV für den Schwinger B entspricht der Tafel 4.24/II des Schwingers A.

In diesem Abschn.4.24 haben wir sowohl für den Schwinger A wie für den Schwinger B bisher nur die Ausschlag-(Weg-)Amplituden $\hat{q}$ ins Auge gefaßt. Sucht man die Amplituden $\hat{\dot{q}}$ der Geschwindigkeit und $\hat{\ddot{q}}$ der Beschleunigung, so gilt, wie man durch Vergleich mit den Untersuchungen im Abschn.4.21 einsieht: In allen Fällen, in denen $\hat{q}(x)$ durch eine Funktion vom Typ V_3 beschrieben wird, führt $\hat{\dot{q}}(x)$ auf $\eta V_3 \equiv V_2$ und $\hat{\ddot{q}}$ auf $\eta^2 V_3 \equiv V_1$; in allen Fällen, in denen $\hat{q}(x)$ durch V_1 beschrieben wird, führt $\hat{\dot{q}}(x)$ auf ηV_1 und $\hat{\ddot{q}}$ auf $\eta^2 V_1$.

4.25 Vergrößerungsfunktionen in der Meß- und Registriertechnik

α) Komplexe Amplituden der Aufzeichnungen und der Meßgrößen

Aus den Eigenschaften der Vergrößerungsfunktionen werden wir nun Lehren für verschiedene Anwendungsbereiche ziehen: In diesem Abschn. 4.25 für die Messung und Registrierung von Schwingungen, im Abschn. 4.26 für die Schwingungsisolierung.

Schwingwege und Schwinggeschwindigkeiten werden heute nahezu ausschließlich elektronisch gemessen. Zur Wegmessung dienen vor allem Potentiometergeber, Kondensatorgeber sowie induktive Geber mit Trägerfrequenzspeisung und Brückenabgleich; zur Geschwindigkeitsmessung werden meist elektrodynamische Wandler benutzt. In allen diesen Fällen lassen sich (mit hoher Genauigkeit) Wege oder Geschwindigkeiten zwischen zwei Meßpunkten, also Relativgrößen, unmittelbar messen. Sucht man hingegen den Absolutweg oder die Absolutgeschwindigkeit einer Schwingung, so benötigt man entweder einen festen Bezugspunkt oder man muß - falls ein solcher in der Nähe des Objektes nicht vorhanden ist -, sich die absoluten Größen aus den relativen beschaffen. Dies gelingt, wenn man die Eigenschaften der Vergrößerungsfunktionen in geeigneter Weise ausnutzt; die Ergebnisse sind zwar Näherungen, aber meist gute Näherungen.

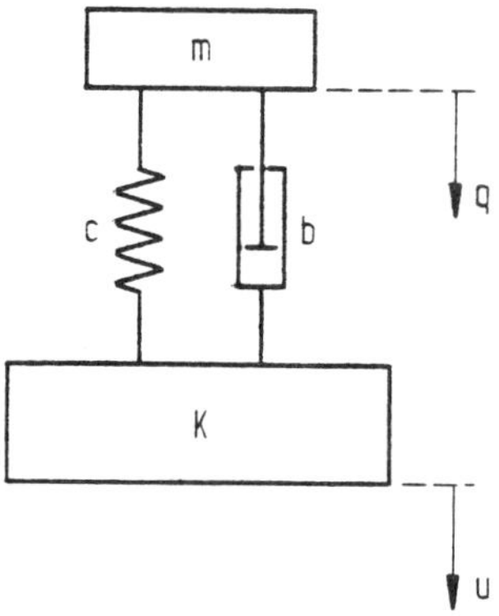

Abb.4.25/1. Schwingender Körper K mit "Meßgerät" (m,b,c)

Zur Erläuterung betrachten wir die Abb.4.25/1. Es soll die (absolute) Bewegung u(t) eines Körpers K gemessen werden. Dazu wird als Meßgerät ein Schwinger (m,b,c) auf dem Körper befestigt. Seine Masse m führt infolge der Bewegung u(t) des Körpers K eine Bewegung q(t) aus. Gemessen wird der Relativweg $z = u - q$ [1].

Eine überschlägige Betrachtung sagt: Ist die Masse m des Schwingers sehr groß, so wird wegen ihrer Trägheit die Bewegung q(t) vernachlässigbar klein sein; der gemessene Relativweg z(t) ist dann gleich dem gesuchten Absolutweg u(t). Diese grobe Betrachtung läßt sich jedoch erheblich verfeinern.

Die Bewegungsgleichung des aufgesetzten Schwingers lautet

$$m\ddot{q} = c(u - q) + b(\dot{u} - \dot{q}) \quad . \qquad (4.25/1)$$

Unter Benutzung von

$$z := u - q \qquad (4.25/2)$$

folgt

$$m\ddot{z} + b\dot{z} + cz = m\ddot{u} \quad . \qquad (4.25/3)$$

---

[1] In den früheren Auflagen dieses Buches war der Relativweg als $r := q - u$ definiert worden. Der hier benutzte Relativweg z nach (4.25/2) ist also gleich dem früheren -r.

Weiterhin betrachten wir harmonische Schwingungen; es sei

$$\underline{u} = \hat{\underline{u}}\, e^{i\Omega t} \qquad \text{und} \qquad \underline{z} = \hat{\underline{z}}\, e^{i\Omega t} \quad . \tag{4.25/4}$$

Damit folgt aus (4.25/3)

$$\hat{\underline{z}}(-m\Omega^2 + ib\Omega + c) = -m\Omega^2 \hat{\underline{u}}$$

und

$$\hat{\underline{z}} = \hat{\underline{u}} \frac{-\Omega^2}{(c/m - \Omega^2) + ib\Omega} \quad . \tag{4.25/5}$$

Führen wir hierin $\eta := \Omega/\omega_0 = \Omega/\varkappa$, $D := b/2\sqrt{mc}$ ein, so folgt

$$\hat{\underline{z}} = \hat{\underline{u}} \frac{-\eta^2}{1 - \eta^2 + i2D\eta} \tag{4.25/6}$$

und somit

$$\hat{\underline{z}} = \hat{\underline{u}}\, \underline{V}_1 \quad . \tag{4.25/7}$$

Die Amplitude $\hat{\underline{z}}$ des (gemessenen) Relativwegs ist deshalb bei bekanntem $\underline{V}_1$ mit ein Maß für die (gesuchte) Amplitude $\hat{\underline{u}}$ des zu messenden Weges.

Die Amplituden $\hat{\underline{z}}$ und $\hat{\underline{u}}$ sind dann einander gleich, wenn der komplexe Vergrößerungsfaktor $\underline{V}_1 = 1$ ist; dieser Wert wird allerdings nur in der Grenze $\eta \to \infty$ erreicht. Aus den Abschn.4.22 und 4.23 wissen wir jedoch: Der Vergrößerungsfaktor $\underline{V}_1$ ist nahezu gleich Eins für Werte $\eta \gg 1$, wenn also die Erregerfrequenz Ω beträchtlich größer ist als die Kennfrequenz ω_0 des Schwingers, oder umgekehrt gesagt, wenn die Kennfrequenz ω_0 des Schwingers beträchtlich kleiner ist als die Erregerfrequenz Ω, wenn also der Schwinger "niedrig abgestimmt" ist. Es gilt daher

$$\hat{\underline{z}} \approx \hat{\underline{u}} \qquad \text{für} \qquad \omega_0^2 \ll \Omega^2 \quad . \tag{4.25/7a}$$

Durch Umschreiben der Gln.(4.25/5) und (4.25/6) findet man

$$\hat{\underline{z}} = \frac{-\Omega^2 \hat{\underline{u}}}{\omega_0^2} \, \frac{1}{1 - \eta^2 + i2D\eta}$$

oder

$$\underline{\hat{z}} = \frac{m}{c}\underline{\hat{\ddot{u}}}\,\underline{V}_3 \quad . \qquad (4.25/8)$$

Diese Beziehung besagt: Die (gemessene) Wegamplitude $\underline{\hat{z}}$ ist (mit Hilfe des Faktors $m\underline{V}_3/c$) auch ein Maß für die Beschleunigungsamplitude $\underline{\hat{\ddot{u}}}$. Der Vergrößerungsfaktor $\underline{V}_3$ wird nahezu gleich Eins, wenn $\eta^2 \ll 1$, d.h. $\Omega^2 \ll \omega_0^2$ ist, der Schwinger also "hoch abgestimmt" ist. Es gilt daher wegen (4.25/8)

$$\underline{\hat{z}} \approx \frac{m}{c}\underline{\hat{\ddot{u}}} \qquad \text{für} \qquad \omega_0^2 \gg \Omega^2 \quad . \qquad (4.25/8a)$$

Ein Meßverfahren, das Relativwege zu messen erlaubt, kann somit zum Messen sowohl von (Absolut-)Wegen als auch von (Absolut-)Beschleunigungen verwendet werden; ein Gerät kann sowohl als Wegmesser wie als Beschleunigungsmesser dienen, je nachdem, ob es tief oder hoch abgestimmt ist.

Mißt man nicht die Amplitude des Relativ w e g s $\hat{z}$, sondern die der Relativ g e s c h w i n d i g k e i t $\hat{\dot{z}}$, so gilt entsprechend zu (4.25/7) und (4.25/8)

$$\underline{\hat{\dot{z}}} = \underline{\hat{\dot{u}}}\,\underline{V}_1 \qquad \text{und} \qquad \underline{\hat{\dot{z}}} = \frac{m}{c}\underline{\hat{\dddot{u}}}\,\underline{V}_3 \qquad (4.25/9)$$

und daher:

$$\begin{aligned} \underline{\hat{\dot{z}}} &\approx \underline{\hat{\dot{u}}} \qquad \text{für} \qquad \omega_0^2 \ll \Omega^2 \; , \\ \underline{\hat{\dot{z}}} &\approx \underline{\hat{\dddot{u}}} \qquad \text{für} \qquad \omega_0^2 \gg \Omega^2 \; . \end{aligned} \qquad (4.25/9a)$$

Ein Gerät, das z.B. durch einen elektrodynamischen Wandler die Relativgeschwindigkeit mißt, dient daher bei niedriger Abstimmung als Geschwindigkeitsmesser, bei hoher als Ruckmesser.

β) Fehlerbetrachtungen

β1) Die Amplitudenverzerrung

Die vier in den Zeilen (4.25/7a), (4.25/8a) und (4.25/9a) stehenden Beziehungen sind Näherungsgleichungen zwischen komplexen Amplituden. Für diese Näherungsgleichungen wollen wir nun Fehlerbetrachtungen anstellen. Dabei untersuchen wir zunächst die reellen Amplituden, danach die Phasenverschiebungswinkel.

Wir beginnen mit dem Fall des Wegmessers, also der aus (4.25/7) folgenden Gleichung

$$\hat{z} = \hat{u} V_1 \ . \tag{4.25/10}$$

Der reelle Vergrößerungsfaktor V_1 ist in Abb.4.25/2 schematisch über η aufgetragen. Da wir eine tiefe Abstimmung des Gerätes voraussetzen ($\omega_0^2 \ll \Omega^2$), liegt der in Betracht kommende Bereich der η-Werte oberhalb von $\eta = 1$. Wenn $V_1 = 1$ ist, also für $\eta \to \infty$, ist $\hat{z} = \hat{u}$; in diesem Fall ist der Meßfehler gleich Null. Nehmen mit Ω die η-Werte ab und nähern sie sich dem Wert $\eta = 1$, so wächst der Meßfehler an. Lassen wir für V_1 einen Fehler $\pm F$ zu, so darf die Kurve $V_1(\eta)$ die Horizontale

$$V = 1 + F \tag{4.25/11}$$

nicht überschreiten (siehe Abb.4.25/2). Da die Kurven V_1 vom Scharparameter D abhängen, ist die Gl.(4.25/11) eine Bedingung für das Dämpfungsmaß D, und zwar bestimmt sie eine untere Grenze. Diese untere Grenze für D nennen wir im folgenden D*.

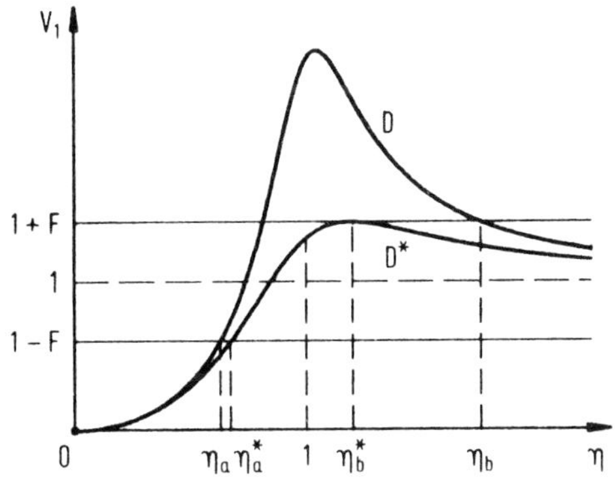

Abb.4.25/2. Vergrößerungsfunktion $V_1(\eta)$ mit Fehlerschranken $\pm F$

Aus der Gl.(4.25/11) folgt mit $V_1(\eta)$ nach (4.21/15) als Bedingung für D*

$$\frac{1}{2D^*\sqrt{1 - D^{*2}}} = 1 + F \tag{4.25/11a}$$

und daraus durch Auflösen nach D* bei Beschränken auf Werte $F \ll 1$

$$D^* = \frac{1}{2}\sqrt{2}\left[1 - \frac{1}{2}\sqrt{2F}\right] = 0{,}707 - \sqrt{F}/2 \quad . \qquad (4.25/11b)$$

Die Grenzfrequenz η_a^*, bis zu der herunter man beim Dämpfungsmaß $D = D^*$ mit einem maximalen Fehler F messen kann, ist (siehe wieder Abb.4.25/2) durch den Schnittpunkt der Kurve $V_1(\eta, D^*)$ mit der Geraden $V = 1 - F$ gegeben. Dies führt auf

$$1/\eta_a^* = \sqrt[4]{2F}\sqrt{1 + \sqrt{2}} = 1{,}85\sqrt[4]{F} \quad . \qquad (4.25/12)$$

Die gewonnenen Ergebnisse werden wir nun anhand von Zahlenbeispielen diskutieren. Soll der Fehler F verschwindend klein gehalten werden, also $F \to 0$ gehen, so wird die günstigste Dämpfung zu $D^* = \sqrt{2}/2$. Mit $F \to 0$ rutscht jedoch die Grenzfrequenz η_a^* ins Unendliche. Damit man überhaupt in einem endlichen Frequenzbereich messen darf, muß man einen Fehler $F > 0$ zulassen. Bei der Messung mechanischer Schwingungen ist in den meisten Fällen ein Fehler von 5 % durchaus akzeptabel. Erlauben wir einen solchen Fehler $F = 0{,}05$, so müssen wir gemäß (4.25/11b) für eine Dämpfung von $D^* \approx 0{,}6$ sorgen und dürfen dann bis herunter zu $\eta_b \approx 1{,}15$ messen, also Erregerfrequenzen bis fast herab zur Kennfrequenz des Meßgerätes verarbeiten.

Hier soll darauf hingewiesen werden, daß der Meßfehler den Betrag von 5 % überdies nur im unteren Teil des Frequenzbereiches annimmt, nämlich für Schwingungen mit Frequenzen in der Nähe von $\eta = 1$; für Schwingungen mit höheren Frequenzen η ist der Meßfehler kleiner, für sehr hohe Frequenzen geht er gegen Null.

Überlegungen, wie sie hier für den Wegmesser angestellt wurden, gelten entsprechend auch für den Beschleunigungsmesser. Dort wäre bei $D^* = 0{,}6$ die Grenzfrequenz $\eta_a = 1/1{,}15$.

Handelt es sich bei den zu messenden Schwingungen um solche, die im wesentlichen durch eine einzige Frequenz gekennzeichnet sind - dies ist oft der Fall, da gefährliche Schwingungen oft im Resonanzgebiet des Objektes auftreten, wo diese eine Frequenz stark hervorgehoben wird - so sind unsere bisherigen Überlegungen, die sich mit der "Amplitudenverzerrung" beschäftigten, ausreichend. Liegen dagegen Frequenzgemische vor, und wollen wir nicht nur die spektrale Zusammensetzung der Schwingung, sondern auch die Phasenlage der einzelnen Harmonischen kennenlernen, suchen wir also eine Auskunft über den tatsächlichen Zeitverlauf des Schwingweges, so reicht die Betrachtung der Amplitudenverzerrung nicht aus; wir müssen dann auch die "Phasenverzerrung" berücksichtigen.

β2) Die Phasenverzerrung

Für die Diskussion der Phasenverzerrung ist es nützlich, den Begriff der normierten Phasenverschiebungszeit einzuführen. Bereits im Abschn.1.23 trat die Phasenverschiebungszeit $t_\gamma := \gamma/\Omega$ auf, die aus der einfachen Umschreibung $\cos(\Omega t + \gamma) = \cos[\Omega(t + t_\gamma)]$ folgte. Und ebenso, wie wir früher die Kreisfrequenz Ω mit Hilfe der Kennkreisfrequenz ω_0 $(= \varkappa)$ des Schwingers zur dimensionslosen Kreisfrequenz $\eta = \Omega/\omega_0$ normiert hatten, machen wir nun die Phasenverschiebungszeit t_γ dimensionslos, indem wir sie auf die Periode $T_0 = 2\pi/\omega_0$ des ungedämpften Schwingers beziehen. Wir definieren also

$$\tau_k := t_{\gamma k}/T_0 = \gamma_k/2\pi\eta \quad \text{bzw.} \quad \tau_k^{(n)} := -\tau_k \qquad (4.25/13)$$

als normierte Phasenverschiebungszeit (normierte Voreilzeit τ_k bzw. normierte Nacheilzeit $\tau_k^{(n)}$). Entsprechend den drei Vergrößerungsfaktoren $\underline{V}_1$, $\underline{V}_2$ und $\underline{V}_3$ und den aus ihnen folgenden drei Phasenverschiebungswinkeln γ_1, γ_2 und γ_3 gibt es auch drei Phasenverschiebungszeiten $t_{\gamma k}$ und drei normierte Phasenverschiebungszeiten τ_1, τ_2 und τ_3. Die Größen τ_1 bzw. $\tau_3^{(n)}$ sind in den Abb.4.25/3 bzw. 4.25/4 über der Größe ζ nach Gl.(4.22/3) aufgetragen.

Wenn ein Gerät verzerrungsfrei arbeiten soll, d.h. wenn die Aufzeichnung genau der Einwirkung (dem "Signal") entsprechen soll, so wäre eine Phasenverschiebungszeit $\tau = 0$ erforderlich. Da wir im Fall von V_1 den Frequenzbereich $\eta > 1$, im Fall von V_3 den Bereich $\eta < 1$ benutzen wollen, wird die verschwindende Phasenverschiebungszeit nur von Meßsystemen mit sehr geringer Dämpfung D erreicht. Wir sehen: Die Forderung nach Freiheit von Amplitudenverzerrung, die zu einem

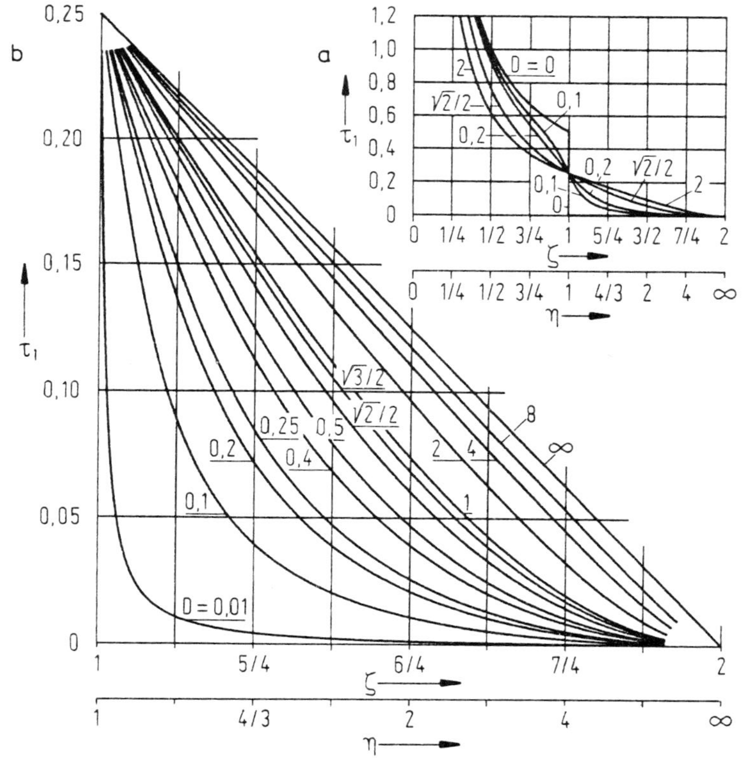

Abb.4.25/3. Normierte Voreilzeit $\tau_1(\zeta)$
a) Übersicht, b) rechte Hälfte, vergrößert

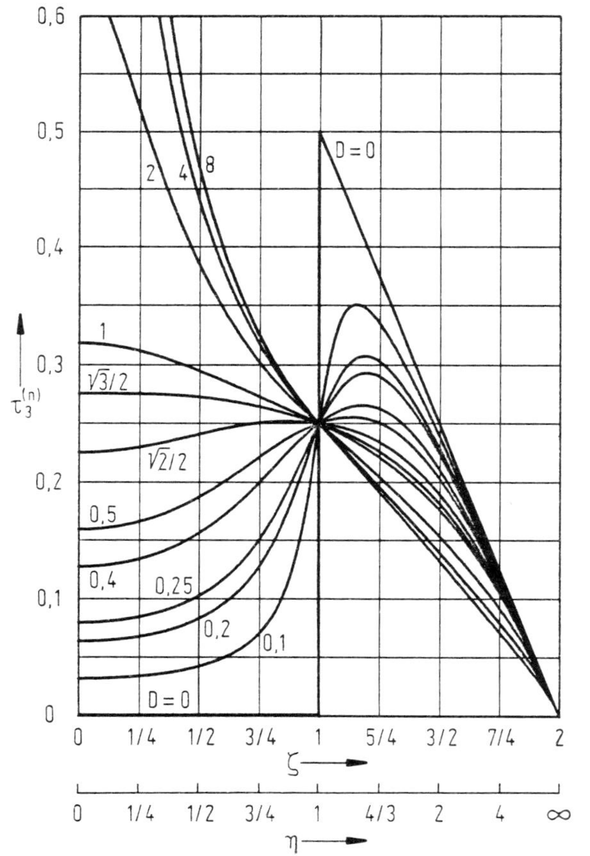

Abb.4.25/4. Normierte Nacheilzeit $\tau_3^{(n)}(\zeta)$

Dämpfungsmaß von etwa $D = 0{,}6$ führt, und die Forderung nach Freiheit von Phasenverzerrung, die zu $D \approx 0$ führt, ergeben einen Widerspruch. Man ist daher gezwungen, einen Kompromiß zu schließen. Beschränkt man sich auf das Messen solcher Schwingungen, deren Frequenzen Ω um den Faktor 5 über der Kennfrequenz ω_0 eines tief abgestimmten Meßsystems liegen, so ist als Kompromiß ein Dämpfungsmaß von $D = 0{,}2$ angebracht.

Dennoch findet man oft tiefabgestimmte Meßsysteme mit $D = 0{,}6$, bei denen man also zugunsten des guten Amplitudenfrequenzgangs die Phasenverzerrung in Kauf nimmt. Während τ_1 für $\eta \gg 1$ den Wert $D/\pi\eta^2$ annimmt, also tatsächlich auch für $D = 0$ wenigstens für hohe Frequenzen gegen Null geht, ist dies bei der normierten Phasenverschiebungszeit τ_3 nicht erreichbar. Für $\eta \ll 1$ wird $\tau_3 = -D/\pi$, bleibt also bei $D \neq 0$ stets von Null verschieden.

Wenn man im Falle des hochabgestimmten Systems aber generell schon eine Phasenverschiebungszeit in Kauf nehmen muß, kann man neue Kriterien zur Bestimmung des Dämpfungsmaßes D suchen. Falls alle zu messenden Frequenzen die g l e i c h e Phasenverschiebungszeit hätten, so würde das zwar bedeuten, daß die gemessene Größe gegenüber der zu messenden Größe zeitlich verschoben ist; aber die Form der Kurve würde vollkommen erhalten bleiben. Diese Forderung wird nahezu erfüllt von $D = \pi/4 \approx 0{,}78$, also einem Wert, der dem Wert 0,6 für möglichst unverzerrte Amplituden recht nahekommt. In der Praxis wählt man D zwischen 0,6 und 0,7. Man muß dabei aber stets im Auge behalten, daß eine von Null verschiedene Phasenverschiebungszeit vorliegt. Das ist dann von Bedeutung, wenn man bei einer Messung auf mehreren Kanälen die so gewonnene Meßgröße mit anders gewonnenen oder mit einer von der Erregerfrequenz gesteuerten Zeitmarke vergleicht.

4.26 Das Abschirmen von Schwingungen; die Übertragungsfunktion $\underline{V}_T$; Aktiv- und Passiv-Isolierung

α) Die Aktiv-Isolierung

Wir betrachten erneut den Schwinger von Abb.4.21/1, der durch eine harmonische Störkraft $F = \hat{F} \cos(\Omega t + \alpha)$ mit konstanter (d.h. frequenzunabhängiger) Amplitude $\hat{F}$ erregt wird. Im Abschn.4.21 fanden wir für den Ausschlag q der Schwingmasse die Ausdrücke (4.21/7); sie wurden dort in verschiedener Hinsicht diskutiert. Jenen Erörterungen fügen wir eine weitere hinzu. Wir richten unsere Aufmerksamkeit nun nicht auf den Ausschlag q und seine zeitlichen Ableitungen (wie in Abschn.4.21), sondern betrachten die vom Schwinger auf seine Befestigung ausgeübte Kraft, die "Bindungskraft" oder "Bodenkraft" F_B. Diese Bodenkraft F_B setzt sich zusammen aus der Federkraft cq und der Dämpferkraft $b\dot{q}$; es ist

$$F_B := cq + b\dot{q} \quad . \tag{4.26/1}$$

Für harmonische Schwingungen folgt in komplexer Schreibweise mit $\underline{q} = \hat{\underline{q}}\, e^{i\Omega t}$ und $\underline{F}_B = \hat{\underline{F}}_B\, e^{i\Omega t}$ als Beziehung zwischen den Amplituden $\hat{\underline{F}}_B$ und $\hat{\underline{q}}$

$$\hat{\underline{F}}_B = (c + ib\Omega)\,\hat{\underline{q}} \quad , \tag{4.26/2}$$

für deren Beträge $\hat{F}_B$ und $\hat{q}$ gilt

$$\hat{F}_B := |\hat{\underline{F}}_B| = \sqrt{c^2 + b^2\Omega^2}\;\hat{q} \quad . \tag{4.26/3}$$

Das Verhältnis $\hat{F}_B/\hat{q}$ hängt von den Systemparametern c, b und Ω ab; ihren Einfluß können wir analog zum Vorgehen in den Abschn.4.21 bis 4.25 diskutieren. Wir betrachten zunächst die Erregerfrequenz Ω als unabhängige Veränderliche. Einfache Ergebnisse erhalten wir in den beiden Grenzbereichen

$$(I): \Omega \ll c/b \qquad \text{und} \qquad (II): \Omega \gg c/b \quad ;$$

dort finden wir:

in (I), also für $c \gg b\Omega$, wird $\hat{F}_B/\hat{q} = c$, $\quad$ (4.26/4$_I$)

in (II), also für $c \ll b\Omega$, wird $\hat{F}_B/\hat{q} = b\Omega$. $\quad$ (4.26/4$_{II}$)

Bei logarithmischer Auftragung (in diesem besonderen Fall sogar bei linearer) stellen die Beziehungen (4.26/4) wieder Geraden dar. Im Bereich (I) verläuft die Gerade horizontal, im Bereich (II) hat sie die Steigung 1:1. Setzt man diese Geraden über ihre Definitionsbereiche, die Grenzbereiche, hinaus fort und bringt sie zum Schnitt, so findet man den Schnittpunkt bei der "Eckfrequenz" $\Omega = \Omega_1$,

$$\Omega_1 := c/b \quad . \tag{4.26/5}$$

Die Abb.4.26/1 zeigt diesen Geradenzug und überdies den aus (4.26/3) folgenden exakten Verlauf des Quotienten $\hat{F}_B/c\hat{q} = \sqrt{1+(\Omega/\Omega_1)^2}$. Man sieht: Der exakte Verlauf weicht nur in der Nähe der Eckfrequenz Ω_1 merklich vom Geradenzug ab. Die stärkste Abweichung tritt bei der Eckfrequenz selbst auf. Hier wird $\hat{F}_B/c\hat{q} = \sqrt{2}$; der exakte Kurvenpunkt liegt um den Faktor $\sqrt{2}$ höher als der Eckpunkt. Die Parameter c und b ändern nichts an der Kurven f o r m; sie legen nur die H ö h e des Geradenzuges und der exakten Kurve $\hat{F}_B/c\hat{q}(\Omega)$ im logarithmischen Bild fest.

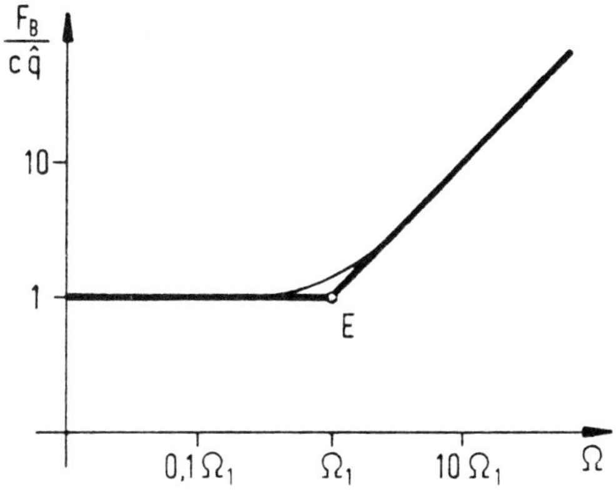

Abb.4.26/1.
Dimensionslose Bindungskraft $\hat{F}_B/c\hat{q}$ über Ω; exakt gemäß (4.26/3) (dünn), angenähert gemäß (4.26/4) (stark)

Wählt man nicht Ω, sondern c oder b als unabhängige Veränderliche und somit Ω und b bzw. Ω und c als Scharparameter, so ergibt sich wieder dieses Bild. Wir begnügen uns mit diesen Feststellungen; die Nachweise können leicht erbracht werden.

Für manche Fragestellungen ist es zweckmäßig, die Bodenkraft $\hat{F}_B$ nicht auf den Ausschlag $\hat{q}$, sondern auf die Erregerkraft $\hat{F}$ zu beziehen, also den Quotienten $\hat{F}_B/\hat{F}$ statt $\hat{F}_B/c\hat{q}$ zu betrachten. Mit Hilfe der Gln.(4.21/7),

$$\underline{\hat{q}} = \frac{1}{(c - m\Omega^2) + ib\Omega}\,\underline{\hat{F}} \ ,$$

und (4.26/3) folgt als Beziehung zwischen den komplexen Amplituden

$$\underline{\hat{F}}_B = \frac{c + ib\Omega}{(c - m\Omega^2) + ib\Omega}\,\underline{\hat{F}} \tag{4.26/6}$$

und als Beziehung zwischen deren Beträgen

$$\hat{F}_B = \frac{\sqrt{c^2 + b^2\Omega^2}}{\sqrt{(c - m\Omega^2)^2 + b^2\Omega^2}}\,\hat{F} \ . \tag{4.26/7}$$

Das Verhältnis $\underline{\hat{F}}_B/\underline{\hat{F}}$, also das Verhältnis der auf den Boden oder die Befestigungsstelle übertragenen Kraft zur Erregerkraft, nennen wir Übertragungsfaktor oder Übertragungsfunktion (englisch: Transfer Function); wir benutzen dafür das Zeichen $\underline{V}_T$:

$$\underline{V}_T := \underline{\hat{F}}_B/\underline{\hat{F}} \ . \tag{4.26/8}$$

Wegen (4.26/7) wird

$$\underline{V}_T = \frac{c + ib\Omega}{c - m\Omega^2 + ib\Omega} \equiv \frac{1 + 2D\eta i}{(1 - \eta^2) + 2D\eta i} \tag{4.26/8a}$$

und wegen (4.21/13), (4.21/14) und (4.21/15) gilt

$$\underline{V}_T = \underline{V}_3 + 2D\,\underline{V}_2 \ . \tag{4.26/8b}$$

Die Beträge lauten

$$V_T = \frac{\sqrt{c^2 + b^2\Omega^2}}{\sqrt{(c - m\Omega^2)^2 + b^2\Omega^2}} = \frac{\sqrt{1 + 4D^2\eta^2}}{\sqrt{(1 - \eta^2)^2 + 4D^2\eta^2}} \tag{4.26/8c}$$

mit D und η gemäß (3.20/12) und (4.21/8a).

Der Betrag V_T der Übertragungsfunktion $\underline{V}_T$ ist ein inverses Maß für die Abschirm- oder Isolier-Wirkung des Schwingers; kleine Werte von V_T bedeuten geringe übertragene Kraft F_B, also gute Abschirmung. Anordnungen, durch die wie hier die Bodenkraft gegenüber der Erregerkraft klein gehalten werden soll, bezeichnet man oft als Akt i v - I s o l i e r u n g e n.

Die Funktion $V_T(\eta)$ (4.26/8c) ist in Abb.4.26/2 in logarithmischer Darstellung gezeigt. Deutlich erkennbar und bemerkenswert ist: Unabhängig vom Scharparameter D gehen alle Kurven durch den festen Punkt $P_0(\eta = \sqrt{2},\ V_T = 1)$, außerdem ist $V_T > 1$ für $\eta < \sqrt{2}$ und $V_T < 1$ für $\eta > \sqrt{2}$. Eine Isolierwirkung tritt also nur für $\eta > \sqrt{2}$ auf; sie ist umso deutlicher, je kleiner D ist: Dämpfung verschlechtert die Isolierwirkung.

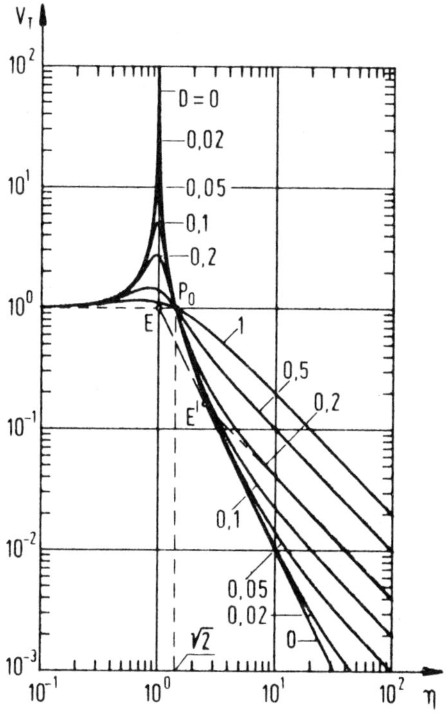

Abb.4.26/2.
Übertragungsfunktion $V_T(\eta)$ gemäß Gl.(4.26/8c) und Näherungsgeraden

Die Kurven $V_T(\eta)$ verlaufen für kleine η sehr ähnlich den Kurven $V_3(\eta)$ gemäß Abb.4.23/1. Oberhalb der Eckfrequenz $\eta = 1$ liegen die Kurven für kleine D (wieder ähnlich wie die Kurven für V_3) in der Nähe der mit der Neigung 2:1 fallenden, durch den Eckpunkt E(1;1) gehenden Geraden. Die Kurven für große D nehmen schon bald hinter dem Punkt P_0, jene für kleinere D erst bei größeren η-Werten die Neigung 1:1 an. Jede Kurve hat dabei ihre eigene 1:1-Asymptote. Die Gleichung dieser Parallelenschar lautet

$$\log V_T = \log 4D^2 - \log \eta \quad . \tag{4.26/9}$$

Die zum Wert D = 0,2 gehörende Asymptote ist in der Abb.4.26/2 strichpunktiert eingetragen; sie schneidet die durch E gehende 2:1-Gerade im Punkte E'.

Eine Kurve V_T wird also grob durch einen (in Abb.4.26/2 für D = 0,2 gestrichelt und strichpunktiert gezeichneten) Geradenzug angenähert, der aus drei Geradenstücken besteht: Bis $\eta = 1$, also bis zum Punkte E, aus $V_T = 1$; danach bis zu einem (von D abhängigen) Punkte E' aus der mit 2:1 fallenden Geraden, und schließlich aus der mit der Neigung 1:1 fallenden Asymptote (4.26/9).

Bis hierher haben wir einen Schwinger vom Typ der Abb.4.21/1 (dort Schwinger A genannt) zugrunde gelegt, bei dem die Störkraftamplitude von der Frequenz unabhängig ist. Nun betrachten wir noch einen Schwinger vom Typ der Abb.4.21/2 (dort Schwinger B genannt), wo die Erregerkraft von einer umlaufenden Unwucht herrührt, so daß ihre Amplitude dem Quadrat der Drehgeschwindigkeit Ω proportional ist. Die Bewegungsgleichung für den Ausschlag q ist in diesem Fall die Gl. (4.21/15), aus der die Gln.(4.21/16) bis (4.21/19) folgen. Die Gl. (4.21/17) schreiben wir hier nochmals explizit an. Es ist

$$\underline{\hat{q}} = \frac{-m_2 l \Omega^2}{c - (m_1 + m_2)\Omega^2 + ib\Omega} \quad . \tag{4.26/10}$$

Die Gesamtmasse $m_1 + m_2$ bezeichnen wir weiterhin mit m,

$$m := m_1 + m_2 \quad . \tag{4.26/11}$$

Hier findet man für die Bodenkraft F_B gemäß der Definition (4.26/1) und den Beziehungen (4.26/2) und (4.26/3)

$$\underline{\hat{F}}_B = \frac{c + ib\Omega}{c - m\Omega^2 + ib\Omega}\,(-m_0 l \Omega^2) \tag{4.26/12}$$

und

$$\hat{F}_B = \frac{\sqrt{c^2 + b^2\Omega^2}}{\sqrt{(c - m\Omega^2)^2 + b^2\Omega^2}}\, m_0 l \Omega^2 = m_0 l \Omega^2 V_T \quad . \tag{4.26/13}$$

Für eine Diskussion der Abhängigkeit der Bodenkraft $\hat{F}_B$ von der Erregerfrequenz, die mit der Winkelgeschwindigkeit Ω identisch ist, wäre der Frequenzgang von V_T nur mit Ω^2 zu multiplizieren, also alle Geradenstücke um zwei Stufen aufzusteilen. Für die graphische Darstellung normiert man zweckmäßig wieder auf die Eigenfrequenz ω_0 (4.21/18) des Schwingers; so findet man

$$\hat{F}_B = l m_2 \omega_0^2 \frac{\sqrt{1 + 4D^2\eta^2}}{\sqrt{(1-\eta^2)^2 + 4D^2\eta^2}} \eta^2 = l m_2 \omega_0^2 \eta^2 V_T \quad . \qquad (4.26/14)$$

Das Verhältnis $\hat{F}_B / l m_2 \omega_0^2$, also die Funktion $V_T \eta^2$, ist in Abb.4.26/3 über η aufgetragen. Dieses Diagramm kann zur Auskunft herangezogen werden, wenn man die Bodenkraft durch Ändern der Drehzahl Ω der Maschine verändern will.

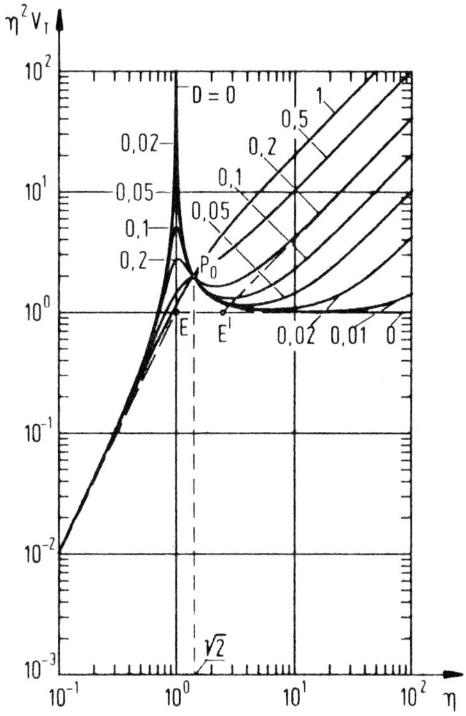

Abb.4.26/3.
Übertragungsfunktion $\eta^2 V_T(\eta)$ gemäß Gl.(4.26/14) und Näherungsgeraden

β) Die Passiv-Isolierung

Im Gegensatz zu der im Unterabschnitt α) erörterten sogenannten

Aktiv-Isolierung, wo mit Hilfe eines Schwingfundaments eine Erregerkraft $\hat{F}$ vom Boden ferngehalten oder doch reduziert wird, kennt man eine zweite Art von Entstörung, Abschirmung oder Isolierung, die oft Passiv-Isolierung genannt wird. Mit diesem Wort bezeichnet man jenen Fall, in dem der Boden oder allgemeiner die Unterlage eines Objektes (etwa eines Meßgerätes) schwingende Bewegungen u(t) ausführt, aber das Objekt trotzdem möglichst in Ruhe bleiben soll. Das mechanische Ersatzsystem wird durch Abb.4.25/1 repräsentiert.

Der Zusammenhang zwischen dem Ausschlag q des Objektes m und dem Störweg u(t) des Bodens wird durch die Differentialgleichung

$$m\ddot{q} = c(u - q) + b(\dot{u} - \dot{q}) \tag{4.26/15}$$

geliefert. Für harmonische Schwingungen u und q folgt in komplexer Schreibweise

$$(c - m\Omega^2 + ib\Omega)\underline{\hat{q}} = (c + ib\Omega)\underline{\hat{u}} \quad . \tag{4.26/16}$$

Vergleichen mit (4.26/6) zeigt, daß der Quotient $\underline{\hat{q}}/\underline{\hat{u}}$ durch denselben Ausdruck V_T (4.26/8a) wie der Quotient $\hat{F}_B/\hat{F}$ beschrieben wird und daß sein Betrag $|\hat{q}/\hat{u}|$ somit durch V_T nach (4.26/8c) gegeben ist. Die Übertragungsfunktion V_T spielt also gleichermaßen eine Rolle für die Aktiv-Entstörung wie für die Passiv-Entstörung.

Schon früher wurde erwähnt: Die dimensionslosen Darstellungen sind rationell und elegant; bei manchen Fragestellungen ist im Umgehen mit ihnen jedoch Vorsicht geboten. Ungefährlicher sind Darstellungen, die mit dimensionsbehafteten Größen arbeiten.

Wir erläutern den Sachverhalt an einem Beispiel. Ein Schwinger habe die Parameter m, b, c. Der Frequenzgang der Übertragungsfunktion über der Erregerfrequenz Ω läßt sich durch drei Geradenstücke annähern. Im Bereich niedriger Frequenzen Ω gilt als erste Gerade die Horizontale $V_T = 1$. Danach folgt die 2:1-Gerade; sie hat die aus $V_T = c/m\Omega^2$ resultierende Gleichung

$$\log V_T = \log c - \log m - 2\log\Omega \quad . \tag{4.26/17a}$$

Darauf folgt die 1:1-Gerade; sie hat die aus $V_T = b/m\Omega$ entstehende Gleichung

$$\log V_T = \log b - \log m - \log \Omega \quad . \qquad (4.26/17b)$$

Die Abb.4.26/4 zeigt diese Geradenstücke.

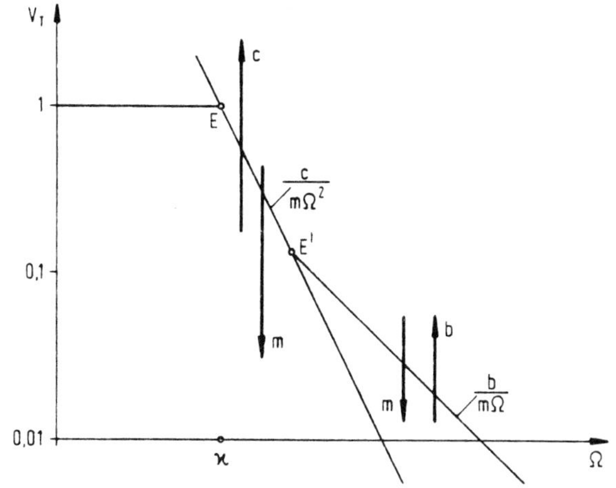

Abb.4.26/4. Näherungsgeraden wie in Abb.4.26/2. Die (starken) Pfeile deuten die Verschiebung der Geraden bei anwachsenden Parameterwerten an

Mit Hilfe der Gln.(4.26/17) sieht man deutlich, welchen Einfluß ein Ändern der Systemparameter m, b, c auf die Isolierfunktion hat: Halbiert man etwa die Federsteifigkeit c, so rückt die 2:1-Gerade um zwei Einheiten nach unten; halbiert man den Dämpfungskoeffizienten b, so rückt die 1:1-Gerade um zwei Einheiten nach unten; verdoppelt man die Masse, so rücken die beiden geneigten Geraden um zwei Einheiten nach unten. Die erwähnte Verschiebung der Geradenstücke beim A n - w a c h s e n von c, b oder m ist in der Abb.4.26/4 durch die (starken) Pfeile angedeutet. Man erkennt aus der Abbildung deutlich, daß, falls die Erregerfrequenz Ω etwa im Bereich der 1:1-Geraden liegt, ein Ändern der Federsteifigkeit c keinen Einfluß auf die Isolierwirkung hat.

Arbeitet man jedoch mit dem Diagramm für dimensionslose Größen (etwa Abb.4.26/2), so kann man leicht zu folgendem Fehlschluß verleitet werden: Durch Erniedrigen der Federsteifigkeit c wird die Eigenfrequenz verringert; dadurch gelangt man zu höheren Werten η und damit in Bereiche mit einer besseren Isolierung. Der Fehler dieses Schlusses liegt darin, daß man vergißt, daß sich mit c auch das Dämpfungsmaß D geändert hat.

Nach den vorangegangenen überschauenden Betrachtungen wenden wir uns nun noch zwei kleinen Zahlenbeispielen zu:

1. Ein Meßgerät soll an drei Federn (Federsteifigkeit c) erschütterungsfrei aufgehängt werden. Das Gerät habe eine Masse von 2 kg, die Störausschläge sollen bis herunter zur Frequenz $f = 50\,\text{Hz}$ auf wenigstens 1/20 ihres Betrages abgemindert werden. Wie muß man die Federung bemessen?

Gegeben ist $m = 2\,\text{kg}$; $\hat{q}/\hat{u} = 1/20$, $f = 50\,\text{Hz}$; gesucht ist $c_1 = c/3$.

Wir setzen dämpfungsfreie Anordnungen voraus. Gemäß Gl.(4.26/16) und (4.26/8c) wird mit $D = 0$

$$\hat{q}/\hat{u} = V_T \equiv \left| \frac{1}{1 - \eta^2} \right| , \tag{4.26/18a}$$

also wegen $\eta^2 > 1$

$$\hat{q}/\hat{u} = \frac{1}{\eta^2 - 1} . \tag{4.26/18b}$$

Für unser Beispiel wird also $\eta^2 = 21$. Rechnen wir mit gerundeten Zahlen (wie z.B. $\pi^2 = 10$ und $g = 10\,\text{m s}^{-2}$), so kommt $\Omega^2 = 4\pi^2 f^2 \approx 10^5\,\text{s}^{-2}$ und daraus $\omega^2 = \Omega^2/21 \approx 4760\,\text{s}^{-2}$; es folgen $c = m\omega^2 = 9520\,\text{kg s}^{-2} = 95{,}2\,\text{N/cm}$ und der gesuchte Wert $c_1 = 31{,}7\,\text{N/cm}$.

2. Wir fragen weiter: Für welche Frequenzen f werden die Störbewegungen auf 1/20 abgemindert, wenn das Meßgerät eine Masse von 5 kg hat und die gleiche Federung angewendet wird wie oben?

Fest bleiben die Werte c und η^2; aus $m_i \Omega_i^2 = c\eta^2$ folgt $m_1/m_2 = \Omega_2^2/\Omega_1^2 = f_2^2/f_1^2$, also $f_2 = f_1\sqrt{m_1/m_2}$. Mit $m_1 = 2\,\text{kg}$, $m_2 = 5\,\text{kg}$, $f_1 = 50\,\text{Hz}$ kommt $f_2 = 50\sqrt{0{,}40}\,\text{Hz} = 50 \cdot 0{,}632\,\text{Hz} = 31{,}6\,\text{Hz}$. Die größere Masse bewirkt, daß nun Störbewegungen bis herunter zur Frequenz von 31,6 Hz noch genügend abgemindert werden.

4.27 Allgemein periodische Anregungen: Fourier-Komponenten der einwirkenden und der resultierenden Funktion

Aus den vorausgegangenen Abschnitten dieses Kap.4 wissen wir: Ist das Gebilde (also seine Differentialgleichung) linear, so gehört zu einer einwirkenden (erregenden) allgemein periodischen Funktion eine periodische resultierende Funktion der gleichen Periode. Man darf sich deshalb zunächst darauf beschränken, die harmonischen Komponenten in der Erregung und in der Auswirkung zu untersuchen. Durch Überlagerung der Komponenten erhält man die Ergebnisse für die allgemein periodischen Funktionen. Wir fassen (in leicht abgewandelter Schreibweise) zusammen: Lautet die Differentialgleichung

$$m\ddot{x} + b\dot{x} + cx = F(t) \qquad \text{mit} \qquad F(t+T) \equiv F(t) \tag{4.27/1}$$

und schreibt man

$$F(t) = \sum_{n=1}^{\infty} \hat{F}_n \cos(n2\pi\frac{t}{T} + \alpha_n) \tag{4.27/2a}$$

sowie

$$x(t) = \sum_{n=1}^{\infty} \hat{x}_n \cos(n2\pi\frac{t}{T} + \beta_n) \quad , \tag{4.27/2b}$$

so werden die Zusammenhänge zwischen den Parametern $\hat{F}_n$ und α_n von $F(t)$ sowie $\hat{x}_n$ und β_n von $x(t)$ wegen (4.20/7) und (4.20/8) und bei Benutzen von $\Omega_1 = 2\pi/T$ angegeben durch

$$\begin{aligned} \hat{x}_n &= \hat{F}_n \frac{1}{\sqrt{(c - mn^2\Omega_1^2)^2 + b^2n^2\Omega_1^2}} \quad , \\ \beta_n &= \alpha_n - \arctan\frac{nb\Omega_1}{c - mn^2\Omega_1^2} \quad . \end{aligned} \tag{4.27/3}$$

Die beiden Gln.(4.27/3) geben die Beziehungen zwischen dem Spektrum der Einwirkung und dem Spektrum der Auswirkung v o l l s t ä n d i g (nach Amplituden und Phasen) wieder.

Unter Benutzung der Vergrößerungsfunktionen und in komplexer Darstellung lassen sich die Zusammenhänge gemäß (4.21/12) bis (4.21/14) schreiben als

$$\underline{\hat{x}} = \frac{1}{c} \hat{F} \underline{V}_3 \quad , \tag{4.27/4}$$

d.h. die komplexe Amplitude der Auswirkung entsteht als Produkt zwischen der komplexen Amplitude der Einwirkung und der komplexen Vergrößerungsfunktion.

Oft benötigt man jedoch die vollständigen (komplexen) Antworten gar nicht. Für manche vorgegebenen Zwecke darf man sich mit den Beziehungen zwischen den reellen Amplituden begnügen. In diesen Fällen vereinfachen sich die Gleichungen und es lassen sich auch Überschlagsrechnungen anstellen. Wir zeigen dafür Beispiele.

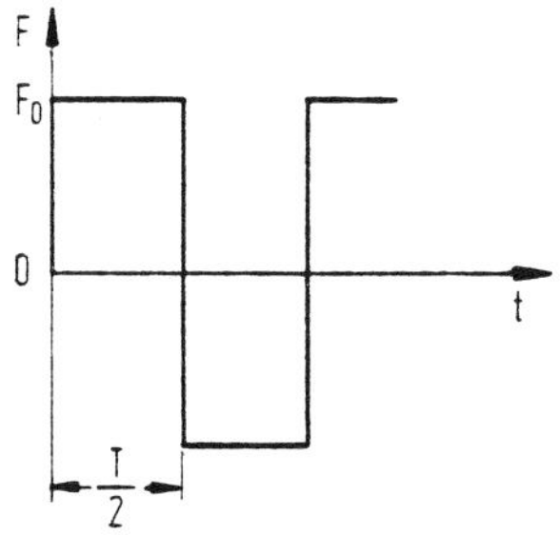

Abb.4.27/1.
Rechteckfunktion als Einwirkung

B e i s p i e l 1 : Die Einwirkung bestehe aus einer periodischen Rechteckfunktion F(t) gemäß Abb.4.27/1. Die reellen Amplituden von F(t) lauten

$$\hat{F}_1 = \frac{4}{\pi} F_0 \;;\; \hat{F}_3 = \frac{1}{3}\left(\frac{4}{\pi} F_0\right) \;;\; \hat{F}_5 = \frac{1}{5}\left(\frac{4}{\pi} F_0\right) \;;\ldots \tag{4.27/5a}$$

Trägt man das Amplitudenspektrum in einem logarithmischen Diagramm auf, siehe Abb.4.27/2a, so wird die gestrichelte "Hüllkurve" der Amplituden eine mit 1:1 fallende Gerade; sie hat die Gleichung

$$\frac{\hat{F}_n}{F_0} = \frac{4}{\pi} \frac{\Omega_1}{\Omega_n} \quad . \tag{4.27/5b}$$

(Im logarithmischen Diagramm liegen die Frequenzen der Teilschwingungen mit wachsendem Ω immer dichter.)

Bedeutet nun die Einwirkung F(t) eine Kraft, die auf einen Schwinger (etwa ein Meßgerät) wirkt, dessen Kennkreisfrequenz $\varkappa = 10\Omega_1$ und dessen Federsteifigkeit c ist, so findet man schon aus dem (durch Abschneiden der Resonanzüberhöhungen) vereinfachten Diagramm der Vergrößerungsfunktion V_3, siehe Abb.4.27/2b, daß im Spektrum der Auswirkungen (Ausschläge), siehe Abb.4.27/2c, die Amplituden, die zu hohen Frequenzen gehören, mit 3:1 fallen.

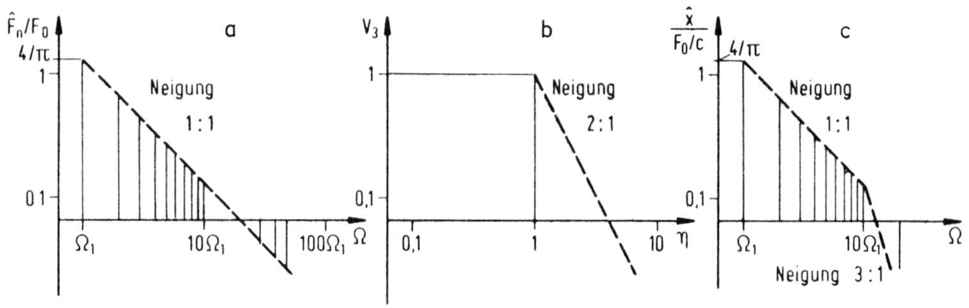

Abb.4.27/2. Einwirkung und Auswirkung bei hoch abgestimmtem Schwinger
a) Spektrum der Einwirkung, b) Vergrößerungsfunktion V_3,
c) Spektrum der Auswirkung

Die Erkenntnisse aus dem Sprungstellen-Verfahren von Abschn.1.42 zeigen deshalb: In der Auswirkung x(t) treten weder Sprünge noch Knicke auf; erst die zweite Ableitung $\ddot{x}(t)$ kann Unstetigkeiten zeigen. Das heißt u.a.: Ein Kraftmesser zeichnet eine gegenüber der Einwirkung geglättete Kurve auf.

B e i s p i e l 2 : Der Schwinger sei ein tief abgestimmter Wegmesser, ein seismischer Aufnehmer. Hier habe nun der einwirkende Weg u(t) wieder einen rechteckigen Verlauf, Abb.4.27/3a. Die Fourier-Zerlegung lautet

$$u = \frac{4}{\pi} u_0 [\sin\Omega_1 t + \frac{1}{3}\sin 3\Omega_1 t + \frac{1}{5}\sin 5\Omega_1 t + \dots]$$

mit $\Omega_1 = 2\pi/T$. Das Spektrum zeigt also den 1:1-Abfall wie Abb.4.27/2a. Für den Zusammenhang zwischen den Amplituden $\hat{\underline{u}}_n$ der Einwirkung und $\hat{\underline{z}}_n$ der Aufzeichnung ist hier [siehe (4.25/7)] die Vergrößerungsfunktion $\underline{V}_1(\eta)$ maßgebend. Für tiefe Frequenzen Ω verläuft die Kurve der reellen $V_1(\eta)$ horizontal (siehe Abb.4.23/1). Für das Spektrum der reellen $\hat{z}_n$

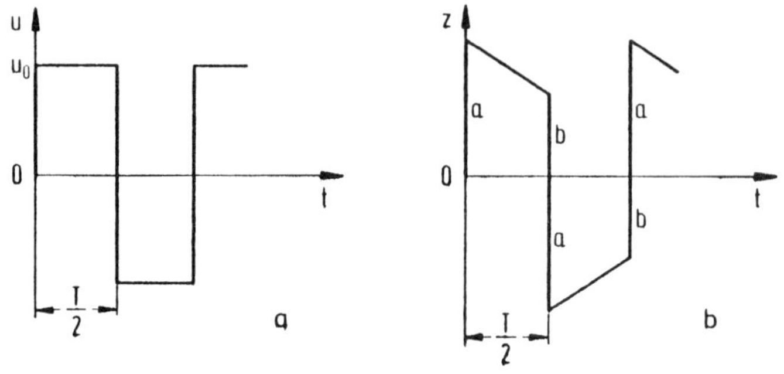

Abb.4.27/3. Einwirkung (a) und Auswirkung (b) bei niedrig abgestimmtem Schwinger

bleibt es für niedrige Frequenzen also beim 1:1-Abfall. Hier weist deshalb auch die Aufzeichnung z(t) Sprünge auf.

Es wäre jedoch voreilig, daraus zu schließen, daß die Aufzeichnung ebenfalls eine Rechteckkurve sein müsse. Der genannte Wegmesser zeichnet statt der Rechteckkurve der Einwirkung, Abb.4.27/3a, eine trapezförmige Kurve, Abb.4.27/3b, auf.

Die Begründung läßt sich hier nicht mehr aus dem reellen Amplitudenspektrum geben, sie wird vielmehr aus den Phasenbeziehungen geliefert. Wir unterlassen hier das Herleiten, merken jedoch als Ergebnis einer Überschlagsrechnung an: Mit den Bezeichnungen a und b der Abb.4.27/3b und mit $\eta_1 := \Omega_1/\varkappa$ gilt

$$\frac{a - b}{a + b} = \frac{\pi D}{\eta_1} \quad . \tag{4.27/6}$$

Der stumpfe Winkel des Trapezes wächst mit zunehmendem D und fällt mit zunehmendem η_1.

4.28 Erzwungene Schwingungen von Gebilden mit verteilter Masse und verteilten Erregerkräften

Für die kontinuierlich mit Masse belegten eindimensionalen Gebilde Stab und Balken sind die freien Schwingungen im Hauptabschnitt 3.3 behandelt worden. In diesem Abschn.4.28 wenden wir uns, allerdings in kürzerer Fassung, ihren erzwungenen Schwingungen zu. Die erzwingenden Kräfte werden dabei entweder Einzelkräfte (konzentrierte

Kräfte) sein, die an einem Randpunkt angreifen, oder aber über die Länge des Gebildes verteilte Kräfte; sie sind dann Funktionen des Ortes und der Zeit. Unterabschnitt α beschäftigt sich mit dem Stab (der Dehnfeder) und den ihm äquivalenten Gebilden unter Einzelkräften, Unterabschnitt β mit dem Balken (der Biegefeder) unter Einzelkräften, Unterabschnitt γ mit dem Balken unter verteilten Kräften.

Anders als bei den freien Schwingungen der Kontinua werden wir hier bei den erzwungenen - wenigstens im Rahmen der allgemeinen Erörterungen - auch energieverzehrende ("dämpfende") Kräfte einbeziehen. Sie treten auf als Glieder mit den Koeffizienten b und ϑ in den Bewegungsgleichungen (4.28/1), (4.28/17b) und (4.28/24), die in den drei Unterabschnitten α, β und γ jeweils an die Spitze gestellt sind.

In den Unterabschnitten α und β werden wir die Erregerfunktionen von vornherein als periodisch voraussetzen, so daß es genügt, ihre Fourierkomponenten als Erregungen zu betrachten. Im Unterabschnitt γ lassen wir dagegen auch nicht-periodische Erregerfunktionen [siehe (4.28/23)] zu und werden deshalb auf Differentialgleichungen [siehe (4.28/29)] für die in den Lösungsansätzen [siehe (4.28/25)] benutzten Zeitfunktionen geführt.

α) Dehnfeder (Stab)

Es liege, wie in Abschn.3.33, ein kontinuierlich mit Masse belegter Stab vor. An einem seiner Ränder sei als Erregung entweder eine Bewegung $u_1(t)$ oder eine (konzentrierte) Kraft p(t) als Funktion der Zeit vorgegeben. Zwischen den Rändern mögen nur solche Kräfte wirken, wie sie in Abschn.3.33 betrachtet worden sind. Es gelte also die Dgl. (3.33/3); sie ist hier nochmals angeschrieben:

$$EA \frac{\partial^2 u}{\partial x^2} + \vartheta \frac{\partial^3 u}{\partial x^2 \partial t} = m^* \frac{\partial^2 u}{\partial t^2} + b^* \frac{\partial u}{\partial t} + c^* u \,. \qquad (4.28/1)$$

Die Erregerfunktionen $u_1(t)$ oder p(t) seien periodisch, können also in Fourier-Reihen entwickelt werden. Es genügt, jeweils eine Harmonische dieser Entwicklungen zu betrachten; sie habe die Frequenz Ω.

Wie in den vorausgegangenen Abschnitten dieses Hauptabschnitts 4.2 bedienen wir uns der komplexen Schreibweise; die Erregerfunktion lautet daher

$$\underline{u}_1 = \hat{\underline{u}}_1 e^{i\Omega t} \quad \text{oder} \quad \underline{p} = \hat{\underline{p}} e^{i\Omega t} \tag{4.28/2a}$$

mit festgelegten Parametern $\hat{u}_1$, Ω oder $\hat{p}$, Ω.

Wir wollen uns (wie fast stets bei erzwungenen Schwingungen) nur um den eingeschwungenen Zustand kümmern, die Einschwingvorgänge also außer acht lassen. In diesem Fall wird der ganze Stab harmonisch mit der Frequenz Ω schwingen. Wir können daher den Ansatz machen

$$\underline{u}(x,t) = \underline{\Phi}(x) e^{i\Omega t} \quad ; \tag{4.28/2b}$$

hierin ist $\underline{\Phi}(x)$, die Ausschlagform, eine gesuchte Ortsfunktion. [Ähnlich wie wir die Erregerfrequenz Ω von der Eigenfrequenz ω durch den Großbuchstaben unterscheiden, schreiben wir für die erzwungene Ausschlagform $\Phi(x)$ zur Unterscheidung von den Eigenfunktionen $\varphi(x)$]. Einsetzen von (4.28/2b) in die Dgl.(4.28/1) liefert

$$\underline{E}A\underline{\Phi}'' = (-\Omega^2 m^* + i\Omega b^* + c^*)\underline{\Phi}$$

$$\text{mit dem komplexen Modul} \quad \underline{E} := E(1 + i\Omega\vartheta) \; . \tag{4.28/3}$$

Dies ist eine gewöhnliche Differentialgleichung für die gesuchte Ortsfunktion $\underline{\Phi}(x)$. Sie ist zeitfrei, ohne daß die Ortsfunktionen m^*, b^*, c^* einer Bedingung unterworfen werden müssen: Bei den erzwungenen Schwingungen braucht die Separationsbedingung (3.33/7), die bei den freien Schwingungen zur Berechnung mittels des Produktansatzes erforderlich ist, n i c h t erfüllt zu sein.

Wenn m^*, b^*, c^* und $\underline{E}A$ Funktionen von x sind, hat die Dgl. (4.28/3) veränderliche Koeffizienten; eine geschlossene Lösung ist dann nur selten möglich, und man muß zum Hilfsmittel einer numerischen Integration greifen.

Für unsere weiteren Betrachtungen nehmen wir $\underline{E}A$, m^*, b^* und c^* als von x unabhängig an. Mit der Abkürzung

$$\underline{K}^2 := \frac{\Omega^2 m^* - i\Omega b^* - c^*}{\underline{E}A} \tag{4.28/4}$$

(die eine Konstante ist und komplex oder reell sein kann) wird (4.28/3) zur Differentialgleichung

$$\underline{\Phi}'' + \underline{K}^2 \underline{\Phi} = 0 \quad . \tag{4.28/5}$$

Unabhängig davon, ob $\underline{K}$ komplex oder reell ist, kann man als Lösungssatz

entweder $$\underline{\Phi}(x) = \underline{a}_I e^{i\underline{K}x} + \underline{b}_I e^{-i\underline{K}x} \tag{4.28/6$_I$}$$

oder $$\underline{\Phi}(x) = \underline{a}_{II} \cos \underline{K}x + \underline{b}_{II} \sin \underline{K}x \tag{4.28/6$_{II}$}$$

verwenden. Für komplexe Werte $\underline{K}$ erhält man mit dem Ansatz (4.28/6$_I$), für reelle Werte $\underline{K} = K$ mit dem Ansatz (4.28/6$_{II}$) geläufigere oder bequemere Ausdrücke. Die Ergebnisse stimmen natürlich überein, gleichgültig ob sie auf dem ersten oder dem zweiten Weg gewonnen werden.

Wir beginnen damit, daß wir komplexe $\underline{K}$ zulassen und wählen deshalb den Ansatz (4.28/6$_I$). Im Gegensatz zu (3.31/9b) ist hier die sogenannte Kreiswellenzahl $\underline{K}$ bekannt; die Integrationskonstanten $\underline{a}_I$ und $\underline{b}_I$ müssen aus den Randbedingungen ermittelt werden. Hierfür zeigen wir ein Beispiel.

Der Stab des Beispiels sei bei $x = 0$ festgehalten, am freien Ende $x = l$ greife in Achsrichtung die Kraft $\underline{p}(t) = \hat{\underline{p}}\, e^{i\Omega t}$ an; siehe Abb.4.28/1. Aus der Randbedingung $u(0,t) \equiv 0$ folgt $\underline{\Phi}(0) = 0$ und somit $\underline{b}_I = -\underline{a}_I$. Deshalb lautet die Ortsfunktion

$$\underline{\Phi}(x) = \underline{a}_I \left[e^{i\underline{K}x} - e^{-i\underline{K}x} \right] \quad . \tag{4.28/7}$$

Abb.4.28/1.
Dehnstab, für den die Bewegungsgleichung (4.28/1) gilt und der am Ende von der harmonischen Kraft $p = \hat{p} \exp(i\Omega t)$ erregt wird

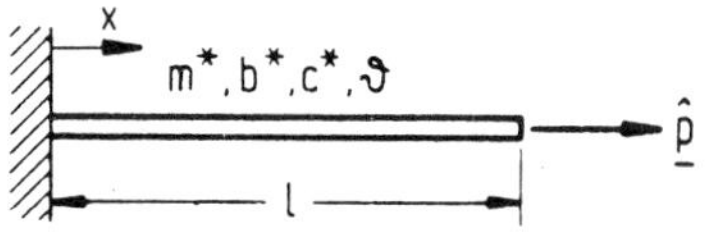

Die Spannung in einem Querschnitt des Stabes beträgt

$$\underline{\sigma}(x,t) = \underline{E}\underline{u}'(x,t) = \underline{E}\underline{\Phi}'(x)\,e^{i\Omega t} = \underline{E}\underline{a}_I i\underline{K}\left[e^{i\underline{K}x} + e^{-i\underline{K}x}\right]e^{i\Omega t}. \qquad (4.28/8)$$

Am Rand $x = l$ gilt

$$A\underline{\sigma}(l,t) = \underline{\hat{p}}\,e^{i\Omega t} \qquad (4.28/9)$$

und deshalb

$$A\underline{E}\underline{a}_I i\underline{K}\left[e^{i\underline{K}l} + e^{-i\underline{K}l}\right] = \underline{\hat{p}} \quad ,$$

somit wird $\underline{a}_I$ zu

$$\underline{a}_I = \frac{\underline{\hat{p}}\,l}{iA\underline{E}(\underline{K}l)\left[e^{i\underline{K}l} + e^{-i\underline{K}l}\right]} \quad , \qquad (4.28/10)$$

und es gilt schließlich

$$\underline{\Phi}(x) = \frac{\underline{\hat{p}}\,l\left[e^{i\underline{K}x} - e^{-i\underline{K}x}\right]}{iA\underline{E}(\underline{K}l)\left[e^{i\underline{K}l} + e^{-i\underline{K}l}\right]} \quad . \qquad (4.28/11)$$

Der Randwert $\underline{\Phi}(l)$ lautet

$$\underline{\Phi}(l) = \frac{\underline{\hat{p}}\,l}{iA\underline{E}(\underline{K}l)}\;\frac{e^{i\underline{K}l} - e^{-i\underline{K}l}}{e^{i\underline{K}l} + e^{-i\underline{K}l}} \quad . \qquad (4.28/11a)$$

Die "dynamische Steifigkeit"

$$\underline{c}_{dyn} := \underline{\hat{p}}/\underline{\Phi}(l) \qquad (4.28/12)$$

des vorliegenden Schwingers nach Abb.4.28/1 ergibt sich demnach zu

$$\underline{c}_{dyn} = i\,\frac{A\underline{E}}{l}\,\underline{K}l\,\frac{e^{i\underline{K}l} + e^{-i\underline{K}l}}{e^{i\underline{K}l} - e^{-i\underline{K}l}} \quad . \qquad (4.28/12a)$$

In der weiteren Diskussion wollen wir einen Stab betrachten, der weder äußere noch innere Dämpfung aufweist ($b^* = 0$; $\vartheta = 0$) und auch keine äußeren Rückstellkräfte erfährt ($c^* = 0$). In diesem Fall ist E reell und es wird

$$K_1^2 = \Omega^2 m^*/EA \quad ; \qquad (4.28/13)$$

auch K_1 ist somit reell. Die Funktion $\Phi(l)$ (4.28/11a) schreibt sich dann einfach als

$$\Phi(l) = \frac{\hat{p}l}{AE(K_1 l)} \tan(K_1 l) \qquad (4.28/14a)$$

und somit die dynamische Steifigkeit c_{dyn} (4.28/12a)

$$c_{dyn} = \frac{AE}{l}(K_1 l)\cot(K_1 l) \qquad (4.28/14b)$$

oder ausgedrückt durch die statische Steifigkeit des Stabes $c_s := AE/l$ als

$$c_{dyn} = c_s(K_1 l)\cot(K_1 l) \quad . \qquad (4.28/14c)$$

Wenn von vornherein feststeht, daß K reell ist, kann man das Ergebnis (4.28/14a) etwas bequemer dadurch gewinnen, daß man im Ansatz anstelle der Fassung ($4.28/6_I$) die Fassung ($4.28/6_{II}$) benutzt. In der Rechnung treten dann ausschließlich trigonometrische Funktionen reellen Argumentes auf.

Der Quotient

$$y := \frac{c_{dyn}}{c_s} = (K_1 l)\cot(K_1 l) \qquad (4.28/14d)$$

ist in Abb.4.28/2 als Funktion von $K_1 l$ aufgezeichnet. Man sieht: Für sehr kleine Erregerfrequenzen Ω, also für sehr kleine Werte $K_1 l$ ist

Abb.4.28/2.
Verlauf der Funktion
$y = K_1 l \cot(K_1 l)$

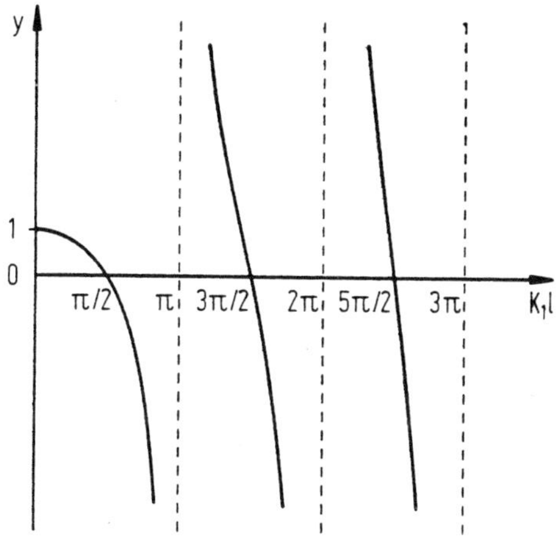

die dynamische Federsteifigkeit c_{dyn} gleich der statischen c_s. Wird aber $K_1 l = \pi/2$, so wird c_{dyn} zu Null. Es liegt Resonanz vor. Man spricht hier von "$\lambda/4$ - Resonanz"; auf der Länge l des Stabes bildet sich eine Viertelwellenlänge aus, da für $K_1 l = \pi/2$ die Wellenlänge $\lambda := 2\pi/K_1$ gleich 4 l ist. Für $K_1 l = \pi$ wird c_{dyn} zu ∞. Dies ist die "$\lambda/2$ - Gegenresonanz" (Ausschlagtilgung). Bei weiter ansteigender Erregerfrequenz Ω wechseln Resonanzen und Gegenresonanzen miteinander ab.

Wir wenden uns nun dem Schwinger der Abb.4.28/3 zu, der außer der Massenbelegung m* eine Einzelmasse M am freien Ende aufweist. Die gesamte verteilte Masse ist $m = m^* l$.

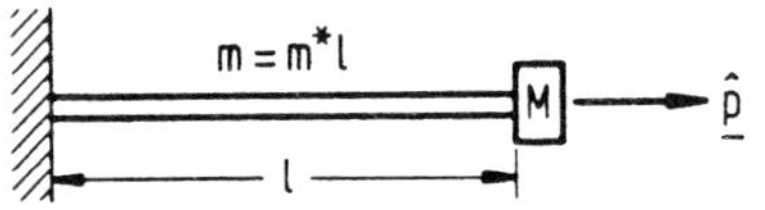

Abb.4.28/3.
Dehnstab mit verteilter Masse $m = m^* l$ und Endmasse M, am Ende durch harmonische Kraft erregt

Für den nicht mit m* belegten Stab gilt [vgl. (4.20/7), hier b = 0] als Beziehung zwischen der Amplitude $\hat{u}$ des Ausschlags am Ende und der Amplitude $\hat{p}$ der Erregerkraft

$$(c_s - M\Omega^2)\hat{u} = \hat{p} \quad ; \tag{4.28/15a}$$

mit Hilfe der Vergrößerungsfunktion $V_3(\eta)$ geschrieben lautet sie wegen $\eta^2 = \Omega^2 M/c_s$

$$\hat{u} = \frac{\hat{p}}{c_s}\left(\frac{1}{1 - M\Omega^2/c_s}\right) = \frac{\hat{p}}{c_s} V_3(\eta) \quad . \tag{4.28/15b}$$

Wenn eine Massenbelegung m* vorhanden ist, tritt an die Stelle der statischen Federzahl c_s die dynamische gemäß (4.28/14b). Aus (4.28/15b) wird dann

$$\hat{u} = \frac{\hat{p}}{c_s} V_3^* \tag{4.28/16a}$$

mit einer neuen Vergrößerungsfunktion

$$V_3^* = \frac{1}{K_1 l[\cot(K_1 l) - (K_1 l)M/m]} \quad ; \tag{4.28/16b}$$

in ihr ist K_1 der Erregerfrequenz Ω proportional gemäß (4.28/13).

Wenn der Nenner in (4.28/16b) zu Null wird, herrscht Resonanz. Die Bedingung für das Verschwinden des Nenners trafen wir bei der Erörterung der freien Schwingungen des Stabes als Gl.(3.32/4b) schon an. Was dort die Eigenfrequenz ω war, ist jetzt die Resonanzfrequenz Ω. Auch die dortigen Untersuchungen über den Einfluß der verteilten Masse $m = m^*l$ auf die erste Eigenfrequenz (hier: erste Resonanzfrequenz) des Schwingers ("Massenzuschlag") können übernommen werden.

β) Biegefeder (Balken)

Die Schwingungen von Balken, die durch Kräfte oder Bewegungen am Rande erzwungen werden, lassen sich nach genau dem gleichen Muster berechnen wie die von Stäben. Differentialgleichung ist hier die Gl. (3.34/1). Der Ansatz

$$\underline{w}(x,t) = \underline{\Phi}(x)\, e^{i\Omega t} \tag{4.28/17a}$$

liefert

$$(EI\underline{\Phi}'')''(1 + i\Omega\vartheta) = (+\Omega^2 m^* - i\Omega b^* - c^*)\underline{\Phi} \quad . \tag{4.28/17b}$$

Auch hier nehmen wir für das Weitere an, die Parameter EI, ϑ, m^*, b^* und c^* seien nicht von x abhängig. Mit der Abkürzung

$$\underline{K}_2^4 := \frac{\Omega^2 m^* - i\Omega b^* - c^*}{EI(1 + i\Omega\vartheta)} \quad , \tag{4.28/17c}$$

die dann eine Konstante ist, lautet (4.28/17b)

$$\underline{\Phi}^{IV} - \underline{K}_2^4\underline{\Phi} = 0 \quad . \tag{4.28/18}$$

Zum Lösen dieser Differentialgleichung kann man, gleichgültig ob $\underline{K}_2$ komplex oder reell ist, den ersten oder den zweiten der Ansätze

$$\underline{\Phi}(x) = \underline{a}_I e^{i\underline{K}x} + \underline{b}_I e^{-i\underline{K}x} + \underline{c}_I e^{\underline{K}x} + \underline{d}_I e^{-\underline{K}x} \quad , \tag{4.28/19$_I$}$$

$$\underline{\Phi}(x) = \underline{a}_{II}\cos\underline{K}x + \underline{b}_{II}\sin\underline{K}x + \underline{c}_{II}\cosh\underline{K}x + \underline{d}_{II}\sinh\underline{K}x \tag{4.28/19$_{II}$}$$

benutzen. Im Fall komplexer $\underline{K}_2$ liefert der Ansatz (4.28/19$_I$) die geläufigeren Ausdrücke, im Fall reeller $\underline{K}_2 = K_2$ der Ansatz (4.28/19$_{II}$). Die Integrationskonstanten $\underline{a}_i$ bis $\underline{d}_i$ müssen wieder aus den Randbedingungen bestimmt werden.

Auch hier führen wir die Rechnung an einem Beispiel durch. Wir wählen dafür den bei $x = 0$ eingespannten, am freien Ende $x = l$ mit der Kraft $\underline{p} = \hat{\underline{p}}\, e^{i\Omega t}$ erregten Balken ohne Dämpfung ($b^* = 0$, $\vartheta = 0$); der Parameter K_2 und die Funktion $\Phi(x)$ sind dann reell. Wir werden die Rechnung deshalb mit Hilfe des Ansatzes (4.28/19$_{II}$) durchführen.

Die Randbedingungen lauten

$$\Phi(0) = 0 \;, \quad \Phi'(0) = 0 \;, \quad \Phi''(l) = 0 \;, \quad \Phi'''(l) = \hat{p}/EI \;. \tag{4.28/20}$$

Nach Einarbeiten der ersten und zweiten Randbedingung wird

$$\Phi(x) = a_{II}(\cos Kx - \cosh Kx) + b_{II}(\sin Kx - \sinh Kx) \;;$$

die dritte Randbedingung bringt

$$b_{II} = -a_{II}\frac{\cos Kl + \cosh Kl}{\sin Kl + \sinh Kl} \;,$$

die vierte

$$a_{II}\left[(\sin Kl - \sinh Kl) + \frac{\cos Kl + \cosh Kl}{\sin Kl + \sinh Kl}(\cos Kl + \cosh Kl)\right] = \frac{\hat{p}l^3}{EI(Kl)^3} \;.$$

Also kommt

$$a_{II} = \frac{\hat{p}l^3}{2EI(Kl)^3}\;\frac{\sin Kl + \sinh Kl}{1 + \cos Kl \cosh Kl}$$

und somit

$$\Phi(x) = \frac{\hat{p}l^3/2EI}{(Kl)^3(1 + \cos Kl \cosh Kl)}\Big[(\sin Kl + \sinh Kl)(\cos Kx - \cosh Kx) - (\cos Kl + \cosh Kl)(\sin Kx - \sinh Kx)\Big] \;; \tag{4.28/21}$$

$w(x,t)$ ist nun bekannt.

Die dynamische Federsteifigkeit c_{dyn} des Balkens wird analog zu

(4.28/12) auch hier zu $c_{dyn} := \underline{\hat{p}}/\underline{\Phi}(l)$ definiert, sie lautet also

$$c_{dyn} = EIK^3 \frac{1 + \cos Kl \cosh Kl}{\sinh Kl \cos Kl - \sin Kl \cosh Kl} \quad . \qquad (4.28/22)$$

Sie ist abhängig von der Erregerfrequenz Ω und kann zu Null (Resonanz) und zu Unendlich (Tilgung) werden. Wir verzichten auf eine ins einzelne gehende Erörterung; wie man sie durchführt, liegt auf der Hand.

Sind die Dämpfungsparameter b^* und ϑ von Null verschieden, so wird K_2^4 nach (4.28/17c) und damit K_2 selbst komplex. Die Rechnung wird dadurch verwickelter, bleibt aber durchführbar. Wir verzichten auch hierbei auf das Vorführen der Einzelheiten.

γ) Balken unter verteilten Erregerkräften

Wir betrachten nur solche Balken, die keine Drehmassen $\widehat{m}$ aufweisen, so daß die Eigenfunktionen [siehe (3.33/15)] orthogonal sind.

Die Erregerkraft schreiben wir in der Gestalt

$$p^*(x,t) = p(x)\,f(t) \quad . \qquad (4.28/23)$$

An die Stelle der für freie Schwingungen geltenden homogenen partiellen Dgl.(3.34/1) tritt die inhomogene

$$[EI(w'' + \vartheta \dot{w}'')]'' + m^*\ddot{w} + b^*\dot{w} + c^*w = p(x)\,f(t) \quad . \qquad (4.28/24)$$

Es ist nicht erforderlich, daß wir von vornherein harmonische Erregungen voraussetzen oder mit Reihen von solchen harmonischen Termen arbeiten; wir behalten vielmehr zunächst die beliebige Zeitfunktion f(t) bei und rechnen mit reellen Funktionen p(x), f(t) und w(x,t).

Für die Lösung von (4.28/24) machen wir unter Benutzung der Eigenfunktionen φ_n aus Abschn.3.34 den Ansatz

$$w(x,t) = \sum_n \varphi_n(x)\,\xi_n(t) \quad . \qquad (4.28/25)$$

Er führt auf die Differentialgleichung

$$\sum_n \left[(EI\varphi_n'')''(\xi_n + \vartheta\dot{\xi}_n) + \varphi_n(m^*\ddot{\xi}_n + b^*\dot{\xi}_n + c^*\xi) \right] = p(x)\,f(t) \quad . \qquad (4.28/26)$$

Unter der Voraussetzung, daß die Separationsbedingung (3.33/7) erfüllt ist, gilt für die Funktionen $\varphi_n(x)$ die Dgl.(3.34/6)

$$(EI\varphi_n'')'' = (\omega_n^2 m^* - c^*)\varphi_n \quad . \tag{4.28/27}$$

Die Dgl.(4.28/26) wird deshalb unter Gebrauch der Abkürzungen β und γ nach (3.33/5) und $S := \beta - \vartheta\gamma = \text{const}$ (3.33/7) zu

$$\sum_n m^*\varphi_n[\ddot{\xi}_n + S\dot{\xi}_n + \omega_n^2\xi] = p(x)\,f(t) \quad . \tag{4.28/28}$$

Multiplikation mit $\varphi_m(x)$ und Integration über die Balkenlänge führt wegen der Orthogonalität der Eigenfunktionen $\varphi_i(x)$ auf

$$\ddot{\xi}_n + S\dot{\xi}_n + \omega_n^2\xi_n = C_n f(t) \quad , \tag{4.28/29}$$

wobei der Koeffizient C_n die für jede Ordnung n feste Zahl

$$C_n = \frac{\int_0^l p(x)\varphi_n(x)\,dx}{\int_0^l m^*\varphi_n^2(x)\,dx} \tag{4.28/30}$$

bedeutet, nämlich den durch die Norm dividierten Koeffizienten in der Entwicklung von p(x) nach den Eigenfunktionen $\varphi_n(x)$. Diese Tatsache nennt man gelegentlich "Entwicklungssatz". Da die Koeffizienten S, ω_n^2 und C_n konstant sind, ist die Dgl.(4.28/29) für jede einzelne der Zeitfunktionen $\xi_n(t)$ aus dem Ansatz (4.28/25) formal identisch mit der Dgl. (4.22/2) des einfachen Schwingers.

Wenn der Zeitverlauf der Erregerfunktion harmonisch ist, also $\underline{f}(t) = e^{i\Omega t}$, so erhalten wir in der komplexen Schreibweise von Abschn. 4.21 als Lösung von (4.28/29)

$$\underline{\xi}_n = \underline{\hat{\xi}}_n e^{i\Omega t} \tag{4.28/31a}$$

mit

$$\underline{\hat{\xi}}_n = C_n \frac{1}{(\omega_n^2 - \Omega^2) + i\Omega S} \tag{4.28/31b}$$

und somit als Lösung der partiellen Dgl.(4.28/24) den Ausdruck

$$\underline{w}(x,t) = e^{i\Omega t}\sum_n \underline{\hat{\xi}}_n \varphi_n(x) \quad . \tag{4.28/32}$$

Wir fügen drei leicht überschaubare Beispiele an. In jedem der Fälle möge es sich um dämpfungsfreie Balken ($\beta = 0$, $\vartheta = 0$, $S = 0$) handeln.

B e i s p i e l 1 : Der Balken habe feste und/oder freie Ränder und weise eine Massenverteilung $m^*(x)$ auf. Dann existiert ein Satz von Eigenfunktionen $\varphi_n(x)$, die sich explizit angeben lassen und der Orthogonalitätsbedingung (3.33/16) genügen. Wird dieser Balken durch eine verteilte Erregerkraft $\underline{p}^*$ (4.28/23) erregt, die im besonderen

$$\underline{p}^* = \alpha m^*(x)\varphi_m(x)\, e^{i\Omega t} \tag{4.28/33}$$

lautet, also einer "belasteten" Eigenfunktion $\varphi_m(x)$ des Balkens proportional ist und harmonisch schwingt, so folgt aus (4.28/30) wegen (3.33/16)

$$C_n = 0 \quad \text{für} \quad n \neq m \;,$$

$$C_m = 1 \;.$$

In diesem Fall wird also nur die in (4.28/33) enthaltene Eigenfunktion $\varphi_m(x)$ angeregt. Vom Ergebnis (4.28/32) bleibt damit

$$\underline{w}(x,t) = e^{i\Omega t}\frac{1}{\omega_m^2 - \Omega^2}\varphi_m(x) \;; \tag{4.28/34}$$

dabei bedeutet ω_m die zu φ_m gehörige und gemäß Abschn.3.35 zu bestimmende Eigenfrequenz.

B e i s p i e l 2 : Ein Balken konstanten Querschnitts mit $m^* = m/l$, der auf zwei Stützen gelagert ist, werde durch eine über die Balkenlänge gleichmäßig verteilte Querkraft $\underline{p}^*(x,t) = \hat{p}\, e^{i\Omega t}$ (mit $\hat{p} = \text{const}$) zu Schwingungen erregt. Aus Tafel 3.35/I, Zeile 3, kennen wir die Eigenfunktionen $\varphi_n(x) = \sin(n\pi x/l)$ mit $n = 1,2,3,\ldots$ Somit werden die Zähler Z_n von C_n nach (4.28/30) zu

$$Z_n = \hat{p}\int_0^l \sin n\pi\frac{x}{l}\,dx = \frac{p_0 l}{n\pi}\left[\cos n\pi\frac{x}{l}\right]_l^0 = \frac{\hat{p}l}{n\pi}(1-\cos n\pi) \;,$$

also zu

$$Z_n = \frac{2\hat{p}l}{n\pi} \quad \text{für} \quad n = 1,3,5,\ldots \; ,$$

$$Z_n = 0 \quad \text{für} \quad n = 2,4,6,\ldots \; .$$

Es werden nur die ungeraden Eigenfunktionen angeregt. Weil für diesen Fall ungerader n der Koeffizient C_n zu

$$C_n = \frac{4\hat{p}}{m^*\pi}\frac{1}{n}$$

wird, lautet das Ergebnis (4.28/32)

$$\underline{w}(x,t) = e^{i\Omega t}\frac{4\hat{p}}{m^*\pi}\sum_n \frac{1}{n}\frac{1}{\omega_n^2 - \Omega^2}\sin n\pi\frac{x}{l} \quad \text{mit} \quad n = 1,3,5,\ldots . \tag{4.28/35}$$

B e i s p i e l 3 : Ein Balken konstanten Querschnitts mit $m^* = m/l$, der auf zwei Stützen gelagert ist, werde durch die Einzelkraft $\hat{p}\,e^{i\Omega t}$ am Ort $x = a$ zu Schwingungen erregt. Obgleich es sich hier um eine Einzelkraft handelt, kann dennoch der Entwicklungssatz benutzt werden. Der Zähler Z_n in C_n wird in diesem Fall zu $\hat{p}\cdot\varphi_n(a) = \hat{p}\sin(n\pi a/l)$. So kommt schließlich aus (4.28/32) das Ergebnis

$$\underline{w}(x,t) = e^{i\Omega t}\frac{2\hat{p}}{m^* l}\sum_n \frac{1}{\omega_n^2 - \Omega^2}\sin(n\pi\frac{a}{l})\sin(n\pi\frac{x}{l}) \; , \quad n = 1,2,3,\ldots \tag{4.28/36}$$

zustande.

4.3 Periodische Einwirkungen auf Systemparameter; parametererregte Schwingungen

4.31 Einführendes Beispiel; Bewegungsgleichungen mit zeitabhängigen Koeffizienten

In den bisherigen Teilen des Buches hatten wir (abgesehen von einigen vorausgreifenden Beispielen im Hauptabschnitt 2.3) als Bewegungsgleichungen für die schwingenden Gebilde stets Differentialgleichungen gefunden, deren Koeffizienten konstant, d.h. zeitunabhängig waren. Wenn die Zeit überhaupt explizit in Erscheinung trat, dann war sie in der Störfunktion (siehe Abschn.4.12) enthalten.

An einem einfachen Beispiel läßt sich zeigen, daß dies nicht in jedem Fall so sein muß. Wir betrachten das in Abb.4.31/1a dargestellte Punktkörperpendel (Pendellänge l, Masse m), dessen Drehachse A nach der Funktion u(t) vertikal bewegt wird. Seine Ausschläge beschreiben wir durch den Winkel β des Pendels mit der Lotrechten. Wir verwenden also ein Koordinatensystem, dessen Ursprung A eine Translationsbewegung u(t) ausführt. Abb.4.31/1b zeigt das Pendel mit den darauf wirkenden eingeprägten Kräften und Trägheitskräften. Aus der Bedingung,

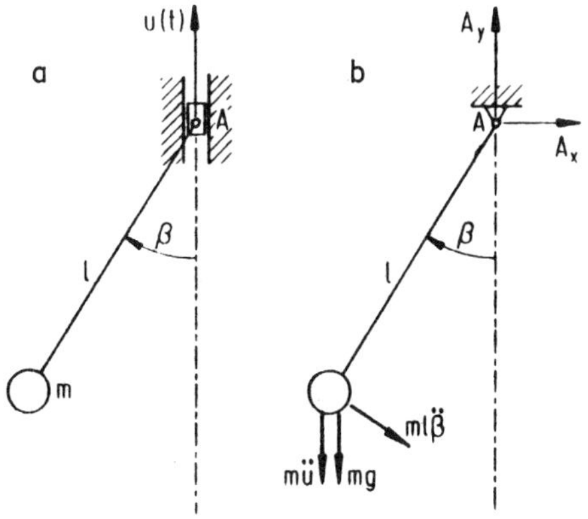

Abb.4.31/1.
Punktkörperpendel mit vertikal bewegter Drehachse A

daß die Summe aller Momente um den Drehpunkt A verschwinden muß, erhalten wir die Bewegungsgleichung

$$ml^2\ddot{\beta} + m[g + \ddot{u}(t)]\,l\sin\beta = 0 \tag{4.31/1}$$

und somit für kleine Winkel β

$$\ddot{\beta} + \frac{1}{l}[g + \ddot{u}(t)]\beta = 0 \quad . \tag{4.31/2}$$

Die Gln.(4.31/1) und (4.31/2) besitzen Koeffizienten, in denen die unabhängige Veränderliche, die Zeit, explizit auftritt; sie beschreiben, wenn u(t) eine periodische Funktion der Zeit ist, sog. parametererregte Schwingungen. Gebilde, die durch lineare bzw. nichtlineare Differentialgleichungen mit zeitlich veränderlichen Koeffizienten beschrieben werden, nennt man auch r h e o l i n e a r e bzw. r h e o n i c h t -

lineare Schwinger (siehe Abschn.4.11). In diesem Hauptabschnitt 4.3 werden wir allerdings nur lineare Differentialgleichungen mit periodisch zeitabhängigen Koeffizienten (also nur rheolineare Schwinger) betrachten. Für einen Schwinger mit einem Freiheitsgrad lautet ihre allgemeinste Form:

$$a(t)\ddot{x} + b(t)\dot{x} + c(t)x = r^{**}(t) \quad . \tag{4.31/3}$$

Ohne die Allgemeinheit der nachfolgenden Betrachtungen allzusehr einzuschränken, dürfen wir voraussetzen, daß $a(t) \neq 0$ wird. Dann ergibt Dividieren durch $a(t)$

$$\ddot{x} + p^*(t)\dot{x} + q^*(t)x = r^*(t) \quad ; \tag{4.31/4}$$

darin bedeutet

$$p^* = b/a \quad ; \quad q^* = c/a \quad ; \quad r^* = r^{**}/a \quad .$$

Aus Gl.(4.31/4) läßt sich (wie aus jeder linearen Differentialgleichung zweiter Ordnung) der Term mit der ersten Ableitung entfernen. Dazu setzt man

$$x(t) = y(t)\exp\left(-\frac{1}{2}\int_0^t p^*(\xi)\,d\xi\right) \quad .$$

Durch Differenzieren kommt

$$\dot{x} = (\dot{y} - \tfrac{1}{2}p^*y)\exp\left(-\frac{1}{2}\int_0^t p^*(\xi)\,d\xi\right) \quad ,$$

$$\ddot{x} = (\ddot{y} - p^*\dot{y} - \tfrac{1}{2}\dot{p}^*y + \tfrac{1}{4}p^{*2}y)\exp\left(-\frac{1}{2}\int_0^t p^*(\xi)\,d\xi\right) \quad .$$

Einsetzen von x, $\dot{x}$ und $\ddot{x}$ in (4.31/4) liefert als Differentialgleichung in der neuen Veränderlichen $y(t)$

$$\ddot{y} + \Phi^*(t)y = r^*(t)\exp\left(\frac{1}{2}\int_0^t p^*(\xi)\,d\xi\right) \tag{4.31/5}$$

mit

$$\Phi^*(t) = q^* - p^{*2}/4 - \dot{p}^*/2 \quad .$$

Unter den rheolinearen Differentialgleichungen sind in der Schwingungslehre von besonderer Bedeutung jene mit periodischen Koeffizienten, also Gleichungen, bei denen $\Phi^*(t)$ eine (kleinste) Periode T (>0) aufweist:

$$\Phi^*(t+T) = \Phi^*(t) \quad .$$

Dieser Fall liegt vor, wenn p^* und q^* die (kleinste) gemeinsame Periode T besitzen:

$$p^*(t+T) = p^*(t) \quad ; \quad q^*(t+T) = q^*(t) \quad .$$

Es ist nun zweckmäßig, eine dimensionslose Zeit τ einzuführen; hier definieren wir (vergl. die Bemerkungen zu Beginn des Kap.5) $\tau := \Omega t$ mit $\Omega = 2\pi/T$. Bezeichnet man mit Strichen Ableitungen nach τ, so erhalten die Dgln.(4.31/4) und (4.31/5) die Form:

$$x'' + p(\tau)x' + q(\tau)x = r(\tau) \quad , \tag{4.31/6}$$

$$y'' + \Phi(\tau)y = r(\tau)\exp\left(\frac{1}{2\Omega}\int_0^\tau p(\xi)\,d\xi\right) \quad ; \tag{4.31/7}$$

dabei ist

$$p = p^*/\Omega \quad , \quad q = q^*/\Omega^2 \quad , \quad \Phi = \Phi^*/\Omega^2 \quad , \quad r = r^*/\Omega^2 \quad .$$

Die Funktionen p, q und Φ sind 2π-periodisch bezüglich τ; es gilt:

$$\Phi(\tau+2\pi) = \Phi(\tau) \quad ; \quad p(\tau+2\pi) = p(\tau) \quad ; \quad q(\tau+2\pi) = q(\tau) \quad . \tag{4.31/8}$$

Differentialgleichungen von der Form (4.31/3) bzw. (4.31/6) mit einem oder mehreren periodischen Koeffizienten heißen Hillsche Differentialgleichungen; für $r(\tau) \not\equiv 0$ sind es inhomogene, für $r(\tau) \equiv 0$ homogene Hillsche Differentialgleichungen.

Wir betrachten nun einige Sonderfälle der Hillschen Differentialgleichung. Schwankt $\Phi(\tau)$ harmonisch mit der Amplitude γ um den Mittelwert λ (siehe Abb.4.31/2a),

$$\Phi(\tau) = \lambda + \gamma\cos\tau \quad ,$$

so wird (4.31/7) zu einer durch ein Störglied ergänzten Mathieuschen Differentialgleichung:

$$y'' + (\lambda + \gamma\cos\tau)y = r(\tau)\exp\left(\frac{1}{2\Omega}\int_0^\tau p(\xi)\,d\xi\right) \quad . \qquad (4.31/9)$$

Sie tritt auf als Bewegungsgleichung von Schwingern verschiedener Bauart, Beispiele werden in Abschn.4.36 besprochen.

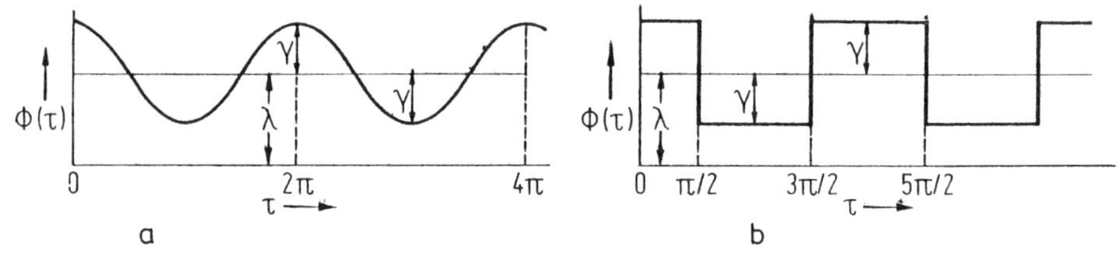

Abb.4.31/2. Verlauf der Koeffizientenfunktionen $\Phi(\tau)$ in der Hillschen Differentialgleichung, der zur a) Mathieuschen, b) Meissnerschen Differentialgleichung führt

Die homogene Hillsche Differentialgleichung mit $\Phi(\tau) = (\lambda + \gamma\cos\tau)^{-1}$, also die Differentialgleichung

$$(\lambda + \gamma\cos\tau)y'' + y = 0 \quad , \qquad (4.31/10)$$

wurde u.a. untersucht von A. Weigand, Lit.4.31/1. Damit $\Phi(\tau)$ beschränkt bleibt, muß $|\gamma| < |\lambda|$ vorausgesetzt werden. Der Fall $\Phi(\tau) = \lambda + \gamma\,\mathrm{sign}(\cos\tau)$, bei dem also Φ zwischen zwei konstanten Werten periodisch hin- und herspringt (siehe Abb.4.31/2b) wurde von E. Meissner, Lit.4.31/2, zuerst untersucht.

4.32 Lösungen der homogenen Differentialgleichung mit periodischen Koeffizienten

α) Allgemeine Überlegungen

Den nachfolgenden Betrachtungen legen wir die homogene lineare Differentialgleichung zugrunde, die aus (4.31/6) folgt,

$$x'' + p(\tau)x' + q(\tau)x = 0 \quad . \qquad (4.32/1)$$

Die zugehörige Theorie gilt als abgeschlossen und ist in vielen Büchern über Differentialgleichungen abgehandelt. In einem Buch über Schwingungslehre würde es zu weit führen, die Theorie vollständig wiederzugeben. Im folgenden wird deswegen nur der Gedankengang skizziert. Der Leser, der genauere Auskunft wünscht, wird auf die unter Lit.4.32/1 aufgeführten Bücher hingewiesen.

Da die Dgl.(4.32/1) linear ist, läßt sich ihre allgemeine Lösung darstellen durch ein Lösungspaar, das ein Fundamentalsystem bildet:

$$x(\tau) = a_1\varphi_1(\tau) + a_2\varphi_2(\tau) \quad , \tag{4.32/2}$$

a_1 und a_2 sind Integrationskonstanten. Aus Gründen der Zweckmäßigkeit wählt man ein Lösungspaar, für das gilt:

$$\begin{aligned} \varphi_1(0) &= 1 \quad , \quad & \varphi_2(0) &= 0 \quad , \\ \varphi_1'(0) &= 0 \quad , \quad & \varphi_2'(0) &= 1 \quad . \end{aligned} \tag{4.32/3}$$

Somit folgt für die Integrationskonstanten

$$a_1 = x(0) \quad , \qquad a_2 = x'(0) \quad . \tag{4.32/4}$$

Da sich $x(\tau)$ beliebigen Anfangsbedingungen anpassen läßt, bilden $\varphi_1(\tau)$ und $\varphi_2(\tau)$ in der Tat ein Fundamentalsystem.

Gemäß Gl.(4.31/8) ist die Periode von $p(\tau)$ und $q(\tau)$ auf 2π normiert. In diesem Fall läßt sich zeigen, daß $x(\tau + 2n\pi)$ eine Lösung der Dgl.(4.32/1) sein muß, wenn n eine ganze Zahl und $x(\tau)$ eine Lösung ist. Das gleiche gilt für $\varphi_1(\tau)$ und $\varphi_2(\tau)$, die ja spezielle Lösungen mit den in (4.32/3) angegebenen Anfangsbedingungen sind. Um Irrtümern vorzubeugen, sei ausdrücklich vermerkt, daß damit nicht behauptet wird, $x(\tau)$ sei 2π-periodisch.

Somit lassen sich auch $\varphi_1(\tau + 2\pi)$ und $\varphi_2(\tau + 2\pi)$ durch die Fundamentallösungen $\varphi_1(\tau)$ und $\varphi_2(\tau)$ ausdrücken. Wir setzen an

$$\begin{aligned} \varphi_1(\tau + 2\pi) &= \alpha_{11}\varphi_1(\tau) + \alpha_{12}\varphi_2(\tau) \quad , \\ \varphi_2(\tau + 2\pi) &= \alpha_{21}\varphi_1(\tau) + \alpha_{22}\varphi_2(\tau) \end{aligned} \tag{4.32/5}$$

und bestimmen die Konstanten α_{ij} mit Hilfe der Gln.(4.32/3) zu

$$\alpha_{11} = \varphi_1(2\pi) \ , \quad \alpha_{12} = \varphi_1'(2\pi) \ , \quad \alpha_{21} = \varphi_2(2\pi) \ , \quad \alpha_{22} = \varphi_2'(2\pi) \ . \qquad (4.32/6)$$

Wenn $\varphi_1(\tau)$ und $\varphi_2(\tau)$ im Zeitintervall $0 \leqq \tau \leqq 2\pi$ bekannt sind, erlauben die Gln.(4.32/5), den Verlauf von $\varphi_1(\tau)$ und $\varphi_2(\tau)$ und damit auch die Funktion $x(\tau)$ im Zeitintervall $2\pi \leqq \tau \leqq 4\pi$ ohne Integrieren zu berechnen. In gleicher Weise kann man aus den Verläufen von φ_1 und φ_2 im Intervall $2\pi \leqq \tau \leqq 4\pi$ die Verläufe im Intervall $4\pi \leqq \tau \leqq 6\pi$ berechnen usw.

β) Charakteristische Multiplikatoren; Theorem von Floquet

Differentialgleichungen mit konstanten Koeffizienten besitzen Lösungen der Form

$$x(\tau) = c_1 e^{h\tau} \qquad (c_1 = \text{const}) \ .$$

Dort gilt

$$x(\tau + 2\pi) = c_1 e^{h(\tau + 2\pi)} = c_2 x(\tau) \ ,$$

wobei

$$c_2 = e^{h2\pi} = \text{const} \ .$$

Man kann nun fragen, ob auch die Differentialgleichung mit p e - r i o d i s c h e n Koeffizienten (4.32/1) Lösungen besitzt, für die

$$x(\tau + 2\pi) = s\,x(\tau) \qquad (4.32/7)$$

ist ($s = \text{const}$). Zur Beantwortung der Frage setzen wir die Gln.(4.32/2), (4.32/4), (4.32/5) und (4.32/6) in (4.32/7) ein und erhalten:

$$[(\alpha_{11} - s)\,x(0) + \alpha_{21} x'(0)]\,\varphi_1(\tau) + [\alpha_{12} x(0) + (\alpha_{22} - s)x'(0)]\,\varphi_2(\tau) = 0 \ .$$

φ_1 und φ_2 sind linear unabhängig. Deswegen kann diese Gleichung nur erfüllt sein, wenn jede der eckigen Klammern für sich verschwindet:

$$\begin{aligned} (\alpha_{11} - s)\,x(0) + \qquad \alpha_{21} x'(0) &= 0 \ , \\ \alpha_{12}\, x(0) + (\alpha_{22} - s)\,x'(0) &= 0 \ . \end{aligned} \qquad (4.32/8)$$

Der Gleichungssatz (4.32/8) hat nichttriviale Lösungen, wenn

$$\begin{vmatrix} \alpha_{11} - s & \alpha_{21} \\ \alpha_{12} & \alpha_{22} - s \end{vmatrix} = 0$$

ist. Daraus folgt die charakteristische Gleichung

$$s^2 - (\alpha_{11} + \alpha_{22})s + \alpha_{11}\alpha_{22} - \alpha_{12}\alpha_{21} = 0 \qquad (4.32/9)$$

und aus ihr die beiden charakteristischen Muliplikatoren

$$s_{1,2} = \frac{\alpha_{11} + \alpha_{22}}{2} \pm \sqrt{\left(\frac{\alpha_{11} - \alpha_{22}}{2}\right)^2 + \alpha_{12}\alpha_{21}} \quad . \qquad (4.32/10)$$

Die Rechnung zeigt, daß es Werte s gibt, für die Gl.(4.32/7) erfüllt ist. Aus (4.32/8) ermitteln wir die zugehörigen Anfangsbedingungen

$$x_1(0) = \alpha_{21} \quad , \qquad x_1^{\prime}(0) = s_1 - \alpha_{11} \quad ,$$

$$x_2(0) = s_2 - \alpha_{22} \quad , \quad x_2^{\prime}(0) = \alpha_{12} \quad .$$

Wir unterscheiden zwei Fälle:

I) Die charakteristischen Multiplikatoren s_i sind verschieden. Zum charakteristischen Multiplikator s_1 gehört die Lösung

$$\psi_1(\tau) = x_1(0)\varphi_1(\tau) + x_1^{\prime}(0)\varphi_2(\tau) \quad .$$

Wegen (4.32/7) folgt

$$\psi_1(\tau + 2\pi) = s_1\psi_1(\tau) \quad . \qquad (4.32/11a)$$

Analog gilt

$$\psi_2(\tau + 2\pi) = x_2(0)\varphi_1(\tau) + x_2^{\prime}(0)\varphi_2(\tau) = s_2\psi_2(\tau) \quad . \qquad (4.32/11b)$$

$\psi_1(\tau)$ und $\psi_2(\tau)$ bilden wieder ein Fundamentalsystem.

Um den allgemeinen Charakter der Lösungen (z.B. für die Stabilitätsuntersuchung) kennenzulernen, erweist es sich als zweckmäßig, die sogenannten charakteristischen Exponenten

$$\mu_1 = \frac{1}{2\pi} \ln s_1 \quad ; \quad \mu_2 = \frac{1}{2\pi} \ln s_2$$

sowie die Funktionen

$$P_1(\tau) = e^{-\mu_1\tau}\psi_1(\tau) \quad , \quad P_2(\tau) = e^{-\mu_2\tau}\psi_2(\tau)$$

einzuführen. Mit diesen Größen lautet das

Theorem von Floquet (1. Teil):
Besitzt die Differentialgleichung $x'' + p(\tau)\cdot x' + q(\tau)\cdot x = 0$ zwei verschiedene charakteristische Multiplikatoren, so gibt es ein Fundamentalsystem von der Form

$$\psi_1(\tau) = e^{\mu_1\tau}P_1(\tau) \quad ,$$

$$\psi_2(\tau) = e^{\mu_2\tau}P_2(\tau) \quad ;$$

$P_1(\tau)$ und $P_2(\tau)$ sind 2π-periodische Funktionen. Aus

$$P_1(\tau + 2\pi) = e^{-\mu_1(\tau + 2\pi)}\psi_1(\tau + 2\pi)$$

folgt unter Berücksichtigung von $s_1 = e^{\mu_1 2\pi}$ und der Gln.(4.32/11):

$$P_1(\tau + 2\pi) = P_1(\tau) \quad .$$

In gleicher Weise findet man

$$P_2(\tau + 2\pi) = P_2(\tau) \quad .$$

II) Die charakteristischen Multiplikatoren sind gleich.

Die charakteristische Gleichung besitze also eine Doppelwurzel. Dieser Fall tritt ein für

$$(\alpha_{11} - \alpha_{22})^2 + 4\alpha_{12}\alpha_{21} = 0 \quad ; \qquad (4.32/12)$$

somit ergibt sich für den charakteristischen Multiplikator

$$s_0 = \frac{1}{2}(\alpha_{11} + \alpha_{22}) \quad . \qquad (4.32/13)$$

Analog zum Fall I befriedigen hier die Anfangsbedingungen

$$x_1(0) = \alpha_{21} \quad , \qquad x_1'(0) = s_0 - \alpha_{11} \quad ,$$

$$x_2(0) = s_0 - \alpha_{22} \quad , \qquad x_2'(0) = \alpha_{12}$$

den Gleichungssatz (4.32/8).

F a l l IIa: Wenigstens einer der Koeffizienten α_{12} und α_{21} ist von Null verschieden

Die Funktion

$$\psi_1(\tau) = x_1(0)\varphi_1(\tau) + x_1'(0)\varphi_2(\tau)$$

ist wieder eine Lösung von Gl.(4.32/1). Wegen Gl.(4.32/7) gilt dann

$$\psi_1(\tau + 2\pi) = s_0\psi_1(\tau) \quad .$$

Ebenso könnten wir eine 2π-periodische Funktion $P_1(\tau)$ so einführen, daß gilt

$$\psi_1(\tau) = e^{\mu_0\tau}P_1(\tau) \quad , \qquad (\mu_0 = \frac{1}{2\pi}\ln s_0) \quad . \tag{4.32/14}$$

Die Lösung $\psi_2(\tau) = x_2(0)\varphi_1(\tau) + x_2'(0)\varphi_2(\tau)$ der Gl.(4.32/1) ist aber von $\psi_1(\tau)$ linear abhängig, bildet also mit $\psi_1(\tau)$ k e i n Fundamentalsystem.

Wir wählen deshalb

$$\psi_2(\tau) = \varphi_2(\tau)$$

und müssen voraussetzen, daß $\alpha_{21} = x_1(0) \neq 0$ der von Null verschiedene Koeffizient ist, damit $\psi_1(\tau)$ und $\psi_2(\tau)$ linear unabhängig sind.

$\psi_2(\tau)$ genügt aber nicht der Gl.(4.32/7). Es gilt vielmehr

$$\psi_2(\tau + 2\pi) = \psi_1(\tau) + s_0\psi_2(\tau) \quad .$$

Definieren wir nun eine Funktion $P_2(\tau)$ so, daß gilt

$$\psi_2(\tau) = e^{\mu_0\tau}\left[P_2(\tau) + \frac{1}{2\pi s_0}P_1(\tau)\right] \quad , \tag{4.32/15}$$

so kann man wiederum zeigen, daß $P_2(\tau)$ eine 2π-periodische Funktion ist.

Bei der bisherigen Betrachtung wurde vorausgesetzt, daß $\alpha_{21} \neq 0$ sein soll. Ist nun $\alpha_{21} = 0$, aber $\alpha_{12} \neq 0$, so gelangt man wieder zu Fundamentallösungen der Art, wie sie in den Gln.(4.32/14) und (4.32/15) angeschrieben sind. Man braucht nur

$$\psi_1(\tau) = x_2(0)\varphi_1(\tau) + x_2'(0)\varphi_2(\tau) \quad , \quad \psi_2(\tau) = \varphi_1(\tau)$$

zu setzen. Der weitere Gang der Rechnung verläuft analog zum Fall $\alpha_{21} \neq 0$.

F a l l IIb : Beide Koeffizienten sind Null; $\alpha_{12} = \alpha_{21} = 0$. Hierfür ergibt sich aus den Gln.(4.32/10) und (4.32/12)

$$s_0 = \alpha_{11} = \alpha_{22}$$

und damit aus (4.32/5):

$$\varphi_1(\tau + 2\pi) = s_0\varphi_1(\tau) \quad ,$$
$$\varphi_2(\tau + 2\pi) = s_0\varphi_2(\tau) \quad .$$

φ_1 und φ_2 erfüllen also die Gl.(4.32/7). Mit

$$P_1(\tau) = e^{-\mu_0\tau}\varphi_1(\tau) \quad ,$$
$$P_2(\tau) = e^{-\mu_0\tau}\varphi_2(\tau)$$

erhält man ein Fundamentalsystem

$$\psi_1(\tau) = e^{\mu_0\tau}P_1(\tau) \quad ,$$
$$\psi_2(\tau) = e^{\mu_0\tau}P_2(\tau) \quad ,$$

wobei $P_1(\tau)$ und $P_2(\tau)$ linear unabhängige 2π-periodische Funktionen sind. Somit folgt das

Theorem von Floquet (2. Teil):
Besitzt die Differentialgleichung $x'' + p(\tau)x' + q(\tau)x = 0$ nur e i n e n charakteristischen Multiplikator s_0, so gibt es entweder ein Fundamentalsystem

$$\psi_1(\tau) = e^{\mu_0\tau}P_1(\tau) \quad ,$$
$$\psi_2(\tau) = e^{\mu_0\tau}\left[P_2(\tau) + \frac{\tau}{2\pi s_0}P_1(\tau)\right] \qquad \text{Fall IIa}$$

oder ein Fundamentalsystem

$$\psi_1(\tau) = e^{\mu_0\tau}P_1(\tau) \quad ,$$
$$\psi_2(\tau) = e^{\mu_0\tau}P_2(\tau) \quad , \qquad \text{Fall IIb}$$

wobei $P_1(\tau)$ und $P_2(\tau)$ 2π-periodische Funktionen sind.

Abschließend sei darauf hingewiesen, daß die charakteristischen Multiplikatoren n i c h t von der eingangs getroffenen Wahl des Fundamentalsystems $\varphi_1(\tau)$, $\varphi_2(\tau)$ abhängen, sondern nur von den Koeffizienten $p(\tau)$ und $q(\tau)$ in der Dgl.(4.32/1).

γ) Stabilitätsbetrachtung

Aus dem Theorem von Floquet folgt, daß die Differentialgleichung

$$x'' + p(\tau)x' + q(\tau)x = 0$$

Lösungen der Gestalt

$$x(\tau) = c_1 e^{\mu_1\tau} P_1(\tau) + c_2 e^{\mu_2\tau} P_2(\tau) \qquad \text{im Fall I,}$$

$$x(\tau) = e^{\mu_0\tau}\left[c_1 P_1(\tau) + c_2 P_2(\tau) + \frac{\tau}{2\pi s_0} P_1(\tau)\right] \qquad \text{im Fall IIa,}$$

$$x(\tau) = e^{\mu_0\tau}[c_1 P_1(\tau) + c_2 P_2(\tau)] \qquad \text{im Fall IIb}$$

besitzt. c_1 und c_2 sind jeweils Integrationskonstanten. Da $P_1(\tau)$ und $P_2(\tau)$ 2π-periodische Funktionen sind, hängt es von den charakteristischen Exponenten μ (somit von den charakteristischen Multiplikatoren s) ab, ob $x(\tau)$ mit der Zeit auf- oder abklingt.

Wächst die Funktion $x(\tau)$ mit der Zeit unbeschränkt an, so heißt sie i n s t a b i l ; geht sie gegen Null, so heißt sie a s y m p t o t i s c h s t a b i l . Im Grenzfall, wenn $x(\tau)$ nicht gegen Null strebt, aber beschränkt bleibt, nennt man sie s c h w a c h s t a b i l . Mit Hilfe der charakteristischen Exponenten μ kann man die Stabilitätsaussagen wie folgt formulieren: Die Funktion $x(\tau)$ ist

im Fall I:
① asymptotisch stabil, wenn die Realteile der beiden charakteristischen Exponenten kleiner als Null sind,
② schwach stabil, wenn keiner der beiden Realteile größer als Null und mindestens einer gleich Null ist,
③ instabil, wenn der Realteil von wenigstens einem charakteristischen Exponenten größer als Null ist;

im Fall IIa:
① asymptotisch stabil, wenn $\mathrm{Re}\,\mu_0 < 0$ ist,
③ instabil für $\mathrm{Re}\,\mu_0 \geqq 0$;

im Fall IIb: ① asymptotisch stabil, wenn $\mathrm{Re}\,\mu_0 < 0$,

② schwach stabil, wenn $\mathrm{Re}\,\mu_0 = 0$ ist,

③ instabil für $\mathrm{Re}\,\mu_0 > 0$.

Wir überlegen noch kurz, wie $\mathrm{Re}\,\mu$ mit s zusammenhängt. Wir hatten definiert

$$\mu = \frac{1}{2\pi} \ln s \quad .$$

Mit $s = |s| \cdot e^{i \cdot \arg s}$ (wobei $i = \sqrt{-1}$) folgt daraus

$$\mu = \frac{1}{2\pi} \ln |s| + \frac{i}{2\pi} \arg s$$

und schließlich

$$\mathrm{Re}\,\mu = \frac{1}{2\pi} \ln |s| \quad . \qquad (4.32/14)$$

Das bedeutet

$$\mathrm{Re}\,\mu \lesseqqgtr 0 \quad \text{für} \quad |s| \lesseqqgtr 1 \quad .$$

4.33 Hillsche Differentialgleichungen

Die in Abschn.4.32 dargelegten Ergebnisse sollen nun auf eine spezielle, besonders wichtige Differentialgleichung mit periodischen Koeffizienten, nämlich die oben schon erwähnte Hillsche Differentialgleichung angewendet werden; Lit.4.32/1a. Diese Differentialgleichung schreiben wir in der Form

$$x'' + q(\tau) x = 0 \quad , \qquad (4.33/1)$$

wie sie sich aus der allgemeinen Fassung (4.32/1) für $p(\tau) \equiv 0$ ergibt.

α) Charakteristische Multiplikatoren; periodische Lösungen

Für die Wronski-Determinante aus der Theorie der linearen Differentialgleichung erhält man hier

$$W(\tau) := \begin{vmatrix} \varphi_1(\tau) & \varphi_2(\tau) \\ \varphi_1'(\tau) & \varphi_2'(\tau) \end{vmatrix} = W(0) \exp\left(-\int_0^\tau p(\xi)\, d\xi\right) \quad .$$

Da in unserem Fall $p(\tau) \equiv 0$ und

$$W(0) = \begin{vmatrix} \varphi_1(0) & \varphi_2(0) \\ \varphi_1'(0) & \varphi_2'(0) \end{vmatrix} = \begin{vmatrix} 1 & 0 \\ 0 & 1 \end{vmatrix} = 1$$

ist, wird

$$W(\tau) \equiv 1 \ .$$

Somit muß auch gelten

$$W(2\pi) = \begin{vmatrix} \varphi_1(2\pi) & \varphi_2(2\pi) \\ \varphi_1'(2\pi) & \varphi_2'(2\pi) \end{vmatrix} = \begin{vmatrix} \alpha_{11} & \alpha_{21} \\ \alpha_{12} & \alpha_{22} \end{vmatrix} = \alpha_{11}\alpha_{22} - \alpha_{21}\alpha_{12} = 1 \ .$$

Setzen wir dieses Ergebnis in Gl.(4.32/10) ein, so finden wir für die charakteristischen Multiplikatoren s_1 und s_2

$$s_{1,2} = \alpha \pm \sqrt{\alpha^2 - 1} \quad \text{mit} \quad \alpha = \tfrac{1}{2}(\alpha_{11} + \alpha_{22}) \ . \qquad (4.33/2)$$

s_1 und s_2 sind entweder beide reell oder konjugiert komplex. Ihre Abhängigkeit von α zeigt Abb.4.33/1. Aus Gl.(4.33/2) berechnen wir $s_1 \cdot s_2 = 1$; deshalb liegt s entweder auf der reellen Achse ($|\alpha| \geqq 1$) oder auf dem Einheitskreis ($|\alpha| \leqq 1$).

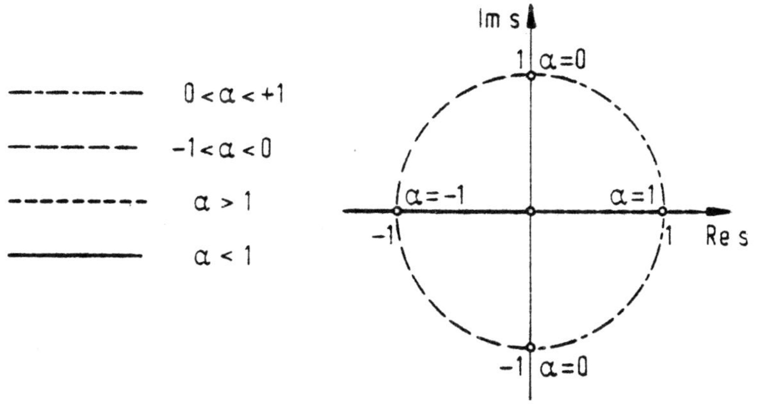

Abb.4.33/1. Lage der charakteristischen Multiplikatoren s in der komplexen Ebene; ihre Abhängigkeit von α nach (4.33/2)

Für $|\alpha| < 1$ liefert Gl.(4.33/2) zwei konjugiert komplexe Lösungen s_1 und s_2 mit $|s_{1,2}| = 1$. Damit folgt aus Gl.(4.32/14): $\mathrm{Re}\,\mu_{1,2} = 0$.

Die zugehörigen Lösungen sind somit schwach stabil. Gilt darüber hinaus

$$s_{1,2} = e^{\pm 2\pi i m/n} \qquad \text{(m, n ganze Zahlen),}$$

dann besitzen diese Lösungen die Periode $n \cdot 2\pi$. Aus

$$\psi_{1,2}(\tau + n2\pi) = s_{1,2}^n \psi_{1,2}(\tau) = \psi_{1,2}(\tau)$$

folgt nämlich $x(\tau + 2n\pi) = x(\tau)$.

Auch für $|\alpha| > 1$ erhalten wir zwei (reelle) charakteristische Multiplikatoren. Aus Gl.(4.33/2) sehen wir, daß der Betrag des einen immer größer als Eins sein muß. Nach Abschn.4.32γ ergeben sich also instabile Lösungen.

An den Schnittpunkten des Einheitskreises mit der reellen Achse ist $\alpha = \pm 1$; Gl.(4.33/2) liefert nur einen charakteristischen Multiplikator $s_0 = +1$ bzw. $s_0 = -1$. Für $s_0 = +1$ ist der Lösungsanteil mit $\psi_1(\tau)$ 2π-periodisch. Wir wissen nämlich aus Abschn.4.32β, daß

$$\psi_1(\tau + 2\pi) = s_0 \psi_1(\tau)$$

ist, und daraus folgt

$$\psi_1(\tau + 2\pi) = \psi_1(\tau) \quad .$$

In gleicher Weise können wir zeigen, daß für $s_0 = -1$ der Lösungsanteil mit $\psi_1(\tau)$ 4π-periodisch ist. Aus

$$\psi_1(\tau + 4\pi) = s_0^2 \psi_1(\tau)$$

erhalten wir für $s_0 = -1$

$$\psi_1(\tau + 4\pi) = \psi_1(\tau) \quad .$$

In der Literatur hat sich (leider) eingebürgert, die 2π-periodischen Lösungen als *periodisch*, die 4π-periodischen als *halbperiodisch* zu bezeichnen.

β) Stabilitätskarten

Aus den Überlegungen in Unterabschnitt α folgt, daß durch $|\alpha| = 1$

die Grenze zwischen Bereichen mit (schwach) stabilen und instabilen Lösungen festgelegt wird. In diesem Fall ist $|s_0| = 1$ und damit $\operatorname{Re}\mu_0 = 0$. Um Aussagen über die Stabilität machen zu können, reicht hier die linearisierte Differentialgleichung nicht aus; man muß auch die nichtlinearen Glieder berücksichtigen.

Da auf den Grenzkurven bei geeignet gewählten Anfangsbedingungen 2π- bzw. 4π-periodische Lösungen möglich sind, können wir die Stabilitätsgrenzen auch dadurch berechnen, daß wir die Bedingungen ermitteln, unter denen 2π- bzw. 4π-periodische Lösungen auftreten. Für spezielle Funktionen $q(\tau)$ sind die Grenzkurven sowie die Bereiche mit stabilen und instabilen Lösungen angegeben worden. Wir betrachten einige dieser Sonderfälle.

β1) Die Mathieusche Differentialgleichung

$$x'' + (\lambda + \gamma \cos \tau) x = 0 \tag{4.33/3a}$$

Diese Differentialgleichung ist eingehend untersucht worden; siehe etwa Lit.4.32/1b, Lit.4.33/1. Die charakteristischen Exponenten sowie die Funktionen $P_1(\tau)$ und $P_2(\tau)$ hängen allein von den Parametern λ und γ der Differentialgleichung ab. Eine Übersicht über die Wertepaare (λ, γ), die entweder zu beschränkten (stabilen) oder zu unbeschränkten (instabilen) Lösungen führen, haben E.L. Ince und M.J.O. Strutt gegeben. Diese Darstellung, Abb.4.33/2, wollen wir kurz die Ince-Struttsche Karte nennen. Überdies hat E.L. Ince, Lit.4.33/2, ausführliche Tabellen für die Grenzkurven der Karte und die Mathieuschen Funktionen angegeben.

Die Lösung

$$x(\tau) = c_1 P_1(\tau) + c_2 \left[P_2(\tau) + \frac{\tau}{2\pi s_0} P_1(\tau)\right]$$

läßt sich auf die Form

$$x(\tau) = c_1^* P_3(\tau) + c_2^* \left[P_4(\tau) + \tau P_3(\tau)\right]$$

bringen. $P_3(\tau)$ und $P_4(\tau)$ sind 2π- oder 4π-periodisch, je nachdem, ob $s_0 = +1$ oder -1 ist. Die Funktion P_3 heißt in diesem Fall Mathieusche

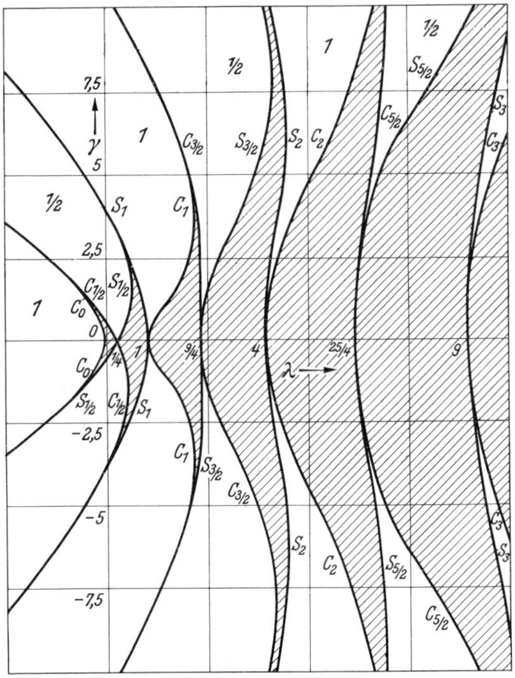

Abb.4.33/2.
Ince-Struttsche Karte:
Gebiete der λ-γ-Ebene, die zu stabilen (schraffiert) oder instabilen (hell) Lösungen der Mathieuschen Differentialgleichung gehören

Funktion erster Art, $P_4 + \tau P_3$ Mathieusche Funktion zweiter Art.

Durch die Zeichen C_0, $S_{1/2}$ usw. in Abb.4.33/2 ist angedeutet, welche Mathieuschen Funktionen zu den jeweiligen Grenzkurven gehören. Durch die Zeichen "1/2" oder "1" in den instabilen Lösungsgebieten wird darauf hingewiesen, ob der periodische Faktor in der Lösung "halbperiodisch" oder "(ganz)periodisch" ist.

Manchmal wird als Standardform der Mathieuschen Differentialgleichung nicht (4.33/3a), sondern

$$\frac{d^2x}{d\xi^2} + (\lambda_B + \gamma_B \cos 2\xi)x = 0 \qquad (4.33/3b)$$

verwendet. Wegen

$$2\xi = \tau \; ; \quad \frac{dx}{d\xi} = 2\frac{dx}{d\tau} \; ; \quad \frac{d^2x}{d\xi^2} = 4\frac{d^2x}{d\tau^2}$$

wird aus (4.33/3b)

$$\frac{d^2x}{d\tau^2} + \left(\frac{\lambda_B}{4} + \frac{\gamma_B}{4}\cos\tau\right) = 0 \quad .$$

Vergleich mit (4.33/3a) zeigt:

$$\lambda = \lambda_B/4 \quad , \qquad \gamma = \gamma_B/4 \quad .$$

Die Gleichungen $\lambda = \lambda(\gamma)$ bzw. $\lambda_B = \lambda_B(\gamma_B)$ der Grenzkurven können wir hier nicht angeben. Näherungen für diese Grenzkurven, die bei Werten $\gamma \ll 1$ bzw. $\gamma_B \ll 1$ gelten, lassen sich mit Hilfe der Störungsrechnung gewinnen. Im Abschn.5.81γ sind als Beispiel 3 solche Näherungen berechnet. So lautet die Näherung

für die Grenzkurve	entweder	oder
C_0	$\lambda = -\gamma^2/2$	$\lambda_B = -\gamma_B^2/8$
$C_{1/2}$	$\lambda = 1/4 - \gamma/2$	$\lambda_B = 1 - \gamma_B/2$
$S_{1/2}$	$\lambda = 1/4 + \gamma/2$	$\lambda_B = 1 + \gamma_B/2$
S_1	$\lambda = 1 - \gamma^2/12$	$\lambda_B = 4 - \gamma_B^2/48$
C_1	$\lambda = 1 + 5\gamma^2/12$	$\lambda_B = 4 + 5\gamma_B^2/48$.

Die Differentialgleichung mit konstanten Koeffizienten

$$x'' + \lambda x = 0 \qquad (4.33/4)$$

kann man als Sonderfall der Mathieuschen Differentialgleichung mit $\gamma = 0$ auffassen. Wir wissen, daß Gl.(4.33/4) für $\lambda > 0$ periodische Lösungen besitzt, die nach unserer Definition schwach stabil sind. Für $\lambda \leqq 0$ sind die Lösungen von Gl.(4.33/4) instabil. Betrachten wir in der Ince-Struttschen Karte die Linie $\gamma = 0$, also die λ-Achse, so finden wir diese Aussagen bestätigt. Wächst nun γ von 0 auf endliche Werte bei festgehaltenem λ, so gelangt man für $\lambda > 0$ von stabilen Gebilden möglicherweise in instabile, für $\lambda < 0$ von einem instabilen in ein stabiles Gebiet. Das Auftreten des Gliedes mit γ in der Bewegungsgleichung kann also für $\lambda > 0$ eine Destabilisierung vorher stabiler Lösungsformen, für $\lambda < 0$ eine Stabilisierung vorher instabiler Lösungsformen bewirken.

β2) Die Meissnersche Differentialgleichung

$$x'' + [\lambda + \gamma \operatorname{sign}(\cos\tau)]\,x = 0 \qquad (4.33/5)$$

Diese Differentialgleichung hat den Vorzug, daß ihre charakteristischen Multiplikatoren verhältnismäßig leicht berechnet werden können, da ihre Koeffizienten abschnittweise konstant sind. Abb.4.33/3 zeigt die Stabilitätskarte der Meissnerschen Differentialgleichung im Anschluß an M.J.O. Strutt; Lit.4.32/1b. Während sich bei der Mathieuschen Differentialgleichung die Grenzkurven in der Ince-Struttschen Karte nur auf der λ-Achse schneiden, weisen sie bei der Meissnerschen Karte auch noch an anderen Stellen Doppelpunkte auf. Nach Sätzen von O. Haupt, Lit.4.33/3, sind in diesen Schnittpunkten beide linear unabhängigen Lösungen periodisch (vgl. Fall IIb auf Seite 288), die Lösungen also schwach stabil, während im übrigen entlang der Grenzkurven stets eine instabile Lösung auftritt.

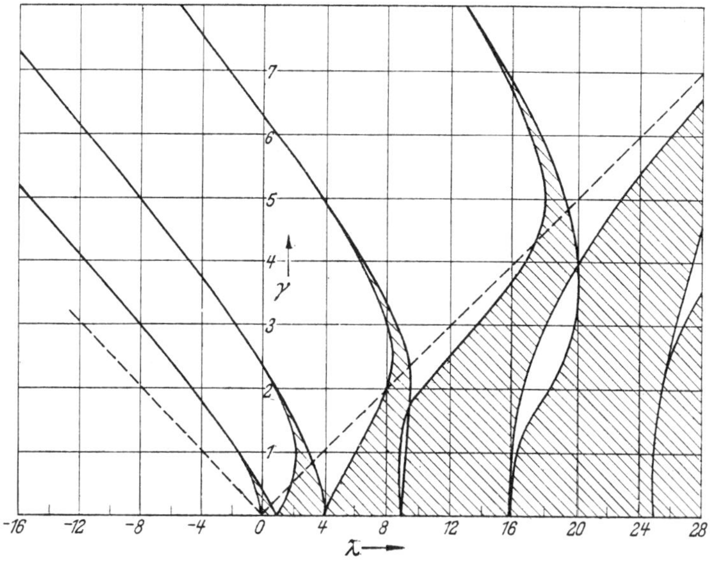

Abb.4.33/3. Stabilitätskarte der Meissnerschen Differentialgleichung

β3) Die von A. Weigand untersuchte Differentialgleichung [1]

$$(1 + \varkappa \cos 2\tau) x'' + \lambda x = 0 \qquad (4.33/6)$$

(Lit.4.31/1). Auch hier kümmern wir uns nur um die Stabilitätskarte; sie ist in Abb.4.33/4 dargestellt. Weil der Koeffizient von x" nicht verschwinden darf, wenn der in der Hillschen Differentialgleichung erscheinende Kehrwert dieses Koeffizienten beschränkt bleiben soll, muß $|\varkappa| < 1$ vorausgesetzt werden. Die Geraden $\varkappa = \pm 1$ in Abb.4.33/4 grenzen also den in Betracht kommenden Bereich in der λ-$\varkappa\lambda$-Ebene ab.

In Abb.4.33/4 ist nur das Gebiet um den Instabilitätsbereich

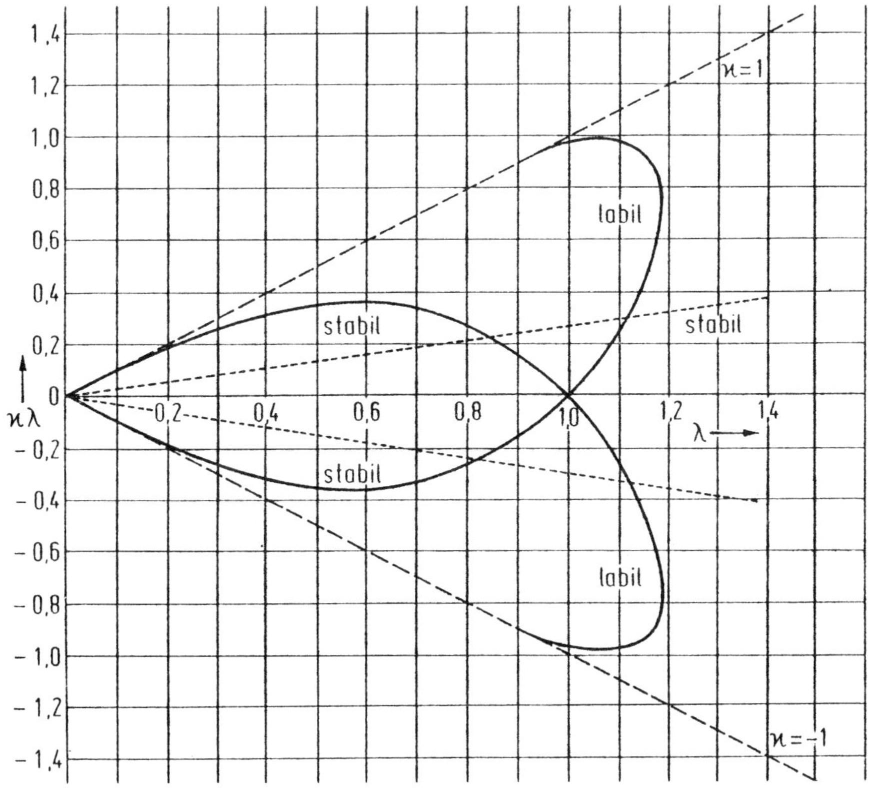

Abb.4.33/4. Stabilitätskarte der von A. Weigand untersuchten Differentialgleichung (4.33/6)

---

[1] Man beachte, daß die Koeffizientenperiode im Gegensatz zu den bisherigen Betrachtungen π beträgt.

erster Ordnung [1] dargestellt, da die (bei Anwendungen stets vorhandene) Dämpfung die Bedeutung der Instabilitätsgebiete höherer Ordnung mindert. Wir werden über den Einfluß der Dämpfung im Unterabschnitt γ noch ausführlicher sprechen.

β4) Die dreiparametrige Differentialgleichung

$$x'' + (\lambda + \gamma_1 \cos\tau + \gamma_2 \cos 2\tau)x = 0 \qquad (4.33/7)$$

Die bisher angegebenen Differentialgleichungen wiesen alle nur zwei kennzeichnende Parameter auf. Die in der Überschrift genannte Hillsche Differentialgleichung mit d r e i unabhängigen Parametern wurde hinsichtlich der Stabilität ihrer Lösungen von K. Klotter und G. Kotowski untersucht; Lit.4.33/4. Durch den Raum der $(\lambda,\gamma_1,\gamma_2)$-Werte wurden ebene Schnitte $\gamma_2 = \text{const}$ gelegt. In Zahlentafeln sind (λ,γ_1)-Werte der Grenzkurven angegeben.

γ) Einfluß der Dämpfung

Bei realen Schwingungssystemen ist immer Dämpfung vorhanden. Um einen kleinen Einblick zu bekommen, welche Auswirkungen damit verbunden sind, setzen wir der Einfachheit halber lineare Dämpfung voraus und betrachten die Differentialgleichung

$$x'' + p_0 x' + q(\tau)x = 0 \quad , \qquad (4.33/8)$$

die aus Gl.(4.32/1) folgt, wenn wir $p(\tau) = p_0 = \text{const}$ setzen $(p_0 > 0)$. Wie wir bereits in Abschn.4.31 gesehen haben, können wir Gl.(4.33/8) durch die Koordinatentransformation

$$x = y \exp\left(-\frac{1}{2}\int_0^\tau p_0 \, d\xi\right) = y \exp(-p_0\tau/2) \qquad (4.33/9)$$

in die Hillsche Differentialgleichung

$$y'' + [q(\tau) - p_0^2/4]y = 0 \qquad (4.33/10)$$

---

[1] Hier und im folgenden bezeichnen wir als Instabilitätsbereich n-ter Ordnung den Bereich, dessen Grenzen sich auf der λ-Achse im Punkt $n^2/4$ schneiden.

überführen. Aus den Gln.(4.33/9) und (4.33/10) folgt, daß $x(\tau)$ stabil bleibt, solange die Realteile der charakteristischen Exponenten von Gl.(4.33/10) kleiner sind als $P_0/2$; im ungedämpften Fall durften diese höchstens Null sein.

Mit Hilfe der Ergebnisse aus Abschn.4.32β können wir den Einfluß der Dämpfung ohne den Umweg über die Koordinatentransformation direkt aus Gl.(4.33/8) ersehen. Es gilt

$$W(2\pi) = W(0)\exp\left(-\frac{1}{2}\int_0^{2\pi} p(\xi)\,d\xi\right) = \exp(-p_0\pi) = \alpha_{11}\alpha_{22} - \alpha_{12}\alpha_{21} \quad .$$

Mit diesem Ergebnis und dem Satz von Vieta erhalten wir aus Gl.(4.32/9)

$$s_1 s_2 = e^{-p_0\pi} < 1 \qquad (4.33/11)$$

und

$$s_{1,2} = \alpha \pm \sqrt{\alpha^2 - e^{-p_0\pi}} \quad , \qquad (4.33/12)$$

wobei wieder

$$\alpha = \frac{1}{2}(\alpha_{11} + \alpha_{22})$$

gesetzt wurde. Aus Gl.(4.33/12) sehen wir, daß s_1 und s_2 für $|\alpha| < \exp(-p_0\pi/2)$ konjugiert komplex sind. Damit folgt aus Gl.(4.33/11):

$$|s_1| = |s_2| = e^{-p_0\pi/2} < 1 \quad .$$

Stellen wir s in der komplexen Ebene dar (siehe Abb.4.33/5), so liegt

Abb.4.33/5.
Lage der charakteristischen Multiplikatoren s mit und ohne Dämpfung

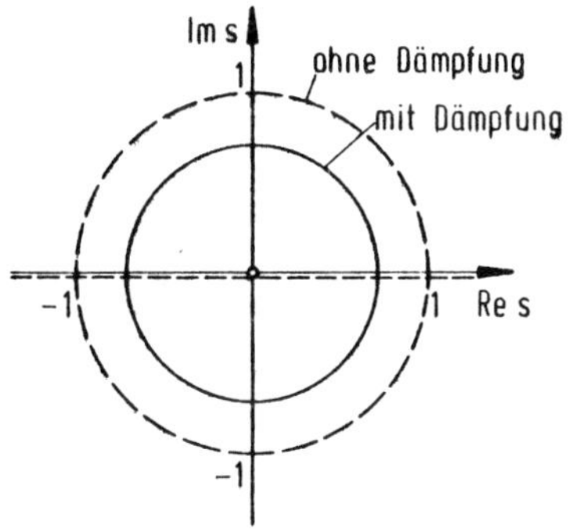

s für $|\alpha| \leqq \exp(-p_0\pi/2)$ auf einem Kreis um den Ursprung mit dem Radius $\exp(-p_0\pi/2)$. Da die Beträge der charakteristischen Multiplikatoren in diesem Fall <1 sind, gilt $\mathrm{Re}\,\mu_1 = \mathrm{Re}\,\mu_2 < 0$; die zugehörigen Bewegungen sind also asymptotisch stabil. Ferner ergeben sich asymptotisch stabile Lösungen, wenn s_1 und s_2 reell, aber im Betrag <1 sind, d.h. für $|\alpha| < \frac{1}{2}(1 + \exp(-p_0\pi))$. Wir erinnern uns, daß im Gegensatz dazu im ungedämpften Fall keine abklingenden Lösungen auftraten.

Für $|\alpha| > \frac{1}{2}(1 + \exp(-p_0\pi))$ ist ein charakteristischer Multiplikator im Betrag >1, d.h. $x(\tau)$ wächst unbegrenzt an. Ein solches Verhalten unterscheidet sich grundlegend von dem der Lösungen von Differentialgleichungen mit konstanten Koeffizienten, da diese bei Anwesenheit von Dämpfungskräften immer beschränkt bleiben.

Die bisherigen Angaben in diesem Unterabschnitt γ über den Einfluß der Dämpfung sind lediglich qualitativ. Über sie hinausgehend hat G. Kotowski, Lit.4.33/5, quantitative Angaben geliefert. Sie hat die Grenzkurven der durch ein Dämpfungsterm ergänzten Mathieuschen Differentialgleichung

$$x'' + p_0 x' + (\lambda + \gamma \cos\tau)x = 0$$

für verschiedene Dämpfungsfaktoren p_0 berechnet. Die Ergebnisse sind in Abb.4.33/6 auf S.301 dargestellt. (Weitere Angaben in Lit.4.33/6.) Man sieht: Mit wachsender Dämpfung werden die stabilen Gebiete vergrößert, die instabilen verkleinert. Dabei verändern sich die Instabilitätsgebiete niederer Ordnung weniger als die höherer Ordnung. Wegen der in Wirklichkeit stets vorhandenen Dämpfung kommt daher den Instabilitätsgebieten der höheren Ordnungen praktisch wenig Bedeutung zu.

4.34 Lösungen der inhomogenen Differentialgleichung mit periodischen Koeffizienten

α) Allgemeine Lösungen

Nachdem wir in den Abschn.4.32 und 4.33 die homogene Differentialgleichung mit periodischen Koeffizienten betrachtet haben, wen-

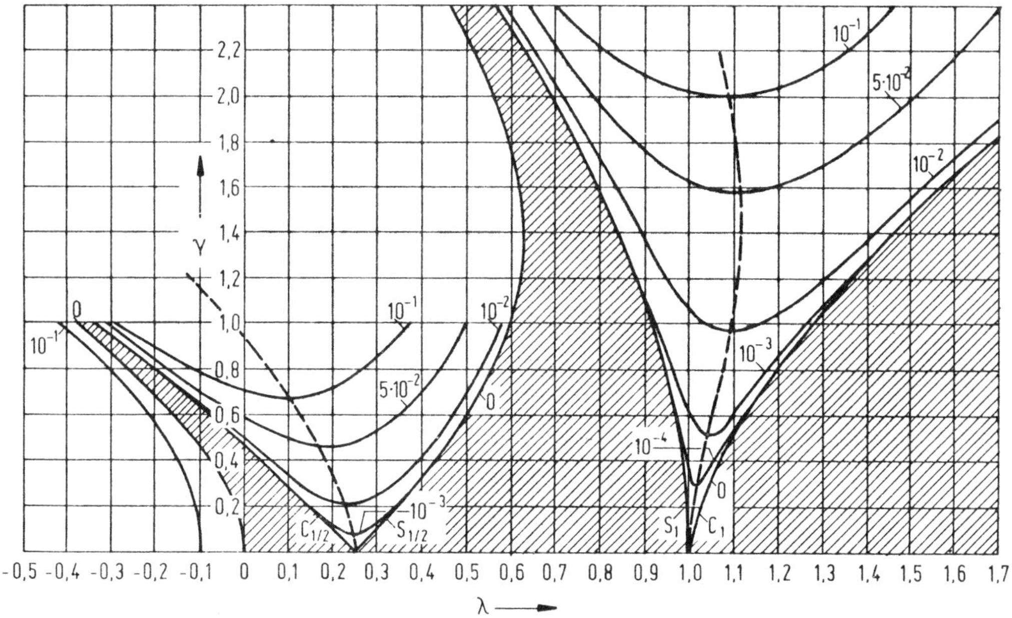

Abb.4.33/6. Dämpfungskurven in den Instabilitätsbereichen nullter, halber und erster Ordnung für $(p_0/2) = 0;\ 10^{-4};\ 10^{-3};\ 10^{-2};\ 5\cdot10^{-2};\ 10^{-1}$

den wir uns nun der inhomogenen Gleichung zu, wie sie durch (4.31/4) oder nach einer Zeittransformation durch (4.31/6) gegeben ist; von dieser Form gehen wir hier aus:

$$x'' + p(\tau)x' + q(\tau)x = r(\tau) \quad . \tag{4.34/1}$$

Wir nehmen an, daß wir zwei Lösungen $x_1(\tau)$ und $x_2(\tau)$ der homogenen Gleichung kennen, die ein Fundamentalsystem bilden. Dann gilt für die Wronski-Determinante

$$W(\tau) = \begin{vmatrix} x_1(\tau) & x_2(\tau) \\ x_1'(\tau) & x_2'(\tau) \end{vmatrix} = x_1(\tau)x_2'(\tau) - x_2(\tau)x_1'(\tau) \neq 0 \quad ;$$

die Lösung x_h der homogenen Gleichung ist von der Form

$$x_h(\tau) = a_1x_1(\tau) + a_2x_2(\tau) \quad , \tag{4.34/2}$$

siehe Gl.(4.32/2). Zur Ermittlung der Lösung der inhomogenen Gleichung benutzen wir - wie üblich - die Methode der Variation der Parameter.

Während in Gl.(4.34/2) die Koeffizienten a_1 und a_2 Konstanten waren, nehmen wir sie nun als zeitveränderlich an. Mit $a_1 := v_1(\tau)$ und $a_2 := v_2(\tau)$ setzen wir an

$$x(\tau) = v_1(\tau)x_1(\tau) + v_2(\tau)x_2(\tau) \tag{4.34/3}$$

und fordern, daß

$$v_1'x_1 + v_2'x_2 \equiv 0 \tag{4.34/4}$$

sei. Mit Hilfe dieser Bedingung berechnen wir aus (4.34/3) durch Differenzieren

$$x' = v_1'x_1 + v_1x_1' + v_2'x_2 + v_2x_2' = v_1x_1' + v_2x_2' \quad ,$$

$$x'' = v_1'x_1' + v_1x_1'' + v_2'x_2' + v_2x_2'' \quad .$$

Setzen wir x' und x" in Gl.(4.34/1) ein und berücksichtigen, daß $x_1(\tau)$ und $x_2(\tau)$ Lösungen der homogenen Gleichung sind, so folgt

$$v_1'x_1' + v_2'x_2' = r(\tau) \quad . \tag{4.34/5}$$

Aus den Gln.(4.34/4) und (4.34/5) erhalten wir die Ableitungen der unbekannten Funktionen $v_1(\tau)$ und $v_2(\tau)$ zu

$$v_1'(\tau) = -\frac{r(\tau)\,x_2(\tau)}{W(\tau)} \quad ; \quad v_2'(\tau) = \frac{r(\tau)\;x_1(\tau)}{W(\tau)} \quad .$$

Daraus folgt durch Integrieren

$$v_1(\tau) = v_1(0) - \int_0^\tau \frac{r(\xi)\;x_2(\xi)}{W(\xi)}\,d\xi \quad ,$$

$$v_2(\tau) = v_2(0) + \int_0^\tau \frac{r(\xi)\;x_1(\xi)}{W(\xi)}\,d\xi \quad .$$

Damit ergibt sich aus Gl.(4.34/3) die allgemeine Lösung der inhomogenen Differentialgleichung zu

$$x(\tau) = v_1(0)x_1(\tau) + v_2(0)x_2(\tau) + \int_0^\tau \frac{x_1(\xi)x_2(\tau) - x_1(\tau)x_2(\xi)}{W(\xi)}\,r(\xi)\,d\xi . \tag{4.34/6}$$

Auch bei periodischem Störglied $r(\tau)$ wird die Lösung $x(\tau)$ im allgemeinen nicht periodisch sein. Wenn $x(\tau)$ überhaupt periodisch sein kann, dann nur für spezielle Werte $v_1(0)$ und $v_2(0)$.

β) Periodische Lösungen

Wir setzen voraus, daß die Funktionen $p^*(t)$, $q^*(t)$ und $r^*(t)$ in (4.31/4) die gemeinsame Periode T besitzen, so daß die drei Funktionen $p(\tau)$, $q(\tau)$ und $r(\tau)$ in (4.34/1) sämtlich 2π-periodisch sind.

Nun wenden wir uns der Frage zu, wie groß $v_1(0)$ und $v_2(0)$ in Gl.(4.34/6) sein müssen, damit $x(\tau)$ ebenfalls 2π-periodisch wird. Es soll also gelten

$$x(\tau + 2\pi) = x(\tau) \quad , \tag{4.34/7a}$$

$$x'(\tau + 2\pi) = x'(\tau) \quad . \tag{4.34/7b}$$

Mit diesen beiden Bedingungen können wir $v_1(0)$ und $v_2(0)$ ermitteln. Für die weiteren Rechnungen führen wir die Abkürzung

$$g(\tau,\xi) := \frac{x_1(\xi)x_2(\tau) - x_1(\tau)x_2(\xi)}{W(\xi)} \tag{4.34/8}$$

ein. Damit lautet Gl.(4.34/6)

$$x(\tau) = v_1(0)x_1(\tau) + v_2(0)x_2(\tau) + \int_0^\tau g(\tau,\xi)\,r(\xi)\,d\xi \quad . \tag{4.34/6a}$$

Differenzieren liefert

$$x'(\tau) = v_1(0)x_1'(\tau) + v_2(0)x_2'(\tau) + \int_0^\tau \frac{dg(\tau,\xi)}{d\tau}\,r(\xi)\,d\xi \quad . \tag{4.34/9}$$

Wir benutzen die Abkürzungen

$$R_1(\tau) := \int_0^\tau g(\tau,\xi)\,r(\xi)\,d\xi \quad , \quad R_2(\tau) := \int_0^\tau \frac{dg(\tau,\xi)}{d\tau}\,r(\xi)\,d\xi \tag{4.34/10}$$

und wählen als Fundamentalsystem $x_1(\tau) = \varphi_1(\tau)$ und $x_2(\tau) = \varphi_2(\tau)$. Dann gilt

$$x_1(0) = \varphi_1(0) = 1 \;;\; x_2(0) = \varphi_2(0) = 0 \;;$$

$$x_1'(0) = \varphi_1'(0) = 0 \;;\; x_2'(0) = \varphi_2'(0) = 1 \;.$$

Aus den Gln.(4.34/6a) und (4.34/9) folgt

$$x(0) = v_1(0) \; ; \quad x'(0) = v_2(0) \quad . \tag{4.34/11}$$

Wegen der Periodizitätsbedingung (4.34/7) erhalten wir aus (4.34/6a), (4.34/9) und (4.34/11) die Gleichungen

$$\begin{aligned} v_1(0) &= v_1(0)\varphi_1(2\pi) + v_2(0)\varphi_2(2\pi) + R_1(2\pi) \quad , \\ v_2(0) &= v_1(0)\varphi_1'(2\pi) + v_2(0)\varphi_2'(2\pi) + R_2(2\pi) \quad . \end{aligned} \tag{4.34/12}$$

Wir schreiben sie als Vektorgleichung

$$-\begin{pmatrix} \alpha_{11}-1 & \alpha_{21} \\ \alpha_{12} & \alpha_{22}-1 \end{pmatrix} \cdot \begin{pmatrix} v_1(0) \\ v_2(0) \end{pmatrix} = \begin{pmatrix} R_1(2\pi) \\ R_2(2\pi) \end{pmatrix} \; , \tag{4.34/12a}$$

wobei die α_{ij} dieselbe Bedeutung haben wie in Abschn.4.32; siehe Gl. (4.32/6). Die Gl.(4.34/12a) hat eine eindeutige Lösung, wenn

$$\begin{vmatrix} \alpha_{11}-1 & \alpha_{21} \\ \alpha_{12} & \alpha_{22}-1 \end{vmatrix} \neq 0$$

ist. Das ist der Fall, wenn die beiden charakteristischen Multiplikatoren der homogenen Gleichung von Eins verschieden sind (siehe Abschn. 4.32β), d.h., wenn die homogene Differentialgleichung keine periodische Lösung besitzt. Wenn auch nur ein charakteristischer Multiplikator gleich Eins ist, dann liegt im allgemeinen Resonanz vor und die Lösungen $x(\tau)$ streben im allgemeinen gegen unendlich große Werte.

In einigen Sonderfällen jedoch sind periodische Lösungen $x(\tau)$ möglich, selbst wenn einer oder sogar beide charakteristischen Multiplikatoren den Wert Eins haben (Scheinresonanz). Ist $x(\tau)$ 2π-periodisch, so folgt aus den Gln.(4.34/6a) und (4.34/9)

$$\begin{aligned} [x_1(0) - x_1(2\pi)]v_1(0) + [x_2(0) - x_2(2\pi)]v_2(0) &= R_1(2\pi) \quad , \\ [x_1'(0) - x_1'(2\pi)]v_1(0) + [x_2'(0) - x_2'(2\pi)]v_2(0) &= R_2(2\pi) \quad . \end{aligned} \tag{4.34/13}$$

Wir unterscheiden zwei Fälle:

F a l l I : Zunächst nehmen wir an, daß nur ein charakteristischer Multiplikator gleich Eins, der andere von Eins verschieden ist, z.B. $s_1 = 1$, $s_2 \neq 1$. Wir wählen in diesem Falle

$$x_1(\tau) = \psi_1(\tau) \quad , \quad x_2(\tau) = \psi_2(\tau) \quad .$$

Aus (4.32/11) ergibt sich

$$x_1(\tau + 2\pi) = \psi_1(\tau + 2\pi) = s_1\psi_1(\tau) = x_1(\tau) \quad .$$

Diese Beziehung liefert die Aussagen

$$x_1(0) - x_1(2\pi) = 0 \quad , \quad x_1'(0) - x_1'(2\pi) = 0 \quad .$$

Mit diesen Ergebnissen reduziert sich der Gleichungssatz (4.34/13) auf die Form

$$\begin{aligned} [\psi_2(0) - \psi_2(2\pi)]v_2(0) &= R_1(2\pi) \quad , \\ [\psi_2'(0) - \psi_2'(2\pi)]v_2(0) &= R_2(2\pi) \quad . \end{aligned} \tag{4.34/14}$$

Diese beiden Gleichungen sind verträglich, wenn die Bedingung

$$[\psi_2(0) - \psi_2(2\pi)]R_2(2\pi) = [\psi_2'(0) - \psi_2'(2\pi)]R_1(2\pi) \tag{4.34/15}$$

erfüllt ist. Dann finden wir aus Gl.(4.34/14)

$$v_2(0) = \frac{R_1(2\pi)}{\psi_2(0) - \psi_2(2\pi)}$$

und erhalten

$$x(\tau) = v_1(0)\psi_1(\tau) + \frac{R_1(2\pi)}{\psi_2(0) - \psi_2(2\pi)}\psi_2(\tau) + R_1(\tau) \quad . \tag{4.34/16a}$$

$v_1(0)$ kann beliebig sein. Es ergeben sich also unendlich viele periodische Lösungen.

Im Fall $s_1 \neq 1$, $s_2 = 1$ erhält man durch eine auf analoge Weise durchgeführte Rechnung

$$x(\tau) = \frac{R_1(2\pi)}{\psi_1(0) - \psi_1(2\pi)}\psi_1(\tau) + v_2(0)\psi_2(\tau) + R_1(\tau) \quad . \tag{4.34/16b}$$

Da $v_2(0)$ beliebig ist, existieren auch in diesem Fall unendlich viele periodische Lösungen.

F a l l II : Wir betrachten den Fall, daß beide charakteristischen Multiplikatoren gleich Eins sind. Wir müssen zwei Unterfälle unterscheiden.

F a l l IIa : Existiert nach dem Theorem von Floquet ein Fundamentalsystem

$$\psi_1(\tau) = P_1(\tau) \quad ,$$

$$\psi_2(\tau) = P_2(\tau) + \frac{\tau}{2\pi} P_1(\tau) \quad ,$$

wobei $P_1(\tau)$ und $P_2(\tau)$ 2π-periodische Funktionen sind, so wählen wir

$$x_1(\tau) = \psi_1(\tau) \quad , \quad x_2(\tau) = \psi_2(\tau)$$

und berechnen:

$$\psi_1(0) - \psi_1(2\pi) = 0 \quad ,$$

$$\psi_1'(0) - \psi_1'(2\pi) = 0 \quad ,$$

$$\psi_2(0) - \psi_2(2\pi) = -P_1(0) = -\psi_1(0) \quad ,$$

$$\psi_2'(0) - \psi_2'(2\pi) = -P_1'(0) = -\psi_1'(0) \quad .$$

Mit diesen Ergebnissen liefert der Gleichungssatz (4.34/13):

$$-\psi_1(0)v_2(0) = R_1(2\pi) \quad ,$$

$$-\psi_1'(0)v_2(0) = R_2(2\pi) \quad .$$

Diese beiden Gleichungen besitzen eine nichttriviale Lösung

$$v_2(0) = -\frac{R_1(2\pi)}{\psi_1(0)} = -\frac{R_2(2\pi)}{\psi_1'(0)} \quad ,$$

wenn die Bedingung

$$\psi_1(0)\, R_2(2\pi) = \psi_1'(0)\, R_1(2\pi)$$

erfüllt ist. In diesem Fall folgt

$$x(\tau) = v_1(0)\psi_1(\tau) - \frac{R_1(2\pi)}{\psi_1(0)}\psi_2(\tau) + R_1(\tau) \quad .$$

Es ergeben sich also wieder unendlich viele periodische Lösungen.

F a l l IIb : Existiert ein Fundamentalsystem

$$\psi_1(\tau) = P_1(\tau) \quad , \quad \psi_2(\tau) = P_2(\tau) \quad ,$$

wobei $P_1(\tau)$ und $P_2(\tau)$ 2π-periodisch sind, und wählen wir wiederum

$$x_1(\tau) = \psi_1(\tau) \quad , \quad x_2(\tau) = \psi_2(\tau) \quad ,$$

so sind $x_1(\tau)$ und $x_2(\tau)$ 2π-periodisch. (4.34/13) kann somit nur erfüllt sein, wenn

$$R_1(2\pi) = 0 \quad , \quad R_2(2\pi) = 0 \tag{4.34/17}$$

ist. Dann besitzt aber die Lösung

$$x(\tau) = v_1(0)\,x_1(\tau) + v_2(0)\,x_2(\tau) + \int_0^\tau g(\tau,\xi)\,r(\xi)\,d\xi$$

für beliebige Werte $v_1(0)$ und $v_2(0)$ die Periode 2π. Wenn also (4.34/17) gilt, existieren zweifach unendlich viele periodische Lösungen.

Auf die Untersuchung anderer periodischer Lösungen (mit größeren Perioden) gehen wir nicht ein.

4.35 Hinweise zur Berechnung der Lösungen

Nach den Überlegungen in den Abschn.4.32 bis 4.34 scheint es keine Schwierigkeiten zu bereiten, Lösungen von Differentialgleichungen mit periodischen Koeffizienten zu berechnen. Wir haben allerdings vorausgesetzt, daß man zwei Fundamentallösungen $\varphi_1(\tau)$ und $\varphi_2(\tau)$ der homogenen Gleichung kennt. Leider lassen sich aber die Fundamentallösungen nur in seltenen Fällen formelmäßig angeben. Einen dieser wenigen Fälle stellt die Meißnersche Differentialgleichung dar, weil sie bereichsweise konstante Koeffizienten besitzt. Läßt sich eine Differentialgleichung analytisch nicht lösen, so bieten sich die im folgenden beschriebenen Vorgehensweisen an.

α) Numerische Berechnung der Lösungen

Wenn ein Digitalrechner zur Verfügung steht, fällt es nicht schwer, durch numerische Integration der homogenen Differentialgleichung zwei Fundamentallösungen $\varphi_1(\tau)$ und $\varphi_2(\tau)$ zu berechnen, die z.B. die Anfangsbedingungen

$$\varphi_1(0) = 1 \ , \quad \varphi_2(0) = 0 \ , \quad \varphi_1'(0) = 0 \ , \quad \varphi_2'(0) = 1$$

befriedigen. Geeignete Integrationsverfahren sind meist in den Programmbibliotheken der Rechenanlagen vorhanden; sonst sind sie in der Fachliteratur auffindbar; Lit.4.35/1. Kennt man $\varphi_1(\tau)$ und $\varphi_2(\tau)$ im Zeitintervall $0 \leqq \tau \leqq 2\pi$, so sind auch die Größen α_{11}, α_{12}, α_{21} und α_{22} [siehe Gl.(4.32/6)] sowie die allgemeine Lösung der homogenen Gleichung für beliebige Zeiten τ bekannt.

In gleicher Weise kann man auch die bei der Lösung der inhomogenen Gleichung auftretenden Integrale numerisch auswerten und die Lösung berechnen.

Die numerischen Ergebnisse sind (im Rahmen der Rechengenauigkeit) exakt, gelten aber nur für ein bestimmtes Zahlenbeispiel, d.h. für bestimmte Parameterwerte und lassen sich nicht ohne weiteres auf andere Beispiele übertragen.

β) Analytische Näherungslösungen

Da eine numerische Rechnung nur Aussagen für ein bestimmtes Zahlenbeispiel liefert, ist es oft zweckmäßig, unter einem gewissen Verzicht auf Genauigkeit die Lösung *näherungsweise*, dafür aber analytisch, zu bestimmen. Man kann dann die Abhängigkeit der Lösung von bestimmten Parametern besser studieren.

Unterscheidet sich die Differentialgleichung nur wenig von einer anderen, deren Lösungen man geschlossen berechnen kann, so wird oft mit Erfolg das Verfahren der *Störungsrechnung* angewendet. Der genannte Fall liegt zum Beispiel vor, wenn die Koeffizienten der Differentialgleichung nur *geringfügig* um ihren Mittelwert schwanken. So kann man etwa bei der Mathieuschen Differentialgleichung für $\gamma \ll 1$ die Stabilitätsgrenzen in der Nähe der λ-Achse mit Hilfe der Störungsrechnung ermitteln.

Sucht man eine periodische Lösung, für die eine Störungsrechnung nicht zum Ziele führt, so besteht die Möglichkeit, die Lösung in Form einer Fourier-Reihe mit zunächst unbestimmten Koeffizienten anzusetzen und die Differentialgleichungen nach den Sinus- und Kosinusgliedern der einzelnen Harmonischen zu ordnen. Die Faktoren der einzelnen Glieder müssen für sich verschwinden. Aus dieser Bedingung folgen die Bestimmungsgleichungen für die Fourier-Koeffizienten (Lit. 4.35/2).

Strebt man ein exaktes Ergebnis an, so führt dieses Vorgehen auf ein System von unendlich vielen Gleichungen. Berücksichtigt man beim Lösungsansatz aber nur endlich viele (meist einige wenige) Glieder, so erhält man endlich viele Gleichungen, aber eine weniger genaue Lösung. Oftmals reicht eine solche Näherungslösung jedoch aus, um gewisse Tendenzen und Phänomene zu erkennen.

Andere Möglichkeiten zur näherungsweisen Ermittlung des Lösungsverhaltens bieten die Methode von Krylov-Bogoljubov, auf die wir im Hauptabschnitt 5 noch ausführlicher eingehen werden (Lit.4.35/3), oder der Übergang zu Integralgleichungen mit ihrer weit ausgebauten Lösungstheorie. Auf dem letzteren Weg wurden vor allem von G. Schmidt zahlreiche Untersuchungen auf dem Gebiet der parametererregten Schwingungen durchgeführt (Lit.4.35/4).

4.36 Beispiele für Schwinger mit rheolinearen Bewegungsgleichungen

α) Der Neusingersche Schwinger

Die Ince-Struttsche Karte in Abb.4.33/2 zeigt die Grenzkurven zwischen stabilen und instabilen Gebieten in der λ-γ-Ebene. Um diese Grenzen experimentell nachzuprüfen, hat H. Neusinger (Lit.4.36/1) einen besonderen Schwinger konstruiert. Er besteht, wie in Abb.4.36/1 schematisch angedeutet ist, aus einem physikalischen Pendel, das eine Rückstellkraft erstens von einer Blattfeder (Federsteifigkeit c) und zweitens durch die Gravitation erfährt. Die Pendelebene kann gedreht

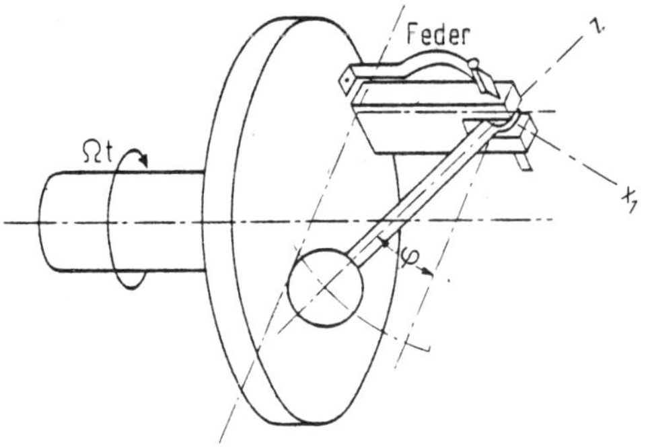

Abb.4.36/1.
Neusingerscher Schwinger

werden, so daß der Einfluß der Gravitation sich harmonisch mit dem Drehwinkel ändert (bei konstanter Drehgeschwindigkeit also harmonisch mit der Zeit). Bei geeigneter Wahl der Abmessungen des Körperpendels ist die Bewegungsgleichung des Pendels eine Mathieusche Differentialgleichung für den Ausschlagwinkel φ mit

$$\lambda = c/\Theta\Omega^2 \quad , \quad \gamma = gs/k_0^2\Omega^2 \quad . \qquad (4.36/1)$$

Dabei bezeichnet $\Theta = mk_0^2$ das Trägheitsmoment des Pendels um seine Drehachse und s den Abstand des Pendelschwerpunktes von der Pendelachse. Damit die Bewegungsgleichung die genannte Form bekommt, muß die durch Pendeldrehachse und Pendelschwerpunkt gehende Ebene eine Trägheitshauptebene sein und außerdem zwischen h, s und den Trägheitsradien k_1 und k_2 die Beziehung $h = (k_1^2 + k_2^2)/s$ bestehen; k_1 und k_2 sind dabei definiert durch

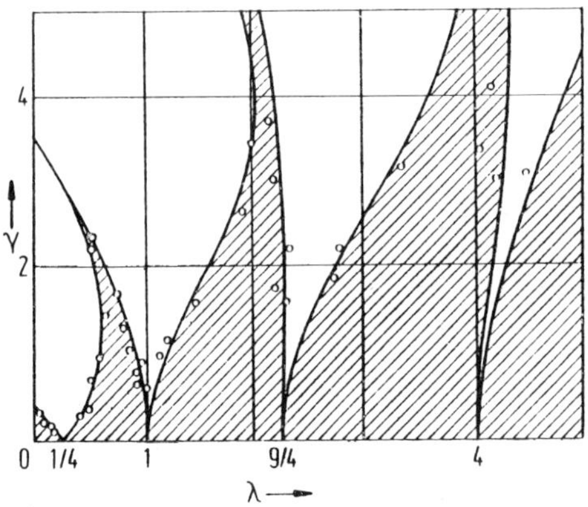

Abb.4.36/2.
Ergebnis der experimentellen Nachprüfung der Ince-Struttschen Karte durch Neusinger

$$\Theta_z = mk_1^2 \ , \quad \Theta_{x_1} = mk_2^2 \ ,$$

und h ist der Abstand der Pendelachse von der mit Ωt bezeichneten Antriebsachse.

Bemerkenswert und vorteilhaft für die Versuchsdurchführung ist die Möglichkeit, die Parameter λ und γ unabhängig voneinander einzustellen. Wie man den Gln.(4.36/1) entnimmt, wirkt sich nämlich eine Änderung von c nur auf λ, eine Änderung von s nur auf γ aus. Da durch besondere Maßnahmen die Dämpfung klein gehalten wurde, ergab die experimentelle Ermittlung der Stabilitätsgrenzen eine bemerkenswert gute Übereinstimmung mit den theoretischen Grenzen. In Abb.4.36/2 sind die Meßwerte von Neusinger als Kreise in die Ince-Struttsche Karte eingetragen.

β) Stab unter pulsierender Längskraft

Als weiteres Beispiel behandeln wir ein Problem, das auf einem ganz anderen Wege auf eine Hillsche Differentialgleichung führt: die Querschwingungen eines Stabes unter einer pulsierenden Längskraft. Die Differentialgleichung der Querauslenkungen w(z,t) eines Stabes, der in Querrichtung einer Streckenlast k(z) und in Längsrichtung einer Druckkraft P unterworfen ist (Abb.4.36/3), lautet

$$\frac{d^2}{dz^2}\left(EI\frac{d^2w}{dz^2}\right) - k + P\frac{d^2w}{dz^2} = 0 \ . \qquad (4.36/2)$$

Als Streckenlast k setzen wir die durch die Querschwingungen geweckten Trägheitskräfte ein. Bezeichnet μ die Masse des Stabes je Längeneinheit, so gilt

$$k = -\mu\ddot{w} \ .$$

Beschränken wir uns auf den Sonderfall $EI = \text{const}$, $\mu = \text{const}$ und setzen wir voraus, daß die Druckkraft P um einen Mittelwert P_0 mit der Periode T schwankt, so folgt aus (4.36/2) die partielle Differentialgleichung

$$EI\frac{\partial^4 w}{\partial z^4} + [P_0 + P_1(t)]\frac{\partial^2 w}{\partial z^2} + \mu\frac{\partial^2 w}{\partial t^2} = 0 \ . \qquad (4.36/3)$$

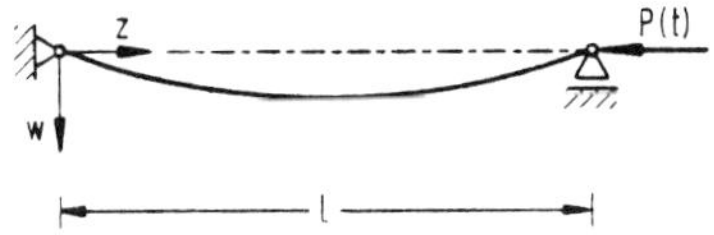

Abb.4.36/3.
Stab unter pulsierender Längskraft P(t)

Ist der Stab, wie in Abb.4.36/3 skizziert, an beiden Enden gelenkig gelagert, so lauten die Randbedingungen

$$w(0,t) = w(l,t) = 0 \quad , \qquad \frac{\partial^2 w(0,t)}{\partial z^2} = \frac{\partial^2 w(l,t)}{\partial z^2} = 0 \quad , \qquad (4.36/4)$$

und wir können Lösungen ansetzen in der Form

$$w(z,t) = A \sin \frac{j\pi z}{l} F_j(t) \quad , \qquad j = 1,2,3,\ldots \quad . \qquad (4.36/5)$$

Dabei bezeichnet j die Anzahl der Sinushalbwellen längs des Stabes und $F_j(t)$ noch unbekannte Funktionen der Zeit. Zu ihrer Ermittlung setzen wir Gl.(4.36/5) in Gl.(4.36/3) ein. Mit der dimensionslosen Zeit $\tau = \Omega t$ $(\Omega = 2\pi/T)$ erhalten wir die gewöhnlichen Differentialgleichungen

$$F_j'' + F_j\left(\frac{j\pi}{l\Omega}\right)^2 \left[\frac{EI}{\mu}\left(\frac{j\pi}{l}\right)^2 - \frac{1}{\mu}(P_0 + P_1(t))\right] = 0 \quad , \qquad (4.36/6)$$

in denen Striche Ableitungen nach τ bezeichnen. Die Gln.(4.36/6) sind (homogene) Hillsche Differentialgleichungen.

Weitergehend untersucht wurde der Fall $P_1(\tau) = S \cos \tau$, in dem aus (4.36/6) Mathieusche Differentialgleichungen mit den Parametern

$$\lambda = \frac{1}{\Omega^2}\left[\frac{EI}{\mu}\left(\frac{j\pi}{l}\right)^4 - \frac{P_0}{\mu}\left(\frac{j\pi}{l}\right)^2\right] \quad , \qquad \gamma = -\frac{S}{\mu}\left(\frac{j\pi}{\Omega l}\right)^2$$

werden. Wir benutzen die Abkürzungen

$$\omega_{0j} = \frac{EI}{\mu}\left(\frac{j\pi}{l}\right)^4 \; ; \qquad P_{Ej} = EI\left(\frac{j\pi}{l}\right)^2 \quad , \qquad p_j = P_0/P_{Ej} \; ; \qquad s_j = S_j/P_{Ej} \quad .$$

Zwei von ihnen haben mechanische Bedeutung: ω_{0j} sind die Kreisfrequenzen der freien Querschwingungen, die der Stab ohne Längskraft ausführt; P_{Ej} bedeutet die Eulersche Knicklast der Biegeform mit j Halbwellen. Mit diesen Abkürzungen schreiben wir die Parameter in der Form

$$\lambda = \frac{\omega_{0j}^2}{\Omega^2}(1 - p_j) \quad ; \quad \gamma = -\frac{\omega_{0j}^2}{\Omega^2} s_j \ . \qquad (4.36/7)$$

Da für die technische Anwendung im allgemeinen nur die erste Euler-Last von Bedeutung ist, wollen wir $j = 1$ setzen und den Index j weglassen. Untersuchen wir mit dieser Einschränkung das Verhalten eines gegebenen Stabes bei verschiedenartiger Belastung, so hängen die Parameter λ und γ nur noch von den Größen P_0, S und Ω ab oder bei Verwendung der dimensionslosen Größen von p, s und ω_0^2/Ω^2. In der Abb. 4.36/4 wurde die Ince-Struttsche Karte den Beziehungen (4.36/7) entsprechend umgezeichnet. In der p-s-Ebene sind für die Werte

$$\frac{\omega_0^2}{\Omega^2} = \frac{1}{8} ; \frac{1}{4} ; \frac{3}{4} ; 1 ; 4$$

die stabilen und instabilen Bereiche dargestellt.

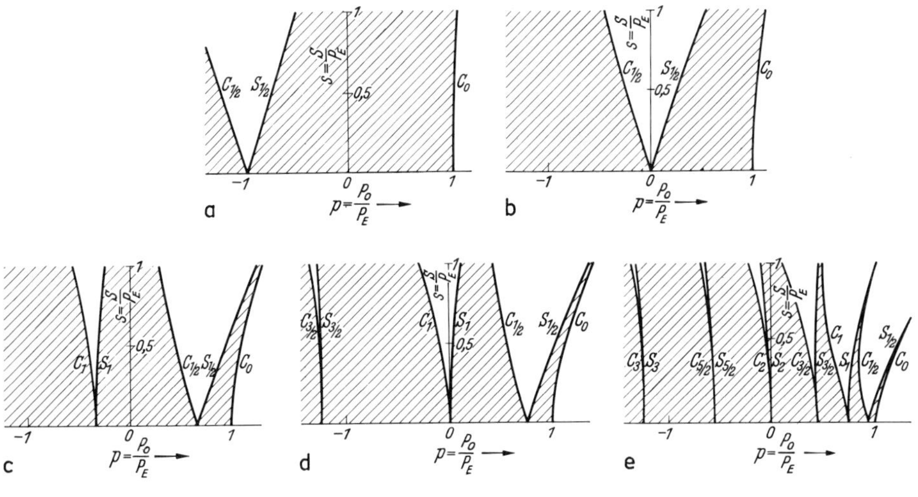

Abb.4.36/4. Stabilitätsbereiche eines Stabes unter Wirkung pulsierender Längskräfte, ω_0^2/Ω^2 hat dabei die Werte: a) 1/8, b) 1/4, c) 3/4, d) 1, e) 4

Bei statischer Belastung ($s=0$) knickt der Stab aus, wenn $p>+1$ wird, d.h. wenn P_0 die erste Euler-Last überschreitet. Dieser Lastfall wird in Abb.4.36/4 jeweils durch die p-Achse dargestellt und wir finden das Ergebnis der statischen Rechnung bestätigt. Nimmt s endliche Werte an, so ist bei allen betrachteten Werten von ω_0^2/Ω^2 der stabile Bereich ein wenig über die Euler-Last hinaus erweitert. Es treten aber unter Umständen für $p<1$ (also $P_0<P_E$) Instabilitätsbereiche auf, und zwar sogar auch dann, wenn der Stab im Mittel auf Zug beansprucht wird ($P_0<0$).

Selbstverständlich gilt auch hier für den Einfluß der Dämpfung das in Abschn.4.33 Gesagte. Die Instabilitätsbereiche werden durch die Dämpfung verkleinert; die "Spitzen" der Bereiche ziehen sich von der Abszissenachse zurück, und zwar um so mehr, je schmaler die Bereiche sind. Wegen der stets vorhandenen Dämpfung werden deshalb alle Instabilitätsbereiche praktisch bedeutungslos bis auf den einen, dessen Spitze die p-Achse beim Punkt

$$p = 1 - \frac{1}{4}\frac{\Omega^2}{\omega_0^2}$$

berührt. Dieser Punkt entspricht dem Punkt $\lambda=1/4$, $\gamma=0$ der Ince-Struttschen Karte.

An dieser Stelle sei noch ein allgemeiner Hinweis als Warnung eingefügt. Die so ausführliche Behandlung des Schwingers von einem Freiheitsgrad findet ihre Rechtfertigung nicht zuletzt in der Tatsache, daß gewisse Einzelheiten des Schwingungsverhaltens von komplizierteren Systemen und von Kontinua durch das Verhalten eines einzigen Freiheitsgrades geprägt werden. Scheinbar gilt dies auch für den durch pulsierende Längskräfte belasteten Stab, denn für sein Zeitverhalten erhielten wir in (4.36/6) einen Satz voneinander unabhängiger Einzelgleichungen. Dieses Ergebnis darf keinesfalls verallgemeinert werden. Ihm liegen nämlich spezielle Randbedingungen zugrunde, die zu einer Identität der Eigenschwingungs- und der Eigenknickformen und damit zu einer Entkopplung des Gleichungssystems führen. Bei anderen Randbedingungen erhält man anstelle von (4.36/6) ein System von gekoppelten Hillschen Differentialgleichungen und Phänomene, die sich grundsätzlich nicht auf einen einzigen Freiheitsgrad zurückführen lassen (Kombinationsresonanzen). Damit überschreitet das Problem aber den Rahmen dieses Buches. (Ausführliche Darstellungen und ein umfassendes Literaturverzeichnis findet man z.B. bei G. Schmidt, Lit.4.35/4.)

Das Problem der Bewegungen eines geraden, gelenkig gelagerten Stabes, der pulsierenden, in seiner Achse wirkenden Druckkräften ausgesetzt ist (Lit.4.36/4), stellt nur das einfachste Beispiel einer ganzen Gruppe ähnlich gelagerter Aufgaben dar. Andere Fälle sind von S. Woinowsky-Krieger angegeben und durchgerechnet worden (Lit.4.36/3). Sie betreffen die Biegeschwingungen eines Kreisringes unter gleichmäßig verteiltem, pulsierendem radialen Druck und die Kippschwingungen eines I-Trägers.

Die Formulierung und Behandlung des diesen Beispielen zugrunde liegenden allgemeinen Problems der Stabilität der elastischen Bewegung unternahm E. Mettler (Lit.4.36/1).

γ) Saite mit variabler Spannkraft

Die Bewegungsgleichung einer mit der Kraft $S(t)$ gespannten Saite, auf der im Abstand l_1 bzw. l_2 von den Enden ein Punktkörper mit der Masse m sitzt, lautet unter Vernachlässigung der Saitenmasse

$$m\ddot{w} + S(t)\left(\frac{1}{l_1} + \frac{1}{l_2}\right) w = 0 \qquad (4.36/8)$$

(Schwinger von einem Freiheitsgrad, siehe Abb.4.36/5). Wir nehmen an, daß die Spannkraft $S(t)$ mit der Periode T um einen Mittelwert S_0 schwankt,

$$S(t) = S_0 + S_1(t) \qquad \text{mit} \qquad \int_0^T S_1(t)\,dt = 0 \quad , \qquad S_1(t+T) = S_1(t)$$

und führen eine dimensionslose Zeit $\tau = 2\pi t/T$ ein. Dann folgt aus Gl. (4.36/8) die homogene Hillsche Differentialgleichung

$$w'' + \frac{T^2}{m 4\pi^2}[S_0 + S_1(\tau)]\left(\frac{1}{l_1} + \frac{1}{l_2}\right) w = 0 \ . \qquad (4.36/9)$$

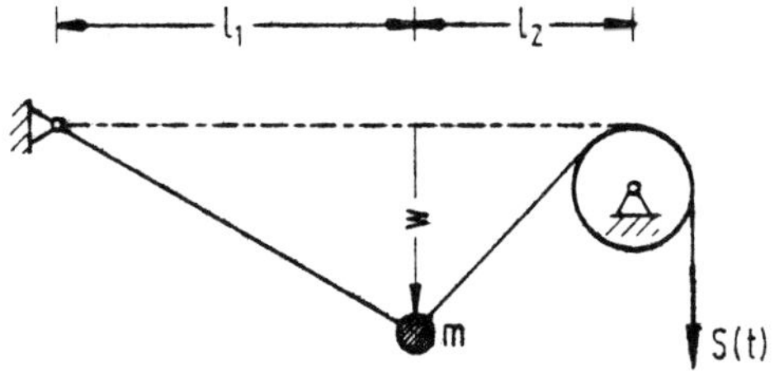

Abb.4.36/5.
Saite mit veränderlicher Spannkraft S(t)

Ist die Saite gleichmäßig mit Masse belegt und bezeichnet μ die Massendichte $[\dim(\mu) = M/L]$ und z die vom linken Ende aus gezählte Längenkoordinate, so gilt

$$\mu \frac{\partial^2 w}{\partial t^2} - S(t) \frac{\partial^2 w}{\partial z^2} = 0 \quad . \qquad (4.36/10)$$

Mit dem Produktansatz

$$w(z,t) = Z(z) F(t)$$

und nach Trennung der Veränderlichen erhält man aus Gl.(4.36/10) für Z und F die Differentialgleichungen

$$\frac{1}{Z} \frac{d^2 Z}{dz^2} = -\alpha^2$$

und

$$\frac{d^2 F}{dt^2} \frac{\mu}{F} \frac{1}{S(t)} = -\alpha^2$$

oder

$$\frac{d^2 Z}{dz^2} + \alpha^2 Z = 0 \qquad (4.36/11)$$

und

$$\frac{d^2 F}{dt^2} + \frac{\alpha^2}{\mu} S(t) F = 0 \quad . \qquad (4.36/12)$$

Gl.(4.36/11) besitzt die allgemeine Lösung

$$Z(z) = A \cos \alpha z + B \sin \alpha z \quad . \qquad (4.36/13)$$

Mit den Randbedingungen $Z(0) = 0$ und $Z(l) = 0$ folgt

$$A = 0 \quad \text{und} \quad \alpha l = j\pi \quad , \quad j = 1,2,3,\ldots \quad ,$$

so daß Gl.(4.36/12) die Form

$$\frac{d^2 F_j}{dt^2} + \frac{j^2 \pi^2}{\mu l^2} S(t) F_j = 0 \qquad (4.36/14)$$

annimmt. Setzen wir voraus, daß S(t) periodisch schwankt, so führt Gl.(4.36/14) wiederum auf homogene Hillsche Differentialgleichungen.

Die Saite mit variabler Spannkraft wurde schon früh auch experimentell untersucht. F. Melde (Lit.4.36/5) befestigte eine horizontal gespannte Saite mit einem Ende an einer vertikal stehenden Stimmgabel. Beim Tönen der Stimmgabel wird die Spannkraft S der Saite periodisch verändert.

Am Sonderfall

$$S(t) = S_0 + S_1^* \cos \Omega t \qquad (S_1^* = \text{const}) \quad ,$$

der auf eine Mathieusche Differentialgleichung führt, wurden die Erscheinungen der "Subharmonischen" zuerst aufgezeigt.

δ) Torsionsschwingungen von Kurbelwellen

Von einem weiteren Beispiel wollen wir nur erwähnen, daß es ebenfalls auf Differentialgleichungen mit periodischen Koeffizienten führt. Auf die eigentliche Herleitung und Aufstellung der Bewegungsgleichungen sei hier verzichtet und auf die Literatur verwiesen.

Bei der üblichen vereinfachten Art der Betrachtung und Berechnung pflegt man eine Kurbelwelle durch eine glatte Welle zu ersetzen, die Scheiben von zeitlich unveränderlichen Trägheitsmomenten trägt. Dieses Vorgehen kann jedoch nur eine erste Näherung darstellen, denn es vernachlässigt sowohl den Einfluß der Kröpfungen als auch die Trägheitswirkungen der hin- und hergehenden Triebwerksteile. Während die Berücksichtigung der Kröpfungen weitere Koppelterme (Torsionen zweiter Art) und damit ein komplizierteres System von Bewegungsgleichungen liefert, führen die Trägheitswirkungen der translatorisch bewegten Triebwerksteile auf Koeffizienten, die vom Drehwinkel und damit periodisch von der Zeit abhängen.

ε) Pendel mit erschütterter Drehachse; "Auswanderungserscheinungen"

In Abschn.4.31 hatten wir bereits ein Pendel mit translatorisch oszillierender Drehachse betrachtet. Es handelte sich um ein mathematisches Pendel, dessen Aufhängepunkt in vertikaler Richtung oszillierend bewegt wurde. Im Hinblick auf die möglichen Anwendungen untersuchen wir nun den allgemeineren Fall, daß die Bewegungsrichtung der Drehachse mit der Lotrechten den (konstanten) Winkel δ einschließt

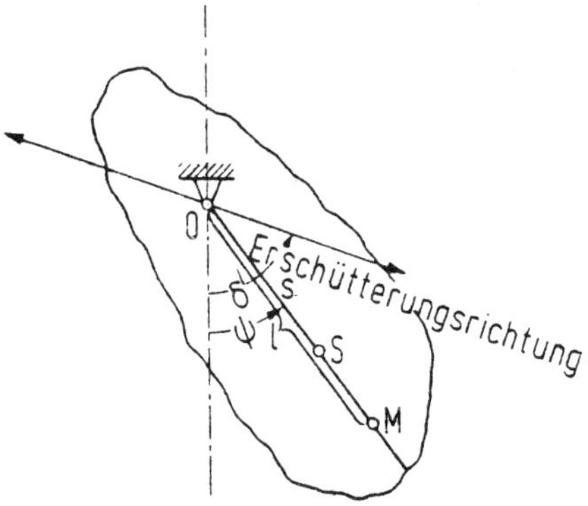

Abb.4.36/6.
Körperpendel, dessen Drehachse in Erschütterung versetzt wird

(siehe Abb.4.36/6). Wir bezeichnen mit m die Masse des Körperpendels, mit s den Schwerpunktsabstand und mit $\Theta = mk_0^2$ sein Trägheitsmoment bezüglich der Drehachse, die mit der Frequenz Ω und der Amplitude U harmonisch geführt wird. Mit ψ als Ausschlag des Pendels gegenüber der Lotrechten lautet seine Bewegungsgleichung in einem mit der Drehachse translatorisch bewegten Koordinatensystem

$$\Theta\ddot{\psi} + mgs\sin\psi - mUs\Omega^2\sin(\delta - \psi)\cos\Omega t = 0 \quad ,$$

sie läßt sich unter Verwendung der reduzierten Pendellänge $l = k_0^2/s$ auch schreiben als

$$\ddot{\psi} + \left[\frac{g}{l} + \frac{U\Omega^2}{l}\cos\delta\cos\Omega t\right]\sin\psi - \frac{U\Omega^2}{l}\sin\delta\cos\psi\cos\Omega t = 0 \;. \quad (4.36/15)$$

Für kleine Bewegungen φ(t) in der Nähe fester Mittellagen[1] α kann man

$$\psi = \alpha + \varphi \qquad (\varphi \ll 1)$$

setzen und mit Hilfe dieses Ansatzes die Dgl.(4.36/15) linearisieren. Wegen

$$\sin(\delta - \psi) = \sin(\delta - \alpha - \varphi) = \sin(\delta - \alpha) - \varphi\cos(\delta - \alpha)$$

erhält man für die neue Koordinate φ die lineare, inhomogene Differentialgleichung

$$\ddot{\varphi} + \varphi\left[\frac{g}{l}\cos\alpha + \frac{U}{l}\Omega^2\cos(\delta - \alpha)\cos\Omega t\right] =$$

$$= -\frac{g}{l}\sin\alpha + \frac{U}{l}\Omega^2\sin(\delta - \alpha)\cos\Omega t \quad .$$

Durch Einführung der dimensionslosen Zeit $\tau = \Omega t$ nimmt sie die Gestalt

$$\varphi'' + \varphi\left[\frac{g}{l\Omega^2}\cos\alpha + \frac{U}{l}\cos(\delta - \alpha)\cos\Omega t\right] =$$

$$= -\frac{g}{l\Omega^2}\sin\alpha + \frac{U}{l}\sin(\delta - \alpha)\cos\Omega t \qquad (4.36/16)$$

an. Gl.(4.36/16) ist eine durch ein Störglied ergänzte Mathieusche Differentialgleichung. Durch eine *homogene* Mathieusche Differentialgleichung werden die kleinen Bewegungen des Pendels um die Mittellagen $\alpha = \pm\pi$ beschrieben, wenn die Erschütterungsrichtung in die Vertikale fällt ($\delta = 0$). Die Bewegungsgleichung lautet dann

$$\varphi'' \pm \varphi\left[\frac{g}{l\Omega^2} + \frac{U}{l}\cos\tau\right] = 0 \quad , \qquad (4.36/17)$$

wobei das obere Vorzeichen für $\alpha = 0$, das untere für $\alpha = \pi$ gilt. Für diesen Sonderfall (4.36/17) lassen sich aus der Ince-Struttschen Karte Aussagen über die Stabilität der Bewegungen $\varphi(\tau)$ entnehmen. Leider gibt die Stabilitätskarte keine Aussagen für die Lösungen der inhomogenen Gleichung (4.36/16). Wir wollen diese Lösungen nicht im einzelnen untersuchen. Auf eine charakteristische und bedeutungsvolle Erscheinung soll jedoch noch aufmerksam gemacht werden, die sog. "Auswanderungen".

---

[1] Um einem Mißverständnis vorzubeugen, sei ausdrücklich vermerkt, daß die Lagen $\psi = \alpha$ im allgemeinen keine Gleichgewichtslagen sind.

Zur Erörterung dieser Erscheinung schlagen wir einen von dem bisher benutzten verschiedenen Weg ein. Wir wollen auf die Herstellung der Lösungen der Bewegungsgleichungen verzichten und durch eine mechanisch anschauliche Überlegung verständlich machen, wie die Erscheinung zustande kommt (Lit.4.36/7).

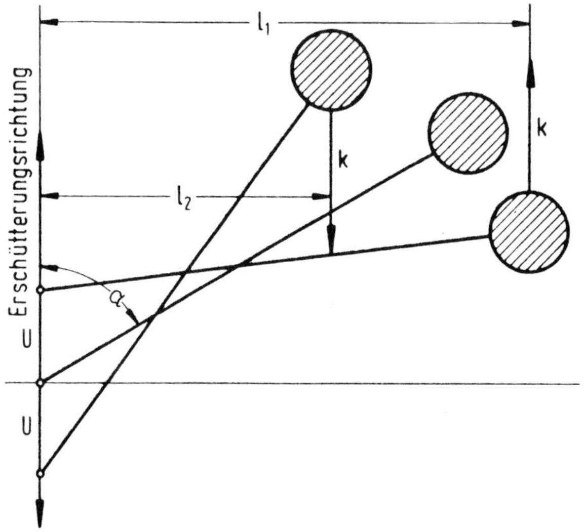

Abb.4.36/7. Pendel in horizontaler Ebene, dessen Drehachse in Erschütterung versetzt wird

Ein Körper, der sich in einer horizontalen Ebene um eine vertikal stehende Achse drehen kann, hat indifferente Gleichgewichtslagen in allen Richtungen der Ebene. Der Schwerpunkt des Körpers liege außerhalb der Drehachse, es handle sich also um ein Pendel. Abb.4.36/7 zeigt einen Grundriß. Was geschieht, wenn diese Drehachse in der horizontalen Ebene in geradlinige Erschütterungen versetzt wird? Die Erschütterungen sollen harmonisch verlaufen, und zwar rasch und mit kleiner Amplitude. Denkt man sich ein Koordinatensystem an der Drehachse angeheftet und translatorisch mitbewegt, so greifen am Schwerpunkt des Pendels Trägheitskräfte $k = -m\ddot{u} = mU\Omega^2 e^{i\Omega t}$ an, die in Phase sind mit der Ausschlagbewegung $u = U e^{i\Omega t}$ der Achse. Macht man sich ferner noch klar, daß die kleinen Bewegungen φ des Pendels um die Lage α im wesentlichen harmonisch und mit der Erregerfrequenz Ω verlaufen und daß sie überdies in Gegenphase zur Erschütterungsbewegung u

liegen, da die angenäherte Bewegungsgleichung

$$a\ddot{\varphi} = kl\sin\alpha = mU\Omega^2 l\sin\alpha\, e^{i\Omega t}$$

das partikuläre Integral

$$\varphi_p = -\frac{m}{a} Ul\sin\alpha\, e^{i\Omega t}$$

besitzt, so hat man ein Kräftespiel vor sich, wie es durch Abb.4.36/7 angedeutet wird: Während die Drehachse sich nach "oben" bewegt, schlägt das Pendel nach "unten" aus, die Trägheitskraft ist jedoch nach "oben" gerichtet. Nun heben sich aber die Momente dieser Trägheitskräfte über eine Periode der Erschütterungsbewegungen nicht auf, denn die Kräfte sind zwar einander gleich, ihre Hebelarme jedoch verschieden. Es bleibt im Mittel über eine Periode ein Moment übrig, das das Pendel auf dem kürzesten Wege in die Erschütterungsrichtung zu treiben sucht; mit anderen Worten: Die Erschütterungsbewegung schafft ein "künstliches" Rückstellmoment. Dieses äußert sich genau so wie ein "natürliches", etwa von einer Schneckenfeder herrührendes: Das Pendel hat in der Erschütterungsrichtung (und zwar in ihren beiden Strahlen) stabile und senkrecht dazu labile Gleichgewichtslagen. Wird es aus einer stabilen Gleichgewichtslage ausgelenkt, so führt es Schwingungen um diese Lage aus, deren Frequenz von der Stärke der künstlichen Rückstellkraft, d.h. von der Intensität der Erschütterung abhängt; sie beträgt (wie wir hier nur angeben, aber nicht beweisen)

$$\tilde{\omega}^2 = \frac{1}{2}\left(\frac{s}{k_0}\right)^2\left(\frac{U}{k_0}\right)^2\Omega^2 = \frac{U^2\Omega^2}{2l^2} , \qquad (4.36/18)$$

hierin bedeuten wieder s den Abstand des Schwerpunktes von der Drehachse, k_0 den Trägheitshalbmesser des Körpers in Bezug auf die Drehachse, U die Schüttelamplitude, Ω die Schüttelfrequenz, $l = k_0^2/s$ die reduzierte Pendellänge.

Nachdem wir gesehen haben, wie beim indifferenten Pendel eine künstliche Rückstellkraft zustande kommt, die das Pendel in die Erschütterungsrichtung zu treiben sucht, ist es nun nicht schwer zu verstehen, was geschieht, wenn von vornherein eine Rückstellkraft vorhanden war, die stabile und labile Lagen schuf, wie dies z.B. bei einem Pendel im Schwerefeld der Fall ist. Die beiden Rückstellkräfte, die natürliche und die künstliche, wirken zusammen und schaffen neue Gleichgewichtslagen. Wir machen uns die Vorgänge am Pendel im Schwerefeld klar.

Wird die Drehachse eines solchen Pendels in vertikaler Richtung bewegt, so wird die Bewegungsdifferentialgleichung homogen. Durch die Erschütterungsbewegung wird eine künstliche Rückstellkraft geschaffen, die die beiden Strahlen der Vertikalen zu stabilisieren strebt. Die untere Gleichgewichtslage bleibt dabei selbstverständlich stabil, die Rückstellkräfte addieren sich, die Frequenz der Schwingungen um diese Lage nimmt zu.

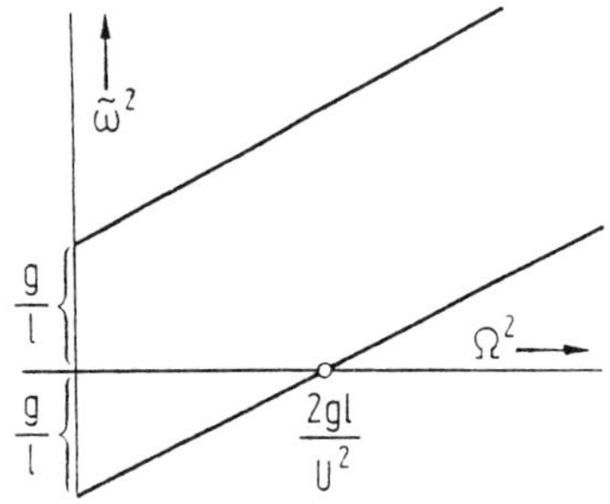

Abb.4.36/8.
Frequenzquadrat $\tilde{\omega}^2$ der Schwingung eines Pendels um die obere und untere Lage, wenn die horizontale Drehachse lotrecht erschüttert wird (angenäherte Betrachtung)

Die obere Gleichgewichtslage bleibt bei Erhöhung der Intensität der Erschütterungen zunächst labil, wird aber, wenn die Erschütterungsintensität einen gewissen Schwellwert erreicht hat, ebenfalls stabil, wie aus der in Abb.4.36/8 dargestellten Gleichung

$$\tilde{\omega}^2 = \mp \frac{g}{l} + \frac{U^2\Omega^2}{2l^2} \qquad (4.36/19)$$

hervorgeht, die das Quadrat der Kreisfrequenz $\tilde{\omega}$ jener Schwingungen angibt, die unter der gemeinsamen Wirkung der natürlichen und der künstlichen Rückstellkräfte um die untere und obere Lage zustande kommen. (Diese Schwingungen sind übrigens strenggenommen nicht mehr harmonisch. Die hier durchgeführte angenäherte Betrachtung ist natürlich nicht mehr imstande, das bei größeren Amplituden und geringeren Frequenzen eintretende Instabilwerden der unteren Lage zu erfassen, das aus der Ince-Struttschen Karte abgelesen werden kann.) In Gl. (4.36/19) gilt das obere Vorzeichen für die obere Lage, das untere für die untere Lage. Man sieht, daß der Schwellwert der Erschütterungsintensität, die die obere Lage stabilisiert, gegeben ist durch die Beziehung

$$\frac{g}{l} = \frac{U^2\Omega^2}{2l^2}$$

oder, wenn mit $\zeta := 2\cdot gl/U^2\Omega^2$ ein "Erschütterungsparameter" definiert wird, durch den Wert $\zeta = 1$ (linker Teil von Abb.4.36/9).

Wird die Drehachse eines Pendels in einer anderen, z.B. in waagerechter Richtung erschüttert ($\delta = 90^\circ$), so werden die natürliche Rückstellkraft, die nach der Lotrechten zieht, und die künstliche Rück-

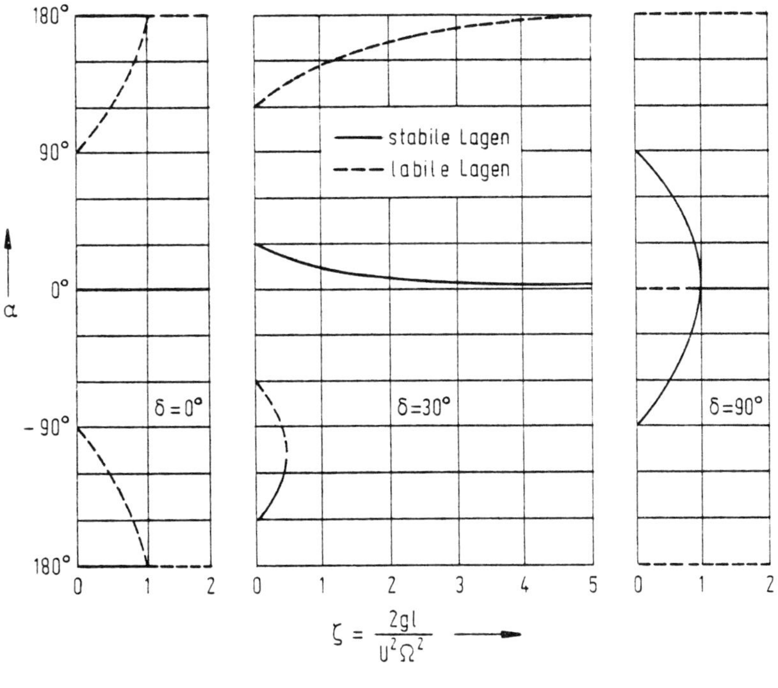

Abb.4.36/9. Mittellagen α eines Pendels in Abhängigkeit vom Erschütterungsparameter ζ bei verschiedenen Erschütterungsrichtungen δ

stellkraft, die nach der Horizontalen zieht, zusammenwirkend neue Mittellagen α schaffen. Dabei ist bemerkenswert, daß für geringe Erschütterungsintensitäten, d.h. für große Werte ζ, die lotrecht nach abwärts weisende Lage zunächst noch stabil bleibt. Erst wenn $U\Omega$ so groß geworden ist, daß $\zeta < 1$ wird, treten neue stabile Mittellagen auf, während die Lage in der Lotrechten in dieser angenäherten Betrachtung labil wird. (Bei der strengen Betrachtung ergeben sich "sehr schwach stabile" Lagen.) Für sehr starke Erschütterungen geht α gegen 90°.

Sobald $\zeta < 1$ geworden ist, macht also das Pendel beschränkte Bewegungen um Lagen α, die nicht mehr in der Lotrechten liegen; es hat seine Mittellagen verändert, es ist "ausgewandert". Im rechten Diagramm von Abb.4.36/9 ist der Zusammenhang zwischen ζ und α für horizontale Erschütterungsrichtung aufgetragen. Er genügt der Gleichung (wie ohne Beweis angeführt sei)

$$\alpha = \arccos \zeta \quad . \qquad (4.36/20)$$

Im mittleren Diagramm von Abb.4.36/9 ist noch angegeben, wie die Lage α sich mit ζ ändert, wenn die Erschütterungsrichtung einen Winkel $\delta = 30^\circ$ mit der Lotrechten einschließt. Hier gibt es für alle Werte ζ von Null verschiedene "Auswanderungswinkel" α.

Abb.4.36/10 gibt noch einen Überblick über das gesamte Auswanderungsverhalten eines solchen Pendels. Der Verfasser gab sowohl eine angenäherte (Lit.4.36/8) als auch eine auf der exakten Integration der Differentialgleichung (4.36/16) beruhende (Lit.4.36/9) Herleitung der quantitativen Ergebnisse; sie sind in den Abb.4.36/9 und 4.36/10 dargestellt.

Beachtung verdient die Erscheinung des "Auswanderns" insbesondere im Hinblick auf das Verhalten von Meßgeräten. Unter Wirkung von Erschütterungen können die Meßsysteme um endliche Beträge aus ihren Sollagen "auswandern", d.h. sie zeigen falsch an. Die soeben zitierten Untersuchungen sind insbesondere im Hinblick auf diese Folgen bei Meßgeräten unternommen worden. Am Beispiel des Pendels mit oszillierender Drehachse haben wir gesehen, daß es beschränkte Schwingun-

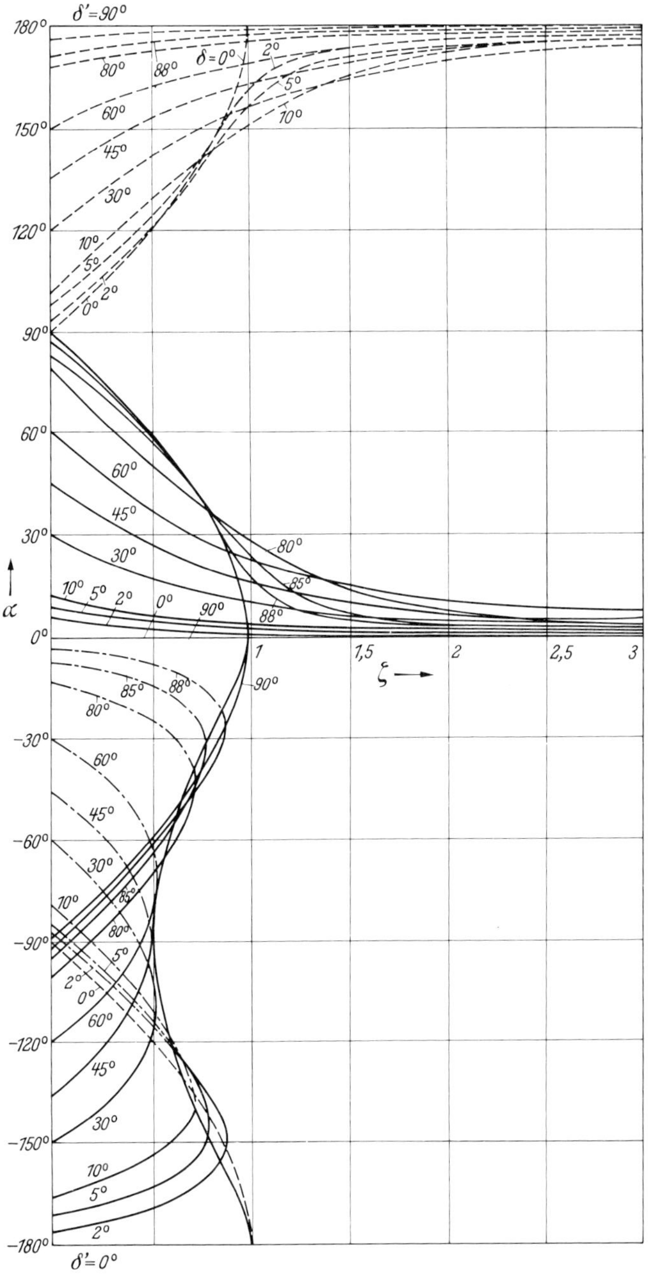

Abb.4.36/10. "Auswanderung" α in Abhängigkeit vom Erschütterungsparameter ζ bei verschiedenen Erschütterungsrichtungen δ

gen um Lagen geben kann, die verschieden sind von den Gleichgewichtslagen des Pendels ohne Erregung. Solche Auswanderungserscheinungen sind typisch für inhomogene Differentialgleichungen mit periodischen Koeffizienten.

4.4 Nicht-periodische (aber schwingende) Einwirkungen durch Störkräfte, Anlaufen, Auslaufen, Resonanzdurchgang

4.41 Die Gebilde, ihre Bewegungsgleichungen und deren Integrale

Maschinen (Kolbenmotoren, Turbinen und dergleichen), die bei ihrer (konstanten) Betriebsdrehzahl durch periodische Kräfte erregt werden, erfahren beim Anlaufen ("Anfahren") und Auslaufen, also bei sich ändernden Drehzahlen, immer noch schwingend veränderliche Kräfte; diese sind aber nicht mehr periodisch. Besondere Aufmerksamkeit verdienen solche Vorgänge, wenn die Betriebsdrehzahl über einer kritischen Drehzahl liegt, so daß sowohl beim Anlaufen wie beim Auslaufen eine Resonanzdrehzahl durchfahren werden muß; denn dann können Schwingbewegungen auftreten, die weit größer sind als im stationären Betrieb.

Wir wollen solche Vorgänge an zwei Schwingern, zwei "Modellen", untersuchen. Die beiden Modelle werden durch die Abb.4.41/1 bzw. 4.41/2 veranschaulicht; wir nennen sie Schwinger A bzw. Schwinger B.

Wie beim stationären Zustand wollen wir die Erregerkräfte auch hier durch Sinusfunktionen beschreiben und wählen analog zu (4.20/1b)

$$F = \hat{F} \sin \varphi(t) \quad . \tag{4.41/1a}$$

Die Argumente $\varphi(t)$ der Sinusfunktionen lauten jetzt aber nicht, wie in Abschn.4.20, $\varphi = \Omega t + \alpha$ mit der konstanten Frequenz $\dot{\varphi} = \Omega$. Die Frequenz ändert sich vielmehr; es handelt sich um frequenzmoduliert schwingende Kräfte. Wir werden hier ausführlich nur solche Fälle betrachten, bei denen die Frequenzen l i n e a r mit der Zeit zu- oder abnehmen,

$$\dot{\varphi} = \Omega =: \Omega_1 + \Lambda t \quad . \tag{4.41/1b}$$

Die Winkelbeschleunigung $\ddot{\varphi} = \dot{\Omega} =: \Lambda$ ist dabei konstant. Sie ist die Änderungsgeschwindigkeit der Frequenz; wir nennen sie die Anlaufgeschwindigkeit.

Durch Verfügen über den Anfangspunkt der Zeitzählung läßt sich Ω_1 unterdrücken, so daß die Frequenz zu $\dot{\varphi} = \Lambda t$, das Argument $\varphi(t)$ zu

$$\varphi(t) = \alpha + \tfrac{1}{2}\Lambda t^2 \tag{4.41/2a}$$

wird. Auch die Konstante α ist für die meisten Zwecke belanglos. Wir werden sie deshalb in den Gleichungen nicht mitnehmen, sondern werden mit dem Argument

$$\varphi(t) = \tfrac{1}{2}\Lambda t^2 \tag{4.41/2b}$$

weiterrechnen.

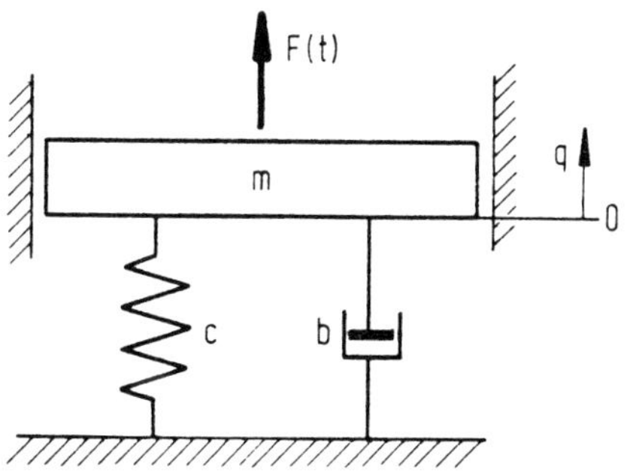

Abb.4.41/1.
Schwinger, Modell A; 0 bezeichnet die statische Ruhelage

Schwinger A; Abb.4.41/1

Der Schwinger besteht aus dem Körper mit der Masse m, der Feder c und dem Dämpfer b. Auf ihn wirke die Kraft

$$F(t) = \hat{F} \sin \tfrac{1}{2}\Lambda t^2 \quad , \tag{4.41/3}$$

deren "Amplitude" $\hat{F}$ (Amplitude im Sinn von Abschn.1.31) einen konstanten Wert hat, während die Frequenz $\dot{\varphi}$ gemäß (4.41/1b) monoton moduliert wird.

Die Bewegungsgleichung des Schwingers lautet wegen (4.20/2),

(4.41/1a) und (4.41/2b)

$$m\ddot{q} + b\dot{q} + cq = \hat{F}\sin\tfrac{1}{2}\Lambda t^2 \quad ; \tag{4.41/4}$$

weiterhin benutzen wir die schon gewohnten Abkürzungen $\varkappa$ (3.10/1) und D (3.20/12), nämlich

$$\varkappa^2 = c/m \quad , \quad D = \frac{b}{2\sqrt{mc}} \quad . \tag{4.41/5}$$

Nun machen wir sowohl die abhängige Veränderliche q wie auch die unabhängige Veränderliche t dimensionslos vermittels

$$y := \frac{q}{\hat{F}/c} \qquad \text{und} \qquad \eta := \Lambda t/\varkappa \quad . \tag{4.41/6}$$

Die Ausschläge q und y stehen somit im gleichen Verhältnis wie die Amplitude $\hat{q}$ und die Vergrößerungsfunktion V_3 gemäß (4.21/12) und (4.21/15a). Wenn Striche Ableitungen nach η bezeichnen, kommt aus (4.41/4) als dimensionslose Form der Bewegungsgleichung

$$y'' + \frac{2D}{\zeta}y' + \frac{1}{\zeta^2}y = \frac{1}{\zeta^2}\sin\left(\frac{\eta^2}{2\zeta} + \alpha\right) \tag{4.41/7}$$

zustande. Diese Gleichung enthält (abgesehen von dem belanglosen Phasenverschiebungswinkel α) nur zwei Parameter, nämlich D nach Gl. (4.41/5) und

$$\zeta := \Lambda/\varkappa^2 \quad ; \tag{4.41/8}$$

ζ ist ein Maß für die Anlaufgeschwindigkeit Λ. Die rechte Seite der Gl.(4.41/7) wird im folgenden auch als Erregerfunktion oder Störfunktion p bezeichnet.

Eine partikuläre Lösung der Dgl.(4.41/7) [sie genügt den Anfangswerten y(0) = 0 und y'(0) = 0] wird durch das auf (4.41/7) angewendete Duhamelsche Integral (4.12/8c) geliefert:

$$y(\eta) = \frac{1}{\zeta\sqrt{1-D^2}}\int_0^\eta e^{-(\eta - s)D/\zeta}\sin\left[\frac{1-D^2}{\zeta}(\eta - s)\right]\sin\frac{s^2}{2\zeta}\,ds \quad . \tag{4.41/9}$$

Aus der Fassung (4.41/9) läßt sich wenig über den Verlauf der Bewegung ablesen. Viele Mühen sind darauf verwendet worden, das Integral (4.41/9) in bekannte und benannte Funktionen überzuführen. Für $D = 0$ läßt sich (4.41/9) auf Fresnelsche Integrale reellen Arguments, Lit.4.41/1, für $D \neq 0$ auf Fresnelsche Integrale komplexen Arguments, Lit.4.41/2, bringen. Eine Transformation auf Fehlerintegrale im Komplexen hat A.M. Katz, Lit.4.41/3, benutzt. Ähnliche Ergebnisse fand vor ihm F.M. Lewis, Lit.4.41/4, über eine komplexe Konturintegration. Tafeln für das Fehlerintegral im Komplexen sind in der russischen Literatur bereitgestellt (1958) und stehen seit 1964 auch in einer amerikanischen Ausgabe zur Verfügung, siehe Lit.4.41/5; ferner sind sie enthalten in Lit.4.41/6.

Eine Zusammenstellung der Ergebnisse, die man bei einer Überführung von (4.41/9) sowohl auf Fresnelsche Integrale wie auf Fehlerintegrale erhält, findet sich in einer Veröffentlichung von Henning, Schmidt und Wedlich, Lit.4.41/7. Auf diese Arbeit werden wir noch mehrfach Bezug nehmen.

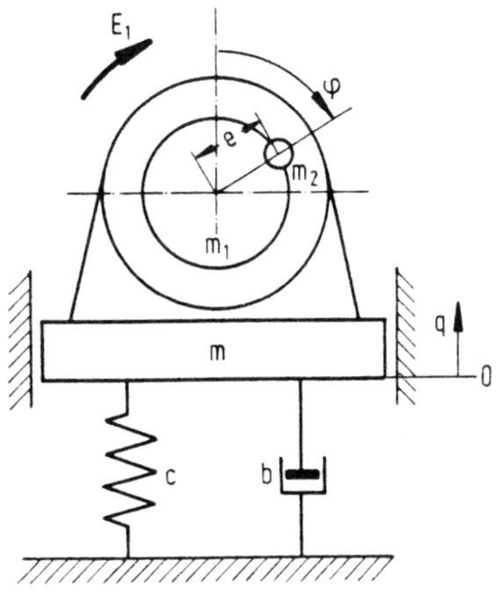

Abb.4.41/2.
Schwinger, Modell B; 0 bezeichnet die statische Ruhelage

Schwinger B; Abb.4.41/2

Der Schwinger besteht ebenfalls aus den Elementen m, b, c; auf m sitze eine sich mit der Drehgeschwindigkeit $\dot{\varphi} =: \Omega$ drehende Scheibe (Masse m_1, Trägheitsmoment Θ_1), auf ihr ein Punktkörper der Masse m_2 mit der Exzentrizität e (Unwucht); die Scheibe werde mit dem Drehmoment E_1 angetrieben. Das Gebilde hat somit zunächst zwei Freiheitsgrade; Koordinaten seien q und φ. Die beiden Bewegungsgleichungen lauten (wie wir ohne Herleitung angeben):

$$(m + m_1 + m_2)\ddot{q} + b\dot{q} + cq = m_2 e\dot{\varphi}^2 \cos\varphi + m_2 e\ddot{\varphi} \sin\varphi \quad ,$$
$$(\Theta_1 + m_2 e^2)\ddot{\varphi} - m_2 e(\ddot{q} + g) \sin\varphi = E_1 \quad . \tag{4.41/10}$$

Wir nehmen wieder an $\ddot{\varphi} =: \Lambda = \text{const}$. Ferner setzen wir voraus, das Drehmoment E_1 möge so schwanken, daß die zweite Gleichung identisch erfüllt wird, also weiterhin unberücksichtigt bleiben darf. Wenn diese Voraussetzung sich auch kaum realisieren lassen wird, so dürfen die unter der Annahme $\ddot{\varphi} = \text{const}$ erzielten Ergebnisse doch als brauchbare Näherungen gelten.

Die nun allein maßgebende erste Gl.(4.41/10) lautet somit

$$(m + m_1 + m_2)\ddot{q} + b\dot{q} + cq = m_2 e\left[(\Lambda t)^2 \cos\frac{\Lambda}{2}t^2 + \Lambda \sin\frac{\Lambda}{2}t^2\right] \quad . \tag{4.41/11}$$

Wie im Falle A machen wir sowohl die abhängige wie die unabhängige Veränderliche dimensionslos; hier vermittels

$$y := \frac{m + m_1 + m_2}{m_2}\,\frac{q}{e} \quad ; \quad \eta^* := \Lambda t/\varkappa^* \quad . \tag{4.41/12}$$

An Abkürzungen benutzen wir hier anstelle von (4.41/5)

$$\varkappa^{*2} = \frac{c}{m + m_1 + m_2} \quad , \quad D^* = \frac{b}{2\sqrt{c(m + m_1 + m_2)}} \tag{4.41/13a}$$

und analog zu (4.41/8)

$$\zeta^* = \Lambda/\varkappa^{*2} \quad . \tag{4.41/13b}$$

Die Differentialgleichung wird dadurch zu

$$y'' + \frac{2D^*}{\zeta^*}y' + \frac{1}{\zeta^{*2}}y = \left(\frac{\eta^*}{\zeta^*}\right)^2 \cos\frac{\eta^{*2}}{2\zeta^*} + \frac{1}{\zeta^*}\sin\frac{\eta^{*2}}{2\zeta^*} . \tag{4.41/14}$$

Striche bedeuten nun Ableitungen nach η^*. Auch diese Differentialgleichung enthält nur zwei (dimensionslose) Parameter, D^* und ζ^*.

Auf eine analytische Integration der Dgl.(4.41/14) und auf etwaige geschlossene Darstellungen der Lösung gehen wir hier nicht ein. Für den ungedämpften Schwinger B ($D = 0$) hat F. Weidenhammer, Lit. 4.41/8, Lösungen mit Hilfe von Fresnelschen Integralen in ähnlicher Weise angegeben wie Th. Pöschl, Lit.4.41/1, für den ungedämpften Schwinger A. Im Abschn.4.43 werden Diagramme geboten, die durch numerische Integration der Dgl.(4.41/14) gewonnen wurden.

4.42 Erregerkraft mit konstanter Amplitude

Weder die Integralform (4.41/9) der Gleichung für die Bewegung noch die mühsam auf Fresnelsche Integrale oder Fehlerintegrale gebrachten Formen eignen sich dazu, einen Überblick über das Verhalten des Schwingers zu gewinnen. Empfehlenswert sind deshalb numerische Verfahren. Und zwar kann man entweder das Duhamel-Integral (4.41/9) numerisch auswerten oder die Ausgangs-Dgl.(4.41/7) selbst numerisch behandeln (etwa vermittels des Runge-Kutta-Nyström-Verfahrens und zweckmäßig unter Verwendung eines Digitalrechners). Der zweite Weg ist von den Verfassern der unter Lit.4.41/7 zitierten Arbeit eingeschlagen worden. Manche der Ergebnisse wurden überdies auf einem Analogrechner vorbereitet oder überprüft.

Alle quantitativen Ergebnisse, die wir hier zeigen werden, stammen von G. Henning. Die meisten sind in Lit.4.41/7 enthalten; hier sind aber einige in jenen Aufsatz nicht aufgenommene Kurven und Diagramme hinzugefügt.

Unsere Aufmerksamkeit gilt vor allem dem Verhalten des Schwingers beim Durchfahren der Resonanz, also der Nachbarschaft zur Stelle $\eta = 1$. Ein typisches Bild vom Verhalten eines Schwingers bei diesem Durchfahren zeigt die Abb.4.42/1. Das Bild enthält über η nach (4.41/6) aufgetragen erstens (gestrichelt) den Verlauf der Erregerkraft p [rechte Seite von (4.41/7)], zweitens (ausgezogen) den dimensionslosen Ausschlag y, drittens (dünn) eine Kurve H, die die Hüllkurve einer Schar von Verläufen $y(\eta)$ ist und die dadurch entsteht, daß der Parameter α in (4.41/2a) variiert wird. Man sieht, daß die Amplituden des Aus-

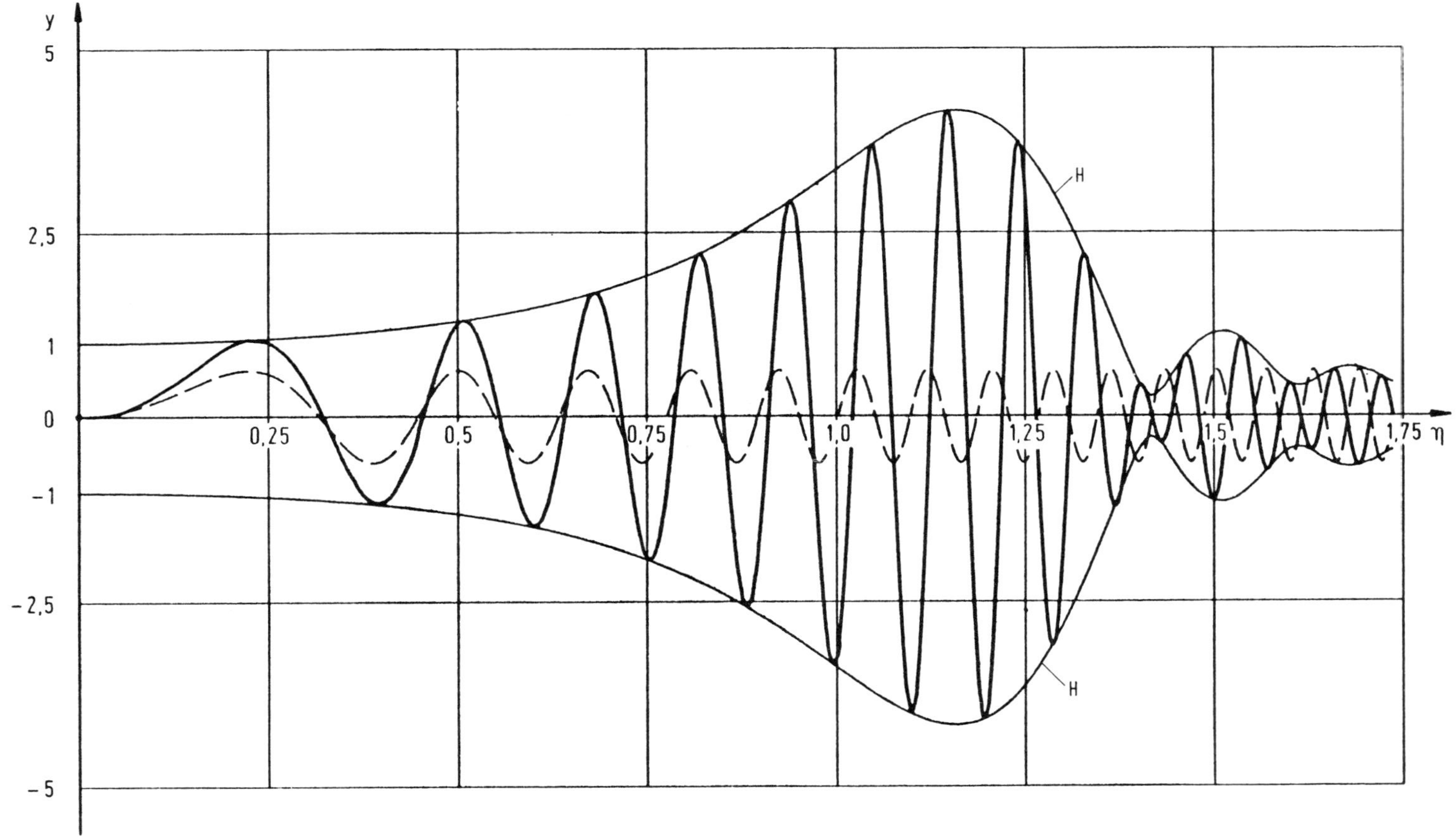

Abb.4.42/1. Erregerkraft p, Ausschlag y, Hüllkurve H für einen Schwinger mit den Parameterwerten $D = 0{,}1$ und $\zeta = 16 \cdot 10^{-3}$

schlags y anwachsen, wieder abnehmen und weiterhin schwanken. Eine Schar von Hüllkurven, die zu verschiedenen Dämpfungszahlen D gehören, ist in Abb.4.42/2 angegeben. Die Anlaufgeschwindigkeit ζ (4.41/8) hat dabei den Wert $\zeta = 16 \cdot 10^{-3}$.

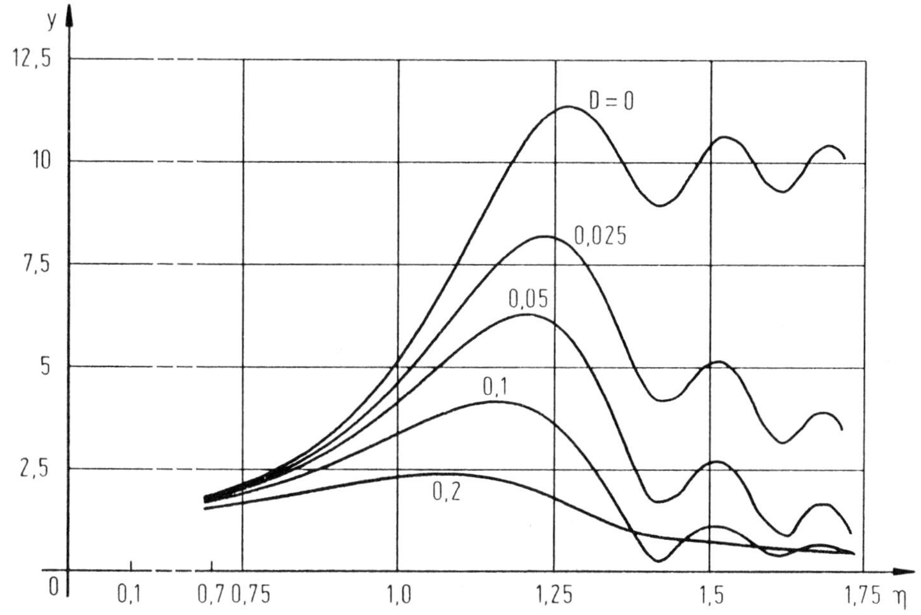

Abb.4.42/2. Hüllkurven H für $\zeta = 16 \cdot 10^{-3}$ und verschiedene Werte D

Die Diagramme der Abbildungen 4.42/3 bis 4.42/5 zeigen unter Benutzung des Anlauf-Parameters ζ, des dimensionslosen Ausschlags y und der dimensionslosen Zeit (oder dimensionslosen Frequenz) η

in Abb.4.42/3 den Maximalwert y_{max}, den die Amplitude des Ausschlags y erreicht, als Funktion der Dämpfungszahl D mit dem Scharparameter ζ,

in Abb.4.42/4 dieselbe Größe y_{max} über $1/\zeta$ aufgetragen mit D als Scharparameter,

in Abb.4.42/5 die Stelle η_R, an der der Wert y_{max} erreicht wird, aufgetragen über D mit ζ als Scharparameter.

Die Diagramme lehren:

1. Wie erwartet stellen sich für $\zeta \to 0$ die Verhältnisse des stationären Falles $\Omega = \text{const}$ ein; mit $\zeta \to 0$ geht y_{max} gegen V_{3max} (4.23/5), also

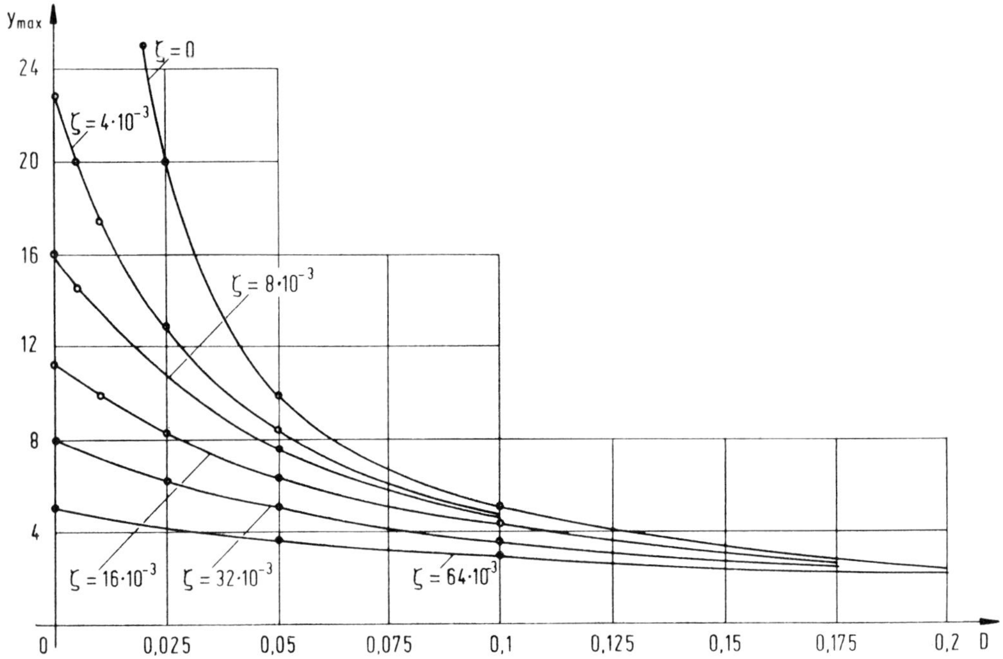

Abb.4.42/3. Maximalwerte y_{max}, aufgetragen über D; Scharparameter ζ

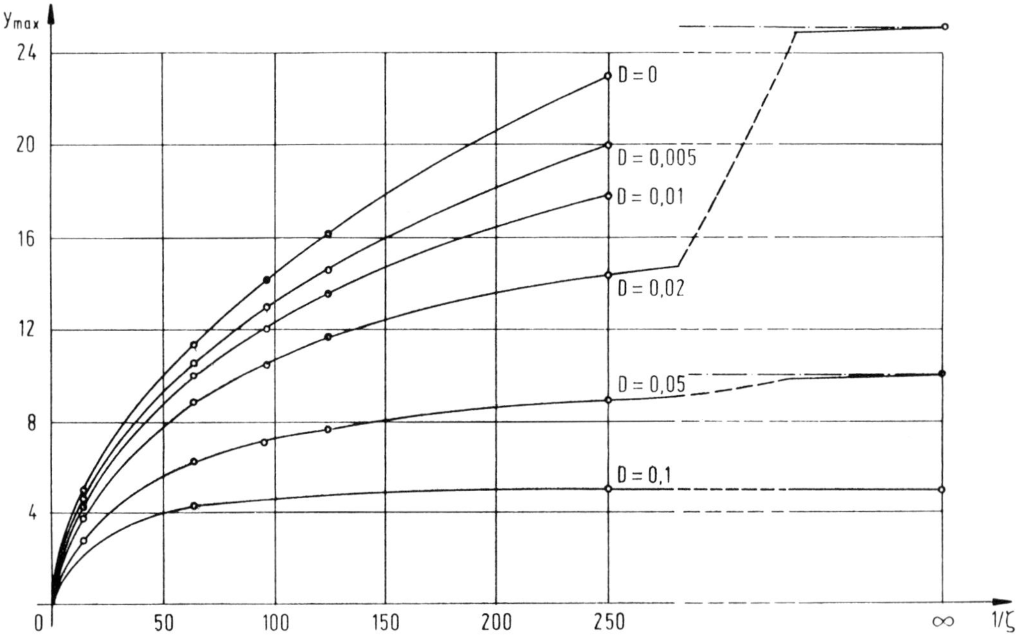

Abb.4.42/4. Maximalwerte y_{max}, aufgetragen über $1/\zeta$; Scharparameter D

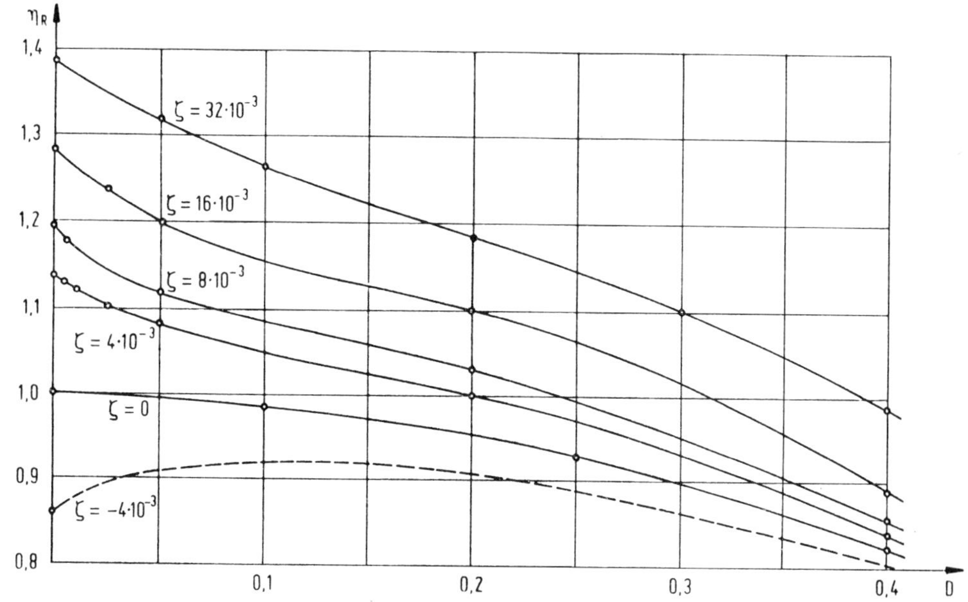

Abb.4.42/5. "Resonanzstelle" η_R, aufgetragen über D; Scharparameter ζ

bei Dämpfungen $D \ll 1$ gegen $1/(2D)$; die Stelle η_R dieses Maximums liegt dann bei η_3 aus Tafel 4.22/I, Spalte ⑧ , Zeile 1, d.h. bei
$\eta_R = \sqrt{1-2D^2}$.

2. Für wachsende Anlaufparameter ζ verschiebt sich die Stelle η_R zu größeren η-Werten hin; der Betrag dieser Verschiebung hängt von ζ und von D ab.

3. Die Werte y_{max} sind für $\zeta \neq 0$ kleiner als im stationären Fall $\zeta = 0$, und zwar umso kleiner, je größer ζ und je größer D ist.

4. Für $D > 0{,}2$ liegen die Werte y_{max}, die sich für unterschiedliche ζ einstellen, nahe beisammen (siehe Abb.4.42/3), und sie stimmen auch fast mit dem Wert V_{3max} (des stationären Falles) überein. Daraus folgt, daß es sich für $D > 0{,}2$ kaum lohnen wird, "instationär" zu rechnen, es sei denn, man frage nach der Stelle η_R; diese Stellen η_R unterscheiden sich für die verschiedenen Werte ζ noch bei $D = 0{,}4$ beträchtlich.

Keine Auskunft geben die Diagramme 4.42/3 bis 4.42/5 über den Verlauf der Bewegung vor und nach Erreichen der Maximalamplitude, insbesondere auch nicht über die Frequenz der Bewegung und ihre Veränderung mit η. Numerische Erfahrungen auf Analog- und Digitalrechnern erlauben jedoch folgende Feststellungen:

1. Der ungedämpfte Schwinger, $D = 0$, schwingt nach dem Überschreiten der Resonanz mit seiner Eigenfrequenz $\varkappa$ (schon von Pöschl, Lit. 4.41/1, aus den Fresnelschen Integralen erschlossen) und einer Amplitude, die nur relativ wenig unter dem Wert y_{max} liegt (siehe auch Abb.4.42/2).

2. Der gedämpfte Schwinger, $D > 0$, schwingt im ganzen Frequenzbereich η im wesentlichen mit der Frequenz $\Omega = \Lambda t$ der Erregung. Die Amplituden des Ausschlags y gehen mit wachsender Frequenz η gegen jene Werte V_{3max}, die sie bei diesen Frequenzen η und bei der vorhandenen Dämpfung D im stationären Fall $\zeta = 0$ hätten, und zwar nähern sie sich diesen Werten $V_{3max}(\eta)$ umso rascher, je kleiner ζ und je größer D ist.

Die in den Abbildungen und Diagrammen 4.42/1 bis 4.42/5 dargestellten Ergebnisse beziehen sich alle auf positive Werte ζ, d.h. auf den Anlauf. Auch für den Auslauf, $\zeta < 0$, sind mit Hilfe von Analog- und Digitalrechnern Bewegungsschaubilder und Hüllkurven gewonnen worden. Diese Kurven sind hier nicht wiedergegeben. Die Lehren, die sich aus ihnen ablesen lassen, lauten:

1. Während beim Anlauf die Stelle η_R von der bei $\zeta = 0$ geltenden Stelle $\eta_3 = \sqrt{1-2D^2}$ nach rechts (zu größeren Werten η) verschoben wird (und zwar umso weiter, je größer ζ ist), wird diese Stelle η_R beim Auslauf nach links (zu kleineren Werten η) hin verschoben. Der Betrag der Verschiebung $\Delta\eta = |\eta_3 - \eta_R(\zeta)|$ ist dabei für Auslauf und Anlauf etwa derselbe, wenn die Beträge von ζ dieselben sind. Anders ausgedrückt: In Abb.4.42/5 gehen die für $\zeta<0$ geltenden Kurven aus den für $\zeta>0$ gezeichneten durch "Spiegelung" an der Kurve $\zeta = 0$ hervor. Eine solche Kurve $\eta_R(D)$ ist für $\zeta = -4\cdot 10^{-3}$ in Abb.4.42/5 gestrichelt eingetragen. Die übrigen muß man sinngemäß ergänzen.

2. Die Höhe y_{max} ist ebenfalls etwa die gleiche, wenn ζ für Auslauf und Anlauf den gleichen Betrag hat; die Diagramme 4.42/3 und 4.42/4 können daher auch für die entsprechenden negativen ζ-Werte benutzt werden.

Ergebnisse wie diese hat auch schon Lewis, Lit.4.41/4, aus seinen Rechnungen erhalten.

Für den ungedämpften Schwinger ($D=0$) haben R.L. Fearn und K. Millsaps, Lit.4.42/1, die Hüllkurve mit Hilfe der Fresnelschen Integrale explizit berechnet und daraus die Resonanzstelle η_R und den Größtausschlag y_{max} sowohl für Anlauf wie für Auslauf bestimmt. In unserer Bezeichnungsweise lauten ihre Ergebnisse (obere Zeichen für Anlauf, untere für Auslauf)

$$\eta_R = 1 \pm 2{,}15\sqrt{\zeta} \tag{4.42/1}$$

und

$$y_{max} = 1{,}47/\sqrt{\zeta} \mp 0{,}25 + 0{,}025\sqrt{\zeta}$$

oder (für die hier betrachteten Werte ζ genügend genau)

$$y_{max} = 1{,}47/\sqrt{\zeta} \mp 0{,}25 \quad . \tag{4.42/2}$$

Die aus diesen Gleichungen resultierenden Werte stimmen mit den in den Abb.4.42/3, 4.42/4 und 4.42/5 angegebenen überein.

4.43 Unwuchterregung

Wir betrachten den Schwinger B mit der Dgl.(4.41/14) als Bewegungsgleichung und beschränken uns darauf, Schriebe und Diagramme anzugeben, die denen des Schwingers A von Abschn.4.42 entsprechen; sie sind auf die nämliche Weise wie jene zustande gekommen. Zwei typische Anlaufvorgänge zeigt Abb.4.43/1. Für sie beträgt die Anlaufgeschwindigkeit $\zeta^* = 16\cdot 10^{-3}$; der Bildteil a) gilt für $D^*=0$, der Bildteil b) für $D^*=0{,}15$. Als Ordinaten sind Werte y, als Abszissen Werte η^* gemäß (4.41/12) aufgetragen. In die Schriebe ist ferner gestrichelt jener Verlauf von y eingetragen, der sich im stationären Fall, $\Omega = \text{const}$, $\zeta = 0$, ergäbe. Man erkennt für den Fall $D^* \neq 0$: Erstens, hier (für den Schwinger B) gehen beide Kurven bei $\eta^* \gg 1$ gegen $y=1$ und nicht (wie beim Schwinger A) gegen $y=0$; zweitens, die Frequenz der Bewegung ist (wie beim Schwinger A) überall die der Erregung.

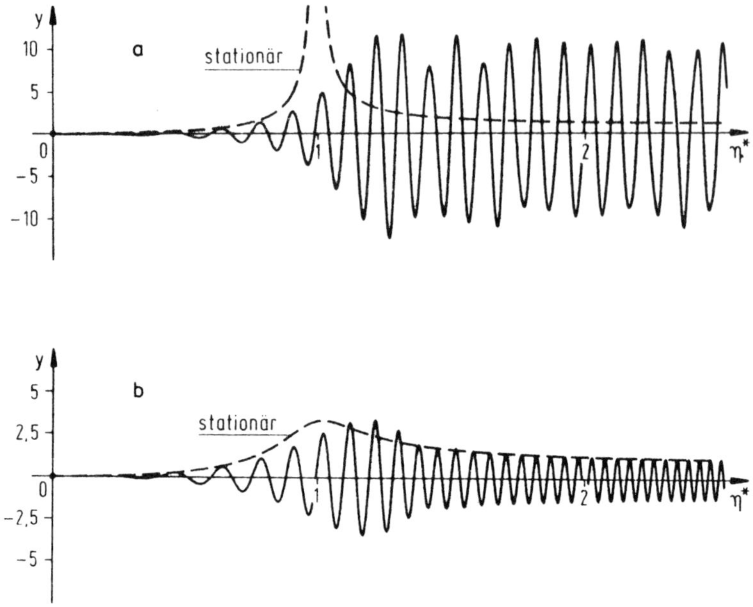

Abb.4.43/1. Anlaufvorgänge mit $\zeta^* = 0{,}016$ für $D^* = 0$ (a) und $D^* = 0{,}15$ (b)

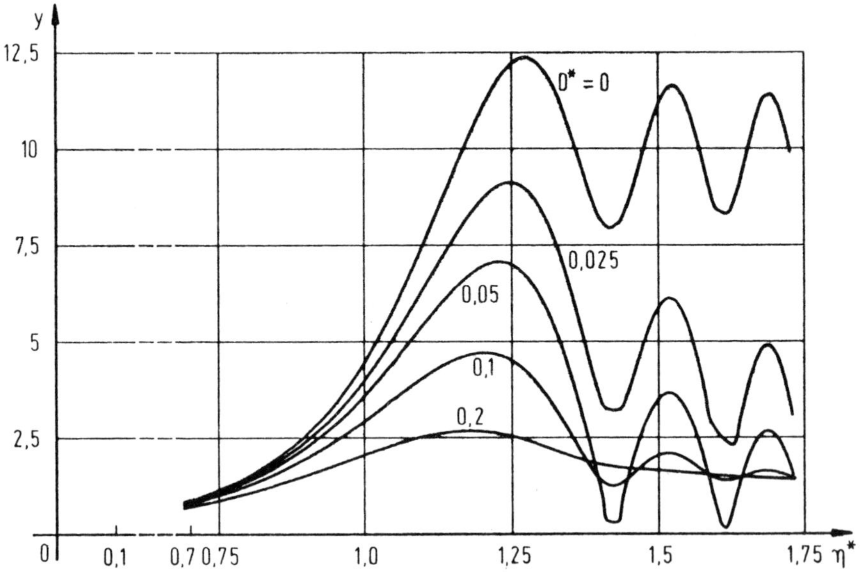

Abb.4.43/2. Hüllkurven für $\zeta^* = 0{,}016$ und verschiedene Werte von D^*

Im ungedämpften Fall ($D^* = 0$) bewegt sich für Frequenzen $\eta^* > 1$ der Schwinger A mit seiner Eigenfrequenz; der Schwinger B bewegt sich jedoch auch für $D^* = 0$ im ganzen Frequenzbereich mit der Erregerfrequenz.

Die der Abb.4.42/2 entsprechenden Hüllkurven sind nun in Abb. 4.43/2 aufgetragen. Die Stelle η_R^* des Maximums y_{max} verschiebt sich hier mit zunehmender Dämpfung D^* zunächst nach links, dann wieder nach rechts. Abb.4.43/3 (die der Abb.4.42/5 des Schwingers A entspricht) bringt die Erklärung: Wie beim Schwinger A nähern sich auch

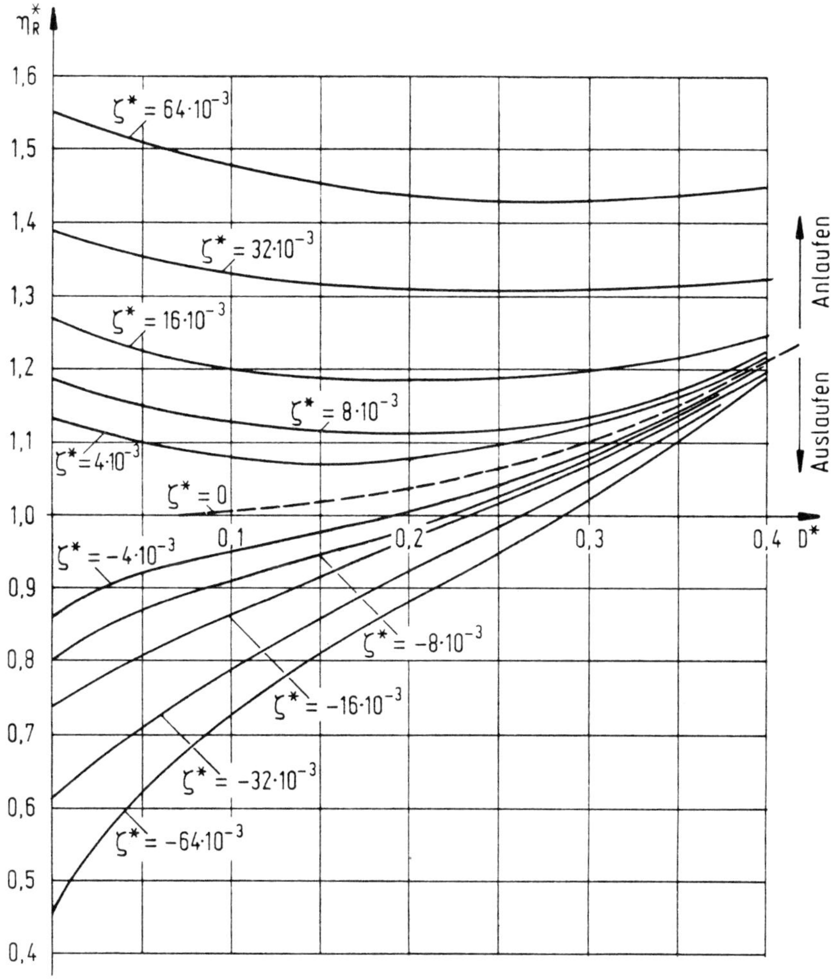

Abb.4.43/3. "Resonanzstelle" η_R^*, aufgetragen über D^*; Scharparameter ζ^*

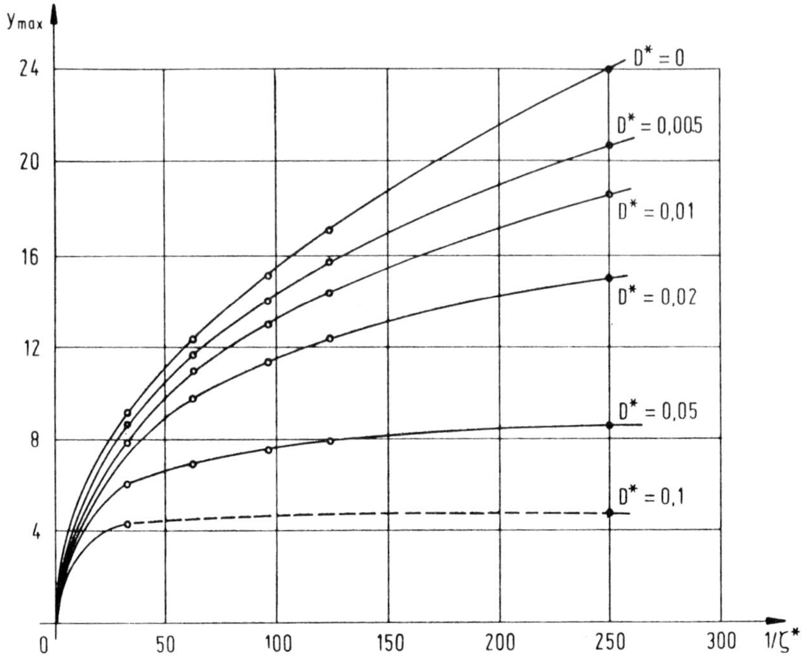

Abb.4.43/4. Maximalwerte y_{max}, aufgetragen über $1/\zeta^*$; Scharparameter D^*

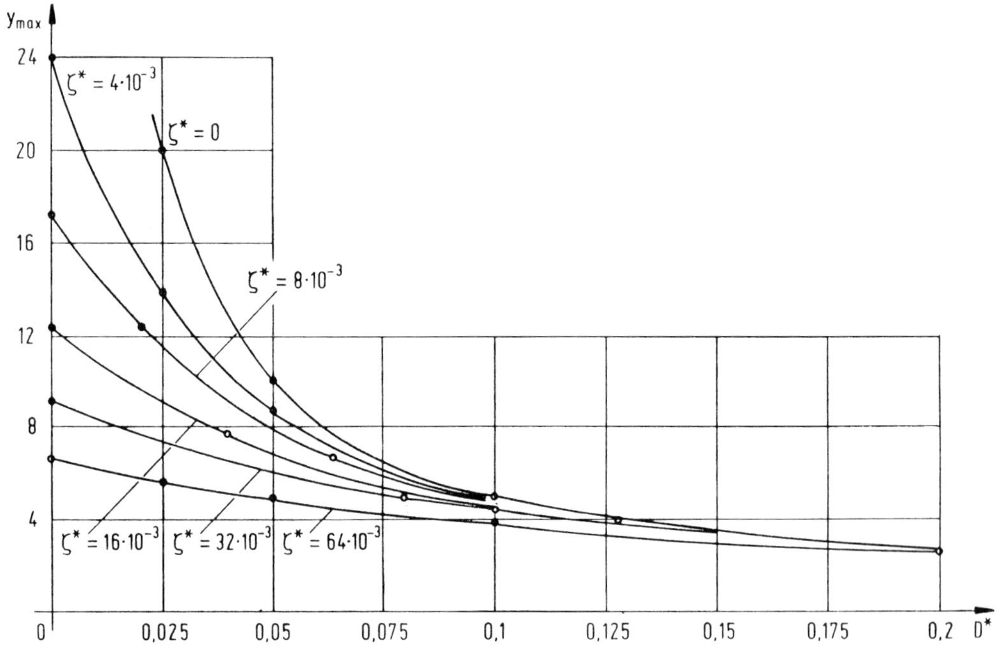

Abb.4.43/5. Maximalwerte y_{max}, aufgetragen über D^*; Scharparameter ζ^*

hier beim Schwinger B die Kurven mit positivem ζ^*, wenn $|\zeta^*|$ abnimmt, der Kurve $\zeta^* = 0$ des stationären Falles; die η_R^* nehmen ab. Während aber im Fall A die Kurve für $\zeta = 0$ mit wachsendem D selbst fällt, steigt sie im Falle B. Im Falle A nehmen die Werte η_R mit wachsendem D also monoton ab, im Falle B wirken die Einflüsse einander entgegen, die Kurven zeigen Extrema. Abb.4.43/3 zeigt weiter: Für den Schwinger B liegen die Werte η_R^* nur für $D^* = 0$ symmetrisch zur "stationären Kurve" $\zeta^* = 0$; mit wachsender Dämpfung nehmen die Verschiebungen von η_R^* (gegenüber der Kurve $\zeta^* = 0$) beim Auslaufen beträchtlich stärker ab als beim Anlaufen.

Die Abb.4.43/4 und 4.43/5 zeigen (in Analogie zu den Abb.4.42/4 und 4.42/5) die Maximalausschläge y_{max} einmal über $1/\zeta^*$ aufgetragen mit D^* als Scharparameter, zum anderen über D^* aufgetragen mit ζ^* als Scharparameter. Die Werte für Anlaufen, $\zeta^* > 0$, liegen jetzt höher als beim Schwinger A. Für den Auslaufvorgang können nicht wie bei A die Anlaufkurven wieder verwendet werden. Die Werte des Auslaufens liegen bis zu 30 % unter denen des Anlaufvorganges.

Das Diagramm 4.43/5 zeigt, daß man auch beim Schwinger B, wenn D^* den Wert 0,1 (oder gar 0,2) überschreitet, nicht mehr "instationär" zu rechnen braucht.

Oben war vorausgesetzt worden, das den Rotor antreibende Drehmoment E(t) sei so beschaffen, daß die zweite Gl.(4.41/10) identisch befriedigt wird. Diese Voraussetzung ist wohl kaum erfüllbar. Realistischer ist es, eine Motorkennlinie $E = M_0 \mp N\dot{\varphi}$ anzunehmen, im besonderen Fall $N = 0$ also ein Moment konstanten Betrags M_0. Mit dieser Annahme zeigt sich, daß es einen k r i t i s c h e n W e r t für M_0 gibt, unterhalb dessen die Resonanzstelle $\eta^* = 1$ überhaupt nicht durchfahren werden kann, weil die Antriebsenergie vollständig in die Schwingung hineinfließt, und daß der Schwinger nur dann über die Resonanzstelle hinweggebracht werden kann, wenn M_0 größer ist als der kritische Wert. Untersuchungen zu dieser Frage stammen schon von A. Sommerfeld, Lit. 4.43/1, spätere von R. Grammel, Lit.4.43/2. Weiterhin hat J. Fernlund, Lit.4.43/3, Beiträge geleistet. Zufriedenstellend und abschließend ist die Frage jedoch noch nicht beantwortet.

Weitere Untersuchungen über die Rückwirkungen verschiedener Arten von Schwingern auf die Antriebe hat V.O. Kononenko und im Anschluß daran sowohl W. Hübner, Lit.4.43/4, wie auch H. Christ, Lit. 4.43/5 und 4.43/6, angestellt. Wir müssen es bei diesen Hinweisen belassen.

4.5 Nicht-periodische, stoßartige Einwirkungen

4.50 Übersicht

Der Klasse der stoßartigen Einwirkungen wurde in den Lehrbüchern der Schwingungstechnik bisher wenig Aufmerksamkeit geschenkt. Erst in jüngerer Zeit finden sich Ansätze für eine einheitliche und nach übergeordneten Gesichtspunkten ausgerichtete Behandlung. Anregend waren hierbei die systematischen Arbeiten auf dem Gebiet der Regelungs- und Nachrichtentechnik und die dort entwickelten mathematischen Methoden.

In der Klasse der stoßartigen Einwirkungen wollen wir jene nichtperiodischen Einwirkungen zusammenfassen, die eine begrenzte Dauer haben und in einem gewissen (noch anzugebenden) Sinne den Charakter der Einmaligkeit aufweisen. Es sind dies vor allem die relativ kurzzeitigen Einwirkungen oder Änderungen, wie z.B. Kraft- und Bewegungsstöße, rasche Be- und Entlastungen, rasche Lage- oder Geschwindigkeitsänderungen. Wir fassen diese Einwirkungen deshalb zu einer Klasse zusammen, weil sie in einer ihrer zeitlichen Ableitungen ein bestimmtes gemeinsames Merkmal zeigen und daher einheitlich behandelt werden können.

Die hier betrachteten stoßartigen Einwirkungen sind vorgegebene Funktionen der Zeit, die [wie etwa die Beispiele (4.51/1a) oder (4.51/1b) zeigen] als Störfunktionen in die Bewegungsdifferentialgleichung eines einläufigen Schwingers eingehen. Es ist also ein einziger Körper im Spiel; die Einwirkungen sind bestimmt; Rückwirkungen werden nicht betrachtet. Damit scheiden vor allem jene Vorgänge aus den hier anzustellenden Untersuchungen aus, bei denen zwei oder mehr Körper zusammentreffen, zusammenstoßen und gegenseitig aufeinander wirken (sog. Kollisionen).

Als Kurzbezeichnung für eine stoßartige Einwirkung und ihre Folgen wird neuerdings auch in der deutschsprachigen Literatur häufig das Wort Schock verwendet. Wir werden es weiterhin als Kürzel ebenfalls gebrauchen.

Eine weitere Anmerkung zum Sprachgebrauch: In diesem Hauptabschnitt 4.5 werden wir statt von Einwirkung oder von Erregung gelegentlich auch von (Stoß-)Anregung sprechen, wie dies in der Literatur bei den hier betrachteten Vorgängen häufig geschieht.

Stoßartige Einwirkungen und ihre Folgen bieten eine sehr große Vielfalt von Erscheinungen und Ergebnissen. Jeder Versuch, auf diesem Gebiet allein durch Integrieren von Bewegungsgleichungen zu Einsichten und Überblicken zu gelangen, muß an einem Wust von Fakten und Zahlen scheitern. Das Ziel, die Übersicht zu bewahren, fordert zu umfassenden Näherungsbetrachtungen geradezu heraus. Die Probleme des Schocks erweisen sich als Paradefeld für solche Untersuchungen.

Näherungen bilden daher das Grundthema in diesem Hauptabschnitt 4.5. Die wesentlichen der hier dargestellten Überlegungen und Ergebnisse gehen dabei auf K.-E. Meier-Dörnberg zurück. Zu ihnen zählen neben anderen:

erstens, das Beschreiben und Klassifizieren von Schockeinwirkungen durch das Schockpolygon (Abschn.4.53);

zweitens, die darauf aufbauende Betrachtung für die Systemantwort, das bewertete Schockpolygon oder Schockantwortpolygon (Abschn.4.58);

drittens, das Darstellen von Grenzen für die Schockverträglichkeit durch das Schockverträglichkeitspolygon (Abschn.4.59).

Von K.-E. Meier-Dörnberg liegt eine Reihe von Einzelarbeiten vor. In der Schrifttumsliste zu diesem Hauptabschnitt 4.5 werden sie, anders als hier sonst üblich, stets unter dem Hinweis Lit.4.50/X zitiert.

4.51 Die Bewegungsgleichung und ihre Lösungsansätze

In den Abschn.4.12 und 4.13 wurde für den einläufigen linearen Schwinger die Bewegungsdifferentialgleichung mit einer allgemeinen Störfunktion bereits diskutiert. Wir stellen die Ergebnisse im Unterabschnitt α kurz zusammen:

α) Die Bewegungsgleichung bei Kraft- und bei Fußpunktsanregung

Sowohl für die Kraftanregung (durch Störkräfte) als auch für die Fußpunktsanregung (vgl. Abb.4.13/1) hat die Differentialgleichung die Form

$$\ddot{q} + 2\delta\dot{q} + \varkappa^2 q = a(t) \quad . \tag{4.51/1a}$$

Bei Kraftanregung bedeutet

q den Absolutweg; er ist hier auch der Verformungsweg der Bindung,

$\ddot{q}$ die Absolutbeschleunigung,

$a(t) = F/m$ die auf die Masse m bezogene einwirkende Kraft $F(t)$,

$-(2\delta\dot{q} + \varkappa^2 q) =: a_B := F_B/m$ die auf die Masse m bezogene Bindungs- oder Bodenkraft F_B; sie ist in der gleichen Richtung positiv gezählt wie F.

Bei Fußpunktsanregung schreiben wir zur Unterscheidung die Differentialgleichung in der Regel mit den Bezeichnungen

$$\ddot{z} + 2\delta\dot{z} + \varkappa^2 z = \ddot{u}(t) \quad . \tag{4.51/1b}$$

Jetzt stehen anstelle des Absolutweges q und der einwirkenden Kraft $a(t)$ der Relativweg $z := u - q$ (er ist zugleich der Verformungsweg der Bindung) bzw. die Beschleunigung $\ddot{u}(t)$ der Fußpunktsbewegung $u(t)$. Die auf die Masse m bezogene Bindungskraft $2\delta\dot{z} + \varkappa^2 z$ ist hier gleich der Absolutbeschleunigung $\ddot{q}$.

Zum Lösen der Differentialgleichung bieten sich zwei Wege an, die wir anhand der Tafel 4.51/I besprechen und einander gegenüberstellen wollen, nämlich

1) die Beschreibung der Vorgänge durch ihre Zeitfunktionen; wir sprechen dabei auch von "Operationen im Originalraum" (Tafel 4.51/I, linke Spalte)

2) die Beschreibung der Vorgänge durch ihre Spektralfunktionen, d.h.

Tafel 4.51/I. Gegenüberstellung von Rechenoperationen im Originalraum und im Bildraum

	Originalraum (Zeitfunktion)	Bildraum (Spektralfunktion)
1	Beschreibende Gleichung	
	Differentialgleichung $\ddot{q} + 2\delta\dot{q} + \varkappa^2 q = a(t)$	Algebraische Gleichung $\underline{Q}(-\Omega^2 + 2\delta i\Omega + \varkappa^2) = \underline{A}(\Omega)$
2	Einwirkung (Eingang)	
	Zeitfunktion 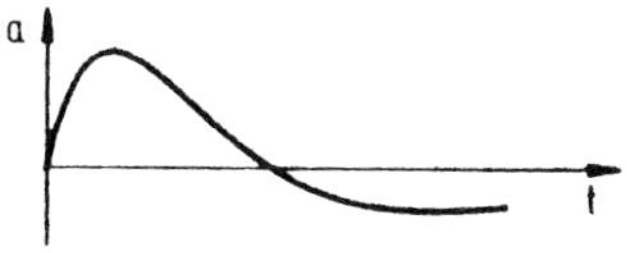	Spektralfunktion $\underline{A}(\Omega)$ 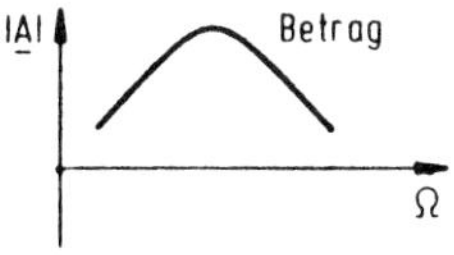 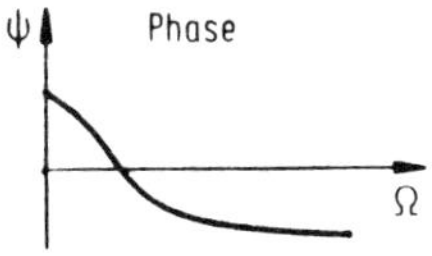
3	„Übergangsfunktion" des Systems	
	Gewichtsfunktion $g(t) = \frac{1}{\nu} e^{-\delta t} \sin \nu t$ 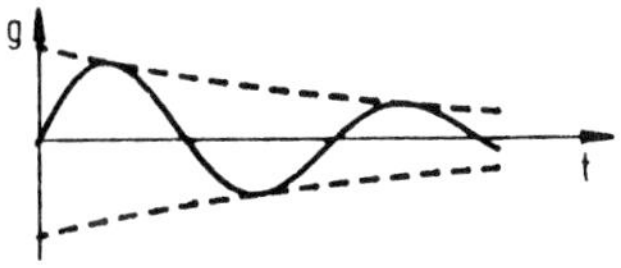	Vergrößerungsfunktion $\underline{G}(\Omega) = \frac{1}{-\Omega^2 + 2\delta i\Omega + \varkappa^2}$ 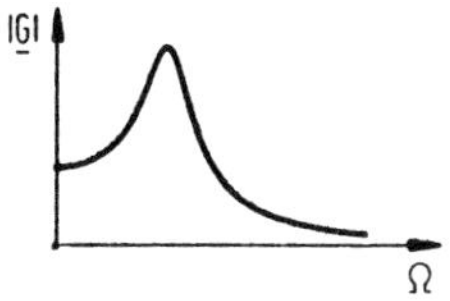 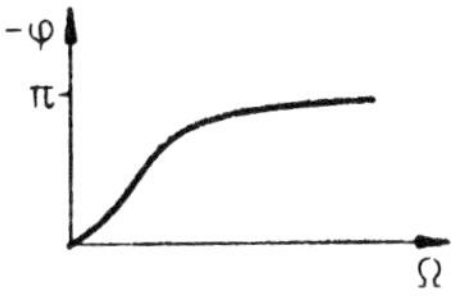
4	Antwort des Systems (Ausgang)	
	Faltungsintegral (Duhamel - Integral) $q(t) = \int_0^t a(\tau) g(t-\tau)\, d\tau$ $=: a * g$	Produkt aus Spektralfunktion des Eingangs und Vergrößerungsfunktion des Systems. $\underline{Q}(\Omega) = \frac{\underline{A}(\Omega)}{-\Omega^2 + 2\delta i\Omega + \varkappa^2}$ $=: \underline{A} \cdot \underline{G}$

durch ihre Laplace-Transformierten oder Fourier-Transformierten; wir sprechen hier auch von "Operationen im Bildraum" (Tafel 4.51/I, rechte Spalte).

β) Die Lösung als Zeitfunktion, das Faltungsintegral

Die Operationen im Originalraum wurden in Abschn.4.12 und 4.13 bereits ausführlich vorbereitet. Die beschreibende Gleichung ist die Bewegungsdifferentialgleichung (4.51/1). Die Einwirkung ist als Zeitfunktion $a(t)$ gegeben. Das Übertragungsverhalten, also die mechanischen Eigenschaften des Schwingers, wird durch die Gewichtsfunktion $g(t)$ beschrieben. Sie ist die Antwort auf den idealen Einheitsstoß (Dirac-Funktion) und hat die Dimension einer reziproken Zeit. Die Antwort q_p des Systems auf die Einwirkung $a(t)$ ergibt sich durch "Faltung" von $a(t)$ mit der Gewichtsfunktion $g(t)$, [vgl. (4.12/8c)],

$$q_p = \int_0^t a(\tau)\, g(t-\tau)\, d\tau =: a * g \quad . \tag{4.51/2}$$

Wenn die Einwirkung $a(t)$ die Dimension einer Beschleunigung hat und $g(t)$ die Systemantwort auf den (dimensionslosen) Dirac-Stoß ist, liefert die Faltung $a * g$ den Weg $q(t)$ des durch $a(t)$ aus der Ruhe angeregten Systems.

γ) Die Lösung als Spektralfunktion, das Fourier-Integral

Lösungsansätze mit Hilfe der Fourier- oder Laplace-Transformation werden erstmals in diesem Abschn.4.5 besprochen, da sich ihre Vorteile vor allem bei der Behandlung stoßartiger Vorgänge zeigen. Die Regeln für die Transformationen wurden bereits in den Abschn.1.44 und 1.45 behandelt. Wir wollen hier nur an die wichtigsten jener Ergebnisse und Rechenregeln erinnern:

Durch die Fourier-Transformation wird eine beliebige Zeitfunktion $x(t)$ auf ihre Spektralfunktion $\underline{X}(\omega)$ abgebildet. Die Transformationsgleichung - das Fourier-Integral - lautet [siehe Gl.(1.44/6)]

$$\underline{X}(\omega) = \int_{-\infty}^{+\infty} x(t)\, e^{-i\omega t}\, dt \quad . \tag{4.51/3}$$

Im Falle nichtperiodischer Zeitfunktionen $x(t)$ erhält man kontinuierliche Spektralfunktionen $X(\omega)$. Für ihre Dimension gilt $\dim(X(\omega)) = \dim(x)\cdot\dim(T)$.

Die Laplace-Transformation hat formal den gleichen Aufbau (vgl. Abschn.1.45):

$$\underline{X}(\underline{p}) = \int_0^\infty x(t)\, e^{-\underline{p}t}\, dt \quad . \tag{4.51/3a}$$

Beschränkt man sich auf Zeitfunktionen $x(t)$, die nur für $t > 0$ existieren, und setzt man den Laplaceschen Operator $p = i\omega$ (setzt man also den sog. konvergenzerzeugenden Faktor α gleich 0), so kann man die Fourier-Transformation durch die Laplace-Transformation ersetzen und deshalb die hierfür bekannten Rechenregeln und Umrechnungstabellen benutzen (Lit.1.45/1 und 1.45/2).

Für die einander gleichwertigen Rechenoperationen im Originalraum (für die Zeitfunktion) und im Bildraum (für die Spektralfunktion) gelten folgende Entsprechungen:

Originalraum		Bildraum	
$x(t)$	⟷	$\underline{X}(\omega)$	
Differentiation[1]	⟷	Multiplikation mit $i\omega$	(4.51/4)
Integration	⟷	Division durch $i\omega$	
Differentialgleichung	⟷	algebraische Gleichung	

Wir wenden uns nun wieder dem Schema in Tafel 4.51/I zu und verfolgen die Entsprechungen zwischen der linken und der rechten Spalte.

Durch die Transformation wird die Ausgangs-Differentialgleichung wegen $q(t) \to \underline{Q}(\Omega)$, $\dot{q}(t) \to i\Omega\underline{Q}(\Omega)$, $\ddot{q}(t) \to -\Omega^2\underline{Q}(\Omega)$ und $a(t) \to \underline{A}(\Omega)$ zur al-

---

[1] Merke: Die vollständige Differentiationsregel lautet [siehe Abschn. 1.45, insbes. Gl.(1.45/13)]

$$\frac{dx}{dt} \longrightarrow i\omega\underline{X} - x(0) \quad , \tag{4.51/4a}$$

wobei $x(0)$ der Wert der Zeitfunktion zur Zeit $t = 0$ ist. Im Bildraum tritt also beim Differenzieren ein Zusatzglied auf, im Originalraum dagegen beim Integrieren (Integrationskonstante).

gebraischen Gleichung

$$\underline{Q}(-\Omega^2 + 2\delta i\Omega + \varkappa^2) = \underline{A}(\Omega) \quad . \tag{4.51/5}$$

In ihr stehen anstelle der Zeitfunktionen $\ddot{q}$, $\dot{q}$, q und a deren komplexe Spektralfunktionen. Der Buchstabe Ω anstelle von ω wurde hier gewählt, um darauf hinzuweisen, daß es sich um die Spektralfrequenzen der Einwirkung, also um "Erregerfrequenzen" handelt.

Das "Übertragungsverhalten" des Systems (die Beziehung zwischen den Spektralfunktionen $\underline{Q}(\Omega)$ des "Ausgangs" und $\underline{A}(\Omega)$ des "Eingangs") wird durch den Quotienten

$$\frac{\underline{Q}(\Omega)}{\underline{A}(\Omega)} = \frac{1}{-\Omega^2 + 2\delta i\Omega + \varkappa^2} =: \underline{G}(\Omega) \tag{4.51/6}$$

beschrieben. Die Bezeichnung $\underline{G}(\Omega)$ für den Quotienten soll die Entsprechung zur Gewichtsfunktion betonen. $\underline{G}(\Omega)$ nach (4.51/6) ist auch tatsächlich die Transformierte zu g(t), wie man formelmäßig ausrechnen oder aus Transformationstabellen ablesen kann. Anders ausgedrückt: Die Systemantwort als Spektralfunktion,

$$\underline{Q}(\Omega) = \underline{G}(\Omega)\cdot\underline{A}(\Omega) \quad , \tag{4.51/7}$$

ist das Produkt aus Spektralfunktion der Einwirkung und Spektralfunktion der Gewichtsfunktion.

Der Quotient $\underline{G}(\Omega)$ in (4.51/6) ist uns jedoch schon bekannt: er bedeutet [siehe Gln.(4.21/7) und (4.21/12)] den mit $1/\varkappa^2$ multiplizierten Vergrößerungsfaktor $\underline{V}_3$ des Systems:

$$\underline{G}(\Omega) = \frac{1}{\varkappa^2}\underline{V}_3(\eta) \quad . \tag{4.51/8}$$

Dieser Zusammenhang ist verständlich: Mit Hilfe der Fourier-Transformation wird ja die Einwirkung a(t) und die Antwort q(t) in eine (unendliche) Reihe von sinusförmigen Einzelschwingungen mit den Amplituden $\underline{\hat{a}} \equiv \underline{\hat{F}}/m =: \underline{A}$ bzw. $\underline{\hat{q}} =: \underline{Q}$ zerlegt; ihr Zusammenhang wird durch (4.21/7) oder (4.21/12) beschrieben, also durch (4.51/7).

Statt die Dgl.(4.51/1a) im Originalbereich mit Hilfe des Faltungsintegrals zu lösen, wodurch man q in der Form (4.51/2) findet, kann man die Einwirkung a(t) in den Bildbereich zu $\underline{A}(\Omega)$ transformieren, diese algebraische Funktion mit der Vergrößerungsfunktion $\underline{G}(\Omega)$ multiplizieren und das Produkt gegebenenfalls wieder in den Originalraum zurücktransformieren.

Der Umweg über den Bildraum bietet zwei wesentliche Vorteile, vor allem, weil für eine große Anzahl von Funktionen die Transformationen und Rücktransformationen bekannt und in Tabellen verfügbar sind:

1. Im Bildraum lassen sich die mathematischen Zusammenhänge und Umformungen übersichtlicher darstellen.
2. Man erhält gleichzeitig die Spektren (sowohl nach Betrag wie auch Phase) zu den untersuchten Zeitfunktionen q(t), d.h. wertvolle zusätzliche Informationen über den "Frequenzcharakter" des Vorganges.

Andererseits ist die Anwendung des Faltungsintegrals (4.51/3), also die unmittelbare Berechnung im Originalraum, immer dann vorteilhaft oder gar unvermeidbar, wenn

1. nicht auf fertig vorliegende Transformationsbeziehungen zurückgegriffen werden kann,
2. Näherungsbetrachtungen angestellt oder Extremwerte abgeschätzt werden sollen.

Um die jeweiligen Vorteile auszunutzen, werden wir uns je nach Fragestellung oder Sachlage des einen oder des anderen Lösungsweges bedienen.

Ehe wir uns der Diskussion spezieller Lösungen der Dgl.(4.51/1), also der Systemantwort, zuwenden, wollen wir uns in dem nun folgenden Abschn.4.52 zunächst einen Überblick über die verschiedenen Typen von stoßartigen Einwirkungen verschaffen. Dabei werden wir ausführlich auch die Beziehungen zwischen den jeweiligen Zeitfunktionen und ihren Spektralfunktionen betrachten.

4.52 Stoßartige Vorgänge sowie ihre Beschreibung durch Zeitfunktionen und Spektralfunktionen

α) Die Grundtypen stoßartiger Funktionen

Unter der Bezeichnung "stoßartige Funktionen" greifen wir aus der Vielfalt transienter Funktionen der Zeit eine besondere Klasse von Funktionen heraus. Sie weisen das Merkmal einer gewissen "Einmaligkeit" in ihrem Zeitverlauf auf. In Tafel 4.52/I sind die wichtigsten Typen der stoßartigen Funktionen als Grundtypen I bis IV zusammengestellt und definiert.

Anmerkung: Der Zeitverlauf einer dimensionslosen Größe wird durch den Zusatz "Funktion" zur Typenbezeichnung gekennzeichnet, der Verlauf der entsprechenden physikalischen Größe durch Vorsetzen ihrer Dimension vor die Typenbezeichnung. Auf die Dimension (die für jeden Typ in der Tafel 4.52/I die einer beliebigen physikalischen Größe sein kann) kommt es uns zunächst nicht an, sondern nur auf den Charakter der Zeitfunktion.

Die einzelnen Typen haben definitionsgemäß folgende Eigenschaften:

Typ I: Das Integral über den Bereich $0 < t < t_e$ verschwindet,

$$\int_0^{t_e} a(t)\,dt =: \check{a}(t_e) =: \check{a}_e = 0 \quad . \tag{I}$$

Typ II: Das Integral über den genannten Bereich hat einen endlichen (nennenswerten) Betrag,

$$\int_0^{t_e} a(t)\,dt =: \check{a}(t_e) =: \check{a}_e \neq 0 \quad . \tag{II}$$

Typ III: Der Funktionswert a(t) geht für $t \to t_e$ gegen einen festen, endlichen Wert,

$$\lim_{t \to t_e} [a(t)] =: a_e \quad . \tag{III}$$

Typ IV: Die Ableitung $\dot{a}$ (die Steigung) der Funktion a(t) geht für $t \to t_e$ gegen einen festen, endlichen Wert,

$$\lim_{t \to t_e} [\dot{a}(t)] =: \dot{a}_e \; . \qquad (IV)$$

Man erkennt aus der Tafel: Wenn eine Funktion einem bestimmten Typ zugehört (z.B. dem Typ II), so ist ihr Integral vom darunterstehenden Typ (z.B. dem Typ III), ihre Ableitung vom darüberstehenden (z.B. dem Typ I).

Tafel 4.52/I. Die vier Grundtypen stoßartiger Funktionen

Typ	Zeitverlauf $a(t)$	Ist die Funktion dimensionslos, so heißt sie:	Hat die Funktion die Dimension einer Beschleunigung, so heißt sie:	Hat die Funktion die Dimension einer Kraft, so heißt sie:
I	$\int_0^{t_e} a\,dt = 0$, $a(t \geq t_e) = 0$	Wechselstoß - Funktion	Beschleunigungs - wechselstoß	Kraft - wechselstoß
II	$\int_0^{t_e} a\,dt \neq 0$, $a(t \geq t_e) = 0$	Stoß - Funktion	Beschleunigungs - stoß	Kraft - stoß
III	$\dot{a}(t \geq t_e) = 0$	Sprung - Funktion	Beschleunigungs - sprung	Kraft - sprung
IV	$\ddot{a}(t \geq t_e) = 0$	Anstiegs - Funktion	Beschleunigungs - anstieg	Kraft - (oder Last-) anstieg

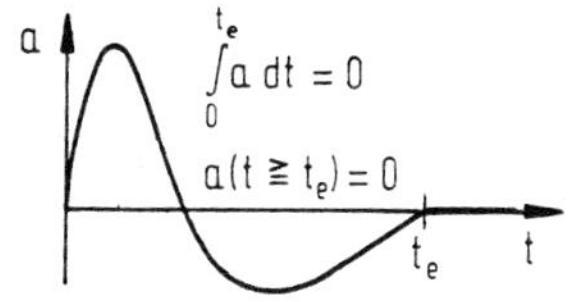

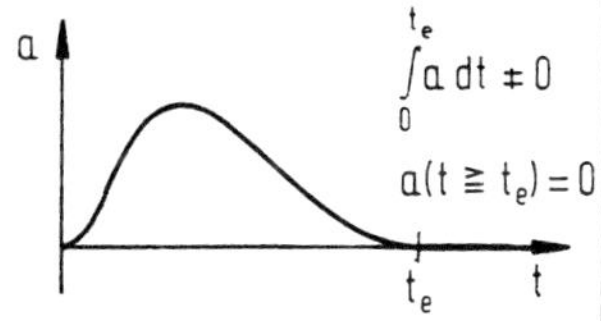

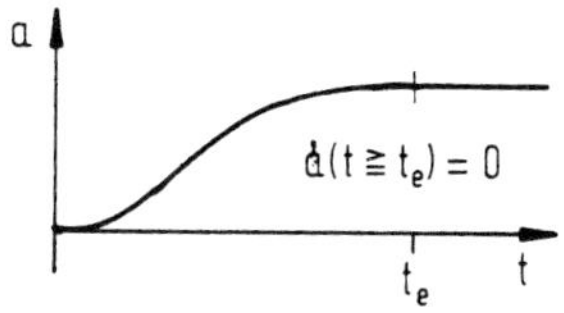

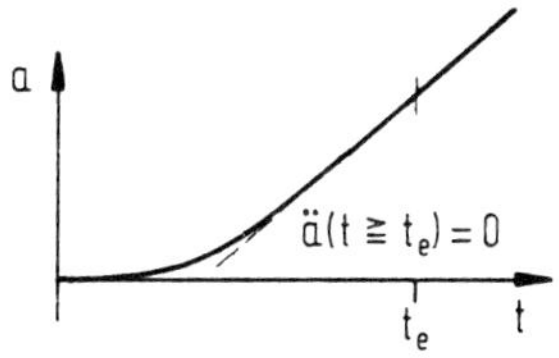

Um nun die Klasse der stoßartigen Funktionen festlegen zu können, greifen wir aus dem Typenverzeichnis den Typ II, die Stoßfunktion, heraus und definieren:

S t o ß a r t i g e F u n k t i o n e n (Zeitverläufe) sind solche Funktionen, die sich durch Differentiation oder durch Integration auf eine S t o ß f u n k t i o n (Typ II) zurückführen lassen.

Das Zeitintervall $0 \leqq t \leqq t_e$ heißt die S t o ß d a u e r.

B e i s p i e l : Der Vorgang sei etwa ein Beschleunigungsstoß a(t), Typ II; dann ist

$da/dt =: \dot{a}(t) = r(t)$	ein Ruckwechselstoß, Typ I
$a(t)$	der Beschleunigungsstoß, Typ II
$\int a\,dt =: \check{a}(t) = v(t)$	ein Geschwindigkeitssprung, Typ III
$\iint a\,dtdt =: \check{\check{a}}(t) = s(t)$	ein Weganstieg, Typ IV.

Die Zeitableitung kürzen wir - wie üblich - durch einen Punkt (z.B. $\dot{a}$) ab; das Zeitintegral - hier - durch ein auf dem Kopf stehendes Dach (z.B. $\check{a}$).

Man sieht: Ein Beschleunigungsstoß vom Typ II ist ein Vorgang, der auch durch einen Ruckwechselstoß vom Typ I dargestellt (oder beschrieben) werden kann; eine Anfahrbewegung, d.h. ein Weganstieg, vom Typ IV ist ein Vorgang, der auch als Geschwindigkeitssprung vom Typ III oder als Beschleunigungsstoß vom Typ II usw. beschrieben werden kann. Um einen der Vorgänge eindeutig zu kennzeichnen, muß außer dem Funktionstyp stets auch die Dimension angegeben werden, die diesem Typ zukommt.

Anmerkung zum Typ II: In der Tafel 4.52/I ist als Beispiel einer Stoßfunktion eine Funktion a(t) gezeichnet, die dauernd positive Werte hat. Das muß aber nicht so sein. Die in der Abb.4.52/1 wiedergegebene Funktion a(t) weist auch negative Werte auf. Trotzdem paßt auf sie ebenfalls die Definition des Typs II. Es wird ja nur verlangt, daß $\check{a}(t_e)$ von nennenswertem Betrage sei, daß sich also die Flächen über und unter der Zeitachse nicht tilgen.

β) Die Einschaltfunktionen und ihre Spektren

Geht in den stoßartigen Funktionen der Tafel 4.52/I die Stoßdauer

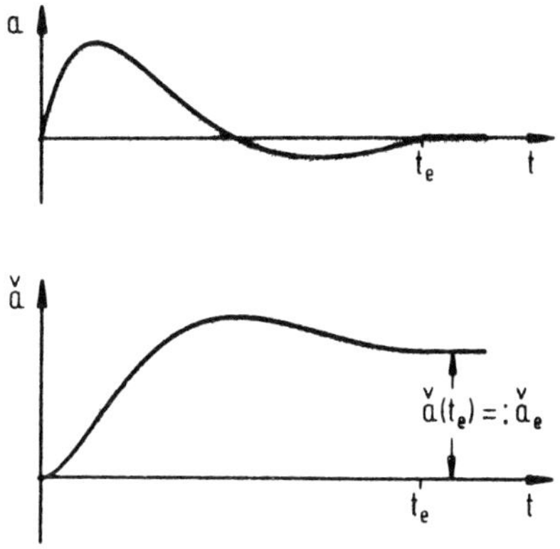

Abb.4.52/1.
Stoßfunktion $a(t)$ mit wechselndem Vorzeichen und ihr Integral $\check{a}(t)$ mit dem Endwert (Sprungwert) $\check{a}_e$

t_e gegen Null, so bezeichnet man die entstehenden extrem kurzzeitigen Vorgänge entweder als ideale stoßartige Funktionen oder als Einschaltfunktionen.

In Tafel 4.52/II sind von den vier Grundtypen I bis IV von Einschaltfunktionen zum einen die Zeitverläufe $a(t)$, zum anderen ihre Spektralfunktionen $\underline{A}(\Omega)$ angegeben.

Die Einschaltfunktionen $a(t)$ sind jeweils durch den Sprungwert im zugeordneten Typ III bestimmt, z.B. die ideale Anstiegsfunktion $a(t)$, Typ IV, durch den konstanten Wert $\dot{a}$, der ideale Wechselstoß $a(t)$, Typ I, durch den konstanten Wert des Doppelintegrals $\check{\check{a}}$.

Die Fourier-Transformierte des idealen Stoßes, Typ II, liefert als Spektralfunktion (vgl. Abschn.1.46) die Konstante

$$\underline{A}(\Omega) = \check{a} \quad . \tag{4.52/1}$$

Für die komplexen Spektralfunktionen $\underline{A}(\Omega)$ der vier Typen sind in der Tafel sowohl die Beträge $A := |\underline{A}|$ (die sogenannten Amplitudendichten) wie auch die Phasenwinkel $\psi = \arg \underline{A}$ (beide in der vorletzten Spalte) angegeben. Und zwar sind die Beträge $|\underline{A}|$ dabei auf den jeweiligen "zugeordneten Sprungwert", von $\check{\check{a}}$ bis $\dot{a}$, bezogen. Diese bezogenen Größen sind in der letzten Spalte der Tafel 4.52/II als Diagramme in doppelt-logarithmischer Auftragung gezeigt.

Man erkennt in den Ergebnissen mit einem Blick die Eigenschaften der Transformationen wieder: Dem Differenzieren bzw. Integrieren bei

Tafel 4.52/II. Die Einschaltfunktionen

Typ		Zeitverlauf	Spektralfunktion: Betrag und Phasenlage	Spektralfunktion: Diagramm
I	ideale Wechselstoß-Funktion	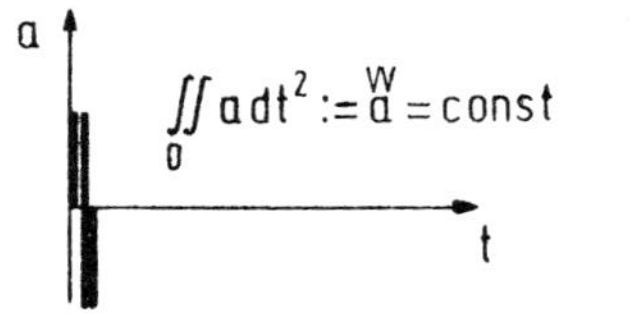 $\int\int_0 a\,dt^2 := \overset{vv}{a} = const$	$\lvert\underline{A}\rvert = \Omega\overset{vv}{a}$ $\psi = +\frac{\pi}{2}$	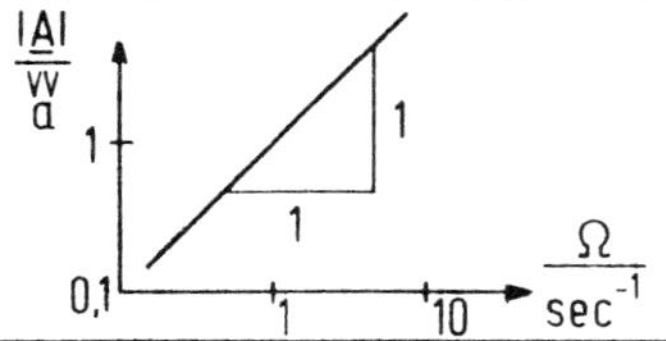
II	ideale Stoß-Funktion	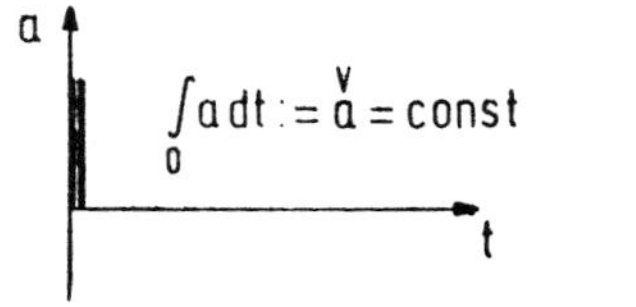 $\int_0 a\,dt := \overset{v}{a} = const$	$\lvert\underline{A}\rvert = \overset{v}{a}$ $\psi = 0$	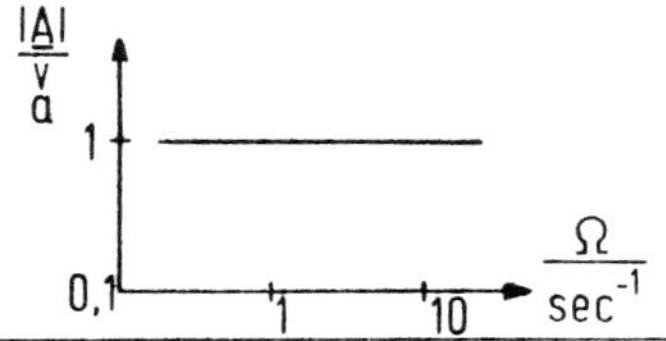
III	ideale Sprung-Funktion	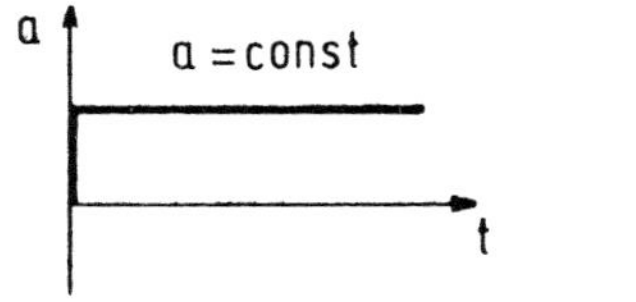 $a = const$	$\lvert\underline{A}\rvert = \frac{a}{\Omega}$ $\psi = -\frac{\pi}{2}$	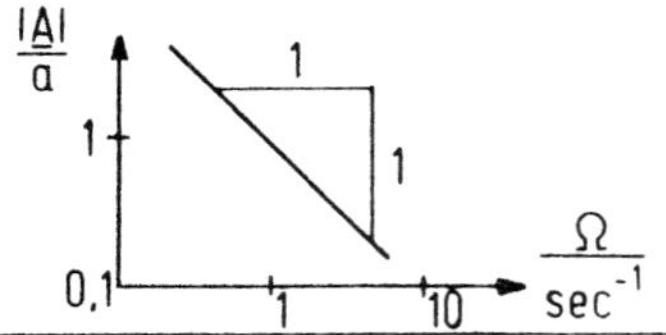
IV	ideale Anstiegs-Funktion	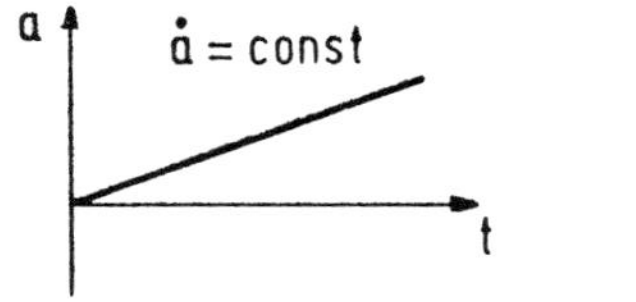 $\dot{a} = const$	$\lvert\underline{A}\rvert = \frac{\dot{a}}{\Omega^2}$ $\psi = -\pi$	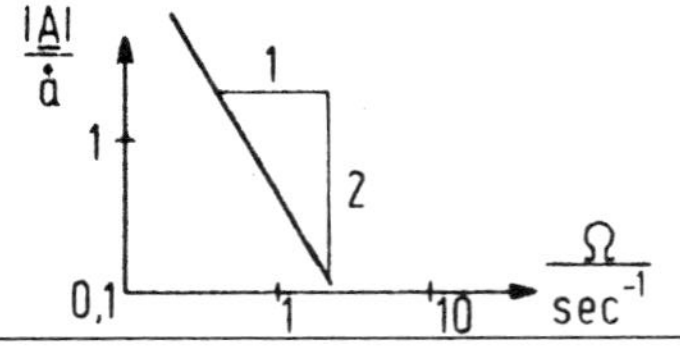

der Zeitfunktion entspricht das Multiplizieren mit $i\Omega$ bzw. $1/i\Omega$ bei der Spektralfunktion $\underline{A}$. Die Multiplikationen machen sich bei den Beträgen durch die Faktoren Ω bzw. $1/\Omega$ bemerkbar, in den Diagrammen daher durch die Erhöhung bzw. Erniedrigung der Steigung um jeweils eine Einheit, bei den Phasenlagen durch Vergrößern bzw. Verkleinern des Phasenwinkels ψ um jeweils $\pi/2$.

γ) Näherungsbeziehungen zwischen einer stoßartigen Funktion und ihrem Amplitudenspektrum

Den folgenden Betrachtungen liegen die Abb.4.52/2 und 4.52/3 zugrunde. In Abb.4.52/2 sind wieder vier stoßartige Vorgänge gezeichnet. Anders aber als bisher (wo die vier gezeichneten Zeitfunktionen, etwa in Tafel 4.52/I, jeweils nur als Repräsentanten für einen Typ galten) sollen in der Abb.4.52/2 die vier gezeichneten Funktionen r(t), a(t), v(t) und s(t) von oben nach unten betrachtet jeweils durch Integrieren, von unten nach oben betrachtet durch Differenzieren auseinander

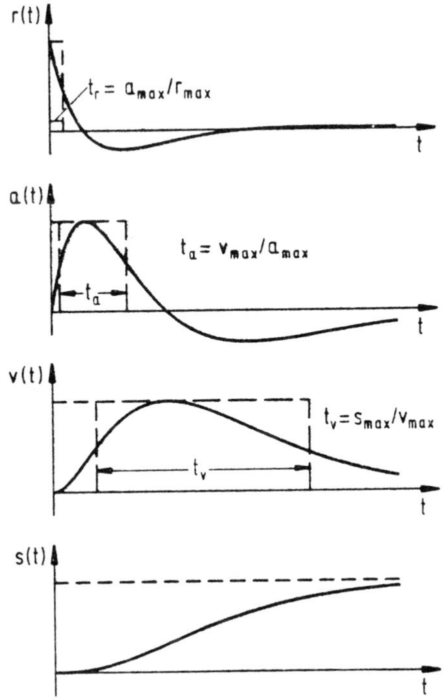

Abb.4.52/2.
Zur Erläuterung der Näherungsbeziehungen zwischen einer Zeitfunktion und ihrem Amplitudenspektrum; Zeitfunktionen

hervorgehen. Die Funktionen stellen hier also Ableitungen verschiedener Stufe e i n e s u n d d e s s e l b e n Vorgangs dar.

Wir unterstellen, wie die Bezeichnungen r (Ruck), a (Beschleunigung), v (Geschwindigkeit), s (Weg) andeuten, einen Bewegungsvorgang; es kann sich aber auch um die Ableitungen irgend eines anderen physikalischen (etwa elektrischen) Vorgangs handeln.

Wir betrachten zunächst die Zeitfunktionen in Abb.4.52/2. Dabei suchen wir Beziehungen zwischen den Maximalwerten zweier "benachbarter" Ableitungen auf. Wir führen die drei Rechengrößen

$$t_r := a_{max}/r_{max} \quad , \quad t_a := v_{max}/a_{max} \quad , \quad t_v := s_{max}/v_{max} \qquad (4.52/2)$$

ein. Die Bedeutung dieser Größen t_i wird durch die gestrichelt eingezeichneten "flächenäquivalenten Rechtecke" veranschaulicht. Die Grössen t_i haben die Dimension einer Zeit; wir nennen sie ä q u i v a l e n t e S t o ß z e i t e n.

Nun wenden wir uns den Spektralfunktionen des Vorgangs zu und unter ihnen zunächst der Amplitudendichte $\underline{A}(\Omega)$ der Beschleunigung. Sie soll in Abb.4.52/3 (siehe S.359) dargestellt werden. Ihren genauen Verlauf (angedeutet durch die dünne Kurve) kennen wir nicht. Wir versuchen deshalb, uns an ihre Eigenschaften heranzutasten.

Zu diesem Zweck machen wir Gebrauch von folgendem Hilfsmittel: Die Theorie der Laplace-Transformation kennt zwei Grenzwertsätze für das asymptotische Verhalten von Originalfunktion x(t) und Bildfunktion X(p), falls solche Grenzwerte existieren. Die Sätze lauten (Lit.1.45/1)

$$\lim_{t\to 0}[x(t)] = \lim_{p\to\infty}[pX(p)] \quad , \qquad (4.52/3a)$$

$$\lim_{t\to\infty}[x(t)] = \lim_{p\to 0}[pX(p)] \quad . \qquad (4.52/3b)$$

Übertragen auf die Amplitudendichten X(Ω) der Fourier-Transformierten lauten die Beziehungen

$$\lim_{t\to 0}[x(t)] = \lim_{\Omega\to\infty}[\Omega X(\Omega)] \quad , \qquad (4.52/4a)$$

$$\lim_{t\to\infty}[x(t)] = \lim_{\Omega\to C}[\Omega X(\Omega)] \quad . \qquad (4.52/4b)$$

Von den Ableitungen des in Abb.4.52/2 dargestellten Bewegungsvorgangs hat der R u c k $r(t)$ für $t \to 0$ einen endlichen Wert und dieser ist hier zugleich r_{max}. Aus dem ersten Grenzwertsatz (4.52/4a) folgt somit der Grenzwert der Amplitudendichte $R(\Omega)$ des Ruckes $r(t)$:

$$\text{für} \quad \Omega \to \infty \quad \text{ist} \quad \Omega R(\Omega) = r(t \to 0) = r_{max} \quad . \qquad (4.52/5)$$

Die Amplitudendichte $R(\Omega)$ des Ruckes wollen wir nun durch die Dichte $A(\Omega)$ der Beschleunigung und durch v_{max} ausdrücken. Wegen der Beziehungen (4.52/2) gilt $r_{max} = v_{max}/t_r\, t_a$; ferner hängen die Dichten über $R(\Omega) = \Omega A(\Omega)$ zusammen. Deshalb folgt aus (4.52/5)

$$A(\Omega) = \frac{1}{\Omega^2} \frac{v_{max}}{t_r t_a} \quad . \qquad (4.52/6)$$

Der zweite Faktor ist eine Konstante. Wegen des ersten Faktors ist die Funktion $A(\Omega)$ im doppelt-logarithmischen Diagramm eine Gerade mit der Neigung 2:1, die für $\Omega^2 t_r t_s = 1$ den Wert v_{max} annimmt. Diese Gerade ist in Abb.4.52/3 mit der Bezeichnung r_{max} eingetragen, um daran zu erinnern, daß sie durch diesen Wert festgelegt wird.

Nun zu einer anderen der Ableitungen des Bewegungsvorgangs von Abb.4.52/2, nämlich zu $s(t)$. Diese Funktion hat für $t \to \infty$ den endlichen Wert s_{max}. Der zweite Grenzwertsatz (4.52/3b) liefert daher:

$$\text{für} \quad \Omega \to 0 \quad \text{ist} \quad \Omega S(\Omega) = s(t \to \infty) = s_{max} \quad . \qquad (4.52/7)$$

Wegen $S(\Omega) = A(\Omega)/\Omega^2$ und $s_{max} = v_{max} t_v$ folgt daraus

$$A(\Omega) = \Omega \cdot (t_v \cdot v_{max}) \quad . \qquad (4.52/8)$$

Diese Funktion stellt im Diagramm eine Gerade mit der Steigung 1:1 dar, die an der Stelle $\Omega \cdot t_v = 1$ den Wert v_{max} durchläuft. Sie ist im Diagramm mit der Bezeichnung s_{max} eingetragen.

In den beiden mit s_{max} und r_{max} bezeichneten Geraden haben wir, da hier Grenzwerte der Funktionen $s(t)$ und $r(t)$ existieren, (exakt) die beiden Asymptoten des gesuchten Amplitudenspektrums $A(\Omega)$ gefunden.

Wir fragen nun weiter: Wie erhält man im mittleren Frequenzbereich, wenn auch nicht die genaue Kurve, so doch eine Näherung an sie? Es besteht die Behauptung: Dort läßt sich das Amplitudenspektrum $A(\Omega)$ durch die beiden (in das Diagramm ebenfalls eingezeichneten) Geraden a_{max} und v_{max} angenähert beschreiben. Zu diesen Aussagen gelangt man durch folgende Überlegungen: Läßt man zur Herstellung einer Näherung im Diagramm für den Ruck $r(t)$ (oberste Zeile in Abb.4.52/2) unter Beibehaltung der Größe der Rechteckfläche, also des Wertes für das Produkt $t_r \cdot r_{max}$, den Faktor t_r gegen Null und somit r_{max} gegen Unendlich gehen, so behält im Diagramm für die Beschleunigung a der Maximalwert a_{max} seine Größe bei, die Stelle des Maximums rückt aber nach $t = 0$; die Beschleunigung beginnt bei $t = 0$ mit ihrem Maximalwert. Wegen des ersten Grenzwertsatzes gilt dann:

$$\text{für} \qquad \Omega \longrightarrow \infty \quad \text{ist} \quad \Omega A(\Omega) = a(t \longrightarrow 0) = a_{max}$$

und somit wegen (4.52/2)

$$A(\Omega) = \frac{1}{\Omega}\frac{v_{max}}{t_a} \quad . \qquad (4.52/9)$$

Im Diagramm ist diese Funktion eine Gerade mit der Neigung 1:1, die an der Stelle $\Omega = 1/t_a$ den Wert v_{max} durchläuft; sie ist mit a_{max} bezeichnet.

Fügt man durch analoge Überlegungen einen zweiten Näherungsschritt an und läßt schon $v(t)$ mit dem maximalen Wert beginnen, so folgt:

$$\text{für} \qquad \Omega \longrightarrow \infty \quad \text{ist} \quad \Omega V(\Omega) = v(t \longrightarrow 0) = v_{max} \qquad (4.52/10)$$

und wegen $\Omega V(\Omega) = A(\Omega)$ gilt schließlich

$$A(\Omega) = v_{max} \quad . \qquad (4.52/11)$$

$A(\Omega)$ ist in diesem Bereich eine horizontale Gerade in der Höhe v_{max}.

Damit sind die obigen Behauptungen erläutert. Die Spektralfunktion $A(\Omega)$ wird also näherungsweise durch den Polygonzug repräsentiert, der aus den Maximalwerten r_{max}, a_{max}, v_{max}, s_{max} usw. der Zeitfunktionen bestimmt wird. Für die Knickpunkte dieses Polygonzuges gelten jeweils die Beziehungen $\Omega t_v = 1$, $\Omega t_a = 1$, $\Omega t_r = 1$. Die Abszissenachse des Diagramms kann also nicht nur nach Ω beziffert werden, sondern gleichzeitig als reziproke Zeitachse für die äquivalenten Stoßzeiten t_v, t_a, t_r. Die Maßstäbe ergeben sich aus

$$\Omega \cdot t_i = 1 \quad . \qquad (4.52/12)$$

Die Qualität der Näherung hängt selbstverständlich von den Besonderheiten des Verlaufs der Zeitfunktion ab. In der Abb.4.52/2 ist ein Funktionsverlauf gewählt worden, der nur in einer einzigen Ableitung eine Unstetigkeit an der Stelle $t = 0$ aufweist, sonst aber glatt und zudem nicht oszillierend verläuft. Sein exaktes Amplitudenspektrum $A(\Omega)$ ist entsprechend glatt.

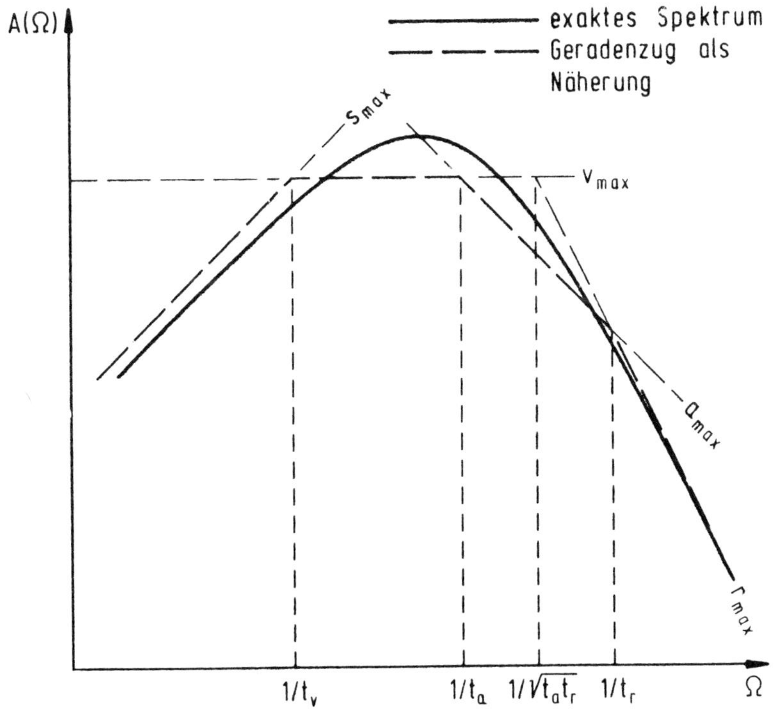

Abb.4.52/3. Zur Erläuterung der Näherungsbeziehungen zwischen einer Zeitfunktion und ihrem Amplitudenspektrum; Amplitudenspektrum zur Abb.4.52/2

Um uns einen Überblick zu verschaffen über das Aussehen der Spektralfunktionen $A(\Omega)$, die zu verschiedenen Arten von Zeitfunktionen gehören, betrachten wir die Abb.4.52/4. Dort sind in den vier Bildteilen a bis d vier Beispiele gezeigt. In den rechten oberen Ecken der Diagramme sind jeweils die Zeitfunktionen $a(t)$ angedeutet; ihre exakten Spektralfunktionen $A(\Omega)$ sind in den Hauptteilen der Diagramme durch die ausgezogenen Kurven wiedergegeben. Die vorhin besprochenen Näherungspolygone sind mit strichpunktierten Geradenstücken ebenfalls eingetragen.

In den Diagrammen sind die Veränderlichen dimensionslos gemacht: Als Ordinaten dienen die Quotienten A/v_{max}, als Abszissen die Produkte $t_a\Omega$.

Wir benutzen die vier Beispiele der Abb.4.52/4, um gewisse Merkmale der Funktionen zu erörtern.

B e i s p i e l a : Die Zeitfunktion $a(t)$ hat die Gleichung

$$a(t) = Cte^{-\alpha t}(2 - \alpha t) \quad . \tag{4.52/13a}$$

Die Maximalwerte der Ableitungen und die äquivalenten Zeiten haben folgende Werte:

$$r_{max} = 2C \; ; \; a_{max} = 0{,}461\,C/\alpha \; ; \; v_{max} = 0{,}541\,C/\alpha^2 \; ; \; s_{max} = 2C/\alpha^3;$$
$$t_r = 0{,}23/\alpha \; ; \; t_a = 1{,}17/\alpha \; ; \; t_v = 3{,}69/\alpha \quad . \tag{4.52/13b}$$

Die niedrigste der Ableitungen, die eine Unstetigkeit aufweist, ist der Ruck $r(t)$. Die Unstetigkeit tritt bei $t = 0$ auf. Da dies die einzige Unstetigkeitsstelle ist, werden Betrag und Phase der Spektralfunktion durch glatte Kurven dargestellt. Weil $v(\infty) = 0$ ist, gilt $A(0) = 0$.

B e i s p i e l b ; D r e i e c k s t o ß : Die Zeitfunktion $a(t)$ hat einen Sprung bei $t = 0$. Die Asymptote von $A(\Omega)$ für $\Omega \to \infty$ wird also durch a_{max} bestimmt, denn r_{max} ist Unendlich; anders ausgedrückt: Der Knickpunkt Ωt_r liegt im Unendlichen. Ferner gilt: Da $v(t)$ für $t \to \infty$ gegen den festen Wert v_{max} geht, hat die Funktion $A(\Omega)$ für $\Omega \to 0$ den Grenzwert v_{max}. Das Näherungspolygon besteht also aus den Asymptoten

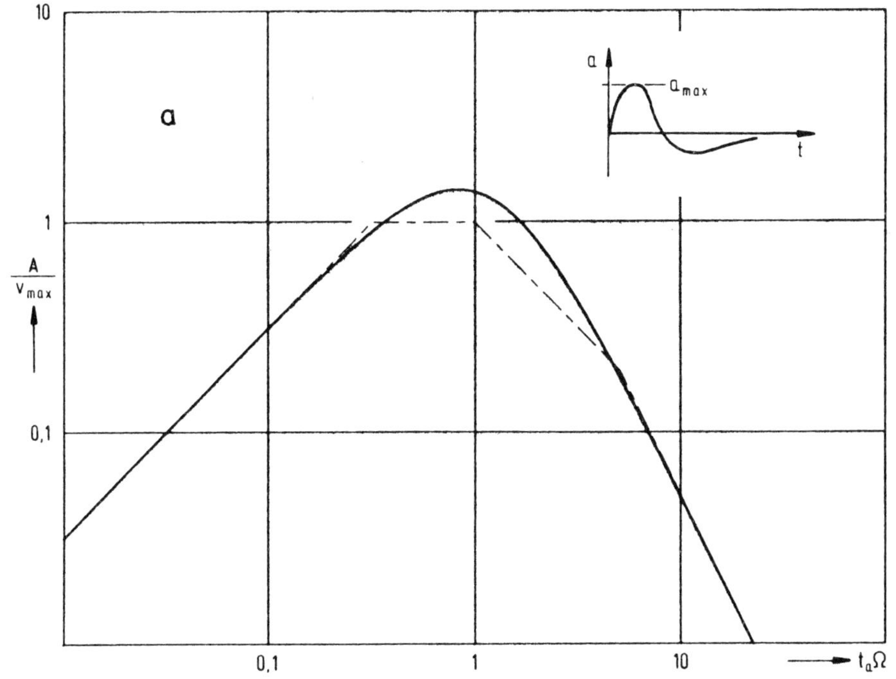

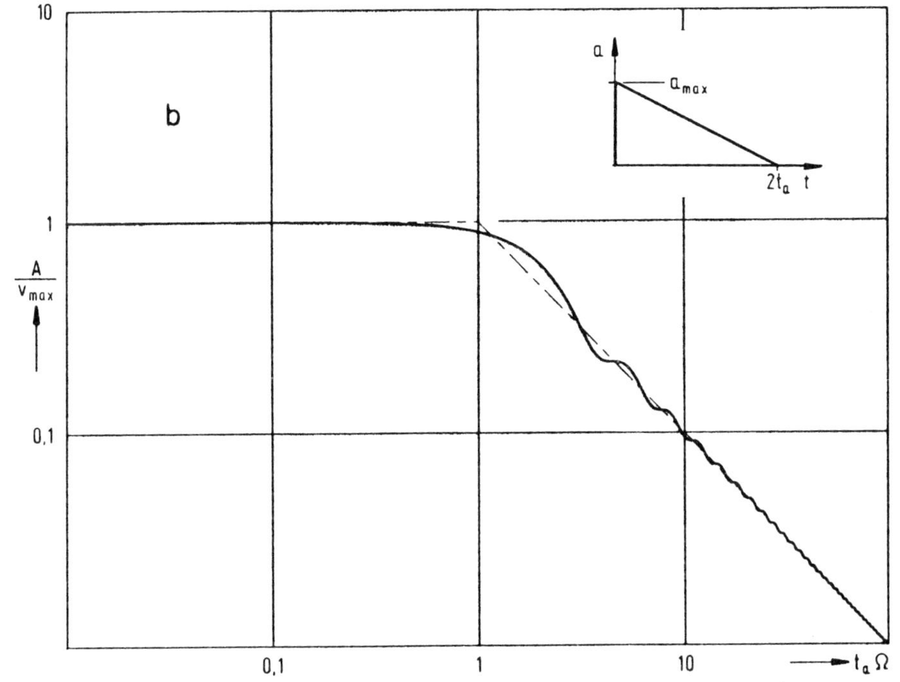

Abb.4.52/4a,b. Beispiele für Zeitfunktionen a(t) und ihre Amplitudenspektren $A(\Omega)$

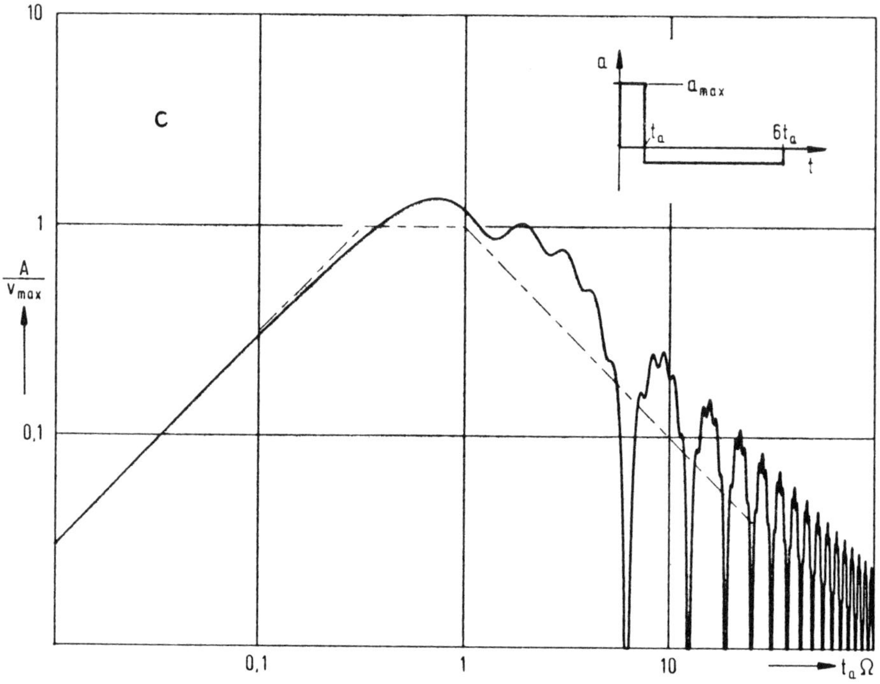

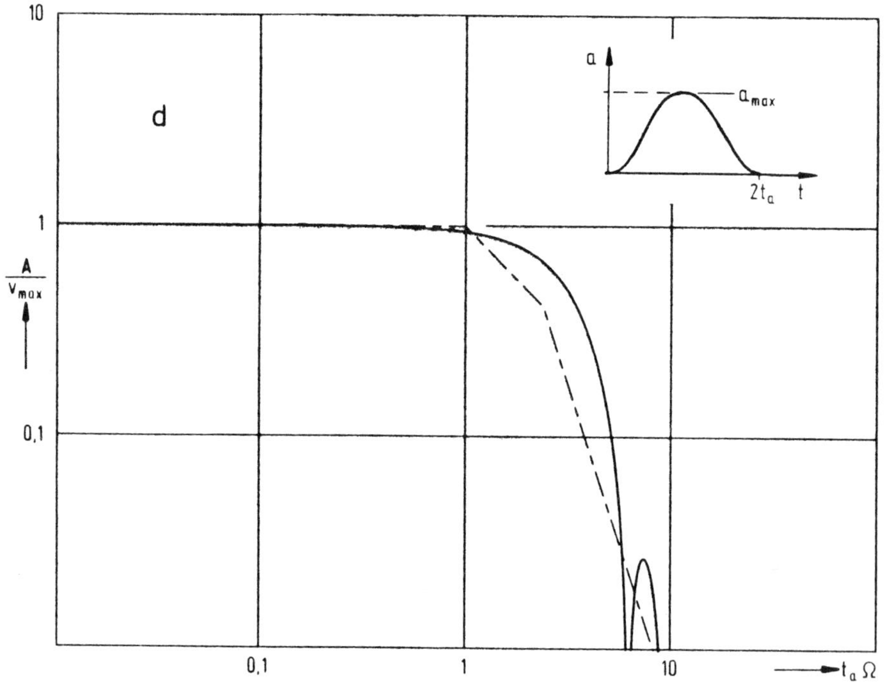

Abb.4.52/4c,d. Beispiele für Zeitfunktionen $a(t)$ und ihre Amplitudenspektren $A(\Omega)$

$$\lim_{\Omega \to 0} [A(\Omega)] = v_{max} \quad \text{und} \quad \lim_{\Omega \to \infty} [A(\Omega)] = \frac{1}{\Omega} a_{max}. \qquad (4.52/14)$$

B e i s p i e l c ; W e c h s e l s t o ß : Die mehrfachen Sprünge in der Zeitfunktion ergeben eine starke Welligkeit im Amplitudenspektrum. Wie im Beispiel b fehlt auch hier der Knick im Näherungspolygon bei Ωt_r, da $r_{max} = \infty$ ist. Die Asymptote von $A(\Omega)$ für $\Omega \to \infty$ wird auch hier durch a_{max} bestimmt.

B e i s p i e l d ; S i n u s q u a d r a t s t o ß : Der Zeitverlauf hat Sprünge erst in der zweiten Ableitung $\ddot{a}$. Die Spektralfunktion $A(\Omega)$ hat deshalb eine rechte Asymptote, die die Neigung 3:1 aufweist.

Wegen weiterer Erörterungen über das Abschätzen der Spektralfunktionen sei auf Lit.4.50/4 und Lit.4.50/5 verwiesen.

4.53 Das Schocknetz und das Schockpolygon; Klassifizierung von Schockeinwirkungen

α) Vorbemerkungen

Die Ergebnisse der vorangegangenen Überlegungen lassen sich noch übersichtlicher und auch handlicher darstellen. Um den geeigneten Rahmen zu schaffen, müssen wir zunächst etwas weiter ausholen.

Die zeitlichen Verläufe der möglichen Schocks sind natürlich überaus mannigfaltig. Wollte man beim Untersuchen der Schockeinwirkungen und der Schockantworten dieser Vielgestaltigkeit streng Rechnung tragen, so wäre eine unabsehbare Anzahl von gesonderten Untersuchungen erforderlich, und diese lieferten eine verwirrende und nicht beherrschbare Fülle von Einzelergebnissen. Man muß also einschränken.

Es war lange Zeit üblich, und vielerorts ist dies heute noch so, die Mannigfaltigkeit dadurch zu beschränken, daß man die einwirkenden Zeitverläufe $a(t)$ nach äußerlichen Merkmalen einteilte, z.B. in Rechteck-, Halbsinus-, Dreieck-Funktionen oder dergleichen. Als wesentlich zweckmäßiger erweist sich jedoch eine ganz andere Klassifikation. Sie gründet sich auf die M a x i m a l w e r t e der einzelnen A b l e i t u n g e n eines Schockverlaufs. Wie in Abschn.4.52 bereits gezeigt wurde, sind diese Maximalwerte für einen Schock nicht nur Merkmale seines Zeitverlaufs, sondern zugleich wesentliche Merkmale seines Amplitudenspektrums. Klassifiziert man die Schocks in dieser Weise, so gelangt man zu überraschend weitreichenden, übersichtlichen und brauchbaren (Näherungs-)Aussagen.

β) Das Rechenpapier, das Schocknetz

In diesem Zusammenhang erweist sich jenes Zeichen- und Rechenpapier als überaus zweckmäßig, das in Abb.4.23/9 schon vorgestellt wurde: die F r e q u e n z t a p e t e. Das Papier trägt einen Raster von vier oder mehr Scharen von Geraden. Alle Scharen sind nach logarithmischen Maßstäben geteilt. Die Abb.4.53/1 zeigt im Bildteil b ein solches Netz. Dabei sind dimensionsbehaftete Größen aufgetragen.

Als Abszissen dienen Größen von der Dimension einer reziproken Zeit. Es sind drei Skalen angebracht. Eine ist beziffert mit Kreisfre-

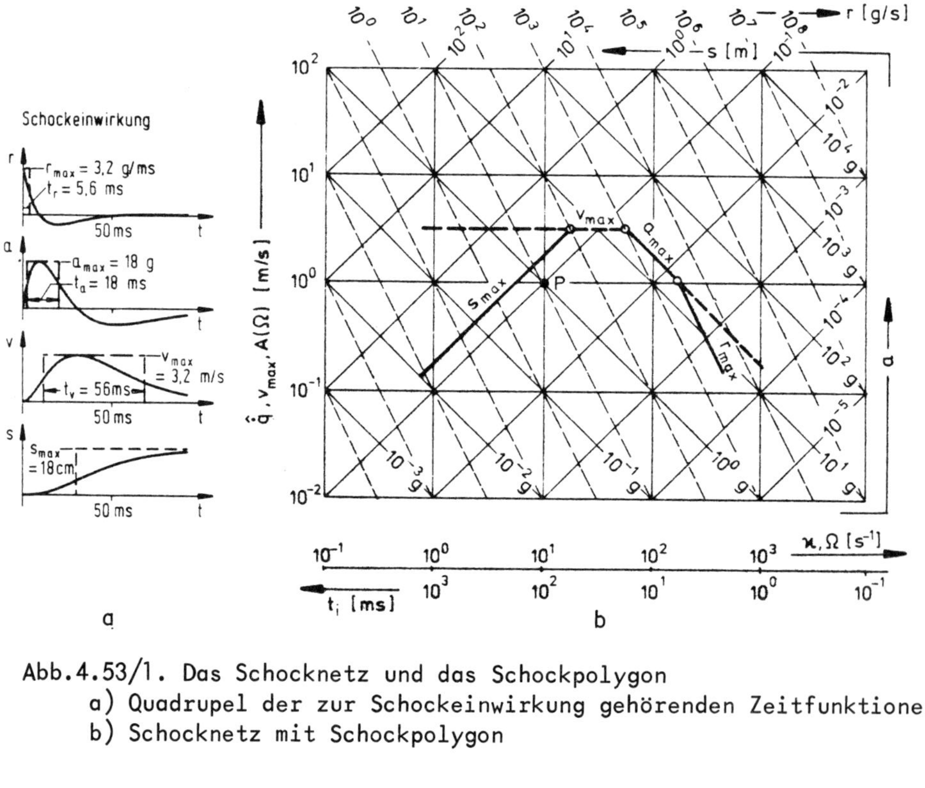

Abb.4.53/1. Das Schocknetz und das Schockpolygon
a) Quadrupel der zur Schockeinwirkung gehörenden Zeitfunktionen
b) Schocknetz mit Schockpolygon

quenzen Ω bzw. $\varkappa$ in s^{-1}, eine andere nach den zugehörigen Periodenfrequenzen $\Omega/2\pi$ bzw. $\varkappa/2\pi$ in Hz; eine dritte läuft diesen beiden entgegen und trägt die äquivalenten Stoßzeiten t_i in ms. Dabei gilt gemäß Gl. (4.52/12) die Zuordnung $t_i = 1/\Omega$.

In vertikaler Richtung, als Ordinaten, sind Größen von der Dimension einer Geschwindigkeit aufgetragen. Die Skala ist in m/s beziffert. Hier werden z.B. die Maximalgeschwindigkeit v_{max}, die spektrale Amplitudendichte $A(\Omega)$ der Beschleunigung und gegebenenfalls auch die Geschwindigkeitsamplitude $\hat{\dot{q}}$ einer harmonischen Schwingung aufgetragen.

Die mit der Steigung 1:1 verlaufenden Geraden bedeuten konstante Werte für Wege; die zugehörigen Skalen sind nach Metern (m) beziffert; die Werte erscheinen am oberen Rand des Feldes.

Die mit der Steigung -1:1 verlaufenden Geraden bedeuten Beschleunigungen; die zugehörigen Skalen sind nach Vielfachen der Erdbeschleunigung g beziffert; die Werte erscheinen am unteren und am rechten Rand.

Die mit der Steigung -2:1 verlaufenden (gestrichelt gezeichneten) Geraden bedeuten Rucke; die zugehörigen Skalen sind nach Vielfachen von g/s beziffert; die Werte stehen am oberen Rand ganz außen.

Statt von der Steigung -n:1 wird auch von der Neigung n:1 gesprochen. Eine Steigung (bzw. Neigung) n:1 entspricht einem Anstieg (bzw. Abfall) um 20n dB/Dekade.

Das so hergerichtete Netz der Abb.4.53/1b kann zum Beispiel (unter andern) dem folgenden Zweck dienen: Man kann aus ihm den Zusammenhang ablesen, der für harmonische Schwingungen zwischen der (Kreis-) Frequenz $\varkappa$ und den Amplituden $\hat{q}$, $\hat{\dot{q}}$, $\hat{\ddot{q}}$, $\hat{\dddot{q}}$ von Weg, Geschwindigkeit, Beschleunigung und Ruck besteht. Betrachten wir etwa den Punkt P. Sein Abszissenwert bezeichnet die Eigenfrequenz $\varkappa = 10\ s^{-1}$; für die Wegamplitude $\hat{q}$ finden wir aus der Wegskala den Wert $\hat{q} = 10^{-1}$ m, für die Geschwindigkeitsamplitude $\hat{\dot{q}} \equiv \varkappa\hat{q}$ aus der Skala an der Ordinatenachse den Wert $\hat{\dot{q}} = 1$ m/s, für die Beschleunigungsamplitude den Wert $\hat{\ddot{q}} = 1$ g, für die Ruckamplitude den Wert $\hat{\dddot{q}} = 10$ g/s. Man erkennt auf den ersten

Blick, daß die auf den fünf Skalen abgelesenen Werte ein zusammengehöriges Quintupel bilden.

Wir werden das Rechenblatt im allgemeinen jedoch für weniger offenkundige Aufgaben verwenden, nämlich dafür, Eigenschaften von Schockeinwirkungen sowie Zusammenhänge zwischen Schockeinwirkungen und Schockantworten zu beschreiben und zu berechnen. Weil wir vornehmlich solche Zwecke im Auge haben, bezeichnen wir das Rechenpapier (die Frequenztapete) in der vorliegenden Skalierung als S c h o c k - n e t z.

γ) Das Schockpolygon als Repräsentant des Zeitverlaufs

Bildteil a der Abb.4.53/1 zeigt (ähnlich wie Abb.4.52/2) einen Schock mit den Zeitfunktionen der vier Ableitungen r, a, v, s. Für die Maximalwerte dieser Größen und für die äquivalenten Zeiten t_v, t_a, t_r sind dabei quantitative Angaben gemacht.

In Bildteil b sind die Maximalwerte der einzelnen Ableitungen der gegebenen Zeitfunktion, also r_{max}, v_{max}, a_{max}, s_{max} entsprechend den gegebenen Skalen eingetragen. Den so entstehenden, nach unten offenen Streckenzug nennen wir das S c h o c k p o l y g o n.

Man kann sich anhand der in Abschn.4.52 hergeleiteten Beziehungen leicht vergewissern, daß die Knickpunkte des Schockpolygons der Reihe nach die äquivalenten Stoßzeiten (4.52/2) t_v, t_a, t_r ergeben. Im eingezeichneten Beispiel haben sie, ablesbar auf der Skala für t_i, die Werte $t_v = 56\,\mathrm{ms}$; $t_a = 18\,\mathrm{ms}$; $t_r = 5{,}6\,\mathrm{ms}$.

Das Schockpolygon repräsentiert den gegebenen Schock also durch die Maximalwerte der einzelnen Ableitungen und durch die typischen Merkmale t_i seines Zeitverlaufs. Schocks, denen das gleiche Schockpolygon zukommt, sind im Sinne der hier benutzten Näherung gleichwertig.

Wären im Beispiel der Abb.4.53/1 die Maximalwerte r_{max} und s_{max} nicht bekannt oder von beliebiger Größe, also nur die beiden Kennwerte v_{max} und a_{max} gegeben, so ergäbe sich das strichliert eingezeichnete "Polygon". Beschreibt man gar, was oft geschieht, den Schock nur durch einen einzigen Kennwert, z.B. a_{max}, so entartet das Schockpolygon zu der Geraden a_{max}. Ein Blick in Tafel 4.52/II zeigt, daß dann der Schock als Beschleunigungssprung aufgefaßt wird. Das Schocknetz Abb.4.53/1b offenbart die Qualität dieser Vereinfachung.

δ) Das Schockpolygon als Repräsentant des Amplitudenspektrums

Die Überlegungen in Abschn.4.52 und die dort hergeleiteten und insbesondere in Abb.4.52/3 gewählten Bezugsgrößen lassen unmittelbar erkennen, daß das in Abb.4.53/1b eingezeichnete Schockpolygon Repräsentant nicht nur der Zeitfunktion, sondern auch des Spektrums ihrer Amplitudendichte $A(\Omega)$ ist. Neu sind in Abb.4.53/1b gegenüber Abb.4.52/3 nur die zusätzlichen Skalen des Schocknetzes, die den Zusammenhang zwischen einer Zeitfunktion und ihrem Amplitudenspektrum unmittelbar herstellen, also gewissermaßen automatisch in der gegebenen Näherung die Fourier- oder Laplace-Transformation durchführen. Wir erinnern uns anhand der Tafel 4.52/II, daß die Integration bzw. Differentiation im Bildbereich zu einer Division bzw. Multiplikation mit dem Faktor $i\Omega$ führt, also im doppeltlogarithmischen Netz mit Ω als Abszisse zu einer Erniedrigung bzw. Erhöhung der Steigung um jeweils eine Einheit. Im Schocknetz sind also die Skalen der Beschleunigung gleichzeitig auch die der Amplitudendichte $R(\Omega)$ des Ruckes und die des Weges gleichzeitig die der Amplitudendichte $V(\Omega)$ der Geschwindigkeit usw.

Die durch das Schockpolygon gegebenen Aussagen über das Amplitudenspektrum seien anhand des in Abb.4.53/1 eingezeichneten Beispiels noch einmal verdeutlicht. In einem Teil des Spektralbereichs zwischen $\Omega = 10\,s^{-1}$ und $100\,s^{-1}$ hat die Beschleunigung ihre größte spektrale Amplitudendichte. Für höhere Frequenzen nimmt diese Dichte zunächst mit 20 dB/Dekade entlang der Linie a_{max} und dann mit 40 dB/Dekade entlang der Linie r_{max} ab. Wären noch höhere Ableitungen bekannt, z.B. $\ddot{a}_{max}$, vgl. Abb.4.52/4d, so könnte man den Anteil hoher Frequenzen an der spektralen Amplitudendichte noch weiter beschneiden. Zu niedrigen Frequenzen hin wird die Abnahme der Spektraldichte durch die Linie s_{max} angegeben; sie beträgt auch dort 20 dB/Dekade.

ε) Das Schockpolygon als Repräsentant einer speziellen Schockantwort

Als Vorbereitung auf spätere Abschnitte, in denen wir uns mit der

Schockantwort befassen werden (insbesondere Abschn. 4.58), wollen wir hier zeigen, daß das Schockpolygon noch eine dritte Aussage enthält. Das Schockpolygon einer Schockeinwirkung $a(t)$ kann nämlich gleichzeitig als Diagramm für den schwingenden Anteil in der sog. Residualantwort des ungedämpften, linearen, einläufigen Schwingers dienen. Als Residualantwort bezeichnen wir die nach dem Ende der Einwirkung übrigbleibende Bewegung des angestoßenen Systems.

Wir zeigen das im einzelnen: Die Schockantwort für den Residualbereich $t > t_e$ lautet nach Gl. (4.51/2)

$$q(t) = \int_0^{t_e} a(\tau)\, g(t-\tau)\, d\tau \quad \text{für} \quad t > t_e \ . \tag{4.53/1}$$

Dabei ist die Gewichtsfunktion $g(t)$ für den ungedämpften Schwinger [vgl. Gl. (4.12/9) und Tafel 4.51/I]

$$g(t) = \frac{1}{\varkappa} \sin \varkappa t \ . \tag{4.53/1a}$$

Daher findet man für den Residualausschlag schließlich

$$q(t) = \frac{1}{\varkappa} \int_0^{t_e} a(\tau) \sin \varkappa (t-\tau)\, d\tau \quad \text{für} \quad t > t_e \ . \tag{4.53/2}$$

Unter Anwendung des Additionstheorems für $\sin \varkappa(t-\tau)$ und mit den Abkürzungen

$$\begin{aligned} C(\varkappa) &:= \int_0^{t_e} a(\tau) \cos \varkappa\tau\, d\tau \ , \\ S(\varkappa) &:= \int_0^{t_e} a(\tau) \sin \varkappa\tau\, d\tau \end{aligned} \tag{4.53/3}$$

erhält man aus (4.53/2)

$$\varkappa q(t) = C(\varkappa) \sin \varkappa t + S(\varkappa) \cos \varkappa t \ . \tag{4.53/4}$$

Bezeichnen wir mit $\hat{q}$ die Amplitude der harmonischen Schwingung $q(t)$, so bedeutet $\varkappa \hat{q}$ die Amplitude $\hat{\dot{q}}$ der Geschwindigkeit $\dot{q}$, und es gilt

$$\dot{q}_{max} = \sqrt{C^2(\varkappa) + S^2(\varkappa)} \ . \tag{4.53/5}$$

Nun werfen wir wieder einen Blick auf das Beschleunigungsspektrum der Schockeinwirkung. Die komplexe Funktion $\underline{A}(\Omega)$ lautet gemäß Gl. (4.51/3)

$$\underline{A}(\Omega) = \int_0^{t_e} a(\tau) e^{-i\Omega\tau} d\tau = \int_0^{t_e} a(\tau)[\cos\Omega\tau - i\sin\Omega\tau] d\tau \; . \qquad (4.53/6a)$$

Unter Benutzung von (4.53/3) wird daraus

$$\underline{A}(\Omega) = C(\Omega) - iS(\Omega) \; . \qquad (4.53/6b)$$

Für den Betrag $A(\Omega)$, d.h. für die Amplitudendichte des Spektrums, finden wir

$$\underline{A}(\Omega) = \sqrt{C^2(\Omega) + S^2(\Omega)} \; . \qquad (4.53/7)$$

Der Vergleich von (4.53/5) und (4.53/7) führt somit zur Aussage:

> Jene Funktion, die die Amplitudendichte A des Beschleunigungsspektrums des Schocks in Abhängigkeit von der Frequenz Ω angibt, ist **identisch** mit der Funktion, die die Geschwindigkeitsamplitude $\hat{\dot{q}}$ der Residualantwort des Objekts als Funktion von dessen Eigenfrequenz $\varkappa$ angibt.

Kennt man $A(\Omega)$ genau, so kennt man auch $\hat{\dot{q}}(\varkappa)$ genau. Hat man nur eine Näherung für $A(\Omega)$ zur Verfügung, wie etwa das Schockpolygon der Abb. 4.53/1, so muß man sich mit dieser Funktion auch als Näherung für die Antwort des Objekts begnügen.

ζ) Zusammenfassung

Das Schockpolygon liefert drei verschiedene Aussagen:

Erstens, es enthält gewisse Angaben über den Zeitverlauf der Schockeinwirkung, nämlich die **Maximalwerte** der einzelnen Ableitungen und die dazugehörigen äquivalenten Stoßzeiten t_i.

Zweitens, es bedeutet angenähert das Amplitudenspektrum $A(\Omega)$ der Beschleunigung in der Schockeinwirkung.

Drittens, es gibt angenähert die Residualantwort (und zwar je nach Skala die Antwortamplituden $\hat{q}$, $\hat{\dot{q}}$ oder $\hat{\ddot{q}}$) jedes ungedämpften, durch seine Eigenfrequenz $\varkappa$ gekennzeichneten einläufigen Schwingers an.

Den dreifachen Aussagen des Schockpolygons entsprechend werden die Ordinatenachse und die Abszissenachse des Schocknetzes mit jeweils drei Bezeichnungen versehen: Die Ordinatenachse trägt eine Geschwindigkeitsskala und ist zudem mit drei Formelzeichen versehen, nämlich v_{max} (Maximalgeschwindigkeit der Schockeinwirkung), $A(\Omega)$ (Amplitudendichte der Schockbeschleunigung) und $\hat{q}$ (Geschwindigkeitsamplitude der sich als Residualantwort einstellenden harmonischen Schwingungen). Die Abszissenachse trägt drei Skalen, und zwar eine Zeitskala für die äquivalenten Zeiten t_i, ferner eine Frequenzskala [diese ist mit zwei Formelzeichen versehen, Ω für $A(\Omega)$ und $\varkappa$ für $\hat{q}(\varkappa)$] und schließlich für Benutzer, die lieber in Periodenfrequenzen f anstatt in Kreisfrequenzen Ω oder $\varkappa$ denken, noch eine um 2π verschobene Skala.

In Abb.4.53/1 sind die Achsen demgemäß bezeichnet und beziffert.

4.54 Umformungen der Lösungsgleichungen

Für das Folgende orientieren wir uns zunächst wieder anhand der Tafel 4.51/I. Zur ersten Zeile: Die Lösungsgleichung zur dort stehenden Differentialgleichung im Originalraum sowie ihre Darstellung im Bildraum wurde im Abschn.4.51 behandelt. Zur zweiten Zeile: Mit den Beziehungen zwischen einer Zeitfunktion der Einwirkung und ihrer Spektralfunktion sowie mit den Merkmalen stoßartiger Einwirkungen haben wir uns ausführlich in den Abschn.4.52 und 4.53 beschäftigt. Die nächsten beiden Zeilen der Tafel enthalten die Beschreibung des Systems; sie umfaßt das Übertragungsverhalten (Zeile drei) und die Antwort auf eine Schockeinwirkung (Zeile vier). Es ist zweckmäßig, diese beiden Fragengruppen gemeinsam zu behandeln.

Im Abschn.4.51 wurde die Lösung der Bewegungsgleichung, die Systemantwort, nur in der Form des Schwing w e g s $q(t)$ und seiner Spektralfunktion $\underline{Q}(\Omega)$ angegeben. Wichtig ist vielfach aber auch die Kenntnis anderer Aspekte der Systemantwort; oft benötigt man z.B.

die Geschwindigkeit $\dot{q}(t)$,

die Beschleunigung $\ddot{q}(t)$,

die Relativbewegungen $z(t)$, $\dot{z}(t)$, $\ddot{z}(t)$,

die Bindungsbeschleunigung $a_B(t)$ oder die Bindungskraft $F_B(t)$.

Bei stoßartigen Einwirkungen ist es jedoch meist recht umständlich, aus der Systemantwort, wenn sie in der Form des Schwingweges $q(t)$ vorliegt, dessen Ableitungen oder die Relativbewegungen zu bestimmen. Deshalb wollen wir vorweg die Lösungsgleichung einer Reihe von Umformungen unterwerfen und außerdem einige mathematische Zusammenhänge aufzeigen, die uns später noch nützlich sein werden. In abkürzender Symbolik bezeichnen wir dabei die Spektralfunktion der Zeitableitung $\dot{x}(t)$ mit $\overset{\circ}{X}(\Omega)$ und die Spektralfunktion des Zeitintegrals $\check{x}(t)$ mit $\overset{\triangledown}{X}(\Omega)$.

In Tafel 4.54/I sind die Ableitungen und das Integral der Gewichtsfunktion $g(t)$ (4.12/9) sowie die zugehörigen Spektralfunktionen zusammengestellt.

Die Gewichtsfunktion $g(t)$ genügt im Originalraum der Differentialgleichung

$$\ddot{g} + 2\delta\dot{g} + \varkappa^2 g = 0 \quad ; \tag{4.54/1}$$

Tafel 4.54/I. Die Ableitungen $g^{(m)}$ der Gewichtsfunktion $g(t)$ und die zugehörigen Spektralfunktionen $\underline{G}^{(m)}$

Zeitfunktionen $g^{(m)}$	$\check{g}(t) = \frac{1}{\varkappa^2}[1 - e^{-\delta t}(\cos \nu t + \frac{\delta}{\nu} \sin \nu t)]$	$\check{g}(0) = 0$
	$g(t) = \frac{1}{\nu} e^{-\delta t} \sin \nu t$	$g(0) = 0$
	$\dot{g}(t) = e^{-\delta t}(\cos \nu t - \frac{\delta}{\nu} \sin \nu t)$	$\dot{g}(0) = 1$
	$\ddot{g}(t) = \nu e^{-\delta t}[-\frac{2\delta}{\nu} \cos \nu t + (\frac{\delta^2}{\nu^2} - 1) \sin \nu t]$	$\ddot{g}(0) = -2\delta$
	$\dddot{g}(t) = \nu^2 e^{-\delta t}[(\frac{3\delta^2}{\nu^2} - 1) \cos \nu t + \frac{\delta}{\nu}(3 - \frac{\delta^2}{\nu^2}) \sin \nu t]$	$\dddot{g}(0) = 3\delta^2 - \nu^2$
Spektralfunktionen $\underline{G}^{(m)}$	$\overset{\triangledown}{\underline{G}}(\Omega) = \frac{1}{i\Omega} \underline{G}$	
	$\underline{G}(\Omega) = \frac{1}{\varkappa^2 + 2\delta i\Omega - \Omega^2}$	
	$\overset{\circ}{\underline{G}}(\Omega) = i\Omega \underline{G}$	
	$\overset{\circ\circ}{\underline{G}}(\Omega) = -(1 + \Omega^2 \underline{G}) = -\frac{\varkappa^2 + 2\delta i\Omega}{\varkappa^2 + 2\delta i\Omega - \Omega^2}$	
	$\overset{\circ\circ\circ}{\underline{G}}(\Omega) = 2\delta - i\Omega - i\Omega^3 \underline{G}$	

ihr entspricht im Bildraum die algebraische Gleichung

$$\overset{\circ\circ}{\underline{G}} + 2\delta\overset{\circ}{\underline{G}} + \varkappa^2\underline{G} = 0 \quad . \qquad (4.54/2)$$

Mit den Beziehungen aus Tafel 4.54/I geht Gl.(4.54/2) über in die Form

$$-\Omega^2\underline{G} + 2\delta i\Omega\underline{G} + \varkappa^2\underline{G} = 1 \quad , \qquad (4.54/2a)$$

ein Ergebnis, das bereits durch Gl.(4.51/6) vorweggenommen ist.

Die Eigenschaften des Systems, sein Übertragungsverhalten, werden also einerseits durch die verschiedenen Ableitungen der Gewichtsfunktion g(t), andrerseits durch die verschiedenen komplexen Spektralfunktionen $\underline{G}^{(m)}(\Omega)$ ausgedrückt. Einige davon, nämlich $\underline{G} := \underline{V}_3/\varkappa^2$, $\overset{\circ}{\underline{G}} = \underline{V}_2/\varkappa$ und $\overset{\circ\circ}{\underline{G}} = \underline{V}_1 + i\underline{V}_2$ haben wir in Abschn.4.22 bereits kennengelernt und benutzt.

Die Einwirkung a(t) (siehe Tafel 4.52/I) und die Systemantwort q(t) sowie deren Ableitungen (und Integrale) erfüllen die Bedingungen [siehe Gl.(4.51/2)]:

$$a^{(m)}(0) = 0 \quad , \quad q^{(m)}(0) = 0 \qquad (m = 0,1,2,\ldots) \quad . \qquad (4.54/3a)$$

Somit gilt für die zugehörigen Spektralfunktionen stets [vgl.(4.51/4)]

$$\underline{A}^{(m)} = (i\Omega)^m\underline{A} \quad , \quad \underline{Q}^{(m)} = (i\Omega)^m\underline{Q} \qquad (m = 0,1,2,\ldots) \quad . \qquad (4.54/3b)$$

Für die Spektralfunktion $\underline{G}(\Omega)$ gelten Beziehungen wie (4.54/3b) jedoch n i c h t, da g(t) (wie man z.B. aus der rechten Spalte von Tafel 4.54/I erkennt) die Bedingungen (4.54/3a) nicht für alle m erfüllt. Wohl aber gilt [weil von (4.54/3a) unabhängig]: Das Produkt in Gl. (4.51/7) kann wie folgt umgeformt werden:

$$\underline{A}\cdot\underline{G} = \left[(i\Omega)^m\underline{A}\right]\cdot\left[(i\Omega)^{-m}\underline{G}\right] = \left[(i\Omega)^{-m}\underline{A}\right]\cdot\left[(i\Omega)^m\underline{G}\right] \quad . \qquad (4.54/4)$$

In der Tafel 4.54/II sind eine Reihe von Lösungsgleichungen bei Kraft- und bei Fußpunktsanregung im Originalraum und im Bildraum zusammengestellt. Sie lassen sich mit Hilfe der Beziehungen (4.54/3), (4.54/4) und der Tafel 4.54/I noch weiter umformen und damit der jeweiligen Aufgabenstellung anpassen.

Tafel 4.54/II. Schema der Lösungsgleichungen für die Systemantwort bei Kraft- und bei Fußpunktsanregung; jeweilige obere Zeile: als Zeitfunktion, jeweilige untere Zeile: als Spektralfunktion

Systemantwort (linke Seite der Lösungsgleichung) bei Kraftanregung $a(t) = F(t)/m$	Systemantwort (linke Seite der Lösungsgleichung) bei Fußpunktsanregung $a(t) = \ddot{u}(t)$	gleichwertige Fassungen der rechten Seite der Lösungsgleichung			
①	②	③	④	⑤	⑥
$q(t)$ $\underline{Q}(\Omega)$	$z(t)$ $\underline{Z}(\Omega)$	$\dot{a} * \check{g}$ $\mathring{\underline{A}} \frac{1}{i\Omega} \underline{G}$	$a * g$ $\underline{A} \cdot \underline{G}$	$\check{a} * \dot{g}$ $\overset{\nabla}{\underline{A}} i\Omega \underline{G}$	$\check{\check{a}} * \ddot{g} + \check{\check{a}}$ $-\overset{\nabla\nabla}{\underline{A}} \Omega^2 \underline{G}$
$\dot{q}(t)$ $\mathring{\underline{Q}}(\Omega)$	$\dot{z}(t)$ $\mathring{\underline{Z}}(\Omega)$	$\dot{a} * g$ $\mathring{\underline{A}} \cdot \underline{G}$	$a * \dot{g}$ $\underline{A} i\Omega \underline{G}$	$\check{a} * \ddot{g} + \check{a}$ $-\overset{\nabla}{\underline{A}} \Omega^2 \underline{G}$	$\check{\check{a}} * \dddot{g} + \check{a} - 2\delta \check{\check{a}}$ $-\overset{\nabla\nabla}{\underline{A}} i\Omega^3 \underline{G}$
$\ddot{q}(t)$ $\overset{\circ\circ}{\underline{Q}}(\Omega)$	$\ddot{z}(t)$ $\overset{\circ\circ}{\underline{Z}}(\Omega)$	$\dot{a} * \dot{g}$ $\mathring{\underline{A}} i\Omega \underline{G}$	$a * \ddot{g} + a$ $-\underline{A} \Omega^2 \underline{G}$	$\check{a} * \dddot{g} + a - 2\delta \check{a}$ $-\overset{\nabla}{\underline{A}} i\Omega^3 \underline{G}$	— —
$-\check{\check{a}}_B(t)$ $-\overset{\nabla\nabla}{\underline{A}}_B(\Omega)$	$q(t) \equiv \check{\check{a}}_B(t)$ $\underline{Q}(\Omega)$	$\check{\check{a}} - \dot{a} * \check{g}$ $\mathring{\underline{A}} \frac{1}{i\Omega^3} \overset{\circ\circ}{\underline{G}}$	$\check{\check{a}} - a * g$ $\underline{A} \frac{1}{\Omega^2} \overset{\circ\circ}{\underline{G}}$	$\check{\check{a}} - \check{a} * \dot{g}$ $-\overset{\nabla}{\underline{A}} \frac{1}{i\Omega} \overset{\circ\circ}{\underline{G}}$	$-\check{\check{a}} * \ddot{g}$ $-\overset{\nabla\nabla}{\underline{A}} \cdot \overset{\circ\circ}{\underline{G}}$
$-\check{a}_B(t)$ $-\overset{\nabla}{\underline{A}}_B(\Omega)$	$\dot{q}(t) \equiv \check{a}_B(t)$ $\mathring{\underline{Q}}(\Omega)$	$\check{a} - \dot{a} * g$ $\mathring{\underline{A}} \frac{1}{\Omega^2} \overset{\circ\circ}{\underline{G}}$	$\check{a} - a * g$ $-\underline{A} \frac{1}{i\Omega} \overset{\circ\circ}{\underline{G}}$	$-\check{a} * \ddot{g}$ $-\overset{\nabla}{\underline{A}} \cdot \overset{\circ\circ}{\underline{G}}$	$2\delta \check{\check{a}} - \check{\check{a}} * \dddot{g}$ $-\overset{\nabla\nabla}{\underline{A}} i\Omega \overset{\circ\circ}{\underline{G}}$
$-a_B(t)$ $-\underline{A}_B(\Omega)$	$\ddot{q}(t) \equiv a_B(t)$ $\overset{\circ\circ}{\underline{Q}}(\Omega)$	$a - \dot{a} * \dot{g}$ $-\mathring{\underline{A}} \frac{1}{i\Omega} \overset{\circ\circ}{\underline{G}}$	$-a * \ddot{g}$ $-\underline{A} \cdot \overset{\circ\circ}{\underline{G}}$	$2\delta \check{a} - \check{a} * \dddot{g}$ $-\overset{\nabla}{\underline{A}} i\Omega \overset{\circ\circ}{\underline{G}}$	— —

Im einzelnen ist die Tafel folgendermaßen angelegt: Die erste Doppelspalte enthält die Bezeichnungen der Systemantworten (linke Seite der Lösungsgleichung), wenn entweder Kraftanregung $a(t) = F(t)/m$, (Spalte ①) oder Fußpunktsanregung $a(t) = \ddot{u}(t)$ (Spalte ②) vorliegt. Die übrigen vier, mit ③ bis ⑥ bezeichneten Spalten enthalten die rechten Seiten der Lösungsgleichung. In jeder Doppelzeile enthält die obere die Zeitfunktionen, die untere die zugehörigen (komplexen) Spektralfunktionen. Die in jeweils einer Zeile stehenden Lösungen sind einander gleichwertig. Beispielsweise: Bei einer gegebenen Krafteinwirkung $a(t)$ kann der Ausschlag $q(t)$ entweder aus der Funktion $a(t)$ selbst (mit Hilfe von $a * g$) oder aus ihrem Integralverlauf $\check{a}(t)$ (mit Hilfe von $\check{a} * \dot{g}$) berechnet werden, je nachdem, welche Fassung bequemer ist.

Überdies können mit Hilfe der Tafel bekannte Rechenergebnisse oder Schockantwortdiagramme umgedeutet werden. Liegt z.B. ein Antwortdiagramm für den Weg $q(t)$ bei einem speziellen Geschwindigkeitsstoß [etwa einem Beschleunigungssprung $\check{a}(t)$], also für den Ausdruck $\check{a} * \dot{g}$ vor, so gilt das gleiche Diagramm auch für die Geschwindigkeit $\dot{q}(t)$ bei einem gleichartigen Beschleunigungsstoß $a(t)$ oder für die Beschleunigung $\ddot{q}(t)$ bei einem gleichartigen Ruckstoß $\dot{a}(t)$. Alle auf den jeweiligen Diagonalen nach links unten liegenden Faltungen liefern also bei gleichen Funktionsverläufen die gleichen Ergebnisse (abgesehen von den Dimensionen).

Natürlich kann man die hier über den Bildraum hergeleiteten Umformungen auch unmittelbar im Originalraum durchführen. Man erhält sie durch Differentiation oder Integration des Faltungsintegrals (4.51/2) nach der oberen Integralgrenze. Wir haben hier den einfacheren Weg im Bildraum (Multiplizieren mit $i\Omega$ statt Differenzieren) vorgezogen, werden aber später die Umformung des Faltungsintegrals noch beschreiben.

Erwähnt sei ferner: Die Beziehungen der Tafel 4.54/II gelten nicht nur für Schockeinwirkungen im eigentlichen Sinn (mit kurzen Zeiten t_e), sondern für beliebige Funktionen $a(t)$.

Wir werden auf die Tafel 4.54/II noch öfter zurückgreifen.

Noch eine letzte Anmerkung: Die Tafel 4.54/II gilt für den einläufigen linearen Schwinger. Die Gewichtsfunktion g(t) ist die in Gl.(4.12/9) angegebene spezielle Funktion; sie ist im oberen Teil der Tafel 4.54/I zusammen mit ihren Ableitungen nocheinmal aufgeführt.

Die im Hauptabschnitt 4.5 für den einläufigen Schwinger angestellten Überlegungen und die für ihn gewonnenen Ergebnisse lassen sich auf lineare Gebilde von n Freiheitsgraden erweitern. Man kann dann wieder Gewichtsfunktionen definieren; sie bilden n-Vektoren. Bezeichnet man diese Gewichtsfunktionen erneut mit g, so erhält man Beziehungen, die denen von Tafel 4.54/II entsprechen (abgesehen von etwa zusätzlichen Integrationskonstanten). Wir belassen es hier jedoch bei diesen Andeutungen.

4.55 Die Lösungen bei Einwirkungen von unendlich kurzer Dauer (Einschaltfunktionen)

Bei Schockeinwirkungen von unendlich kurzer Stoßzeit, also bei den sog. Einschaltfunktionen (siehe Abschn.4.52β und Tafel 4.52/II), lassen sich die Lösungen in jedem der Fälle I bis IV explizit und in geschlossener Form angeben, siehe Tafel 4.55/I. Sie folgen unmittelbar aus den Lösungsgleichungen der Tafel 4.54/II durch Einsetzen der speziellen Ausdrücke für a(t) bzw. $\underline{A}(\Omega)$ nach Tafel 4.52/II.
Im Bildraum entsteht die Lösung durch die Multiplikation der Spektralfunktion $\underline{A}(\Omega)$ der Einwirkung mit der jeweiligen "transformierten Gewichtsfunktion" $\underline{G}$.

Beispiel: Für die ideale Sprungfunktion ist $\underline{A}(\Omega) = a/i\Omega$. Die Lösung für die Spektralfunktion des Ausschlags, $\underline{Q}(\Omega) = \underline{A}\cdot\underline{G}$, lautet dann

$$\underline{Q}(\Omega) = \frac{a}{i\Omega}\underline{G} \quad . \tag{4.55/1}$$

Dieses Ergebnis steht in Tafel 4.55/I, Spalte ⑤ .

Im Originalraum erhält man die Lösung durch Auswerten des Faltungsintegrals, Gl.(4.51/2). Geht man dabei auf diejenige Ableitung

Tafel 4.55/I. Einwirkungen sind Einschaltfunktionen: Explizite Lösungen im Zeit- und im Spektralbereich

①	②	③	④	⑤	⑥
Systemantwort bei Kraft-anregung $a(t) = F(t)/m$	Fußpunkts-anregung $a(t) = \ddot{u}(t)$	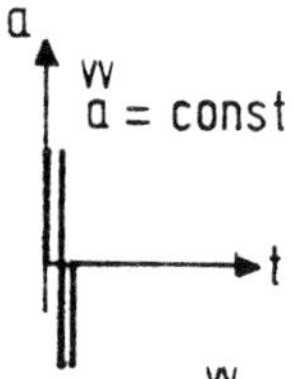 $\overset{\vee\vee}{a} = \text{const}$ $\underline{A} = i\Omega\overset{\vee\vee}{a}$	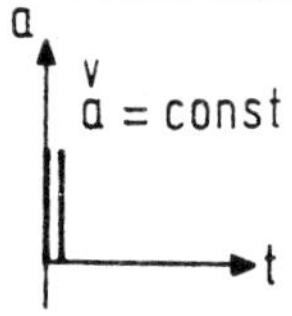 $\check{a} = \text{const}$ $\underline{A} = \check{a}$	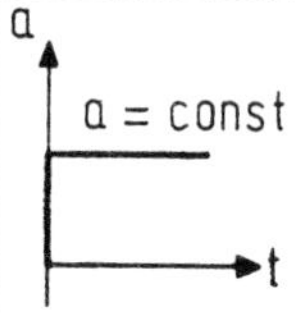 $a = \text{const}$ $\underline{A} = \frac{a}{i\Omega}$	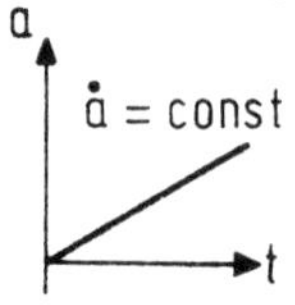 $\dot{a} = \text{const}$ $\underline{A} = -\frac{\dot{a}}{\Omega^2}$
$q(t)$ $\underline{Q}(\Omega)$	$z(t)$ $\underline{Z}(\Omega)$	$\dot{g}\overset{\vee\vee}{a}$ $i\Omega\underline{G}\overset{\vee\vee}{a}$	$g\check{a}$ $\underline{G}\check{a}$	$\check{g}a$ $\frac{1}{i\Omega}\underline{G}a$	— —
$\dot{q}(t)$ $\overset{\circ}{\underline{Q}}(\Omega)$	$\dot{z}(t)$ $\overset{\circ}{\underline{Z}}(\Omega)$	$\ddot{g}\overset{\vee\vee}{a}+\check{a}$ $-\Omega^2\underline{G}\overset{\vee\vee}{a}$	$\dot{g}\check{a}$ $i\Omega\underline{G}\check{a}$	$g a$ $\underline{G} a$	$\check{g}\dot{a}$ $\frac{1}{i\Omega}\underline{G}\dot{a}$
$\ddot{q}(t)$ $\overset{\circ\circ}{\underline{Q}}(\Omega)$	$\ddot{z}(t)$ $\overset{\circ\circ}{\underline{Z}}(\Omega)$	— —	$\ddot{g}\check{a}+a$ $-\Omega^2\underline{G}\check{a}$	$\dot{g}a$ $i\Omega\underline{G}a$	$g\dot{a}$ $\underline{G}\dot{a}$
$-\overset{\vee\vee}{a}_B(t)$ $-\overset{\vee\vee}{\underline{A}}_B(\Omega)$	$q(t) \equiv \overset{\vee\vee}{a}_B(t)$ $\underline{Q}(\Omega)$	$(1-\dot{g})\overset{\vee\vee}{a}$ $-\frac{1}{i\Omega}\overset{\circ\circ}{\underline{G}}\overset{\vee\vee}{a}$	$(t-g)\check{a}$ $\frac{1}{\Omega^2}\overset{\circ\circ}{\underline{G}}\check{a}$	$(\frac{t^2}{2}-\check{g})a$ $\frac{1}{i\Omega^3}\overset{\circ\circ}{\underline{G}}a$	— —
$-\check{a}_B(t)$ $-\check{\underline{A}}_B(\Omega)$	$\dot{q}(t) \equiv \check{a}_B(t)$ $\overset{\circ}{\underline{Q}}(\Omega)$	$-\ddot{g}\overset{\vee\vee}{a}$ $-\overset{\circ\circ}{\underline{G}}\overset{\vee\vee}{a}$	$(1-\dot{g})\check{a}$ $-\frac{1}{i\Omega}\overset{\circ\circ}{\underline{G}}\check{a}$	$(t-g)a$ $\frac{1}{\Omega^2}\overset{\circ\circ}{\underline{G}}a$	$(\frac{t^2}{2}-\check{g})\dot{a}$ $\frac{1}{i\Omega^3}\overset{\circ\circ}{\underline{G}}\dot{a}$
$-a_B(t)$ $-\underline{A}_B(\Omega)$	$\ddot{q}(t) \equiv a_B(t)$ $\overset{\circ\circ}{\underline{Q}}(\Omega)$	$2\delta\check{a}-\dddot{g}\overset{\vee\vee}{a}$ $-i\Omega\overset{\circ\circ}{\underline{G}}\overset{\vee\vee}{a}$	$-\ddot{g}\check{a}$ $-\overset{\circ\circ}{\underline{G}}\check{a}$	$(1-\dot{g})a$ $-\frac{1}{i\Omega}\overset{\circ\circ}{\underline{G}}a$	$(t-g)\dot{a}$ $\frac{1}{\Omega^2}\overset{\circ\circ}{\underline{G}}\dot{a}$

der Einwirkung über, die zum Typ II, dem idealen Stoß führt, so wird das Auswerten besonders einfach.

B e i s p i e l : Es sei wieder, wie im obigen Beispiel, die Einwirkung a(t) eine ideale Sprungfunktion (Typ III in Tafel 4.52/II). Beim unmittelbaren Anwenden des Faltungsintegrals müßte man

$$q(t) = a * g \equiv \int_0^{t_e} a(\tau) g(t-\tau)\, d\tau \qquad (4.55/2)$$

auswerten. Einfacher ist es jedoch, auf die Ableitung $\dot{a}(t)$ überzugehen, die hier ein idealer Stoß ist. Nach Tafel 4.54/II lautet die gleichwertige Lösung, die $\dot{a}(t)$ benutzt,

$$q(t) = \dot{a} * \check{g} \equiv \int_0^{t_e} \dot{a}(\tau) \check{g}(t-\tau)\, d\tau \quad . \qquad (4.55/3a)$$

Da beim idealen Stoß die Funktionsänderung nur während der unendlich kurzen Dauer $t_e \to 0$ anhält, folgt

$$q(t) = \check{g}(t) \int_0^{t_e} \dot{a}(\tau)\, d\tau = \check{g}(t) a \quad . \qquad (4.55/3b)$$

Dieses Ergebnis steht auch in Tafel 4.55/I, Spalte ⑤ .

Die verschiedenen Lösungen q(t), $\dot{q}(t)$ usw. für die Einschaltfunktionen I bis IV der Tafel 4.52/II sind in Tafel 4.55/I zusammengestellt. Die Zeitfunktion der Einwirkung a(t) hat dabei die Dimension einer Beschleunigung, ihre Spektralfunktion $\underline{A}(\Omega)$ hat daher die Dimension einer Geschwindigkeit.

Beim Überblicken der Tafel 4.55/I erkennt man, daß bestimmte Ausdrücke immer wiederkehren. Es sind dies einerseits die Spektralfunktionen $\underline{G}$ und $\overset{\circ\circ}{\underline{G}} = -(1+\Omega^2 \underline{G})$, andrerseits die verschiedenen Ableitungen $\check{g}$, $\dot{g}$, $\ddot{g}$, $\dddot{g}$ der Gewichtsfunktion g; diese findet man alle in der Tafel 4.54/I. Überdies sieht man: Die Lösungen in der Tafel 4.55/I enthalten an zwei Stellen, nämlich in der Zeile für $\dot{q}$ und für $\ddot{q}$ die Größen $\check{a}$ und a als z u s ä t z l i c h e Glieder. Es sind dies die "Initialstöße", die während der (unendlich kurzen) Stoßdauer $t_e \to 0$ "durchschlagen".

Bei den Anwendungen auf technische Probleme wird in erster Linie nach den Maximalwerten der in Tafel 4.55/I zusammengestellten Systemantworten gefragt, also nach den Maximalwerten der Gewichtsfunktion g sowie ihrer Ableitungen.

In den vier Bildteilen der Abb.4.55/1 sind die Maximalwerte der dimensionslosen Größen,

$$(\check{g}\varkappa^2)_{max}\ ,\ (g\varkappa)_{max}\ ,\ (\dot{g})_{max}\ ,\ (-\ddot{g}/\varkappa)_{max}$$

über dem Dämpfungsmaß $D = \delta/\varkappa$ aufgetragen. In der Abbildung sind überdies die Anfangswerte angegeben. Den Wert $(\check{g}\varkappa^2)_{max}$ (erstes Maximum)

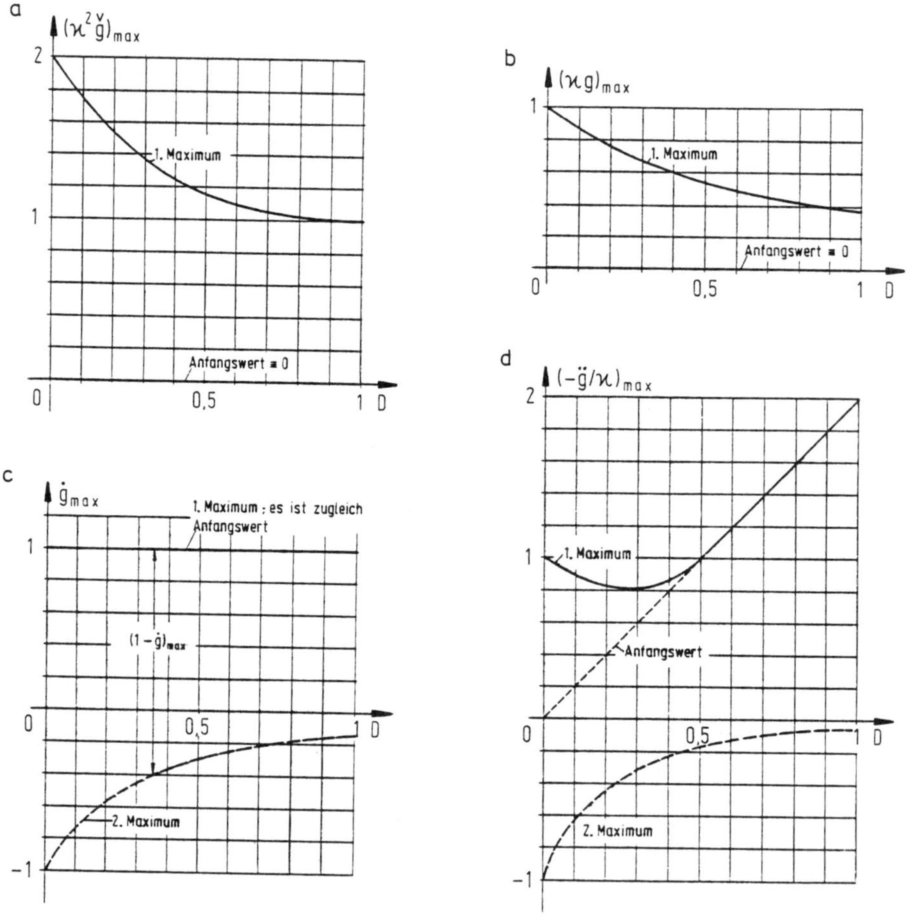

Abb.4.55/1. Maximal- und Anfangswerte der Gewichtsfunktion g und ihrer Ableitungen als Funktionen von D

nennt man auch den "dynamischen Lastfaktor", da er das Überschwingen bei plötzlich aufgebrachter Last angibt. Für die Werte $(g\varkappa)_{max}$ und $\dot{g}_{max}$ haben sich bisher keine festen Benennungen eingebürgert. Der Wert $\ddot{g}_{max}/\varkappa$ ist von Bedeutung bei Schock- oder Stoßisolierungen.

Wir zeigen ein Anwendungsbeispiel.

Aufgabe: An eine Zugmaschine ist ein Anhänger über Feder und Dämpfer angekuppelt, siehe Abb.4.55/2. Die Größen m, c und b seien vorgegeben. Die Zugmaschine fahre mit der konstanten Beschleunigung $\ddot{u} = const$ an.

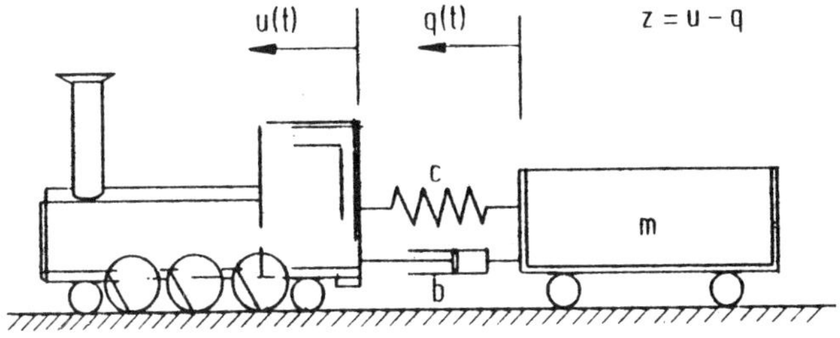

Abb.4.55/2. Zugmaschine mit Anhänger; Anordnung

Man bestimme für den Anhänger die Maximalwerte der Beschleunigung $\ddot{q}(t)$ und des Ruckes $\dddot{q}(t)$ und für die Kupplung die Maximalwerte der (Bindungs-)Kraft $F_B = ma_B$ und der Verformung z(t).

Bei welcher Dämpfungskonstanten b wird der Maximalwert des Ruckes $\dddot{q}_{max}$ ein Minimum? Für diesen Dämpfungswert sollen überdies die Maximalwerte der Kräfte in der Feder und im Dämpfer getrennt ermittelt werden.

Lösung: Es liegt eine Fußpunktsanregung mit der Dgl.(4.51/1b) vor mit dem Beschleunigungssprung $\ddot{u}(t) = a = const$. Dafür entnehmen wir die Lösungen aus Tafel 4.55/I, Spalte ⑤ :

Verformung der Kupplung	$z(t) = \ddot{u}\check{g}(t)$	erste Zeile,
Relativgeschwindigkeit	$\dot{z}(t) = \ddot{u}g(t)$	zweite Zeile,
Beschleunigung des Anhängers	$\ddot{q}(t) = \ddot{u}(1-g(t))$	sechste Zeile,
Kupplungskraft	$F_B(t) = ma_B(t) = m\ddot{u}(1-\dot{g}(t))$	sechste Zeile.

Der Ruck $\dddot{q}(t)$ ist in Tafel 4.55/I nicht mehr angegeben. Man erhält ihn durch Differenzieren der Beschleunigung $\ddot{q}(t)$:

Ruck des Anhängers $\quad \dddot{q}(t) = -\ddot{u}\dot{g}(t)$.

Die Gewichtsfunktionen $\check{g}(t)$ bis $\ddot{g}(t)$ sind in Tafel 4.54/I zusammengestellt. Bei gegebener Anfahrbeschleunigung $\ddot{u}$ hängt die Größe des maximalen Ruckes $\dddot{q}_{max}$ nur von $\ddot{g}_{max}$ ab. Aus Abb.4.55/1d entnimmt man, daß das kleinste Maximum von $-\ddot{g}_{max}/\varkappa$ etwa bei $D = 0,3$ liegt und

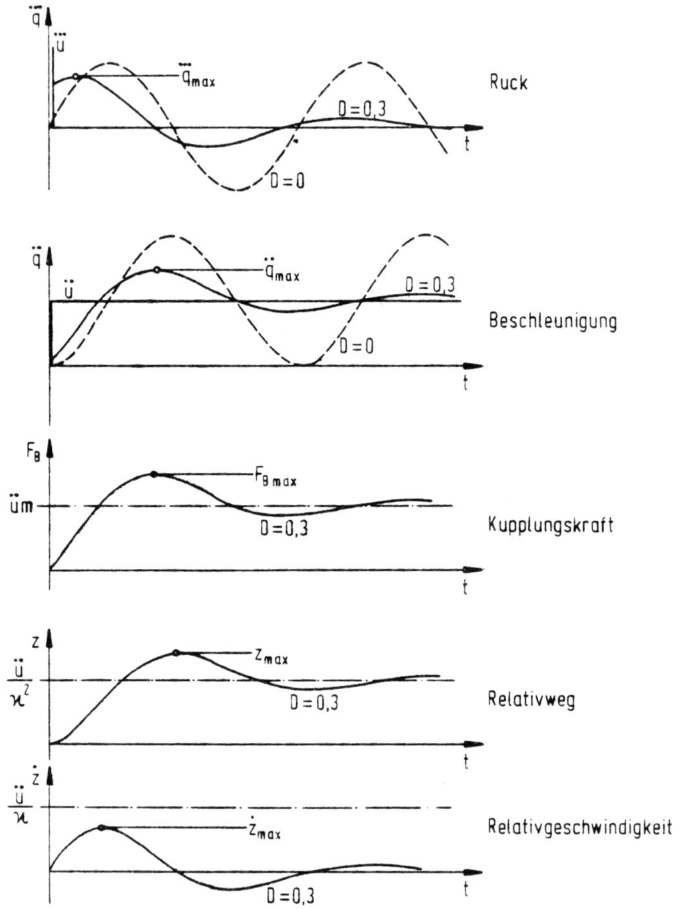

Abb.4.55/3. Zugmaschine mit Anhänger; Zeitverläufe der gesuchten Größen bei der Anfahrbewegung

den Zahlenwert 0,82 hat. Die gesuchte günstigste Dämpfungskonstante b_{opt} ergibt sich somit wegen $b = 2D\sqrt{mc}$ zu

$$b_{opt} = 0{,}6\sqrt{mc} \quad .$$

In Abb.4.55/3 sind die Zeitverläufe der gesuchten Funktionen für das ermittelte Dämpfungsmaß $D = 0{,}3$ (und strichliert für $D = 0$) aufgezeichnet.

Mit Hilfe von Abb.4.55/1a bis d lassen sich die gesuchten Maximalwerte des Anfahrvorganges bestimmen. Für $D = 0{,}3$ und wegen $\varkappa = \sqrt{c/m}$ erhalten wir

Ruck	$\dddot{q}_{max}$	$= 0{,}82\ \ddot{u}\ \sqrt{c/m}$,
Beschleunigung	$\ddot{q}_{max}$	$= 1{,}46\ \ddot{u}$,
Verformung	z_{max}	$= 1{,}37\ \ddot{u}\ m/c$,
Relativgeschwindigkeit	$\dot{z}_{max}$	$= 0{,}66\ \sqrt{m/c}$,
Bindungs-(Kupplungs-)Kraft	F_{Bmax}	$= 1{,}46\ \ddot{u}\ m$,
Federkraft	$c \cdot z_{max}$	$= 1{,}37\ \ddot{u}\ m$,
Dämpferkraft	$b \cdot \dot{z}_{max}$	$= 0{,}40\ \ddot{u}\ m$.

Die Summe aus maximaler Federkraft und maximaler Dämpferkraft ist nicht gleich der maximalen Bindungskraft, weil die Extremwerte der Summanden zu verschiedenen Zeiten auftreten [siehe Abb.4.55/3, Funktionen $z(t)$ und $\dot{z}(t)$].

4.56 Näherungen für die Maximalwerte der Systemantwort bei stoßartigen Einwirkungen von kurzer ("mäßiger") Dauer; eine anschauliche Deutung des Faltungsintegrals

Es ist verständlich, daß die Lösungen (Systemantworten), die zu unendlich kurzen Einwirkungen mit $t_e \to 0$ (d.h. zu den Einschaltfunktionen) gehören (Abschn.4.55), näherungsweise auch dann noch brauchbar sind, wenn die Stoßdauer t_e zwar nicht verschwindend klein, aber noch kurz gegen die Eigenperiode T des gestoßenen Schwingers ist. Oft wird man bei relativen Stoßzeiten von etwa $t_e/T < 1/2\pi$, also für $\varkappa t_e < 1$, die Lösungen der Tafel 4.55/I und der Abb.4.55/1 als Näherungen noch verwenden können. Dies gilt jedoch nicht für solche Fälle der Tafel 4.55/I, in denen die Lösung Glieder enthält, in denen die Einschaltwerte $\check{a}$ bzw. a auftreten, denn diese Werte sind in der Regel größer als die durch die Näherungen gewonnenen Funktionswerte der Residualantwort.

Besteht die stoßartige Einwirkung in einer Einschaltfunktion, so wird sie durch einen einzigen Parameter - nämlich die jeweilige Sprunggröße - erfaßt. Wir können die Näherungen um einen Schritt verbessern und ihren Gültigkeitsbereich bis etwa $\varkappa t_e < \pi$ (d.h. $t_e/T < 1/2$) ausdehnen, wenn wir die Einwirkung noch durch einen zweiten Parameter kennzeichnen, der ihre Dauer erfaßt. Wir sprechen in diesem Fall von Einwirkungen von kurzer (aber nicht "unendlich kurzer") Dauer, besser vielleicht von m ä ß i g e r D a u e r.

Die durch das Faltungsintegral Gl.(4.51/2) gegebene Rechenvorschrift - gelegentlich auch "Koppeln zweier Flächen" genannt - ist in Abb.4.56/1 veranschaulicht. Dort sind drei "Momentaufnahmen" der beiden im Integranden auftretenden Faktoren $a(\tau)$ und $g(t-\tau)$ dargestellt, nämlich a) zu einem Zeitpunkt $t < t_e$, b) zu einem Zeitpunkt $t = t_m$ (der sogleich noch näher definiert wird) und c) zu einem Zeitpunkt $t > t_m$. Die Rechenvorschrift des Faltungsintegrals besagt, daß zu jedem Zeitpunkt τ die Ordinaten der Einwirkung $a(\tau)$ und der Gewichtsfunktion $g(t-\tau)$ miteinander multipliziert und die Produkte $a(\tau) \cdot g(t-\tau)$ über τ von 0 bis t integriert werden müssen. Zum Zeitpunkt $t = 0$ ist der Integralwert noch Null. Mit fortschreitendem t wächst er an, erreicht zu einem Zeitpunkt $t =: t_m$ sein (erstes) Maximum und nimmt dann wieder ab.

Ist die Einwirkung eine Stoßfunktion $a(t)$, deren Dauer $t_e < t_m$ ist, so läßt sich (durch Reihenentwicklung der Gewichtsfunktion) zeigen (Lit.4.50/1 und Lit.4.50/2), daß die erste Näherung für den Zeitpunkt t_m lautet

$$t_m = \frac{\pi}{2\nu} + t_S \quad ; \qquad (4.56/1)$$

d.h. t_m ist etwa um eine Viertelperiode $\pi/2\nu$ gegenüber der Abszisse t_S des "Flächenschwerpunktes S" der Stoßfunktion $a(\tau)$ verschoben. Weil man nun einen (Näherungs-)Ausdruck für t_m zur Verfügung hat, entfällt

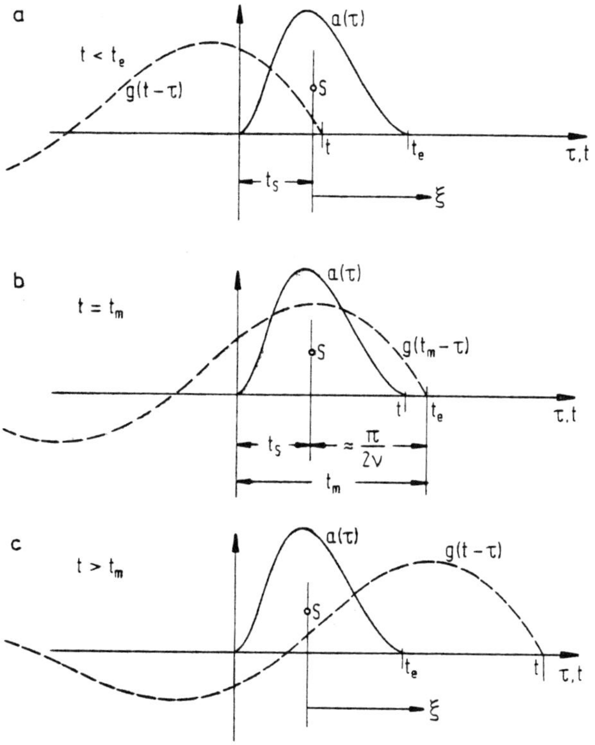

Abb.4.56/1. Zur Diskussion des Faltungsintegrals (4.55/2)

das sonst notwendige Lösen einer transzendenten Gleichung.

Der Maximalwert des Faltungsintegrals

$$q_{max} = \int_0^{t_e} a(\tau) \frac{1}{\nu} e^{-\delta(t_m - \tau)} \sin \nu (t_m - \tau)\, d\tau \qquad (4.56/2)$$

kann mit Hilfe der Zeittransformationen $\xi = t - t_S$, $\xi_m = \pi/2\nu$ und $\xi_e = t_e - t_S$ auf die leichter auswertbare Form

$$q_{max} = \frac{1}{\nu} e^{\pi\delta/2\nu} \int_{-t_S}^{\xi_e} a(\xi)\, e^{\delta\xi} \cos \nu\xi \, d\xi \qquad (4.56/3)$$

gebracht werden. Die Gewichtsfunktion kann in guter Näherung durch die ersten drei Glieder ihrer Potenzreihe ersetzt werden, somit das höhere

Moment aus Gl.(4.56/3) durch die Momente nullter, erster und zweiter Ordnung. Bezüglich des Schwerpunktes S verschwindet das Moment erster Ordnung (das statische Moment)

$$\int_{-t_S}^{\xi_e} a(\xi)\,\xi\,d\xi = 0 \quad ; \tag{4.56/4}$$

es verbleiben das Moment nullter Ordnung (die "Fläche")

$$\int_{-t_S}^{\xi_e} a(\xi)\,d\xi = \check{a}_e \tag{4.56/5a}$$

und das Moment zweiter Ordnung (das "Trägheitsmoment")

$$\int_{-t_S}^{\xi_e} a(\xi)\,\xi^2\,d\xi =: j^2\check{a}_e \quad . \tag{4.56/5b}$$

Analog zu der üblichen Bezeichnungsweise definieren wir also j als den (auf den Schwerpunkt S bezogenen) "Trägheitsradius" der Fläche unter der Stoßfunktion; er hat hier die Dimension einer Zeit.

Für Systeme mit geringer Dämpfung kann ν durch $\varkappa$ und δ/ν durch D ersetzt sowie δ^2 gegen ν^2 vernachlässigt werden. Als Näherung für den Maximalwert (4.56/2) erhält man dann

$$q_{max} \approx \frac{\check{a}_e}{\varkappa}\, e^{-D\pi/2}\left[1 - \frac{\varkappa^2 j^2}{2}\right] \quad . \tag{4.56/6}$$

In der Näherung (4.56/6) werden die Stöße durch zwei Parameter, nämlich die "Fläche" $\check{a}_e$ und deren "Trägheitsradius" j (eine Zeit), gekennzeichnet. Es lassen sich nun auch unterschiedliche Formen von Stoßfunktionen miteinander vergleichen. Tafel 4.56/I zeigt einen solchen Vergleich; dort sind verschieden verlaufende Stoßfunktionen auf einen äquivalenten Rechteckstoß (Höhe a_R, Dauer t_R) gemäß den Forderungen

gleicher Flächeninhalt $\check{a}_e = a_R \cdot t_R$

gleicher Trägheitsradius $j^2 = t_R^2/12$

zurückgeführt.

Tafel 4.56/I. Vergleich von Stößen kurzer (mäßiger) Dauer mit Hilfe der beiden Parameter $\check{a}_e$ und j (gültig für die Residualantwort $t > t_e$)

Allgemeine Stoßform	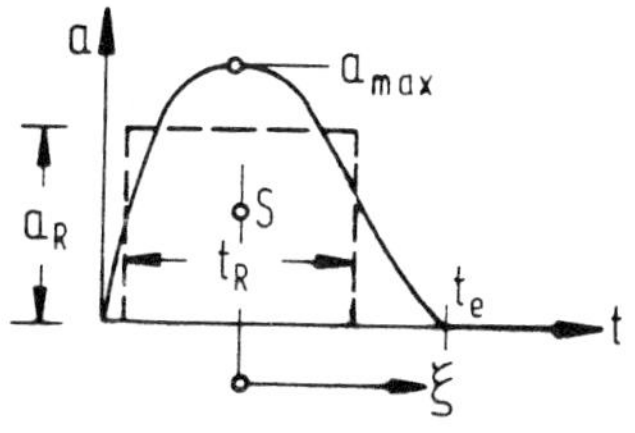	ersetzt durch: $\check{a}_e = \int_{-t_S}^{\xi_e} a\,d\xi$ $j^2\check{a}_e = \int_{-t_S}^{\xi_e} a\xi^2\,d\xi$
Vergleich mit Rechteckstoß (Dauer t_R, Höhe a_R)		
Sinusquadrat	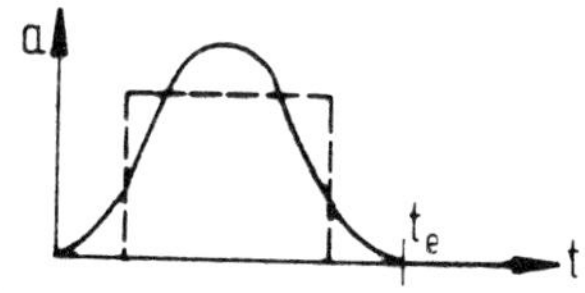	$t_R = 0{,}625\ t_e$ $a_R = 0{,}8\ a_{max}$
Symmetrisches Dreieck	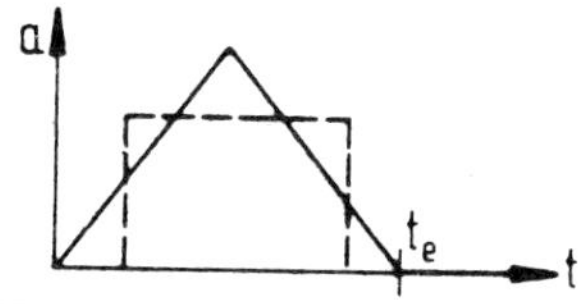	$t_R = 0{,}707\ t_e$ $a_R = 0{,}707\ a_{max}$
Halbsinus	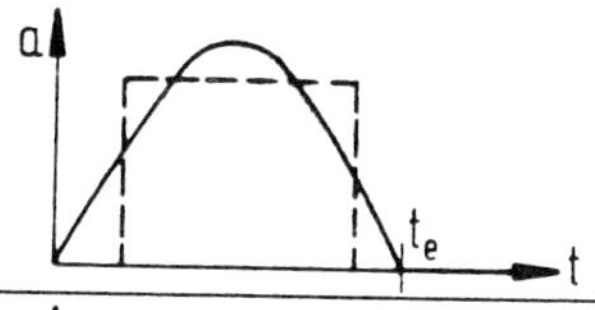	$t_R = 0{,}75\ t_e$ $a_R = 0{,}85\ a_{max}$
Einseitiges Dreieck	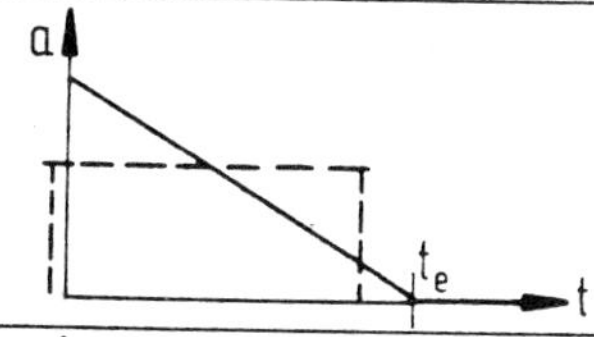	$t_R = 0{,}816\ t_e$ $a_R = 0{,}612\ a_{max}$
Exponential-funktion	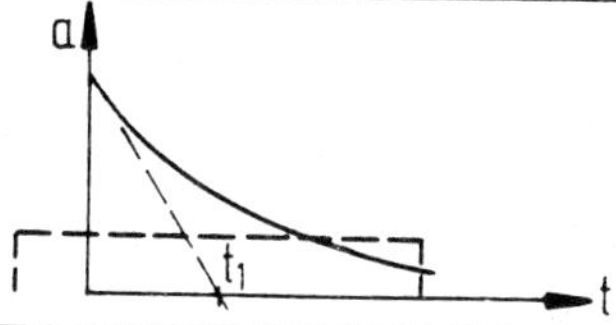	$t_R = 3{,}46\ t_1$ $a_R = 0{,}289\ a_{max}$
Doppelstoß	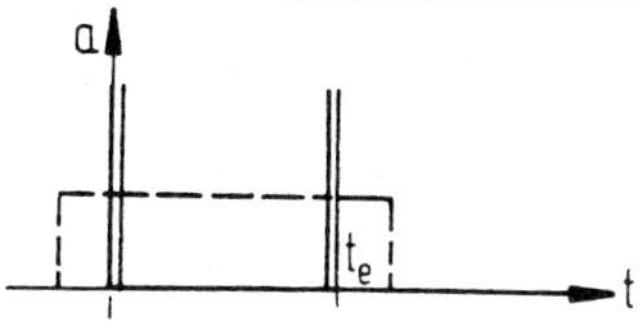	$t_R = \sqrt{3}\ t_e$ $a_R = \check{a}_e / t_e$

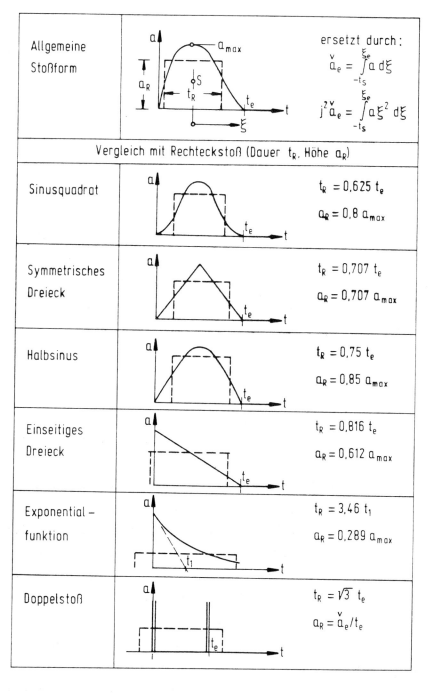

Auf die gleiche Weise wie die Näherung (4.56/6) für q_{max} kann man Näherungswerte für die Maxima der Ableitungen berechnen. Man erhält so

$$\check{q}_{max} \approx \frac{\check{a}_e}{\varkappa^2}\left[1 + e^{-D\pi}\left(1 - \frac{\varkappa^2 j^2}{2}\right)\right] , \qquad (4.56/7a)$$

$$q_{max} \approx \frac{\check{a}_e}{\varkappa} e^{-D\pi/2}\left(1 - \frac{\varkappa^2 j^2}{2}\right) , \qquad (4.56/7b)$$

$$\dot{q}_{max} \approx -\check{a}_e e^{-D\pi}\left(1 - \frac{\varkappa^2 j^2}{2}\right) , \qquad (4.56/7c)$$

$$\ddot{q}_{max} \approx -\check{a}_e \varkappa\, e^{-D\pi/2}\left(1 - \frac{\varkappa^2 j^2}{2}\right) . \qquad (4.56/7d)$$

Die Qualität der einzelnen Näherungen ist unterschiedlich. Je höher die Ordnung der Ableitung ist (Differenzieren rauht auf), umso mehr macht sich die Vernachlässigung von δ^2 gegen ν^2 bemerkbar. Z.B. bleibt (4.56/7d) selbst als grobe Näherung für $\ddot{q}_{max}$ nur dann bis $\varkappa t_e = 1$ brauchbar, wenn $D < 0{,}3$ ist.

4.57 Stoßartige Einwirkungen von nicht eingeschränkter Dauer; "exakte" Lösungen

α) Zeitverlauf der Antwortgrößen

Nach den Betrachtungen über Antworten auf extrem kurze ("ideale") stoßartige Einwirkungen in Abschn.4.55 und auf solche von mäßig langer Dauer in Abschn.4.56 wenden wir uns nun den Antworten auf solche stoßartigen Einwirkungen zu, über deren Dauer t_e keine Einschränkungen gemacht werden. Damit öffnet sich ein weites Feld von Variationen des Zeitverlaufs. Wir werden die Vielfalt dadurch begrenzen, daß wir alle Funktionstypen I bis IV der Tafel 4.52/I durch Differenzieren oder Integrieren auf den Typ II (die Stoßfunktion) zurückführen, sie sozusagen "an den Typ II anhängen".

In Abb.4.57/1 ist als Einwirkung eine Stoßfunktion a(t) mit einem vorgegebenen Zeitverlauf aufgezeichnet, dessen Dauer t_e keinen besonderen Bedingungen unterliegt. Ferner sind aufgezeichnet die Antworten $\ddot{q}$ eines ungedämpften Schwingers, wenn dieser eine kleine (α) bzw. eine große Eigenfrequenz (β) besitzt. Die jeweilige Systemantwort pflegt man aufzuteilen in die Initialantwort im Initialbereich von $t=0$ bis $t=t_e$ (d.h. während der Stoßdauer, Bereich I in Abb.4.57/1) und in die Residualantwort; sie ist die nach Beendigung der Einwirkung im Residualbereich $t>t_e$ (Bereich II) übrig bleibende freie Schwingung des Systems. Das absolute Maximum der Systemantwort kann entweder im Initialbereich [wie in Abb. 4.57/1 beim Schwinger (β)] oder im Residualbereich [wie beim Schwinger (α)] auftreten.

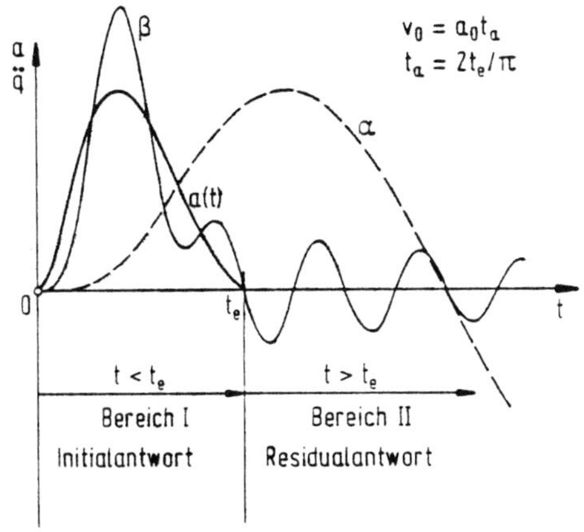

Abb.4.57/1. Stoßfunktion $a(t)$; Antworten $\ddot{q}(t)$ bei α) kleiner, β) großer Eigenfrequenz

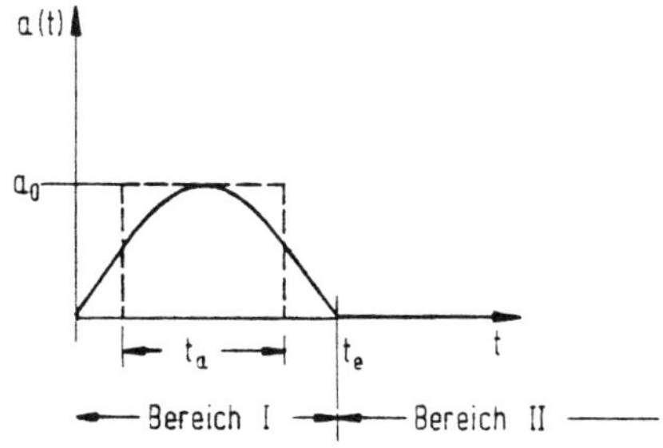

Abb.4.57/2. Der Halbsinus-Stoß (4.57/1)

Wir suchen hier "exakte" Lösungen durch Integrieren der Differentialgleichungen. Allerdings gelingt es nur für wenige spezielle Funktionsverläufe der Einwirkung, die Systemantwort als einen geschlossenen Ausdruck anzugeben; die Berechnung der Maximalwerte der Systemantwort führt selbst in ganz einfachen Fällen auf transzendente Gleichungen, die nur numerisch auswertbar sind. Wir werden deshalb nur für einen einzigen Beispielfall zeigen - und zwar für den Halbsinus-Stoß auf den linear gedämpften Schwinger nach Gl.(4.51/1a) -, wie die Lösungen analytisch gewonnen werden.

Der Halbsinus-Beschleunigungsstoß, Abb.4.57/2, wird beschrieben durch

$$a(t) = a_0 \sin \pi t/t_e \quad \text{für} \quad 0 < t < t_e \quad \text{Bereich I} \;,$$
$$a(t) \equiv 0 \quad \text{für} \quad t > t_e \quad \text{Bereich II} \;. \tag{4.57/1}$$

Die Lösungsgleichungen für die Systemantworten q, $\dot{q}$, $\ddot{q}$ usf. stehen in Tafel 4.54/II. Da hier als Einwirkung die Funktion a(t) selbst gegeben ist, wird man die Fassungen aus Spalte ④ der Tafel heranziehen. In jener Spalte sind die Antworten in verschiedenen Fassungen verzeichnet. Wir greifen als Beispiel nur die in der ersten Zeile stehende Antwortgröße q(t) heraus und führen für sie die weitere Rechnung vor.

Der Ausdruck für q(t) lautet [siehe auch Gl.(4.12/8c) oder (4.51/2)]

$$q(t) = a(t) * g(t) \equiv \int_0^t a(\tau) g(t-\tau)\, d\tau \tag{4.57/2}$$

mit g(t) gemäß Gl.(4.12/9) und Tafel 4.54/I.

Da der Halbsinusstoß (4.57/1) links und rechts von der Stelle t_e durch verschiedene Ausdrücke beschrieben wird, muß die Integration für den Initialbereich I und den Residualbereich II getrennt ausgeführt werden. Die Initialantwort q_I wird durch

$$q_I(t) = \int_0^t a(\tau) g(t-\tau)\, d\tau \quad \text{für} \quad t < t_e \tag{4.57/3a}$$

geliefert, die Residualantwort [da $a(t) \equiv 0$ ist für $t > t_e$] durch

$$q_{II}(t) = \int_0^{t_e} a(\tau) g(t-\tau)\, d\tau \quad \text{für} \quad t > t_e \;. \tag{4.57/3b}$$

Mit g(t) gemäß (4.12/9) erhält man durch Auswerten der Integrale schließlich

$$q_I(t) = \frac{a_0}{2\nu}\left\{\frac{\delta(\cos\pi t/t_e - e^{-\delta t}\cos\nu t) + (\pi/t_e+\nu)(\sin\pi t/t_e + e^{-\delta t}\sin\nu t)}{\delta^2+(\pi/t_e+\nu)^2}\right.$$

$$\left. - \frac{\delta(\cos\pi t/t_e - e^{-\delta t}\cos\nu t) + (\pi/t_e-\nu)(\sin\pi t/t_e - e^{-\delta t}\sin\nu t)}{\delta^2+(\pi/t_e-\nu)^2}\right\}, \quad (4.57/4a)$$

$$q_{II}(t) = \frac{a_0}{2\nu}e^{-\delta t}\left\{\frac{(\pi/t_e+\nu)[e^{\delta t_e}\sin\nu(t-t_e) - \sin\nu t] - \delta[e^{\delta t_e}\cos\nu(t-t_e) - \cos\nu t]}{\delta^2+(\pi/t_e+\nu)^2}\right.$$

$$\left. + \frac{(\pi/t_e-\nu)[e^{\delta t_e}\sin\nu(t-t_e) - \sin\nu t] + \delta[e^{\delta t_e}\cos\nu(t-t_e) - \cos\nu t]}{\delta^2+(\pi/t_e-\nu)^2}\right\}. \quad (4.57/4b)$$

In analoger Weise herstellen müßte man sowohl die Zeitverläufe anderer Antwortgrößen ($\dot{q}$, $\ddot{q}$, a_B,...) zum betrachteten Halbsinusstoß wie auch die Zeitverläufe aller gesuchten Antworten zu sonstigen vorgegebenen Stoßverläufen.

β) Maximalwerte und Schockantwort-Spektren

In den weiteren Abschn.4.58 und 4.59 dieses Hauptabschnitts 4.5 werden - wie großenteils auch schon im Abschn.4.53 - nicht mehr die Zeitverläufe selbst im Mittelpunkt der Betrachtungen stehen, sondern gewisse aus diesen Verläufen entnommene Merkmale. Wir interessieren uns vor allem für die Maximalwerte der kinematischen Größen q, $\dot{q}$, $\ddot{q}$, z, $\dot{z}$, $\ddot{z}$ und den der Bindungsbeschleunigung a_B, der die Beanspruchung der Bindung proportional ist.

Trägt man die Maximalwerte der Antworten aus beiden Bereichen I und II über der (dimensionslos gemachten) äquivalenten Stoßdauer t_a auf, so erhält man die Schockantwortdiagramme, die leider oft Schockantwortspektren genannt werden. Dabei unterscheidet man Initial-, Residual- und "Maximax"-Diagramme. Zweckmäßig ist in jedem Fall eine doppelt-logarithmische Auftragung.

In den Abb.4.57/3a bis 4.57/3d sind für den Schwinger von Abb. 4.13/1a, der der Dgl.(4.12/2) genügt und unter der Einwirkung $a(t)$ des Halbsinus-Stoßes [Gl.(4.57/1), Abb.4.57/2] steht, die Maximax-Diagramme einer Reihe von Antworten, nämlich von q, von $\dot{q}$, von $\ddot{q}$

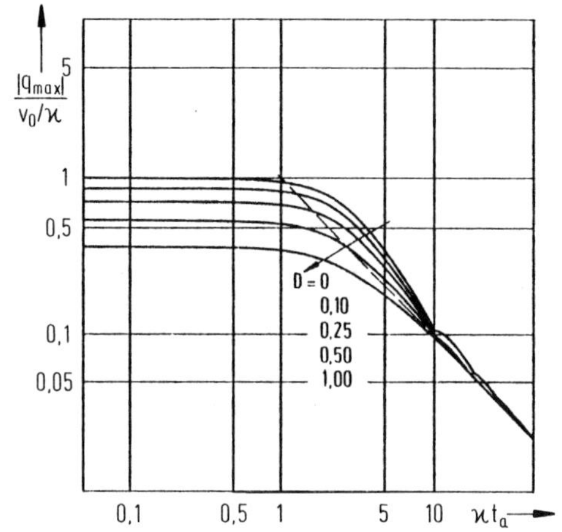

a) Auslenkung

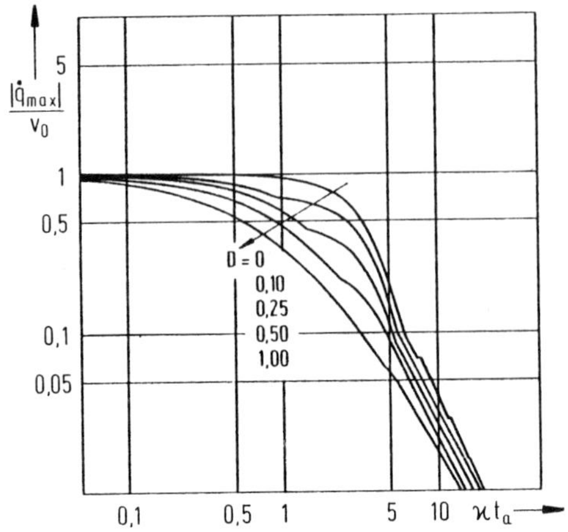

b) Geschwindigkeit

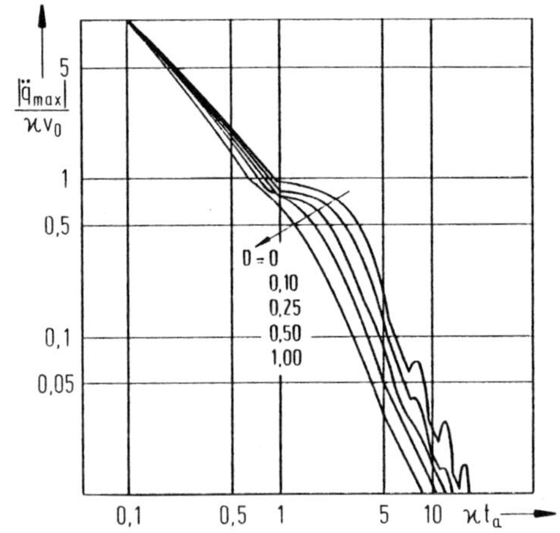

c) Beschleunigung

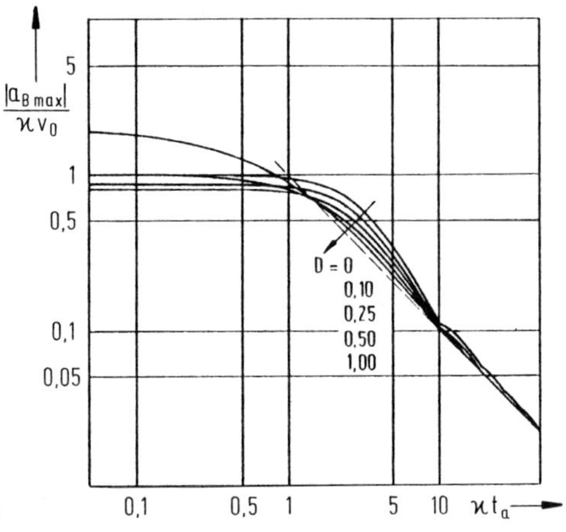

d) Bindungsbeschleunigung

Abb.4.57/3. Schockantwort-Spektren (und zwar "Maximax"-Spektren) des Schwingers von Abb.4.13/1a unter Einwirkung a(t) des Halbsinus-Stoßes; Bildteile a bis d zeigen die dimensionslos gemachten Antwortgrößen und von a_B aufgetragen. Als Ordinaten dienen der Reihe nach die dimensionslosen Größen

$$a)\ \frac{|q_{max}|}{v_0/\varkappa}\ ,\quad b)\ \frac{|\dot{q}_{max}|}{v_0}\ ,\quad c)\ \frac{|\ddot{q}_{max}|}{\varkappa v_0}\ ,\quad d)\ \frac{|a_{Bmax}|}{\varkappa v_0}\ ; \qquad (4.57/5)$$

Abszisse ist in jedem Fall $\varkappa t_a$.

Im Fall d) bedeutet a_B die Bindungsbeschleunigung; sie ist durch die Gln.(4.13/4) erklärt. Die in allen Ausdrücken (4.57/5) auftretende Rechengröße v_0 bedeutet die aus Abb.4.57/2 ersichtliche Geschwindigkeit, die durch die Fläche unter der Kurve a(t) repräsentiert wird:

$$v_0 = \int_0^{t_e} a(t)\, dt = a_0 \frac{t_e}{\pi} \int_0^{\pi} \sin\tau\, d\tau = a_0 \frac{2t_e}{\pi} =: a_0 t_a\ . \qquad (4.57/6)$$

Durch (4.57/6) ist mit

$$t_a = 2t_e/\pi \qquad (4.57/6a)$$

auch der Zusammenhang zwischen der Stoßdauer t_e und der durch (4.52/2) definierten äquivalenten Zeit t_a festgestellt. Für $\varkappa t_a \to 0$, also für den Bereich sehr kurzer Stöße erkennen wir in Abb.4.57/3 wieder die Ergebnisse aus Tafel 4.54/II und Abb.4.55/1. Es korrespondieren

Abb.4.57/3a und Abb.4.55/1b ,
Abb.4.57/3b und Abb.4.55/1c ,
Abb.4.57/3d und Abb.4.55/1d .

Zum Vergleich mit den Antwortdiagrammen der Abb.4.57/3 ist als Abb.4.57/4 das mit dem Fourierintegral (4.51/3) gewonnene Amplitudenspektrum A des Halbsinusstoßes a(t) dargestellt, und zwar wieder als dimensionslose Größe A/v_0. Amplitudenspektren anderer Einwirkungen sind bereits in Abschn.4.52 vorgestellt worden.

Zu diesem Abschn.4.57 sei abschließend bemerkt: Die vier gezeigten Schockantwort-Diagramme der Abb.4.57/3 beruhen auf genauen Grundlagen, nämlich auf dem wohldefinierten Stoßverlauf a(t) nach (4.57/1). Die zugehörige Differentialgleichung wurde integriert, aus den Ergebnissen wurden die Maximax-Werte als Funktion der Stoßdauer gewonnen.

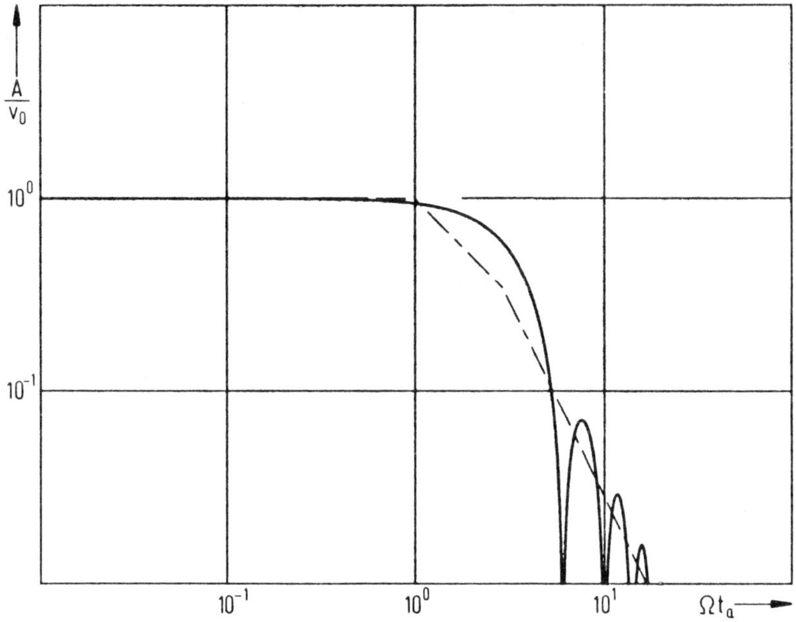

Abb.4.57/4. Amplitudenspektrum A/v_0 des Rechteckstoßes (4.57/7)

Diese "genauen" Diagramme werden hier präsentiert, damit sie etwa als Material dienen können für Vergleiche mit solchen Diagrammen, die aus Näherungsverfahren stammen. Im Abschn.4.58 werden wir z.B. Schockantwortdiagramme mit einer Näherungsmethode herstellen, die bewußt und gezielt statt des genauen Verlaufs $a(t)$ nur wenige ausgewählte Merkmale dieses Verlaufs benutzt, nämlich die zum Schockpolygon führenden Maximalwerte der verschiedenen Ableitungen von $a(t)$.

4.58 Die Systemantwort; das bewertete Schockpolygon (Schockantwortpolygon)

Im Abschn.4.53 wurde das Schockpolygon definiert und erörtert (siehe insbes. Abb.4.53/1). Es dient im wesentlichen zum Darstellen von Schockeinwirkungen. Und zwar kann es aufgefaßt werden als angenäherte Beschreibung sowohl der einwirkenden Zeitverläufe (Unterabschnitt 4.53γ) wie auch ihrer Amplitudenspektren (Unterabschnitt 4.53δ). Darüber hinaus gibt das Schockpolygon auch eine ganz spezielle Schockantwort wieder, nämlich den schwingenden Anteil in der Residualantwort des ungedämpften linearen Schwingers (Unterabschnitt 4.53ε). Jetzt sollen die Schockantworten über den soeben erwähnten speziellen Fall hinaus betrachtet werden.

Über die Zusammenhänge zwischen Schockeinwirkungen und Schockantworten gibt Tafel 4.54/II Auskunft. Blicken wir zunächst auf den Spektralbereich, so sehen wir (wie zuvor schon mehrfach erwähnt wurde): Die (komplexe) Spektralfunktion der Systemantwort (zum Beispiel $\underline{Q}^{(n)}$, $\underline{Z}^{(n)}$, $\underline{A}_B^{(n)}$) auf eine Einwirkung $\underline{A}^{(m)}$ wird geliefert durch das Produkt von $\underline{A}^{(m)}$ mit einer bestimmten Ableitung $\underline{G}^{(p)}$ der Übertragungsfunktion. Für die Beträge der Spektralfunktionen (die Amplitudendichten) der Schockantworten (im Beispiel: $Q^{(n)}$, $Z^{(n)}$, $A_B^{(n)}$) gilt dann etwa

$$Q^{(n)} = A^{(m)} G^{(p)} \quad . \qquad (4.58/1)$$

Werden diese Beträge im Schocknetz aufgetragen, wo die Skalen logarithmisch unterteilt sind, so bedeuten die Multiplikationen einfach Additionen der jeweiligen Diagrammstrecken.

So leicht herstellbar die reellen Spektralfunktionen auch sind und so aufschlußreich sie sich bisher erwiesen haben, so wenig helfen sie jedoch, wenn man die Zeitfunktionen oder die Maximalwerte der Schockantworten bestimmen will. Wir müssen deshalb im Zeitbereich arbeiten. Dabei zielen wir außer auf die Zeitverläufe der Antworten vor allem ab auf ihre Maximalwerte, etwa auf die maximalen Beschleunigungen, Beanspruchungen oder Verformungen des gestoßenen Systems. Wenn die Zeitfunktionen der Antworten gesucht sind, so müssen die Einwirkungen mit den "zuständigen" Ableitungen der Gewichtsfunktion g(t) bewertet werden. Sucht man die Maximalwerte der Antworten, so müssen die Maximalwerte der Einwirkungen mit den Maximalwerten der entsprechenden Ableitungen der Gewichtsfunktion (siehe Abb.4.55/1a bis 4.55/1d) bewertet werden. Dadurch ergeben sich wieder bereichsweise brauchbare Näherungen für die Maximalwerte der Schockantworten.

Den genannten Vorgang des Bewertens des Schockpolygons verfolgen wir nun im einzelnen anhand von Formeln, d.h. von früher hergestellten algebraischen Beziehungen. Zu diesem Zweck greifen wir aus Tafel

4.54/II für eine gesuchte Systemantwort, z.B. für den Ausschlag q(t), das Bündel der einander gleichwertigen Lösungsgleichungen heraus:

$$
\begin{aligned}
q(t) &= \int_0^t \check{a}(\tau)\dot{g}(t-\tau)\,d\tau \\
&= \int_0^t a(\tau)g(t-\tau)\,d\tau \\
&= \int_0^t \dot{a}(\tau)\check{g}(t-\tau)\,d\tau \\
&= \int_0^t \ddot{a}(\tau)\check{\check{g}}(t-\tau)\,d\tau \quad .
\end{aligned} \tag{4.58/2}
$$

Falls in den vier Gln.(4.58/2) die Einwirkungen $\check{a}$ bis $\ddot{a}$ jeweils von genügend kurzer Dauer sind, können sie als Einschaltfunktionen behandelt werden. Dann wird das Auswerten der Integrale einfach und führt mit den Abkürzungen

$$\int_0^{t_e} a(\tau)\,d\tau = \check{a}_e \qquad \text{usw.}$$

zu den vier verschiedenen (nicht mehr gleichwertigen) Ausdrücken

$$
\begin{aligned}
q_1(t) &= \check{\check{a}}_{e1}\,\dot{g}(t) \quad , \\
q_2(t) &= \check{a}_{e2}\,g(t) \quad , \\
q_3(t) &= a_{e3}\,\check{g}(t) \quad , \\
q_4(t) &= \dot{a}_{e4}\,\check{\check{g}}(t) \quad .
\end{aligned} \tag{4.58/3}
$$

In Anlehnung an die Bezeichnungen in Tafel 4.52/I heißen die vier Antworten $q_1(t)$ bis $q_4(t)$ und im engeren Sinn auch die vier Gewichtsfunktionen $\dot{g}(t)$ bis $\check{\check{g}}(t)$: Wechselstoß-, Stoß-, Sprung- und Anstiegs-Antwort.

Sind $\check{\check{a}} = s$, $\check{a} = v$, $\dot{a} = r$ (wie z.B. in Abschn.4.52γ) die "Ableitungen" einer bestimmten Einwirkung a(t), und ist ferner g(t) die Gewichtsfunktion (4.12/9) des einläufigen Schwingers, so erhält man aus den Gln.(4.58/3) für den Maximalwert der Systemantwort die folgenden vier Näherungsausdrücke

$$\begin{aligned} q_{1max} &= s_{max} \cdot \dot{g}_{max} \quad , \\ q_{2max} &= v_{max} \cdot g_{max} \quad , \\ q_{3max} &= a_{max} \cdot \overset{\vee}{g}_{max} \quad , \\ q_{4max} &= r_{max} \cdot \overset{\vee\vee}{g}_{max} \quad . \end{aligned} \tag{4.58/4}$$

In ihnen bestehen die ersten Faktoren aus den Maximalwerten s_{max} bis r_{max} der Einwirkung, die das Schockpolygon bestimmen. Sie sind also mitbestimmend auch für die Schockantwort. Das Übertragungsverhalten des Systems wird durch den jeweils zweiten Faktor, nämlich die Maximalwerte der Ableitungen der Gewichtsfunktion, $\dot{g}_{max}$ bis $\overset{\vee\vee}{g}_{max}$, dargestellt. Diese Faktoren enthalten die Systemparameter $\varkappa$ (Kennfrequenz) und D (Dämpfungsmaß) (siehe Tafel 4.54/I und Abb.4.54/2).

Faßt man den Satz der Gln.(4.58/4) als ein bereichsweise unterschiedlich bewertetes Schockpolygon auf, so stellt dieses bewertete Schockpolygon das Diagramm der Schockantworten der einläufigen Schwinger dar; wir nennen es das S c h o c k a n t w o r t p o l y g o n . Schockantwortpolygone zeigen die Abb.4.58/1 bis 4.58/3. Wir besprechen sie anhand der nachfolgenden Beispiele 1 bis 4.

In allen vier Beispielen handle es sich jeweils um einen Satz von Schwingern mit den Eigenfrequenzen (Kennfrequenzen) $\varkappa$. Diese Schwinger werden durch eine Fußpunktsbewegung $u(t) \equiv s(t)$ angeregt, die jeweils durch das Schockpolygon Ⓢ in den Abb.4.58/1 bis 4.58/3 repräsentiert wird. Dieses Schockpolygon wird bestimmt durch die Maximalwerte

$$\begin{aligned} s_{max} &= 40\,\text{cm} \quad , \quad v_{max} = 4\ \text{m/s} \quad , \\ a_{max} &= 20\,g \quad , \quad r_{max} = 2 \cdot 10^3\ g/s \quad . \end{aligned} \tag{4.58/5}$$

B e i s p i e l 1 : Der Satz von Schwingern sei u n g e d ä m p f t, und wir fragen in diesem Beispiel nach den (Maximalwerten der) R e - l a t i v g e s c h w i n d i g k e i t e n $(\dot{z}_i)_{max}$. Gemäß Tafel 4.55/I erhalten wir die Lösungen

$$\begin{aligned} \dot{z}_{1max} &= s_{max}\ddot{g}_{max} \ ; \ v_{max} \ , \\ \dot{z}_{2max} &= v_{max}\dot{g}_{max} \ , \\ \dot{z}_{3max} &= a_{max}g_{max} \ , \\ \dot{z}_{4max} &= r_{max}\check{g}_{max} \ . \end{aligned} \qquad (4.58/6)$$

Die jeweils zweiten Faktoren liest man aus der Abb.4.55/1 ab und findet

$$\begin{aligned} \dot{z}_{1max} &= s_{max} \cdot \varkappa \ ; \ v_{max} \ , \\ \dot{z}_{2max} &= v_{max} \cdot 1 \ , \\ \dot{z}_{3max} &= a_{max} \cdot 1/\varkappa \ , \\ \dot{z}_{4max} &= r_{max} \cdot (1+1)/\varkappa^2 \ . \end{aligned} \qquad (4.58/7)$$

Die Lösung für $(\dot{z}_1)_{max}$ enthält zwei Ergebnisse: Den Maximalwert im Initialbereich, v_{max}, und den Maximalwert im Residualbereich, $s_{max}\ddot{g}_{max}$ (vgl. hierzu Abb.4.57/1b).

Von den beiden Summanden im zweiten Faktor für $(\dot{z}_4)_{max}$ stammt, wie man sich anhand der Tafel 4.54/I vergewissern kann, der erste aus dem konstanten Anteil $1/\varkappa^2$, der zweite aus dem oszillierenden Anteil $\cos\varkappa t/\varkappa^2$. Für den oszillierenden Anteil allein lautet die letzte der Gln.(4.58/7)

$$\dot{z}_{4max} = r_{max} \cdot 1/\varkappa^2 \ . \qquad (4.58/7a)$$

Wir erhalten also insgesamt drei Ergebnisse und somit drei Schockantwortpolygone; sie sind in Abb.4.58/1 dargestellt: Als Strek-

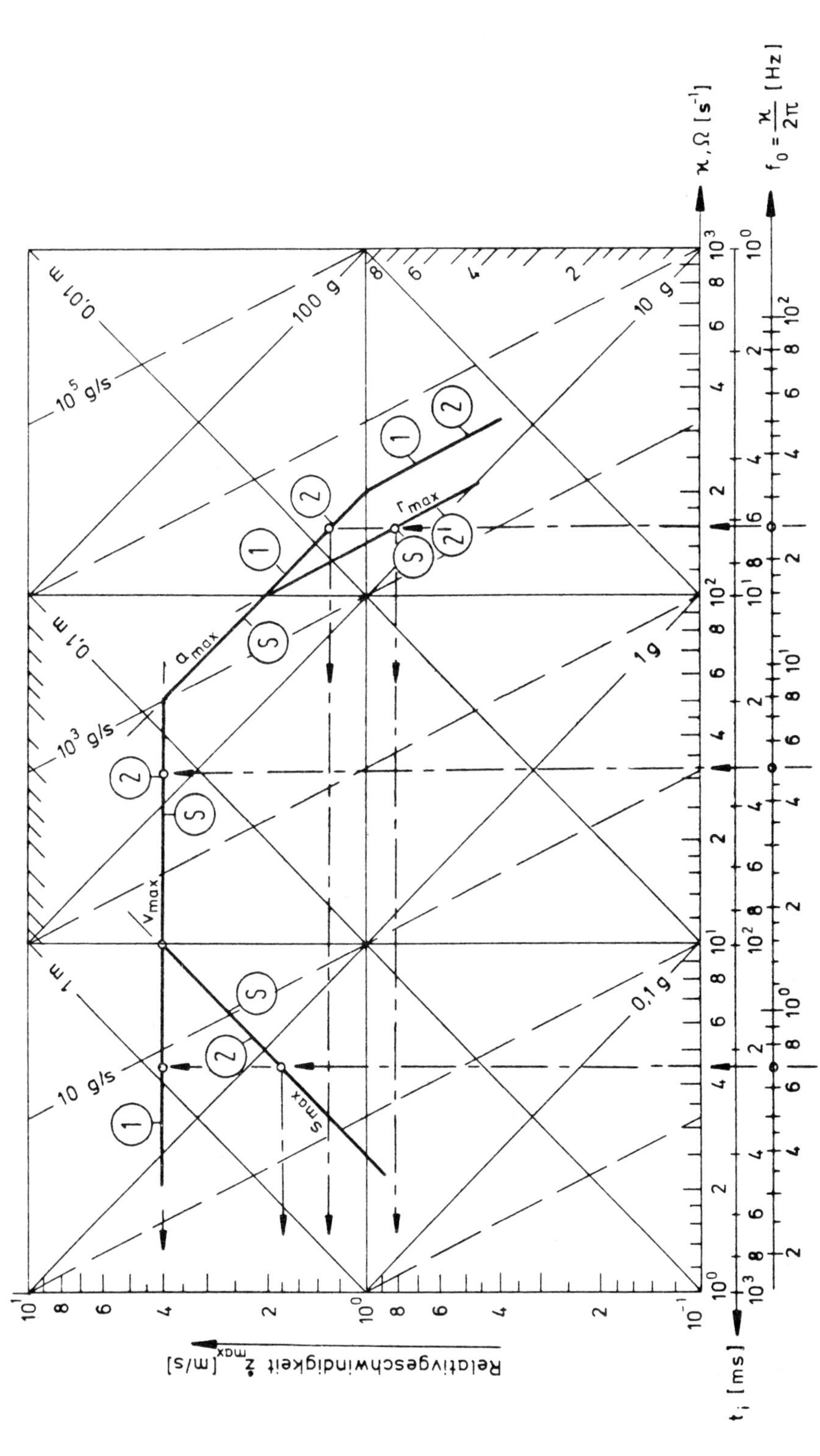

Abb. 4.58/1. Schockpolygon (S) und Schockantwortpolygone (1) und (2) zum Beispiel 1: Ungedämpfter Schwinger; gesucht wird $\dot{z}_{max}$

kenzug ① sind die größten Maxima der Gln.(4.58/7) eingezeichnet; er ist das sogenannte Maximaxantwortpolygon der Relativgeschwindigkeit $\dot{z}$. Der Streckenzug ② ist das Residualantwortpolygon; er enthält aus der Lösung $(\dot{z}_1)_{max}$ die Gerade $s_{max}\varkappa$ anstelle von v_{max}. Im übrigen Verlauf ist er identisch mit dem Streckenzug ① , da in den weiteren Lösungen $\dot{z}_2$ bis $\dot{z}_4$ die größten Maxima erst im Residualbereich auftreten (vergl. z.B. Abb.4.57/1α). Das Antwortpolygon ② - ②' beschreibt gemäß Gl.(4.58/7a) nur die Schwingungsamplituden der Residualantwort, d.h. die durch den Stoß angeregten, sich ggf. um eine neue Ruhelage einstellenden freien Schwingungen. Man erkennt, daß bei der gewählten Skalierung des Schocknetzes das Antwortpolygon ② - ②' des oszillierenden Anteils mit dem Streckenzug Ⓢ des Schockpolygons zusammenfällt. Diese Tatsache wurde bereits in Abschn.4.53ε durch Formelvergleich festgestellt. Man darf jedoch nicht außer acht lassen, daß das Schockpolygon Ⓢ und das Antwortpolygon ② - ②' von verschiedener Art sind: Das Schockpolygon zeigt ein echtes Spektrum; es stellt die Amplitudendichte A der Einwirkung als Funktion der Spektralfrequenz Ω dar. Das Antwortpolygon dagegen ist ein punktweise gültiges Antwortdiagramm für einen Satz gleichartiger Schwinger mit der jeweiligen Eigenfrequenz $\varkappa$.

Wie man die zu verschiedenen Werten der Eigenfrequenzen gehörenden Werte $\dot{z}_{max}$ aus den Diagrammen findet, ist für die Beispielwerte 0,7 Hz, 5 Hz und 25 Hz durch Hilfslinien jeweils angedeutet. In jedem der Fälle werden die Werte für $\dot{z}_{max}$ auf der an der Ordinatenachse angebrachten Skala abgelesen.

B e i s p i e l 2 : Hier sei ein Satz von linear g e d ä m p f t e n Schwingern gegeben; sie weisen die unterschiedlichen Eigenfrequenzen $\varkappa$, aber alle dasselbe Dämpfungsmaß $D = 0{,}5$ auf. Wie oben schon erwähnt, gelte für die Anregung auch hier das durch (4.58/5) bestimmte Schockpolygon Ⓢ .

Gesucht werden hier:

erstens, die Maximalwerte der Federverformung, d.i. des Relativweges $z = u - q$;

zweitens, die Maximalwerte der auf die Masse m bezogenen Bindungskraft F_B, also die Bindungsbeschleunigung a_B.

Die zum Dämpfungsmaß $D = 0{,}5$ gehörenden Maximalwerte der Ableitungen der Gewichtsfunktion findet man aus Abb.4.55/1; sie lauten

$$\check{g}_{max} = 1{,}16/\varkappa^2 \;, \quad g_{max} = 0{,}54/\varkappa \;, \qquad\qquad (4.58/8)$$
$$\dot{g}_{max} = 1 \;, \quad (1-\dot{g})_{max} = 1{,}3 \;, \quad \ddot{g}_{max} = \varkappa \;.$$

Zur Frage nach z: Mit $\ddot{u} = a$; $\check{\check{a}} = s$; $\check{a} = v$; $\dot{a} = r$ entnehmen wir der Tafel 4.55/I für den Relativweg z die Lösungen z_i; in sie setzen wir die gefundenen Maximalwerte (4.58/8) ein:

aus Spalte ③ folgt $z_1 = \dot{g}s$,
daraus wird $(z_1)_{max} = s_{max}$;
aus Spalte ④ folgt $z_2 = gv$,
daraus wird $(z_2)_{max} = 0{,}54\, v_{max}/\varkappa$; (4.58/9)
aus Spalte ⑤ folgt $z_3 = \check{g}a$,
daraus wird $(z_3)_{max} = 1{,}16\, a_{max}/\varkappa^2$.

In der Abb.4.58/2 sind als Streckenzug ③ die Geradenstücke s_{max}, $0{,}54\, v_{max}$ und $1{,}16\, a_{max}$ eingezeichnet. Da auf der Abszissenachse $\varkappa$ in logarithmischer Teilung aufgetragen ist, bedeutet Division durch $\varkappa$ für $(z_2)_{max}$ eine Steigungsänderung um -1, Division durch $\varkappa^2$ für $(z_3)_{max}$ eine Steigungsänderung um -2. Für den Streckenzug ③ , der die Werte z_{max} liefern soll, gilt also die Wegskalierung s. Als Ablesehilfe ist eine besondere Ableseskala für z_{max} in die Abbildung eingezeichnet. Wie man die Skalenwerte erhält, ist für die Beispiel-Eigenfrequenzen f = 0,7 Hz; f = 5 Hz und f = 25 Hz durch Hilfslinien angedeutet; diese Hilfslinien führen auf die Relativwege (Verformungen) $(z_1)_{max}$ = 40 cm; $(z_2)_{max}$ = 7 cm; $(z_3)_{max}$ = 0,9 cm.

Zur Frage nach a_B: Hier liefert die Tafel 4.55/I drei brauchbare Lösungen:

Aus Spalte ⑤ folgt $|a_{B1}| = (1-\dot{g})a$; daraus wird mit $(1-\dot{g})_{max} = 1{,}3$ der Maximalwert zu

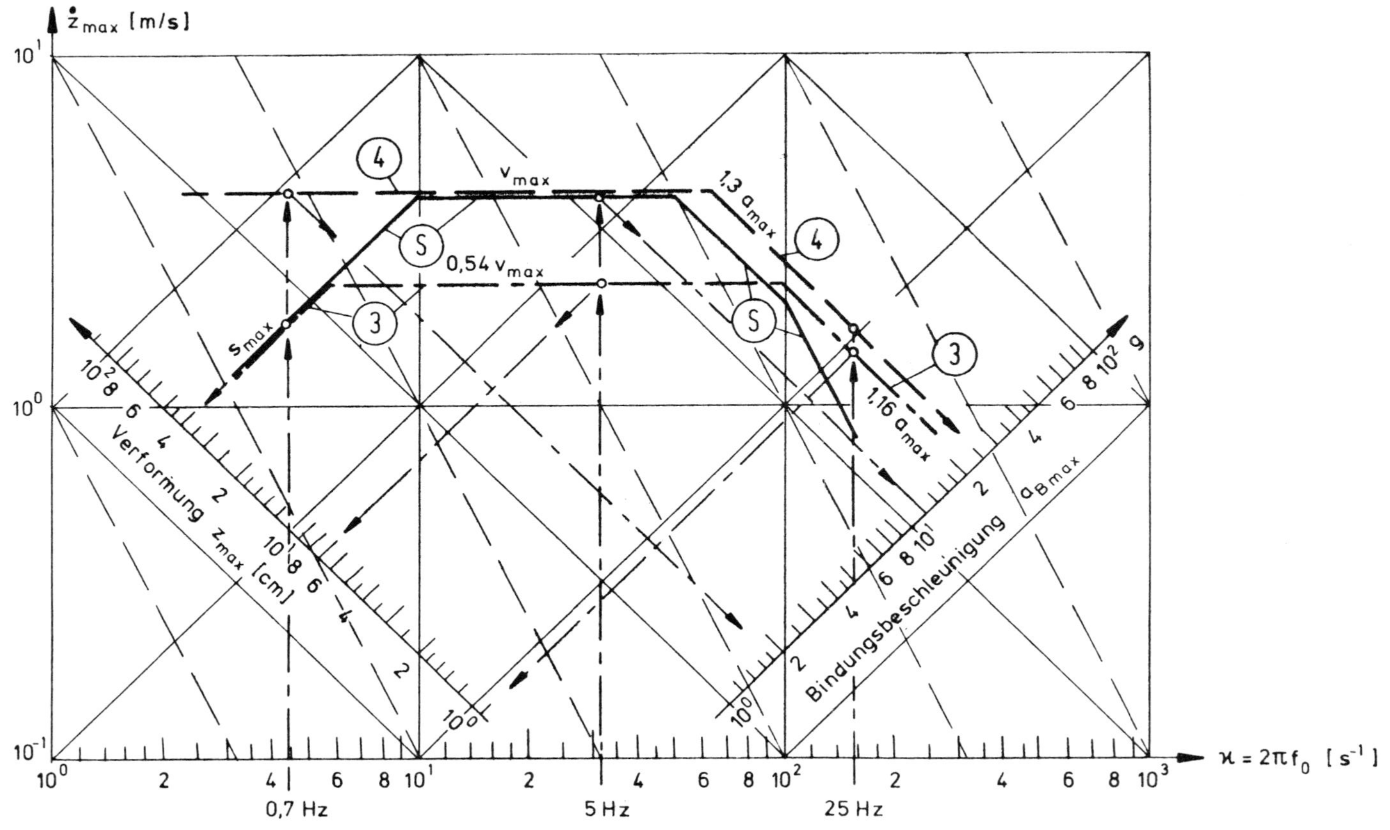

Abb. 4.58/2. Schockpolygon (S) und Schockantwortpolygon zum Beispiel 2: Gedämpfter Schwinger; Polygon (3) gibt Auskunft über z, Polygon (4) über a_B

$$|a_{B1}|_{max} = 1{,}3\ a_{max} \quad . \tag{4.58/10a}$$

Aus Spalte ④ folgt $|a_{B2}| = \ddot{g}v$; daraus wird mit $\ddot{g}_{max} = \varkappa$ der Maximalwert zu

$$|a_{B2}|_{max} = \varkappa v_{max} \quad . \tag{4.58/10b}$$

Aus Spalte ③ folgt $|a_{B3}| = |2\delta\check{a} - \check{\check{a}}\dddot{g}|$; in diesem Ausdruck überwiegt jetzt das Initialmaximum $2\delta\check{a}$, die Residualantwort $\check{\check{a}}\,\dddot{g}$ ist ohne Bedeutung. Wegen des (zufällig gewählten) Wertes $D = 0{,}5$, also wegen $2\delta = \varkappa$, erhält man auch hier den Maximalwert

$$|a_{B3}|_{max} = \varkappa v_{max} \quad . \tag{4.58/10c}$$

Die zu $\dot{a}$ gehörende Lösung aus Spalte ⑥ enthält den Parameter t; sie liefert daher keine verwertbare Verbesserung (d.i. Einschränkung) des Maximax-Antwortdiagramms.

Mit Hilfe der drei Aussagen (4.58/10) ist der Geradenzug ④ in die Abb.4.58/2 eingetragen. Die Skala zum Ablesen von $(a_B)_{max}$ ist (in Vielfachen von g) noch eigens mit eingezeichnet. Wieder zeigen Hilfslinien zu Beispielwerten der Eigenfrequenzen, wie man die Zahlenwerte $|(a_B)_{max}|$ erhält: zu f = 0,7 Hz gehört $|(a_B)_{max}| = 1{,}8$ g; zu f = 5 Hz gehört $|(a_B)_{max}| = 12{,}5$ g; zu f = 25 Hz gehört $|(a_B)_{max}| = 26$ g.

Wir fassen zusammen: In der zum Beispiel 2 gehörenden Abb.4.58/2 bedeutet der Streckenzug Ⓢ wiederum das Schockpolygon, das die Einwirkung bezeichnet. Es wurden zwei Fragen gestellt, die eine nach dem Relativweg z, die andere nach der Bindungsbeschleunigung a_B. Die Antworten auf die erste Frage ergeben sich aus dem Schockantwortpolygon ③ , die auf die zweite aus dem Antwortpolygon ④ . Wir betonen dabei: Zu jeder Frage nach einer neuen Größe (im Beispiel nach z und a_B) gehört bei gleichbleibendem Schockpolygon eine neue Bewertung und somit ein neues Antwortpolygon.

B e i s p i e l 3 : Die soeben betonte Regel, daß jede neue Frage eine neue Bewertung und damit ein neues Antwortpolygon erfordert, hat nur beim u n g e d ä m p f t e n (linearen) Schwinger eine Ausnahme. In

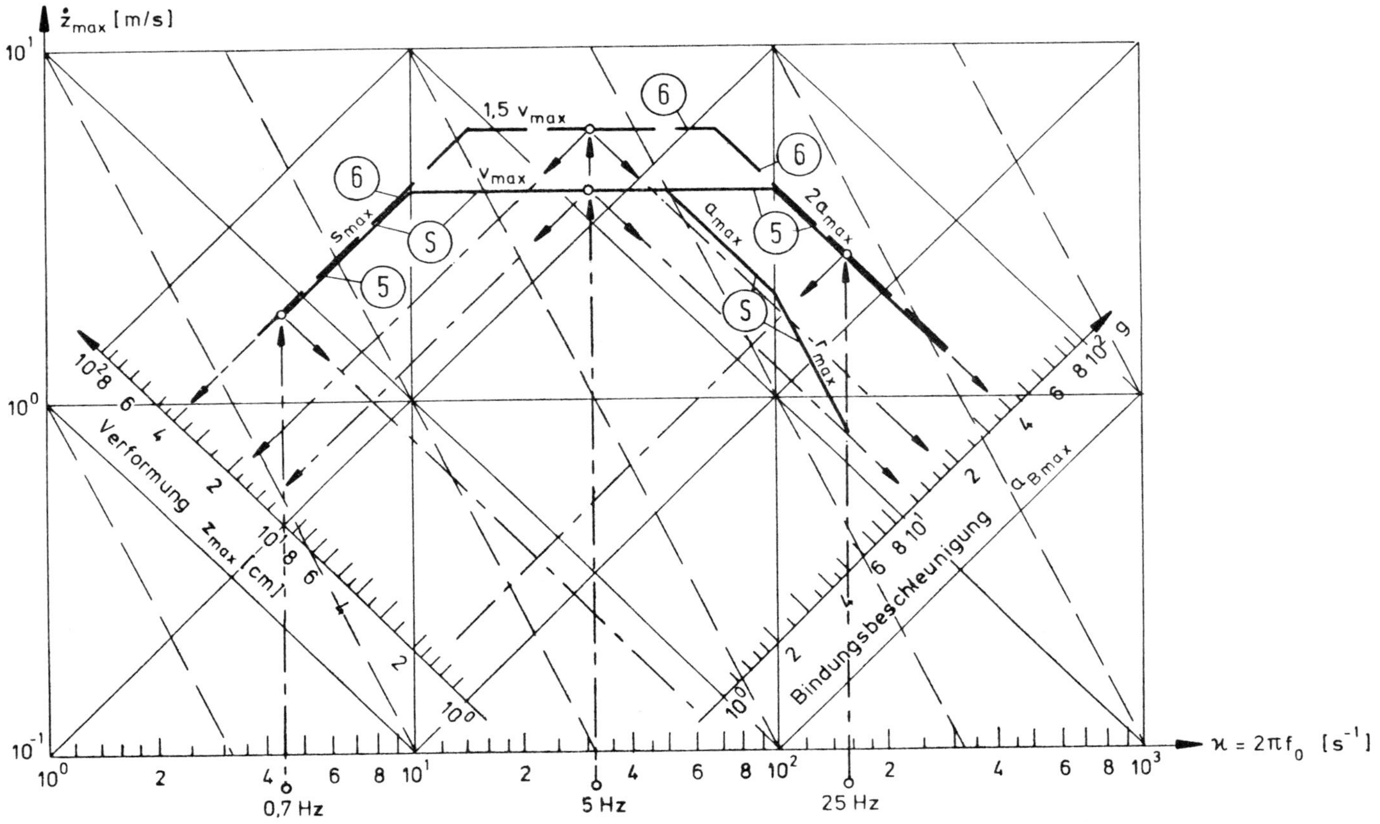

Abb.4.58/3. Schockpolygon Ⓢ und Schockantwortpolygone; ungedämpfter Schwinger, gesucht sind z und a_B; Polygon ⑤ , zum Beispiel 3, "algebraische" Bewertung, Polygon ⑥ , zum Beispiel 4, "empirische" Bewertung nach Newmark

diesem Fall entnehmen wir aus der Abb.4.55/1 oder aus der Tafel 4.54/I die Maximalwerte der Ableitungen der Gewichtsfunktion

$$\check{g}_{max} = 2/\varkappa^2 \ , \quad g_{max} = 1/\varkappa \ , \quad \dot{g}_{max} = 1 \ ,$$
$$(1-\dot{g})_{max} = 2 \ , \quad \ddot{g}_{max} = \varkappa \ , \quad \dddot{g}_{max} = \varkappa^2 \ . \tag{4.58/11}$$

Für eine durch ihr Schockpolygon s_{max}, v_{max}, a_{max}, r_{max} bezeichnete Fußpunktsanregung betragen gemäß Tafel 4.55/I und den Bewertungen (4.58/11) die Maximalwerte der vier Systemantworten a) bis d) der Reihe nach

a) der Relativweg $z = u - q$ (die Federverformung):

$$z_{1\,max} = s_{max} \ , \quad z_{2\,max} = v_{max}/\varkappa \ , \quad z_{3\,max} = 2a_{max}/\varkappa^2 \ ; \tag{4.58/12a}$$

b) die Relativgeschwindigkeit $\dot{z}$:

$$\dot{z}_{1\,max} = v_{max} \quad \text{(Initialmaximum)}$$
$$= \varkappa s_{max} \quad \text{(Residualmaximum)}, \tag{4.58/12b}$$
$$\dot{z}_{2\,max} = v_{max} \ , \quad \dot{z}_{3\,max} = a_{max}/\varkappa \ , \quad \dot{z}_{4\,max} = 2r_{max}/\varkappa^2 \ ;$$

c) die Absolutgeschwindigkeit $\dot{q}$, die identisch ist mit dem bezogenen Impuls $\check{a}_B$:

$$\dot{q}_{1\,max} = \varkappa s_{max} \ , \quad \dot{q}_{2\,max} = 2v_{max} \ ; \tag{4.58/12c}$$

d) die Absolutbeschleunigung $\ddot{q}$, die identisch ist mit der bezogenen Bindungskraft a_B:

$$\ddot{q}_{1\,max} = \varkappa^2 s_{max} \ , \quad \ddot{q}_{2\,max} = \varkappa v_{max} \ , \quad \ddot{q}_{3\,max} = 2a_{max} \ . \tag{4.58/12d}$$

Man sieht: Die zu den beiden Fragen nach z und nach a_B gehörenden Bewertungen in a) und in d) unterscheiden sich nur um den Faktor $\varkappa^2 = c/m$. Diese beiden Antworten können deshalb durch ein einziges Polygon repräsentiert werden.

In der Abb.4.58/3 ist zusätzlich zum Schockpolygon Ⓢ auch dieses Polygon als Streckenzug ⑤ zusammen mit den von der Abb.4.58/2 her bekannten Skalen für z_{max} und $(a_B)_{max}$ eingezeichnet.

Wieder ist für die Eigenfrequenzen f = 0,7 Hz, 5 Hz und 25 Hz durch Hilfslinien angedeutet, wie die Ergebniswerte z_{max} und $(a_B)_{max}$ abgelesen werden.

B e i s p i e l 4 ; das Newmarksche Schockantwortpolygon: In den Abb. 4.58/1 bis 4.58/3 sind zum jeweils gleichen Schockpolygon Ⓢ Schockantwortpolygone ① bis ⑤ aufgezeichnet. Sie beantworten Fragen, wie sie in den Beispielen 1 bis 3 gestellt sind: Im Beispiel 1 nach Relativgeschwindigkeiten $\dot{z}$, in den beiden Beispielen 2 und 3 nach Relativwegen z und Bindungsbeschleunigungen a_B; diese beiden Größen sind u.a. für die Schockisolierung wichtig. Die zum Herstellen der Antwortpolygone aus dem Schockpolygon erforderlichen Bewertungen beruhten in jedem Fall auf algebraischen Aussagen [so beim Beispiel 1 auf (4.58/7) und (4.58/7a); beim Beispiel 2 auf (4.58/8) und (4.58/9) sowie (4.58/10); beim Beispiel 3 auf (4.58/11) und (4.58/12)], die ihrerseits auf gewisse Modellvorstellungen zurückgehen.

Für den ungedämpften Schwinger werden die beiden Fragen nach z und a_B durch das auf den algebraischen Bewertungen $(z_i)_{max}$ (4.58/12a) und $(a_B)_{max} \equiv \ddot{q}_{max}$ (4.58/12d) beruhende Polygon ⑤ beantwortet. In der Praxis wird jedoch anstelle dieses Polygons oft ein anderes benutzt. Es entsteht dadurch, daß in den Bewertungen (4.58/12a) und (4.58/12d) der Wert v_{max} durch den Wert 1,5 v_{max} ersetzt wird; dieses Polygon ist in der Abb.4.58/3 als Polygon ⑥ eingezeichnet. Der Faktor 1,5 wurde von N.M. Newmark (Lit.4.58/1) vorgeschlagen, weil er sich in e m p i r i s c h e r Weise aus zahlreichen exakt gerechneten Beispielen als die bessere Näherung erwiesen hat. Überdies liegt man mit ihm beim Dimensionieren von Bauteilen auf der sicheren Seite.

Man kann eine Berechtigung auf einen solchen erhöhten Wert darin erblicken, daß z.B. in Abb.4.52/2 das exakte Amplitudenspektrum $A(\Omega)$ über den Wert v_{max} hinausreicht.

Das auf den durch den empirischen Faktor 1,5 modifizierten Bewertungen beruhende Polygon ⑥ heißt in der Literatur meist Newmarksches Schockspektrum. In die hier gebrauchte Terminologie fügt es sich als Newmarksches Schockantwortpolygon ein.

Um einer falschen Interpretation des Polygons ⑥ vorzubeugen, hat Newmark die Ordinate des Diagramms nicht als Geschwindigkeit, sondern als Pseudo-Geschwindigkeit bezeichnet, weil ja (wie wir bereits am Beispiel 2, Abb.4.58/2, gezeigt haben) die Geschwindigkeitswerte $\dot{q}_{max}$ oder $\dot{z}_{max}$ mit Hilfe des Polygons ⑤ oder ⑥ nicht abgelesen werden können.

4.59 Die Schockverträglichkeitsgrenzen eines Systems; das Schockverträglichkeitspolygon

Zwar hat das Einführen des Schockpolygons zum Darstellen der Schockeinwirkungen (Abschn.4.53) und der bewerteten Schockpolygone zum Darstellen der Schockantworten (Abschn.4.58) erhebliche Vereinfachungen dadurch gebracht, daß die Betrachtungen mit wenigen kennzeichnenden Parametern für eine unübersehbare Vielzahl von Einzelerscheinungen auskommen. Dennoch ist die Zahl der Antwortdiagramme noch groß; denn zu jedem Schock(einwirkungs)-Diagramm gehört für jede der gewünschten Antworten (q, $\dot{q}$, $\ddot{q}$, z, a_B usf.) ein besonderes Antwortdiagramm. Die große Zahl beeinträchtigt die Übersicht.

Diese Übersicht kann verbessert werden, indem man - ohne Rücksicht auf die jeweilige Schockeinwirkung und unabhängig von ihr - die schockrelevanten Eigenschaften der betroffenen Objekte in geeigneter Weise darstellt.

Geeignete Merkmale eines Objekts sind seine Schockverträglichkeitsgrenzen. Bei Schockeinwirkungen z.B. auf den Menschen können diese Grenzen etwa durch Parameter des Komforts, der Zumutbarkeit, der Verletzungswahrscheinlichkeit usf. festgelegt werden; bei Einwirkungen auf mechanische Konstruktionen etwa durch zulässige Spannungen, zulässige Verformungen oder durch Bedingungen der Betriebssicherheit.

Zum Bestimmen von Verträglichkeitsgrenzen können auch die Näherungsgln.(4.58/3) herangezogen werden; sie lassen folgende Interpretationen zu: Wählt man beispielsweise als das Verträglichkeitskriterium die zulässigen Auslenkungen q_{zul} eines Systems, setzt also

$$q_{1\,max} = q_{2\,max} = q_{3\,max} = q_{4\,max} =: q_{zul} \quad ,$$

so ergeben sich aus (4.58/3) die zulässigen Schockeinwirkungen

$$\begin{aligned} s_{zul} &= q_{zul}/\dot{g}_{max} \quad , \\ v_{zul} &= q_{zul}/g_{max} \quad , \\ a_{zul} &= q_{zul}/\overset{\vee}{g}_{max} \quad , \\ r_{zul} &= q_{zul}/\overset{\vee\vee}{g}_{max} \quad \text{usw.} \end{aligned} \tag{4.59/1}$$

Diese Gleichungen sagen aus: Der als Verträglichkeitskriterium gewählte Wert q_{zul} wird je nach der vorliegenden Parameterkombination ($\varkappa$, D usf.) erreicht durch
entweder einen Verschiebungssprung s_{zul}
oder einen Geschwindigkeitssprung v_{zul}
oder einen Beschleunigungssprung a_{zul} usf.

Zeichnet man die zulässigen Schockeinwirkungen (4.59/1) in ein Schocknetz ein, so entsteht ein nach oben offener Geradenzug Ⓥ in Abb.4.59/1. Wir nennen ihn das V e r t r ä g l i c h k e i t s p o l y g o n des Systems. Dieses Polygon ist eine Näherung für die tatsächliche, z.B. durch eine Reihe von Prüfschocks S_i oder durch exakte Rechnung (wie z.B. in Abschn.4.57) ermittelte Verträglichkeitsgrenze Ⓖ . Das "Innere" des Polygons bezeichnet den Schadensbereich, das "Äußere" den Sicherheitsbereich. Schocks, deren Schockpolygone unterhalb des Verträglichkeitspolygons liegen, werden von dem Objekt vertragen.

Die Verträglichkeitsgrenze Ⓖ (oder ihre Näherung, das Verträglichkeitspolygon Ⓥ) kann entweder für ein einziges Schadenskriterium (z.B. q_{zul}) oder für eine Kombination von möglichen Schädigungen aufgestellt werden.

In der Abb.4.59/1 sind zusätzlich zum Verträglichkeitspolygon Ⓥ drei Schockpolygone (S_1) , (S_2) und (S_3) eingezeichnet. Durch "Heran-

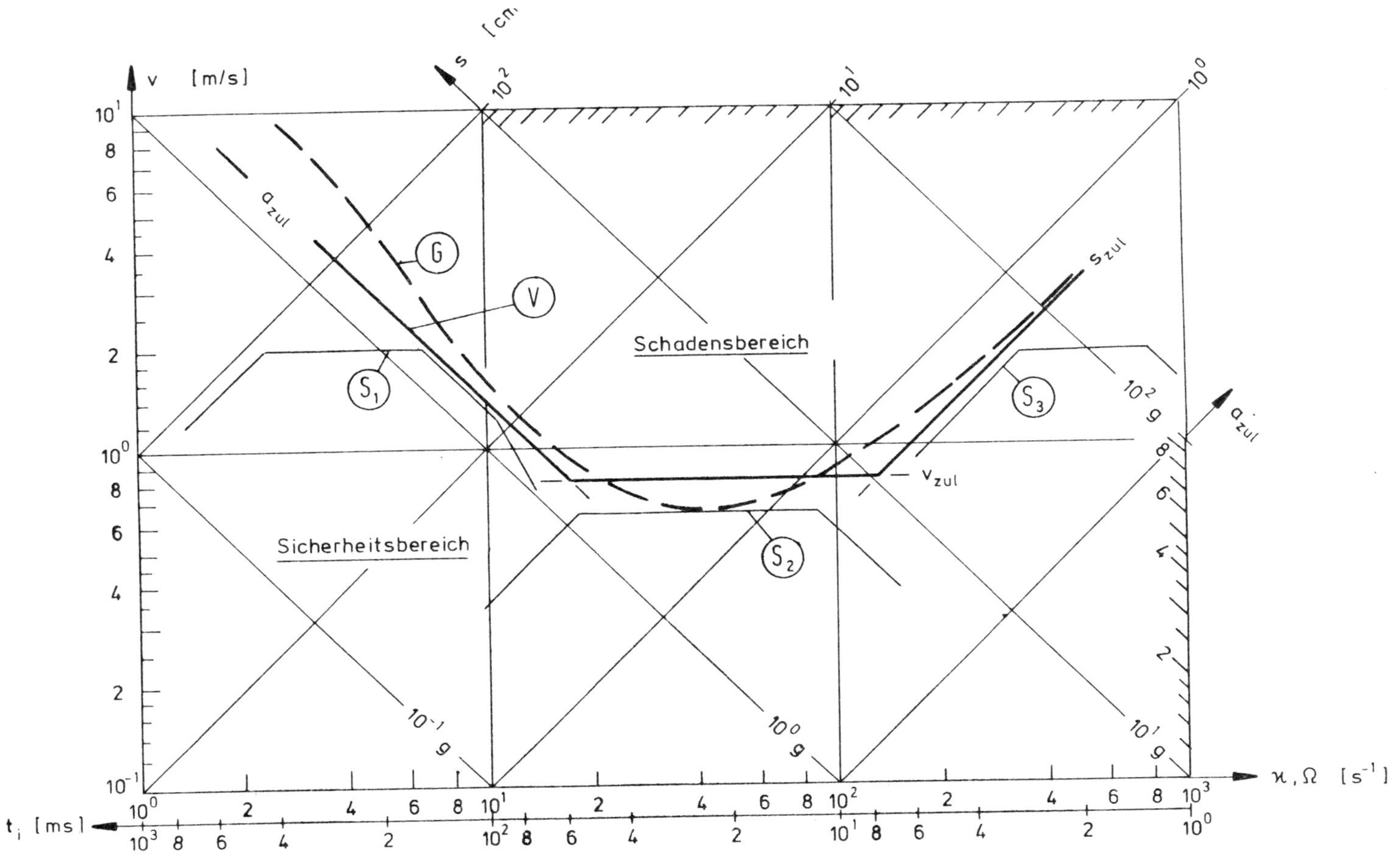

Abb.4.59/1. Schockverträglichkeitsgrenze Ⓖ, Schockverträglichkeitspolygon Ⓥ mit Schockpolygonen S_1, S_2 und S_3 im Sicherheitsbereich

schieben" der Schockpolygone Ⓢᵢ an Ⓥ (durch Ändern der Parameter des Schocks) kann man die Verträglichkeitsgrenze Ⓖ "ertasten".

Schocks mit lang anhaltender Beschleunigung, repräsentiert durch das Schockpolygon (S_1), stoßen mit dem Parameter a_{max}, ggf. auch mit r_{max}, an die Verträglichkeitsgrenze. Schocks mit kürzeren Stoßdauern, repräsentiert durch das Schockpolygon (S_2), stoßen mit dem Parameter v_{max} an die Grenzlinie, und schließlich dürfen Schocks mit sehr kurzer Bewegungsdauer t_v, Schockpolygon (S_3), mit ihrem Parameter s_{max} die zulässige Objektverformung s_{zul} nicht überschreiten.

Wählt man anstelle einer großen Zahl von verwickelten Schocks (S_1) bis (S_3) usf. (für die die drei eingezeichneten Polygone (S_1) bis (S_3) nur stellvertretend dienen) der Reihe nach als Näherung nur je einen Beschleunigungssprung a_{max}, einen Geschwindigkeitssprung v_{max} und einen Wegsprung s_{max}, so entsteht das Verträglichkeitspolygon Ⓥ gemäß Gl.(4.59/1).

Mit Hilfe der Lösungen in Tafel 4.55/I lassen sich die Verträglichkeitspolygone für die verschiedenen Verträglichkeitskriterien unmittelbar berechnen. Beispielsweise gelten die aus Tafel 4.55/I, 1. Zeile, herausgegriffenen Gln.(4.59/1) für einen krafterregten Schwinger, dessen Verträglichkeitskriterium die zulässige Verformung q_{zul} ist.

Das Verträglichkeitspolygon ist eine ausgezeichnete Orientierungshilfe für das Planen genauer rechnerischer oder experimenteller Untersuchungen. Abb.4.59/2 zeigt dafür ein Beispiel; es betrifft eine Skibindung. Die Schockverträglichkeit der Bindung bei Beschleunigungsstößen ($s_{max} \rightarrow \infty$) wurde zunächst rechnerisch durch die Werte $a_{zul} = 22$ g und $v_{zul} = 1,23$ m/s abgeschätzt: Geradenzug ①. Dadurch wurden für die geplanten Schockversuche das Parameterfeld und damit auch die Versuchskosten erheblich eingeschränkt. Linie ② zeigt die durch die V e r s u c h e festgestellte Grenze zwischen Schadens- und Sicherheitsbereich.

Als Zahlenbeispiel zeigen wir noch ein Verträglichkeitspolygon für einen Schwinger bei Fußpunktserregung. Der Schwinger habe als

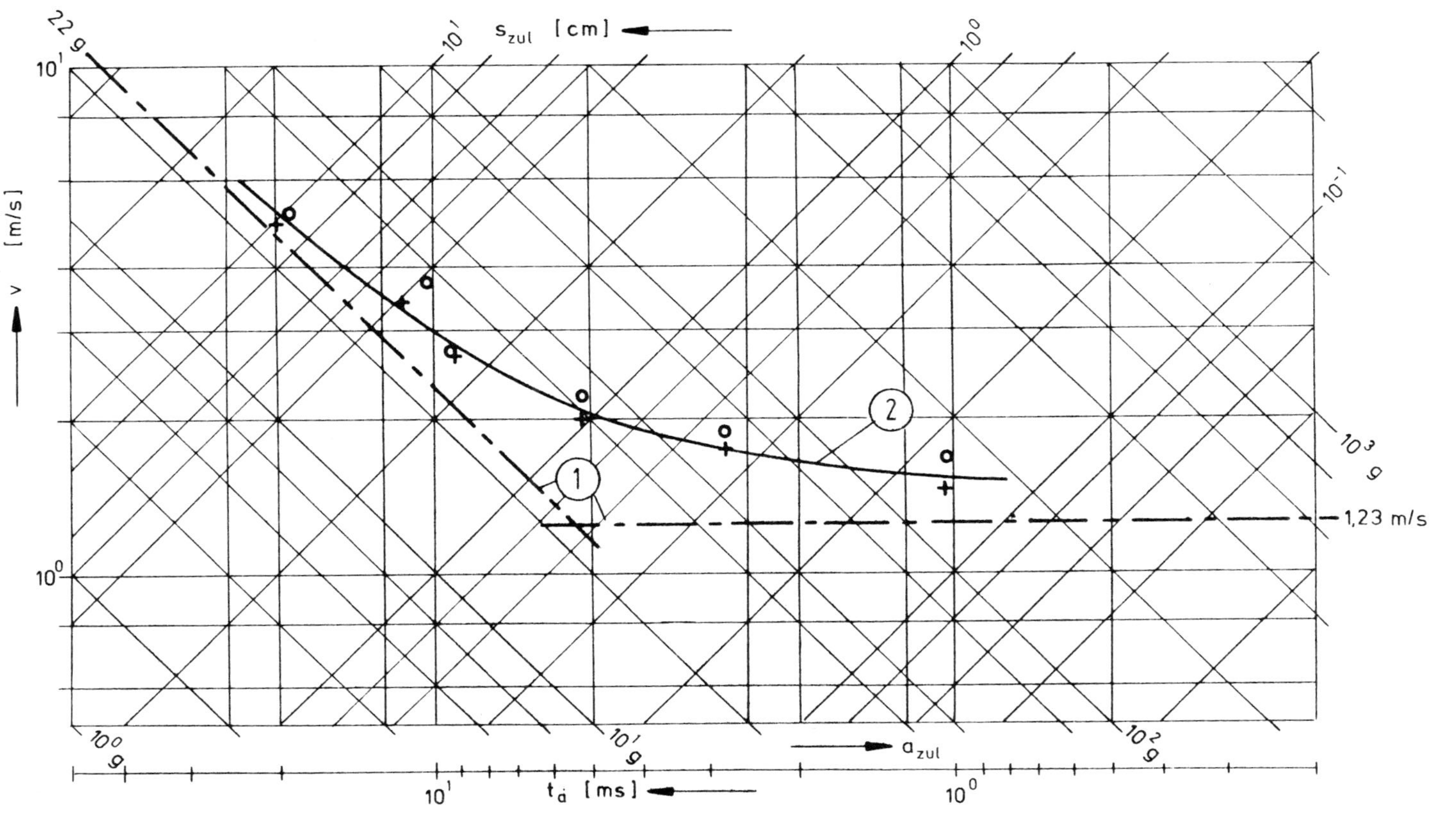

Abb.4.59/2. Beispiel: Skibindung; ① Rechnerisch abgeschätztes Verträglichkeitspolygon, ② Experimentell festgestellte Grenze G zwischen Schadens- und Sicherheitsbereich

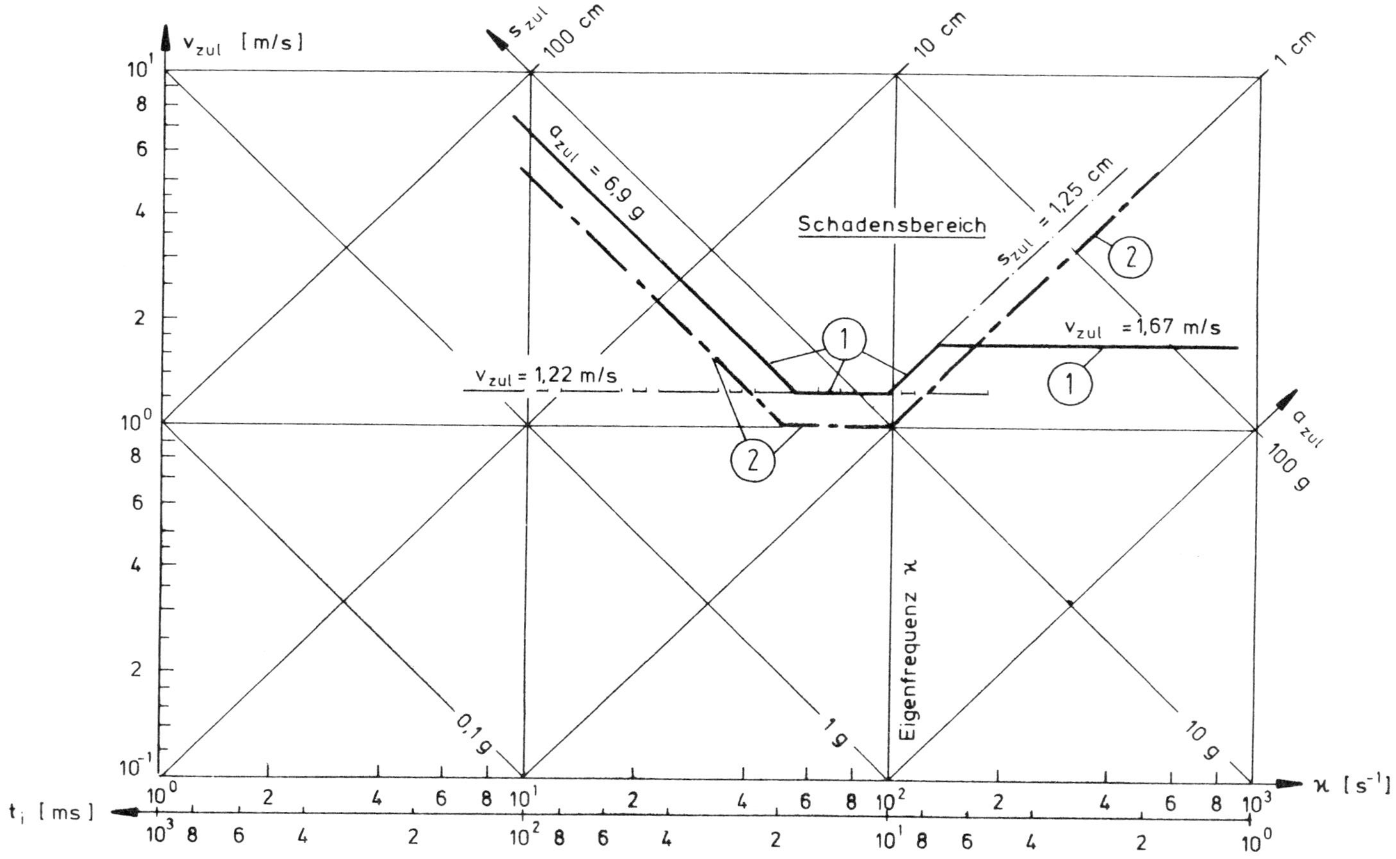

Abb.4.59/3. Zahlenbeispiel: Schwinger mit Fußpunktserregung, Verträglichkeitspolygone (1) für den gedämpften Schwinger, (2) für den ungedämpften Schwinger

Systemparameter die Kennfrequenz $\varkappa = 100\ s^{-1}$, also $f_0 = 16$ Hz, und das Dämpfungsmaß $D = 0,3$. Kriterium für die Schockverträglichkeit sei die zulässige Bindungsbeschleunigung $(a_B)_{zul}$ als Maß für die zulässige Bindungskraft $(F_B)_{zul}$. Sie betrage hier

$$a_{B\,zul} = F_{B\,zul}/m = 10\,g \quad .$$

Aus Abb.4.55/1 entnimmt man für $D = 0,3$

$$\ddot{g}_{max}/\varkappa = 0{,}82 \qquad \text{und} \qquad (1-\dot{g})_{max} = 1{,}45 \quad .$$

Außerdem benötigt man noch den in Abb.4.55/1 nicht enthaltenen, aber aus den Formeln in Tafel 4.54/I berechneten Wert

$$\dddot{g}_{max}/\varkappa^2 = 0{,}8 \quad .$$

Die Lösungen aus Tafel 4.55/I, letzte Zeile, führen zu den gesuchten Verträglichkeitsgrenzen: Für den Wegsprung $\overset{\vee\vee}{a} = s$ enthält die Lösung

$$a_B(t) = 2\delta v - \dddot{g} s$$

zwei Anteile, nämlich die Initial- und die Residualantwort. Mit $2\delta = 2D\varkappa = 0{,}6\,\varkappa$ ist dann für die extrem kurzen Stoßeinwirkungen (Wechselstöße)

$$v_{zul} = \frac{a_{B\,zul}}{0{,}6\varkappa} = 1{,}67\ m/s \qquad \text{oder} \qquad s_{zul} = \frac{a_{B\,zul}}{0{,}8\varkappa^2} = 1{,}25\ cm \quad ,$$

je nachdem, welcher Wert die Grenze $(a_B)_{zul}$ eher erreicht. Aus dem Geschwindigkeitssprung $\overset{\vee}{a}$ und dem Beschleunigungssprung a ergeben sich unmittelbar

$$v_{zul} = \frac{a_{B\,zul}}{0{,}82\varkappa} = 1{,}22\ m/s \quad , \quad a_{zul} = \frac{a_{B\,zul}}{1{,}45} = 6{,}9\,g \quad .$$

Die errechneten zulässigen Werte sind in Abb.4.59/3 als Verträglichkeitspolygon ① eingetragen. Zum Vergleich sind die Werte für den ungedämpften Schwinger als Verträglichkeitspolygon ② (strichpunktiert) eingezeichnet. Man erkennt: Die Systemdämpfung $D = 0,3$ wirkt sich bei "weichen Stößen" günstig aus, bei "harten" Wechselstößen a(t) mit kurzen äquivalenten Zeiten t_v jedoch ungünstig (weil hier der Anteil der Dämpferkraft in der Bindungskraft überwiegt).

Weitere Beispiele findet man in Lit.4.50/5, Lit.4.50/6 und Lit. 4.50/7.

Literaturverzeichnis

1.41/1: Zurmühl, R.: Praktische Mathematik, 5. Aufl. Berlin-Göttingen-Heidelberg: Springer-Verlag 1965; dort in Kap.V, §23.

1.42/1: Zurmühl, R.: desgl.; dort S.359.

1.45/1: Doetsch, G.: Anleitung zum praktischen Gebrauch der Laplace-Transformation und der Z-Transformation, 3. Aufl. München: R. Oldenbourg 1961

1.45/2: Doetsch, G.: Einführung in Theorie und Anwendung der Laplace-Transformation, 2. Aufl. Basel/Stuttgart: Birkhäuser-Verlag 1970

1.45/3: Doetsch, G.: Handbuch der Laplace-Transformation, 3 Bde. Basel: Birkhäuser-Verlag 1950, 1955, 1956

2.20/1: Goldstein, H.: Klassische Mechanik. Frankfurt a.M.: Akademische Verlagsgesellschaft 1963

2.20/2: Hamel, G.: Theoretische Mechanik. Berlin-Göttingen-Heidelberg: Springer-Verlag 1967

2.20/3: Lanczos, C.: The Variational Principles of Mechanics, 3rd ed. Univ. of Toronto Press 1966

3.15/1: Truckenbrodt, E.: Strömungsmechanik. Berlin-Göttingen-Heidelberg: Springer-Verlag 1968; dort S.51.

3.24/1: Bögel, K.: Ing.-Arch. Bd.12, S.247 (1941)

3.24/2: Rubbert, F.K.: Ing.-Arch. Bd.17, S.165 (1949)

3.36/1: Collatz, L.: Eigenwertaufgaben mit technischen Anwendungen, 2. Aufl. Leipzig: Akad. Verlagsgesellschaft 1963; dort insbes. S.55 und S.434.

4.31/1: Weigand, A.: Einführung in die Berechnung rheolinearer Schwingungsvorgänge. Deutsche Luftfahrtforschung, FB 1495

4.31/2: Meissner, E.: Schweiz. Bauztg. Bd.72, S.95 (1918)

4.32/1: a) Magnus, W. und S. Winkler: Hill's Equation. Interscience Publishers 1966

b) Strutt, M.J.O.: Lamésche, Mathieusche und verwandte Funktionen in Physik und Technik. Berlin: Springer-Verlag 1932

c) Whittaker, E.T. und G.N. Watson: A Course of Modern Analysis. Cambridge University Press 1965

d) Horn, J. und H. Wittich: Gewöhnliche Differentialgleichungen. Berlin: Walter de Gruyter & Co. 1960

4.33/1: McLachlan, N.W.: Theory and Application of Mathieu Functions. Oxford 1947

4.33/2: Ince, E.L.: Proc. Roy. Soc. Edinburgh Bd.52, S.355-433 (1931/32)

4.33/3: Haupt, O.: Math. Ann. Bd.79, S.278-285 (1919)

4.33/4: Klotter, K. und G. Kotowski: Z. angew. Math. Mech. Bd.23, S.149-155 (1943)

4.33/5: Kotowski, G.: Z. angew. Math. Mech. Bd.23, S.226ff (1943)

4.33/6: Abramowitz, M. und I. Stegun: Handbook of Mathematical Functions. New York: Dover Publications Inc. 1965

4.35/1: Siehe z.B.
Zurmühl, R.: Praktische Mathematik für Ingenieure und Physiker. Berlin-Heidelberg-New York: Springer-Verlag 1965

oder
Stiefel, E.: Einführung in die numerische Mathematik. Stuttgart: B.G. Teubner Verlagsgesellschaft 1961

4.35/2: Siehe z.B.
Stoker, J.J.: Nonlinear Vibrations in Mechanical and Electrical Systems. New York: Interscience Publishers, Inc. 1950, Chapt.VI,5

oder
Rothe, R. und I. Szabó: Höhere Mathematik, Teil VI. Stuttgart: B.G. Teubner Verlagsgesellschaft 1953, S.189ff

4.35/3: Bolotin, W.W.: Kinetische Stabilität elastischer Systeme. Berlin: VEB Deutscher Verlag der Wissenschaften 1961, S.581ff

4.35/4: Schmidt, G.: Parametererregte Schwingungen. Berlin: VEB Deutscher Verlag der Wissenschaften 1975

4.36/1: Neusinger, H.: Akust. Z. Bd.5, S.11-26 (1940)

4.36/2: Mettler, E.: Mitt. Forsch-Anst. Gutehoffn. Nürnberg Bd.8, S.1-15 (1940) und Forsch.-Hefte Stahlbau Heft 4, S.1 (1941)

4.36/3: Woinowsky-Krieger, S.: Ing.-Arch. Bd.13, S.90 (1942) und Bd.13, S.197 (1942)

4.36/4: Mettler, E.: Ing.-Arch. Bd.16, S.135 (1947) sowie Ing.-Arch. Bd.17, S.418 (1949)

4.36/5: Melde, F.: Pogg. Ann. Bd.109, S.193-215 (1860) und Bd.111, S.513-537 (1860)

4.36/6: Biezeno, C.B. und R. Grammel: Technische Dynamik, 2. Aufl. Berlin-Göttingen-Heidelberg: Springer-Verlag 1953; Kap.XIII, insbes. §1 und §9, dort auch weitere Literatur.

4.36/7: Diesselhorst, H.: Ann. Phys. Bd.(5) 32, S.205-210 (1938)

4.36/8: Klotter, K.: Jb. dtsch. Luftf.-Forschung 1939, S.III 3-11

4.36/9: Klotter, K. und G. Kotowski: Z. angew. Math. Mech. Bd.19, S.289-296 (1939)

4.41/1: Pöschl, Th.: Ing.-Arch. Bd.4, S.98 (1933)

4.41/2: Phillipov, A.P.: Schwingungen elastischer Systeme (russisch). Kiew: Verlag der Akademie der Wissenschaften der Ukraine 1956; dort S.145.

4.41/3: Katz, A.M.: Inst. Mekh. Akad. Nauk SSSR, Ing. Sbornik 3, No.2, S.100-125 (1947) (russisch)

4.41/4: Lewis, F.M.: Trans. Am. Soc. Mech. Eng. 54 APM, S.253 (1932)

4.41/5: Karpov, K.A.: Tables of the Functions $F(x) = e^{-x^2} dx$ in the Complex Domain. Math. Tables Series, vol.23

4.41/6: Abramowitz/Stegun: Handbook of Math. Functions. New York: Dover Publ. 1965

4.41/7: Henning, G., B. Schmidt und Th. Wedlich: Erzwungene Schwingungen beim Resonanzdurchgang. Düsseldorf: VDI-Berichte Nr.113 1967

4.41/8: Weidenhammer, F.: Z. angew. Math. Mech. Bd. 38, S.304-307 (1958)

4.42/1: Fearn, R.L. und K. Millsaps: J. Roy. Aeron. Soc. 71, 680, pp.567-569 (1967)

4.43/1: Sommerfeld, A.: Phys. Zs. 2, S.268 (1901) und 3, S.286 (1902)

4.43/2: Biezeno, C.B. und R. Grammel: Technische Dynamik. Berlin-Göttingen-Heidelberg: Springer-Verlag 1953 Bd.2; dort S.155ff.

4.43/3: Fernlund, J.: Running through the critical speed of a rotor. Chalmers Tekniska Högskoles Handlinger Nr.277, 1963

4.43/4: Hübner, W.: Ing.-Arch. Bd.34, S.411 (1965); dort auch Bericht über Kononenko.

4.43/5: Christ, H.: Z. angew. Math. Mech. Bd.47, S.T185

4.43/6: Christ, H.: Stationärer und instationärer Betrieb eines federnd gelagerten, unwuchtigen Motors. Dissertation Karlsruhe 1966

4.50/1: Meier-Dörnberg, K.-E.: Der Stoßfänger. Dissertation Darmstadt 1964; ferner: Fortschrittberichte der VDI-Zeitschrift (1965) Reihe 11, Nr.2, Düsseldorf: VDI-Verlag

4.50/2: Meier-Dörnberg, K.-E.: Abschätzen von Schwingungsausschlägen bei stoßartig verlaufenden Einwirkungen. VDI-Berichte Nr.113, Düsseldorf: VDI-Verlag 1967

4.50/3: Meier-Dörnberg, K.-E.: Der lineare, einläufige Schwinger - Schema und Darstellung der Lösungen. VDI-Berichte Nr.132, Düsseldorf: VDI-Verlag 1968

4.50/4: Meier-Dörnberg, K.-E.: Die Beschreibung von Stoßvorgängen durch ihre Zeitfunktionen, Fourier- und Schockspektren. VDI-Berichte Nr.135, Düsseldorf: VDI-Verlag 1969

4.50/5: Meier-Dörnberg, K.-E.: a) Kenngrößen zur Beschreibung von Schockeinwirkungen und Schockverträglichkeitsgrenzen. b) Schockverträglichkeitsgrenzen des Menschen - Beurteilungskriterien und Grenzwerte. c) Richtlinien für Schocksicherheitsnachweis von Geräten und Einrichtungen. VDI-Berichte Nr.210, Düsseldorf: VDI-Verlag 1973

4.50/6: Meier-Dörnberg, K.-E.: Das Schockpolygon und das Verträglichkeitspolygon: Eine Basis zur Bewertung von Stoßeinwirkungen und Verträglichkeitsgrenzen. VDI-Berichte Nr.221, Düsseldorf: VDI-Verlag 1974

4.50/7: Meier-Dörnberg, K.-E.: Dynamische Bauteilprüfung; Vergleich der statischen und dynamischen Grenztragfähigkeit von Stahlbetonbalken. Forschungskolloquium des Bundesministeriums für Wohnungswesen und Städtebau, Bonn 1976

4.58/1: Newmark, N.M.: Von diesem Verfahren existiert eine große Zahl von Berichten. Sie lassen sich nicht zusammengefaßt zitieren. Hier werden deshalb zwei ausgewählte genannt:
a) Notes on shock isolation design concepts. Seminar on the effects of nuclear weapons..., Paris, March 1964, sponsored by Office of Civil Defense, University of Illinois, Urbana
b) Design of structures for dynamic loads. Symposium des Schweiz. Bundesamtes für Zivilschutz, Juli 1963, Zürich

4.6/1 : Fabian, L.: Zufallsschwingungen und ihre Behandlung. Berlin-Heidelberg-New York: Springer-Verlag 1973
Komm.: Eine einführende Schrift. Die Darstellung stützt sich vorwiegend auf Beispiele. Die Herleitungen sind selten zwingend, daher meist nicht nachvollziehbar. Aus dem Vorwort des Verf.: "Die Methodik wird beschrieben, aber nicht durchgeführt."

4.6/2 : Schneeweiss, G.: Zufallsprozesse in dynamischen Systemen. Berlin-Heidelberg-New York: Springer-Verlag 1974
Komm.: Die Darstellung geht vor allem vom regeltechnischen Standpunkt aus. Die Grundlagen werden knapp, aber klar dargestellt.

4.6/3 : Wedig, W.: Zufallsschwingungen. VDI-Bericht Nr.221, S.85 (1974)
Komm.: Einführung auf der Grundlage der Begriffe und Methoden der Statistik.

4.6/4 : Robson, J.D.: An Introduction to Random Vibrations. Edinburgh Univ. Press 1964
Komm.: Auf mechanische Probleme abgestellt.

4.6/5 : Robson, J.D. und andere: Random vibrations. Wien: Springer-Verlag 1971
Komm.: Einführend; auf Mechanik abgestellt; anschaulich mit Beispielen. Hervorgegangen aus Kursen am Int. Center for Mechanical Sciences in Udine.

Ausführungen über Zufallsschwingungen findet man auch als einzelne Kapitel in Lehrbüchern über Schwingungen, wie z.B. in

4.6/6 : Thomson, W.T.: Theory of Vibrations. Englewood Cliffs, N.J.: Prentice Hall, Inc. 1972; dort Chapt.10.
Komm.: Kurze Einführung in die Begriffe der Statistik.

4.6/7 : Müller, P.C. und W.O. Schiehlen: Lineare Schwingungen. Wiesbaden: Akad. Verlagsges. 1976; dort Kap.9 Zufallsschwingungen.
Komm.: Knappe Zusammenfassung im Rahmen eines Lehrbuchs für Fortgeschrittene. Darstellung gut; es werden aber beträchtliche Vorkenntnisse vorausgesetzt.

4.6/8 : Meirovitch, L.: Elements of Vibration Analysis. New York: McGraw Hill 1975; dort Kap.11.
Komm.: Einführung in die statistische Behandlung.

Schließlich sollen noch drei umfangreichere Darstellungen erwähnt werden (je etwa 600 bis 700 Seiten)

4.6/9 : Benjamin, J.R. und C.A. Cornett: Probability, Statistics and Decision for Civil Engineers. New York: McGraw Hill 1970
Komm.: Die Darstellung ist stark problem-orientiert.

4.6/10: Papoulis, A.: Probability, Random Variables and Stochastic Processes. New York: McGraw Hill 1965
Komm.: Systematische und gut verständliche Behandlung.

4.6/11: Bunke, H.: Gewöhnliche Differentialgleichungen mit zufälligen Parametern. Berlin: Akademie-Verlag 1973
Komm.: Wertvoll für Leser, die sich um die theoretischen Grundlagen bemühen.

Sachverzeichnis